职业教育创新融合系列教材
增材制造技术专业系列教材

增材制造工艺与实施

吕淑艳 王永飞 韩文华 主编

化学工业出版社
·北京·

内容简介

本书以增材制造技术应用实践活动为主线进行设计，采取项目引领、任务驱动、活动实施一体化的编排模式，兼顾知识储备的系统性与工作过程的完整性。书中主要介绍了国内外主流增材制造工艺与实施，内容包括熔融沉积成型工艺与实施、光固化成型工艺与实施、选择性激光烧结成型工艺与实施、选择性激光熔化成型工艺与实施等。书中附有大量思考与练习题，题型有判断题、填空题、单选题、多选题、简答题、论述题。

本书是新形态一体化教材，配套开发了形式多样的数字化资源，包括电子课件、思考与练习参考答案（可到QQ群410301985下载）、视频微课、动画、模型文件拓展知识、切片软件应用程序等。

本书可以作为高等职业院校增材制造技术、3D打印技术应用、模具设计与制造、工业设计和机电一体化等专业的专业课教材，还可以作为广大3D打印技术爱好者、3D打印相关行业从业者、相关领域工程技术人员的参考用书。

图书在版编目（CIP）数据

增材制造工艺与实施/吕淑艳，王永飞，韩文华主编. —北京：化学工业出版社，2024.5
ISBN 978-7-122-45307-5

Ⅰ.①增… Ⅱ.①吕… ②王… ③韩… Ⅲ.①快速成型技术 Ⅳ.①TB4

中国国家版本馆CIP数据核字（2024）第062271号

责任编辑：韩庆利　　文字编辑：吴开亮
责任校对：宋　夏　　装帧设计：刘丽华

出版发行：化学工业出版社
（北京市东城区青年湖南街13号　邮政编码100011）
印　　装：三河市双峰印刷装订有限公司
787mm×1092mm　1/16　印张17　字数407千字
2024年8月北京第1版第1次印刷

购书咨询：010-64518888　　售后服务：010-64518899
网　　址：http://www.cip.com.cn
凡购买本书，如有缺损质量问题，本社销售中心负责调换。

定　　价：49.00元

前言

增材制造技术是列入国家“十四五”战略性新兴产业的科技前沿技术，是推动智能制造的关键技术。为服务国家相关产业发展战略和民生紧缺领域，编写团队依据增材制造技术等专业人才培养方案的相关培养目标编写了这本教材。

本教材主要介绍了国内外主流增材制造工艺与实施，包括4个项目：熔融沉积成型工艺与实施、光固化成型工艺与实施、选择性激光烧结成型工艺与实施、选择性激光熔化成型工艺与实施。每个项目按模型分析、3D打印数据处理与参数设置、3D打印制作、3D打印后处理和3D打印机应用维护5个工作任务具体实施。

本教材具有以下主要特色：

① 结构设计新颖。以国内外主流增材制造技术为主线，采取项目引领、任务驱动、活动实施一体化的编排模式，并配套开发形式多样的数字化资源。

② 校企双元合作编写。以北奔重型汽车集团有限公司、北京德荟智能科技有限公司企业应用案例为载体，以增材制造技术应用实践活动为主线设计教材项目，兼顾知识储备的系统性与工作过程的完整性。

③ 结合1+X证书制度，将增材制造岗位技能要求、职业技能竞赛、增材制造模型设计职业技能等级证书标准相关内容有机融入教材，体现了“岗课赛证”融通特色，以便更好地服务企业技术技能型人才需求。

④ 将新时代课程思政元素与专业知识内容有机结合。

本教材编写团队由一线骨干教师和企业资深技术专家组成，吕淑艳、王永飞、韩文华担任主编，郭天中、庞旭刚、田芳、刘桂荣参加编写。吕淑艳、王永飞编写知识准备、项目一、项目二、项目三、项目四和附录，制作动画，录制教学视频并统稿与定稿；韩文华参与编写项目四和思考与练习，录制项目四教学视频；庞旭刚参与录制项目四教学视频；郭天中、田芳、刘桂荣参与了部分内容的整理编写。北京德荟智能科技有限公司李旭鹏和包头职业技术学院王嘉主审。

在编写过程中得到了北奔重型汽车集团有限公司、北京德荟智能科技有限公司、武汉华科三维科技有限公司、上海联泰科技股份有限公司、深圳创想三维科技有限公司、上海玛瑞斯三维打印技术有限公司技术人员提供的专业指导和帮助，在此一并表示感谢！

由于编者水平有限，书中难免存在不足之处，敬请广大读者予以批评指正。

编　者

目录

知识准备

◉ 学习目标

1. 知识目标

了解增材制造技术的起源、原理、实现路径、主流技术、特点、应用和发展前景。

2. 素质目标

培养学生的专业认同感、使命感、职业荣誉感和责任感，将科技报国的家国情怀和使命担当根植于心。

增材制造（additive manufacturing，AM），又称“3D打印”或“快速成型（rapid prototyping，RP）”或“快速成型制造（rapid prototyping manufacturing，RPM）”，是一种以数字模型文件为基础，将塑料或金属等材料通过逐层叠加的方式来构造物体的技术。增材制造是将CAD（计算机辅助设计）、CAM（计算机辅助制造）、CNC（计算机数控）、laser（激光）、material（材料）等技术集成于一体的多学科交叉的先进制造技术。增材制造有许多类型，成型方式各有不同，而“3D打印”这个说法原来特指其中的一种，即三维立体喷印（3DP）技术。不过随着应用的普及，“3D打印”这一叫法逐渐深入人心，现在也可理解为基本等同于“增材制造”的含义。在本书中，出现的“3D打印”字样如无特别指出，则泛指“增材制造”。

生产中，零部件的制造方法除了增材制造，还有等材制造和减材制造。等材制造是指利用模具或模型控制工件成型，将液态或固态材料加工成具有一定形状、尺寸和使用性能的零件或产品。以铸造、锻压、冲压、塑料成型和粉末冶金等材料成型加工为代表，这类加工多为受迫变形。减材制造是指按照零件形状、尺寸和表面粗糙度要求，把基体上的多余材料有序地分离去除，以获得符合要求的制品的加工方法。传统的金属切削加工以及电火花加工、电解加工、激光加工和超声波加工等特种加工方法都属于减材制造。现代生产中多采用增减材复合智能制造。

一、增材制造技术起源

1. 国外起源及发明人故事

（1）国外起源　增材制造技术的起源可以追溯到至少两个技术领域：地形学和照相雕塑。

1892年，法国人J. E. Blanther发明了用蜡板层叠的方法制作等高线地形图的技术。该方法是在一系列蜡板上压印地形等高线，然后对蜡板进行切割，再将每一层蜡板堆叠起来，进行平滑处理，如图 0-1 所示。1940 年，Prera 提出了一种类似的方法，在硬纸片上切割等高线，然后堆叠并粘贴这些纸片来形成三维地图。1964 年，Zang 提出了改进办法，他使用了刻有地形细节的透明板。这种堆叠材料制作地形图的加工工艺与增材制造有明显的相似性。

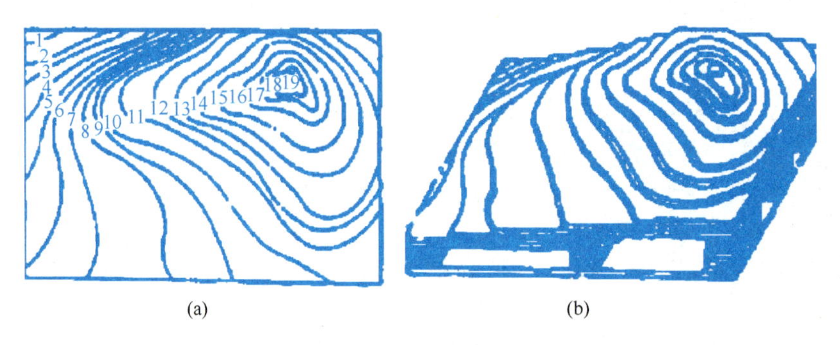

图 0-1 蜡板等高线地形图

照相雕塑（photo sculpture）最早出现于 19 世纪，当时已经有很多人在探索如何创作出包括人像在内的三维雕塑。1859 年，法国雕塑家弗朗索瓦·威廉姆（François Willème）成功实现了照相雕塑技术，该技术利用多角度成像的方法来获取物体三维图像。受试者被放置在圆形室中，24 台照相机围成 360°的圆同时进行拍摄，然后每台照相机拍下来的照片提供给威廉姆工作室，工作室里的每名工匠雕刻整个三维雕塑的 1/24。这种方法也正是我们今天常用的基于图像构建 3D 模型的方法，不得不提的是，近几年国内火起来的 VR 全景就是采用这样的拍摄手法。

（2）发明人故事　接下来将主要介绍熔融沉积成型（FDM）、光固化成型（SLA）、选择性激光烧结（SLS）和选择性激光熔化（SLM）四种增材制造技术的发明人故事。

① FDM 技术发明人，斯科特·克伦普（Scott Crump），是美国 Stratasys 公司的创始人。

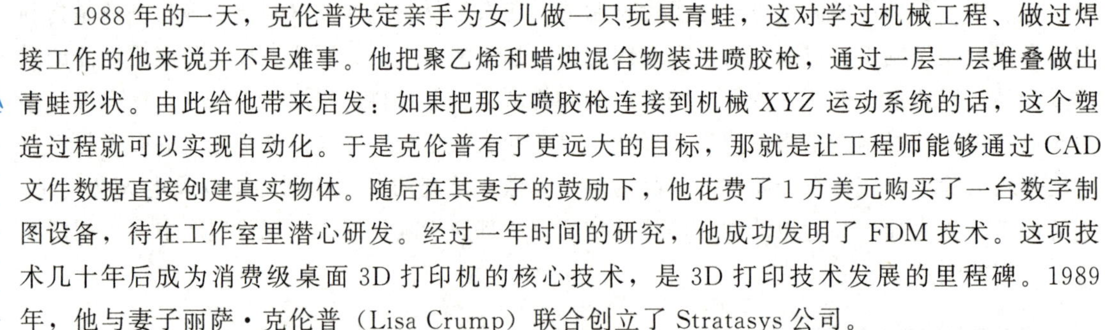

1988 年的一天，克伦普决定亲手为女儿做一只玩具青蛙，这对学过机械工程、做过焊接工作的他来说并不是难事。他把聚乙烯和蜡烛混合物装进喷胶枪，通过一层一层堆叠做出青蛙形状。由此给他带来启发：如果把那支喷胶枪连接到机械 *XYZ* 运动系统的话，这个塑造过程就可以实现自动化。于是克伦普有了更远大的目标，那就是让工程师能够通过 CAD 文件数据直接创建真实物体。随后在其妻子的鼓励下，他花费了 1 万美元购买了一台数字制图设备，待在工作室里潜心研发。经过一年时间的研究，他成功发明了 FDM 技术。这项技术几十年后成为消费级桌面 3D 打印机的核心技术，是 3D 打印技术发展的里程碑。1989 年，他与妻子丽萨·克伦普（Lisa Crump）联合创立了 Stratasys 公司。

克伦普发明的 FDM 系统工作原理是将加工成特定直径的圆形线材通过送丝轴逐渐导入热流道，在热流道中对材料进行加热熔化处理。热流道的下方是喷嘴，加热熔化后的材料通过喷嘴挤压出来，在 *XYZ* 机械运动机构的带动下完成一层的打印。每完成一层打印后，工作台便下降一个层厚的高度，打印机接着再进行下一层打印。重复上述步骤，直到完成整个物体的打印。

1992 年，Stratasys 公司在成立 3 年后，推出了世界上第一台基于 FDM 技术的 3D 打印机——“3D 造型者（3D Modeler）”，这也标志着 FDM 技术步入商用阶段。

② SLA 技术发明人，查克·赫尔（Chuck Hull），被称为 3D 打印之父。

1983 年，赫尔在紫外线设备生产商 UVP 公司（Ultraviolet Products）担任副总裁，这家公司利用紫外线来硬化家具和纸制品表面的涂层。赫尔每天在公司里拨弄着各种各样的紫外线灯，看着那些原本是液态的树脂一碰到紫外线就凝固的过程，某一天他突然意识到，如果能够让紫外线一层一层地扫在光敏聚合物的表面上，使其一层一层地变成固体，将这成百上千的薄层叠加在一起，就能够制造任何三维物体了。这就是后来的立体光固化技术（stere-olithography，SL），即利用紫外线固化光敏树脂层层堆叠成型的技术。

1986 年，赫尔成立了 3D Systems 公司，致力于将 SL 技术商业化。固化材料也不仅限于液体，任何“能够固化的材料”或“能够改变其物理状态的材料”都可以实现 SL 技术。

1988 年，3D Systems 公司生产出第一台自主研发的 3D 打印机 SLA-250。受限于当时的工艺条件，打印机体型非常庞大，有效打印空间却非常狭窄，用的材料是光学照相用的丙烯酸树脂。

③ SLS 技术发明人，卡尔·罗伯特·德卡德（Carl Robert Deckard），主修机械工程。

1981 年夏天，德卡德结束了他大学本科一年级的学习，在一家机械制造厂做实习工作。当时正是计算机辅助设计软件（CAD）刚起步的年代，实际铸件的形体主要是由熟练的工匠按照二维图纸手工制造而成。德卡德开始考虑一种新的方法，利用激光将零件形状粉末熔在一起，一层接一层地制作零件，从而从图纸上直接制造零件。于是在接下来的两年半，德卡德致力于增材制造技术的研究。

1984 年，就在德卡德结束大学本科学习的那一年，SLS 技术的体系已经基本在他的脑海中成型了。1986 年 10 月，德卡德提交了选择性激光烧结专利，之后成立了全球首家激光烧结公司 Nova Automation。1987 年，德卡德成功研发了一台名为 Besty 的激光烧结 3D 打印机。

④ SLM 技术发明人，迪特·施瓦泽是 SLM 技术的主要发明人之一。

施瓦泽曾在大学学习物理学。1989 年，施瓦泽博士开始了增材制造及其商业化的研究和开发工作。SLM 技术不依靠黏结剂而是直接用激光束完全熔化粉体，成型性能及稳定性得以显著提高，可直接满足实际工程应用。施瓦泽博士在金属 3D 打印领域产生了重大而持续性的影响，在金属 3D 打印全球化的发展方面，做出了功不可没的贡献。

2. 国内起源及代表人物

（1）国内起源　两千多年前，我国伟大的哲学家、思想家老子的“合抱之木，生于毫末；九层之台，起于垒土；千里之行，始于足下”用来描述 3D 打印的原理和过程就很合适，即从细微特征开始，通过不断累积的方式制造出三维物体。众所周知，秦始皇陵兵马俑目前已发现多达 8000 尊，胖瘦高矮形态各异，这是人类历史上空前的发现，如图 0-2 所示。考古专家们在对残损破碎的兵马俑躯干进行研究时，发现兵马俑内部中空，且内部的纹理提供了关于兵马俑是如何制作的非常重要的信息。两千多年前，中国古代的工匠们用特性坚韧的红胶泥制作陶俑。他们使用的方法很简单，先把黏土摔打，直到变得柔软，然后卷成条状，再把泥条一圈一圈向上盘绕。实际上，这种泥条盘筑法制作兵马俑的过程就是今天 3D 打印的思维。

视频：泥条盘筑法制作兵马俑

紫禁城拥有世界上现存规模最大、保存最完整的木结构古建筑群。这些古建筑雄伟壮观、优美绚丽、工艺精湛、构架有序，体现了我国古代工匠高超的技艺和智慧。皇帝在批准建造前，首先要审核它们的实物模型。这种实物模型就是烫样，如图 0-3 所示。古建筑烫样一般用纸张、秫秸、油蜡、木头等材料加工而成。制作烫样的工具包括簇刀、剪刀、毛笔、蜡板、水胶、烙铁等。其中，水胶主要用于粘接不同材料，烙铁主要用于熨烫材料。所以，紫禁城建筑群烫样就是深藏在故宫里的古老 3D 打印技术。

图 0-2 兵马俑

图 0-3 紫禁城建筑群烫样

诸如此类的实例还有很多。如一个个同学用喷墨打印机在 500 张白纸上打印出相同的圆形，然后把它们剪下来粘叠到一起，就做成了一个圆柱体。这个同学运用的方法就是增材制造的雏形。如果他在白纸上打印不同的截面形状，将它们用相同的方法粘贴到一起，就可以制造出更加复杂的形体了。生活中的 3D 打印也随处可见，例如孩子们玩的积木玩具（图 0-4）、糖画艺术（图 0-5、图 0-6）等。

图 0-4 积木玩具

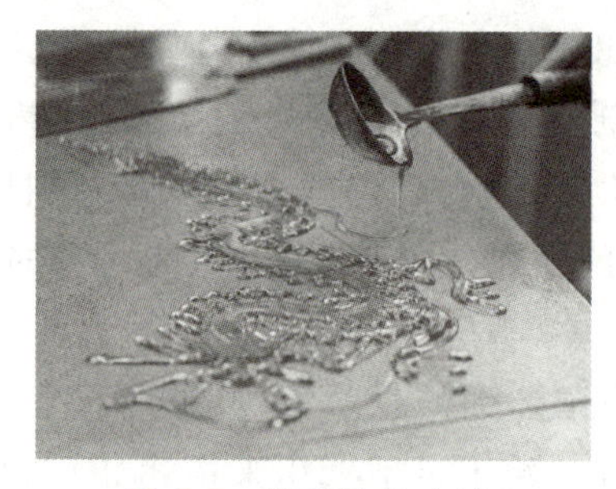
图 0-5 糖画艺术（1）

图 0-6 糖画艺术（2）

（2）代表人物 3D 打印的概念于 20 世纪八九十年代在中国兴起。1986 年世界上第一家 3D 打印设备公司 3D Systems 在美国成立，一批在美国游学访问的中国学者得到启发，他们中的一些人成为后来国内 3D 打印领域的先驱和领军人物，清华大学、北京航空航天大学、华中科技大学、西安交通大学、西北工业大学等高校成为国内 3D 打印技术的重要科研基地。

① 颜永年，清华大学，被业界誉为“中国 3D 打印第一人”。1962 年，颜永年毕业于清

华大学机械工程系。1988 年，颜永年 49 岁，已经有了深厚的锻压专业背景，在美国加利福尼亚大学洛杉矶分校（UCLA）做访问学者，原本是去学习工程陶瓷。他在一次工业展会上首次接触到快速成型技术，这项技术引发了他极大的兴趣，于是他回国后专攻 3D 打印技术。1988 年年底，他在清华大学成立了国内首个快速成型实验室，建立了清华大学激光快速成型中心，他带领的 50 多人团队是当时清华大学最大的科研团队。

在 1990 年至 2000 年的十年间，颜永年团队在 3D 打印领域取得了令人瞩目的成就。1992 年，他们完成了对用户开放的 RPM 研究与开发平台。随后又开发了“multifunctional rapid prototyping manufacturing system（M-RPMS，多功能快速成型制造系统）”，这也是我国拥有自主知识产权的世界上唯一拥有两种快速成型工艺的系统。接着颜永年团队继续完善技术，推出了改进型 M-RPMS-Ⅱ并顺利完成产业化，在世界上首先完成无木模铸型制造工艺的研究。1998 年，颜永年提出“生物制造工程”的概念，并研发了多台生物材料快速成型机，团队成功制作了耳廓支架、人造骨骼、血管、心肌等，将快速成型技术引入生命科学领域。2012 年，74 岁的颜永年将研发重点放在选择性激光熔化（SLM）与激光熔敷沉积成型（LCD)，开始了金属 3D 打印产业化的工作。

② 王华明，北京航空航天大学，中国激光 3D 打印引路人。1989 年，王华明获得中国矿业大学北京研究生部矿山机械工程专业博士学位，1992 年中国科学院金属研究所博士后出站到北京航空航天大学工作，同年获德国“洪堡基金”，赴埃尔朗根-纽伦堡大学工学院金属科学与技术研究所工作。2005 年，王华明团队成功实现三种激光快速成型钛合金结构件在两种飞机上的装机应用，使我国成为世界上第二个掌握飞机钛合金结构件激光快速成型装机应用技术的国家。

2012 年 1 月，王华明教授主持的“飞机钛合金大型复杂整体构件激光成型技术”项目获得国家技术发明一等奖。十几年来这个团队致力于飞机、发动机等装备中钛合金、超高强度钢等高性能、难加工、大型关键构件激光直接制造技术研究，取得了众多突破性成果。团队发明了系列激光成型新工艺、内部结构控制新方法和大型工程成套新装备，使我国成为迄今世界上唯一突破该技术并实现装机工程应用的国家。该成果为钛合金、超高强度钢等难加工大型复杂关键构件的高性能、短周期、低成本、快速制造提供了技术新途径，对提升我国飞机、航空发动机等重大装备研制生产能力，提高性能，降低成本具有重大应用价值和广阔应用前景。

③ 卢秉恒，西安交通大学，中国增材制造技术领域的奠基者。1992 年，卢秉恒赴美作高级访问学者。在一次参观汽车模具企业时，他首次接触到快速成型技术在汽车制造业中的应用。1993 年回国后，卢秉恒带着 4 个博士生在简陋的实验室中开始了 3D 打印技术的研发历程。卢秉恒及其团队长期致力于先进制造技术的研究，主要开展增材制造、生物制造、微纳制造与高速切削机床等方面的科研和教学工作，开发了国际首创的紫外线快速成型机及具有国际先进水平的机、光、电一体化快速制造设备和一系列快速模具制造技术，发明了农业节水滴灌器抗堵结构及其一体化开发方法。自 1993 年以来，卢秉恒团队率先在国内开拓光固化快速成型制造系统研究，形成了一套国内领先的产品快速开发系统，其中 5 种设备、3 类材料已形成产业化生产。该系统可以大大缩短机电产品开发周期，对提高我国制造业竞争能力起到重要作用。

2016年，由卢秉恒牵头的增材制造国家研究院有限公司在西安挂牌成立。该院由西安交通大学、北京航空航天大学、西北工业大学、清华大学和华中科技大学5所大学发起，由增材制造装备、材料、软件生产及研发等领域的13家重点企业共同组建，汇聚国内外高端人才及相关国家重点实验室、工程中心和工程实验室等科研资源，为“中国制造2025”中的国内制造业的转型和创新发展提供了重要支撑。

④ 史玉升，华中科技大学。1998年，史玉升团队开始了“粉末材料快速成型技术与设备”的研发。2002年开发出打印尺寸为0.5m×0.5m的装备，其成果超过了当时代表国际最先进水平的美国3D Systems公司；2005年又研制出了打印尺寸为1m×1m的装备，成果远远超过国外同类装备系统。2012年，史玉升团队在大型复杂制件整体成型的关键技术方面又获得突破，成功研制出工业级的1.2m×1.2m工作面的快速制造装备，这在当时是世界上同类装备中成型空间最大的装备。

史玉升团队研究重点集中于粉末成型（包括选择性激光烧结快速成型、选择性激光熔化快速成型、激光/等静压复合近净成型）技术。团队建立了选择性激光烧结快速成型技术的成套学术体系与系统，在国内外200多家单位得到广泛应用，取得了显著的经济与社会效益；继德国后，在国内率先研制成功了采用半导体泵浦和光纤激光器的商品化SLM装备，为复杂精细金属零件/模具的直接快速成型提供了新的制造模式和手段；提出了将激光粉末快速成型与等静压技术复合起来近净成型制造高性能复杂结构零件的新思想；提出了随形冷却水道精密注射模数字化设计制造的新原理；开创了节水产品低成本快速开发理论与方法。他的许多研究得到广泛应用，经济效益明显，社会效益尤为显著。

⑤ 黄卫东，西北工业大学，1989年获西北工业大学工学博士学位。1995年开始激光立体成型的研究。在中国首先提出金属高性能增材制造的技术构思，授权首批专利，出版国内本领域唯一专著《激光立体成形》。主要研究领域为金属高性能增材制造技术（3D打印）、凝固与晶体生长理论、大型复杂薄壁铸件精密铸造技术。主要开发“激光立体成型”的3D打印技术，团队与中航飞机合作解决了C919飞机钛合金结构件的制造问题，形成具有自主知识产权的特色新技术。2007年，黄卫东团队研制并售出国内第一台大型金属3D打印商用化设备。

国际上公认：增材制造技术诞生于20世纪80年代，仅比喷墨打印机晚了4年，是基于材料堆积法的一种高新制造技术，被认为是近年来制造领域的一个重大成果。增材制造技术市场潜力巨大，让抽象变成现实，势必成为引领未来制造业趋势的众多突破之一。接下来让我们一起走进增材制造的神奇之旅，共同探讨增材制造的魅力。

二、增材制造技术原理

增材制造基本原理体现的是一种数学思维。

1. 离散-堆积原理

数学微积分的方法是先化整为零，再集零为整。增材制造的离散-堆积原理是从零件的三维CAD模型出发，通过软件分层离散，即按一定厚度切成薄层，将三维数据模型离散为有序的二维平面数据集合，利用数控成型系统，用逐层加工的方法将成型材料堆积而形成实体零件。增材制造的离散-堆积原理实际上是数据的离散和材料的堆积，如图0-7所示。

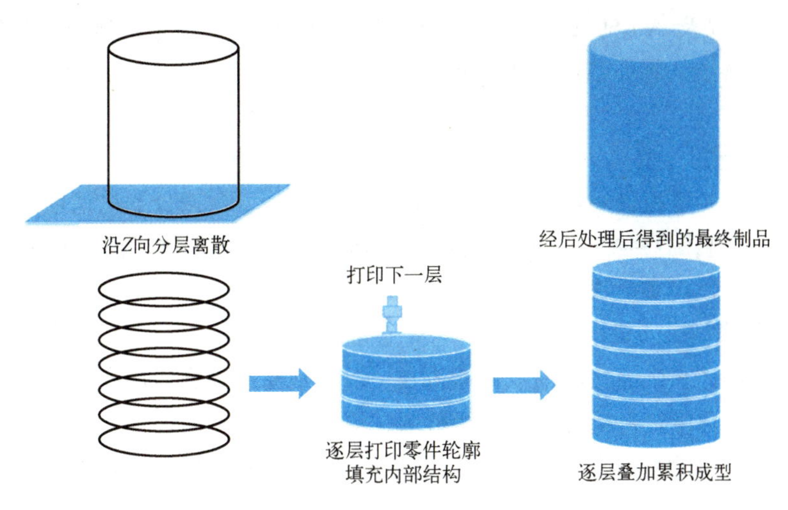

图 0-7 离散-堆积原理

2. 降维原理

增材制造把复杂的三维制造转化为一系列的二维制造，甚至是单维制造，再甚至是离散到点，因而可以在不用任何夹具和工具的情况下制造任意形状的零部件，极大地提高了生产效率和制造柔性。这也正是增材制造“不惧怕”复杂形状的原因。

三、增材制造技术实现路径

增材制造技术实现路径如图 0-8 所示。数字模型获得的方式主要有三种：计算机辅助设计模型、基于图像构建模型和逆向设计模型。

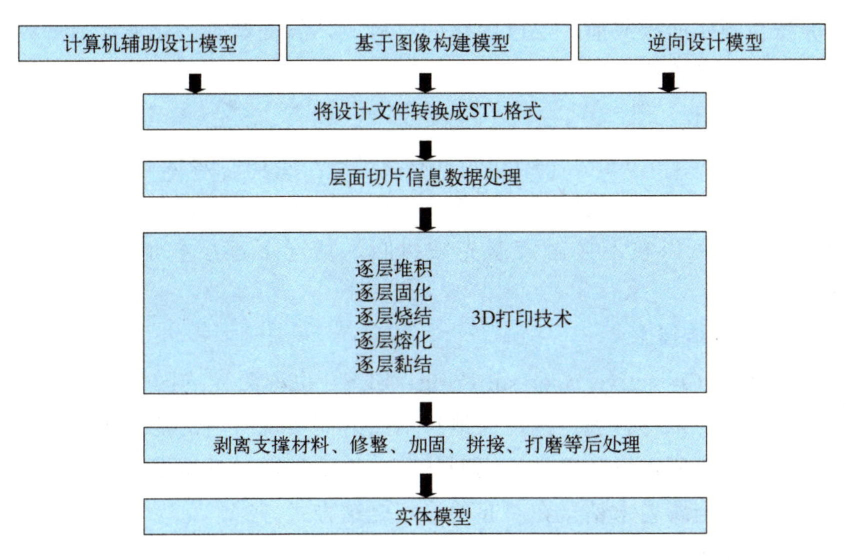

图 0-8 增材制造技术实现路径

1. 计算机辅助设计模型

从概念出发，根据产品的功能和用途进行正向设计，利用 3D 建模软件构建模型，采用从抽象到具体的思维方法。目前市场上有很多 3D 建模软件，其中包括 SketchUp、Blender

等3D建模产品，以及AutoCAD、UG、CATIA、3d Max、Pro/E、Maya等商业软件。它们专注于不同的领域，例如AutoCAD主要应用于工业设计，而Maya则主要应用于动画、影视方面。

2. 基于图像构建模型

这种建模方法需要提供一组物体不同角度的序列照片，利用计算机辅助工具，即可自动生成物体的3D模型。这种方法主要针对已有物体的3D建模工作，操作较为简单，自动化程度很高，成本低，真实感强。

3. 逆向设计模型

逆向设计是设计和产品之间的双向通道之一。它是通过综合运用专业人员的工程设计经验、知识和创造性思维，对已有产品进行解剖、消化和再创造的过程，是对已有设计的再设计。能在很短的时间内复制实物样件，从而可以缩短产品的开发周期，提高经济效益、生产能力和产品质量。

数据采集是逆向设计的基础，是产品形状数字化的过程，通过专用测量设备和测量方法获取实物表面离散点的三维坐标信息。通过三维扫描获得的测量数据，因存在一些缺陷不能被直接用来重建产品CAD模型，必须进行数据处理。因此，数据处理是逆向设计的关键环节。接下来就是利用逆向建模软件对产品进行逆向创新设计，最后经误差分析和优化设计获得产品三维数字模型。

四、增材制造主流技术

1. 熔融沉积成型技术

熔融沉积成型（fused deposition modeling，FDM）是将丝状热熔性材料加热熔融后从喷嘴挤出，沉积在制作面板或前一层已固化的材料上，温度低于固化温度后开始固化，通过材料的层层堆积形成最终成品。

2. 光固化成型技术

光固化成型（stereo lithography apparatus，SLA）是用特定波长与强度的激光聚焦到液态光敏树脂材料表面，利用光能的化学与热作用，按由点到线、由线到面的顺序选择性地固化液态光敏树脂，可以在不接触液态光敏树脂的情况下逐层叠加制造所需的三维实体模型。

3. 选择性激光烧结技术

选择性激光烧结（selective laser sintering，SLS）也称激光选区烧结，是指在激光束的热能作用下，对固体粉末材料进行选择性地扫描照射而实现材料的烧结黏合，并使烧结成型的固化层层层叠加生成所需形状零件的成型技术。烧结是通过低熔点金属或黏结剂的熔化将高熔点金属粉末或非金属粉末粘接在一起的液相烧结方式。

4. 选择性激光熔化技术

选择性激光熔化（selective laser melting，SLM）也称激光选区熔化，是指在激光束的热能作用下，选择性地熔化粉末床区域的金属或合金粉末，再经冷却凝固而成型的技术。通过层层选区熔化与叠加堆积，最终形成冶金结合、组织致密的金属零件。可以获得非平衡态过饱和固溶体及均匀细小的金相组织，力学性能与铸锻件相当。

5. 三维印刷成型技术

三维印刷（three-dimensional printing，3DP）成型技术类似于传统的 2D 喷墨打印，是最为贴合“3D 打印”概念的成型技术。3DP 与 SLS 类似，都是采用陶瓷、金属、石膏、塑料等粉末材料成型，所不同的是粉末材料不是通过高能量激光熔化烧结的，而是使用喷头将液态黏结剂按照零件的截面数据选择性地喷射到粉末表面并黏结成型的。在黏结剂中添加颜料，可以制作彩色原型，是一种高速多彩的增材制造工艺，如图 0-9 所示。

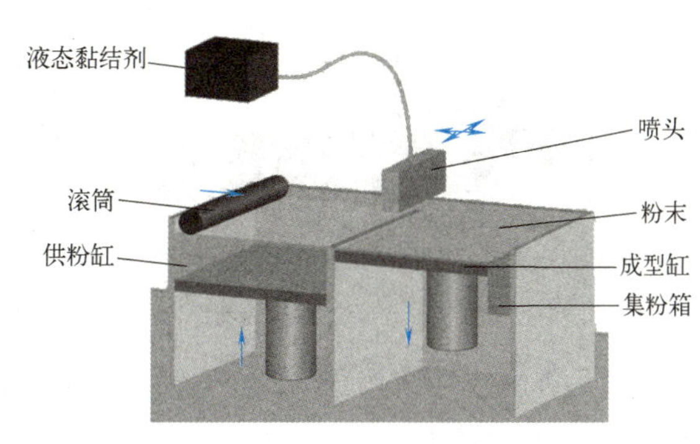

图 0-9 三维印刷成型原理

动画：三维印刷成型原理

（1）工艺过程　3DP 成型机主要由供粉缸（升降工作台）、成型缸（升降工作台）、喷头、滚筒、液态黏结剂（带有颜色）、粉末和集粉箱等组成。成型时，首先铺粉机构在工作台上铺上所用材料的粉末，喷头在计算机控制下，按照截面轮廓信息，在铺好的一层粉末材料上，有选择性地喷射黏结剂，使部分粉末黏结，形成截面轮廓。一层成型完成后，成型缸升降工作台下降一个层高，供粉缸升降工作台上升一定高度，推出若干粉末，并被铺粉滚筒推到成型缸，铺平并被压实，喷头再次在计算机控制下，按截面轮廓信息喷射黏结剂建造层面。铺粉时多余的粉末由集粉箱收集。如此循环，最终完成一个三维实体的成型。未喷射黏结剂的粉末为干粉，在成型过程中起支撑作用，且成型结束后，比较容易去除。

（2）优点　不需要激光器等高成本元器件。成型速度非常快（相比于 FDM 和 SLA），耗材很便宜，一般的石膏粉都可以，适合作桌面型的快速打印设备。能直接打印彩色，在黏结剂中添加颜料，可以制作彩色原型，无需后期上色，目前市面上打印彩色人像基本采用此技术，这也是该工艺最具竞争力的特点之一。成型过程不需要支撑，多余粉末去除方便，特别适合于制造内腔复杂的原型。

（3）缺点　因为是粉末黏结在一起，所以表面手感稍有些粗糙。此外，用黏结剂粘接的零件强度较低，只能做概念型模型，而不能做功能性试验。打印完成后，还需进行后处理，先回收未黏结的粉末，吹净模型表面多余的粉末，然后将模型用透明胶水浸泡，处理后模型的强度大大提高。

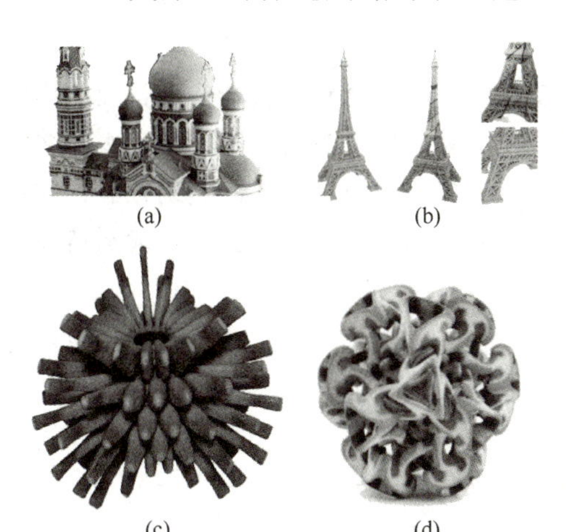

图 0-10 3DP 打印概念模型

（4）应用　3DP 打印概念模型如图 0-10 所示。

6. 薄材叠层成型技术

薄材叠层成型（laminated object manufacturing，LOM）又称分层实体制造，是以片材（如纸片、塑料薄膜、金属箔、陶瓷膜、复合片材）作为原材料，将薄层材料逐层黏结以形成实物的增材制造工艺，如图 0-11 所示。

动画：薄材叠层成型原理

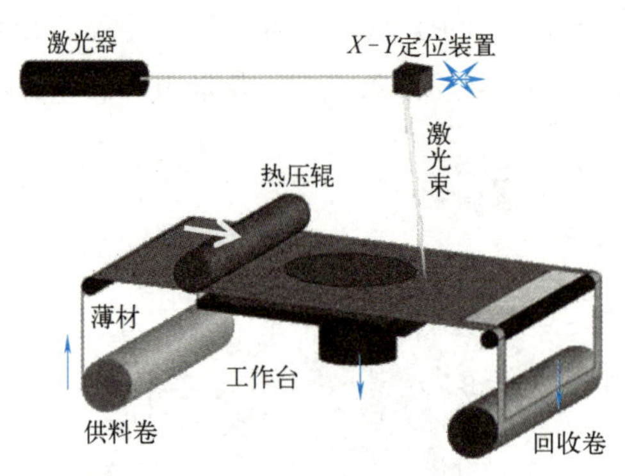

图 0-11 薄材叠层成型原理

（1）工艺过程　薄材叠层成型设备主要由激光器、材料传送机构、热压粘贴机构、升降工作台和控制系统等组成。首先由送料机构将底面涂有热熔胶的塑料薄膜或纸材等送至工作区域上方，然后用热压辊滚过材料，以固化黏结剂，使新铺上的一层牢固地粘接在已成型体上，再由激光切割系统在计算机控制下，根据模型横截面轮廓的切割轨迹，在材料上切割出轮廓线，同时将非模型实体区切割成网格，以便在成型件后处理时容易剔除废料。当本层完成后，升降工作台下降一个层厚（通常为 0.1～0.2mm），重复上述工作循环，如此反复，直到加工完毕，最后去除废料，就可以得到完整的三维实体制件。薄材热粘贴示意图如图 0-12 所示。

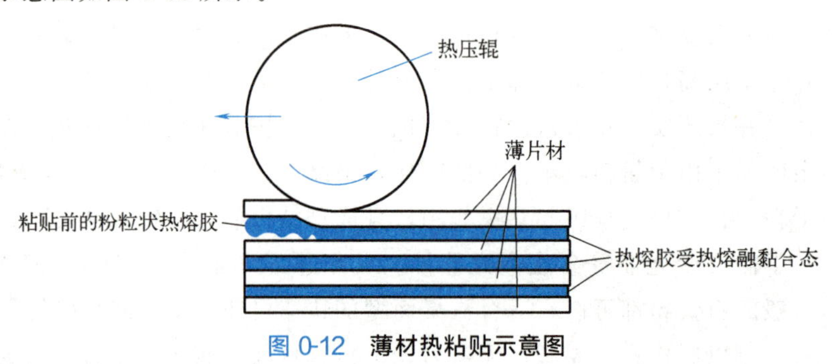

图 0-12 薄材热粘贴示意图

（2）优点　成型速度较快，由于只需要使切割头沿着物体的轮廓进行切割，无需扫描整个断面，所以是高速的成型工艺，而且零件体积越大，效率越高。设备无需设计和构建支撑结构，易于使用，无环境污染，成本低廉，后期维护简便。加工后的零件可进行切削加工，也可以直接使用，无需进行矫正。

（3）缺点　原型的抗拉强度和弹性不够好。可实际应用的原材料种类较少，目前常用的只是纸、塑料和陶瓷等，其他材料正在研制开发中。模型完成后，需要剥除余料，去除多余的废料相对比较烦琐，因此在打印前要设置好模型剥除切口，余料无法二次利用，有一定的浪费。原型表面有台阶纹理，成型后需进行表面打磨。原型易吸湿膨胀，因此，成型后应尽快进行表面防潮处理。不能直接制作塑料原型。

（4）应用　LOM 技术适合制作大中型原型件，翘曲变形较小，成型时间较短，使用寿命长，制件有良好的力学性能，适合于产品设计的概念建模和功能性测试零件的制作。

五、增材制造技术特点

1. 优点

①“不惧怕”复杂结构，以柔克刚。制造工艺与制造原型的几何形状无关，可以制造任

意复杂的三维实体零件，越是复杂曲面零件，越体现增材制造的突出优势。成型过程具有高度柔性，不需要专用的工具和夹具，就可以完成任意复杂形状的三维实体的制造，可减少生产准备时间；通过对CAD模型的修改重组，就可以获得新零件的设计和加工信息；高度技术集成，可实现设计制造一体化。

② 满足大众化定制、个性化生产需求，别“创”一格。也就是企业必须适应客户定制需求扩散化的社会需求特征，以普通顾客可以接受的价格提供能够满足其定制需求的产品或服务。

③ 加工时间短，生产成本低，一寸光阴一寸金。产品的制造成本与零件复杂程度无关，与产品批量无关，加工周期短，成本低，制造费用降低50%，加工周期节约70%以上。

④ 材料利用率高，增材制造，有增无减。制造原型的材料众多，金属、塑料、陶瓷、树脂、蜡、纸、砂、细胞、食品材料等均可使用，而且能最大可能地提高材料利用率。

⑤ 产品互换性高。由CAD模型直接驱动，进行数字化制造，原型复制性、互换性高。

⑥ 直接打印组装产品，多材料打印。不需要再组装，缩短了供应链。

⑦ 产品的数字化制造信息可以方便地通过网络进行传输，所以可以异地分散制造，降低交通运输成本。最极端的例子就是在太空飞船上配备3D打印机。

2. 缺点

① 强度。由于3D打印采用层堆积成型原理，普通3D打印件的强度比同类型材料利用传统工艺制造的零件的强度略低；金属3D打印方面，使用微米级钛金属颗粒均匀熔化凝固成型的产品，其构件的力学性能优于铸件性能。

② 精度。相对于传统制造工艺，打印成型零件的精度（包括尺寸精度、形状精度和表面粗糙度）通常较低。

③ 材料。打印材料种类有限，这也成为3D打印发展的主要瓶颈。

④ 成本效率。相对于批量化生产的零件来说，3D打印件的成本较高，生产效率较低。

六、增材制造技术应用

增材制造技术应用广泛，可遍及人们生活、工作的诸多领域。例如：航空航天、建筑装饰、交通运输、生物医疗、工业设计、文化创意、高等教育、地理信息、生活用品等领域。

1. 航空航天

我国长征五号运载火箭成功将一台国内自主研发的3D打印装备送入太空，并在太空中成功实现了失重状态下复合材料的3D打印试验，突破了我国3D打印技术在太空中应用的瓶颈，如图0-13所示。

2. 建筑装饰

2020年春，苏州工业园区3D打印的隔离屋在湖北咸宁中心医院正式“上岗”。隔离屋采用一体化成型，密封性和保温性均满足单独隔离需要，而且可随时移动拼接，使用方便，一台3D打印机24小时就可以打印出十几栋，如图0-14所示。

图0-15是全球最长高分子3D打印景观桥“流云桥”，于2021年亮相四川成都驿马河公园的景观湖。“流云桥”灵动变幻，好像舞动的丝绸，既满足功能和空间的设计诉求，又能

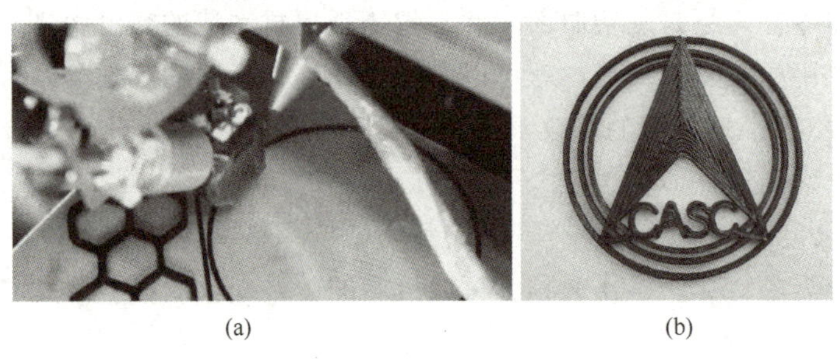

(a) (b)

图 0-13 太空 3D 打印

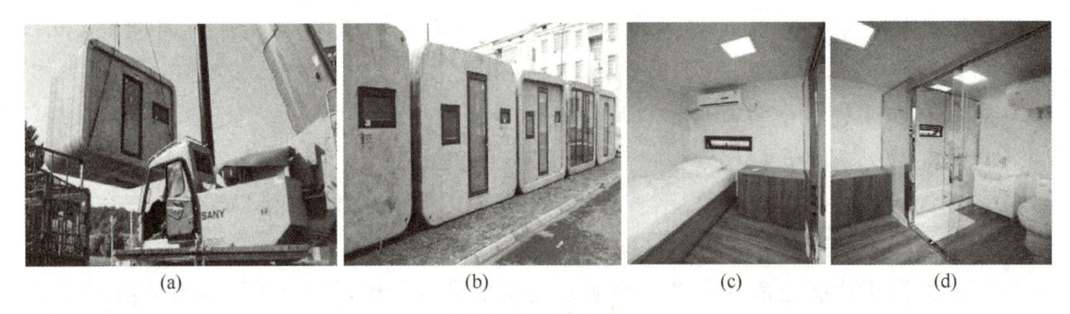

(a) (b) (c) (d)

图 0-14 隔离屋

带来艺术感的视觉体验。使用 12t 制作材料，仅用 35 天就打印完成。3D 打印助力建筑行业，为传统的建筑业插上了科技的翅膀，是科技与艺术的完美结合，也是高新科技和建筑艺术的跨界合作。

(a) (b)

图 0-15 流云桥

图 0-16 是水电站坝体设计模型。

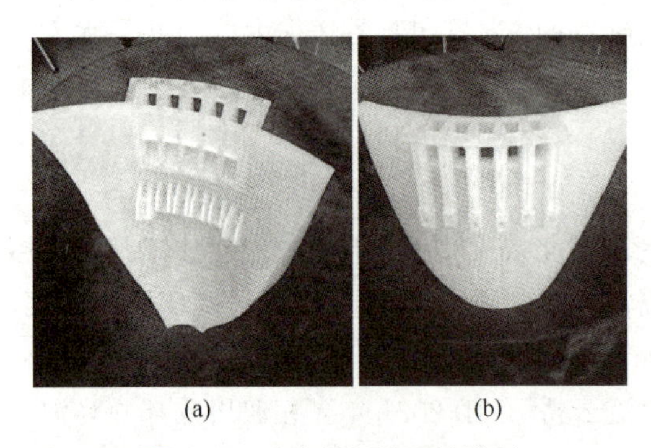

(a) (b)

图 0-16 水电站坝体设计模型

3. 交通运输

2019 年，某 3D 打印汽车初创企业展出了几款 3D 打印的电动微型汽车，如图 0-17 所示。它的独特优势是美观安全，开发和迭代速度特别快，可实现高度个性化定制。

4. 生物医疗

增材制造技术在生物医疗领域应用也非常广泛。

定制医疗模式是精准医疗的体现，能根据

(a)

(b)

图 0-17 3D 打印的电动微型汽车

病人的实际情况“量体裁械”，以满足个性化治疗需求，治疗效果好、副作用小。图 0-18 是个性化“私人定制”膝关节，只需 3 天就能打印出来。术前只需对患者进行精准 CT 扫描获得骨骼缺损的数据，利用三维重建系统逆向设计后，72 个小时内就能完成多孔钽（材料为钽粉）植入假体设计并打印出定制假体。图 0-19 是医学手术模型——人体病变骨骼，可为医生手术提供帮助和指导。

增材制造技术在口腔医学方面的应用更为广泛。传统义齿的设计与制作多依赖于牙科医生及口腔技师的临床经验和加工制作技术，存在患者就诊次数多、义齿加工制作步骤烦琐、牙列精确度不高等问题。近年来，随着数字化设计与制造技术的高速发展，义齿行业迎来了更大的发展机遇。数字化口内扫描技术可高效、精准、逼真地再现患者口内牙齿状况，使患者告别传统口腔取模带来的不适体验，为义齿技师设计牙体形态、优化邻牙关系、减小牙体误差提供可靠依据；数字化义齿加工的生产周期短、精度高，让义齿形态自然逼真、佩戴舒适、经久耐用，实现了医技无障碍衔接，为临床节约了大量宝贵时间。如图 0-20 所示。

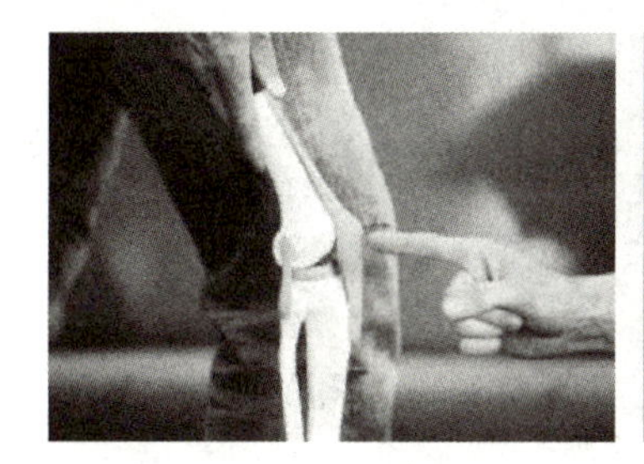
图 0-18 3D 打印膝关节

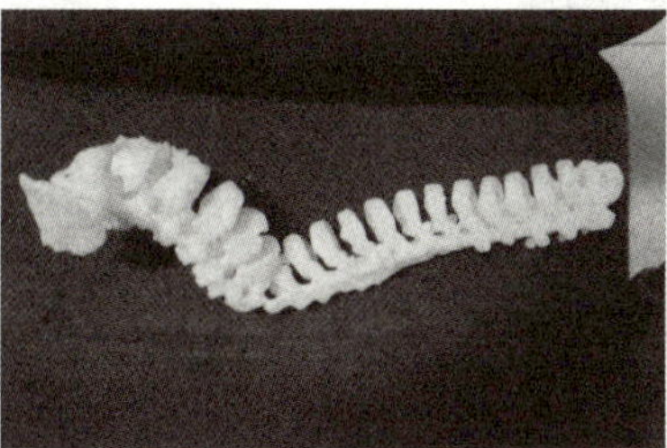
图 0-19 人体病变骨骼

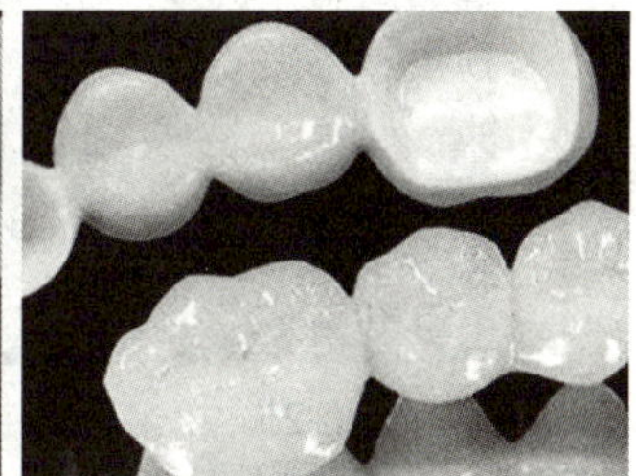
图 0-20 3D 打印的义齿

5. 工业设计

3D 打印技术可用于改善产品设计，通过打印“概念模型”，将设计以实物形态展示出来，以便于设计者观察。3D 打印技术除用于概念设计阶，还用于装配工艺检验（结构验证、功能验证、性能验证等），可有效指导零件、模具的工艺设计，进行产品装配检验，避免结构和工艺设计错误。发动机气缸模型如图 0-21 所示，叶轮模型如图 0-22 所示，泵体外壳模型如图 0-23 所示，电动机模型如图 0-24 所示。

6. 文化创意

利用增材制造技术可以打印个性化创意礼品、铭牌标识造型、动漫设计、文物仿真、艺术造型和人物影像等模型。动漫恐龙模型如图 0-25 所示。

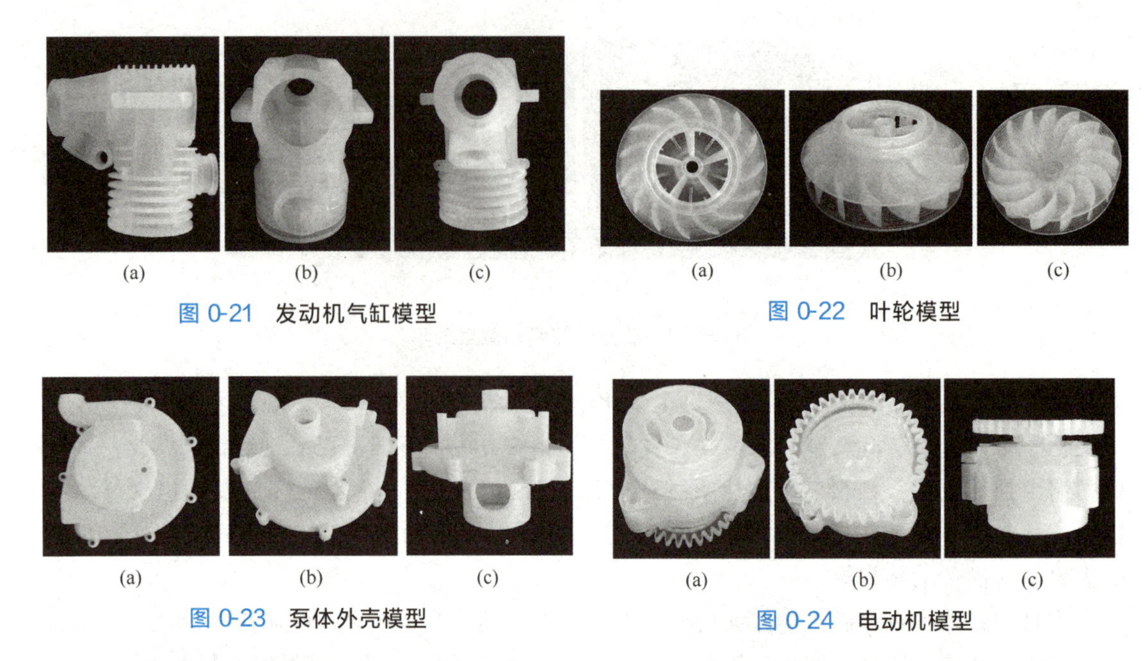

(a) (b) (c)

图 0-21 发动机气缸模型

(a) (b) (c)

图 0-22 叶轮模型

(a) (b) (c)

图 0-23 泵体外壳模型

(a) (b) (c)

图 0-24 电动机模型

7. 高等教育

增材制造在材料成型方面的应用也比较广泛，在高等院校教学中也有应用，图 0-26 是高等院校 3D 打印的砂芯。

图 0-25 动漫恐龙模型

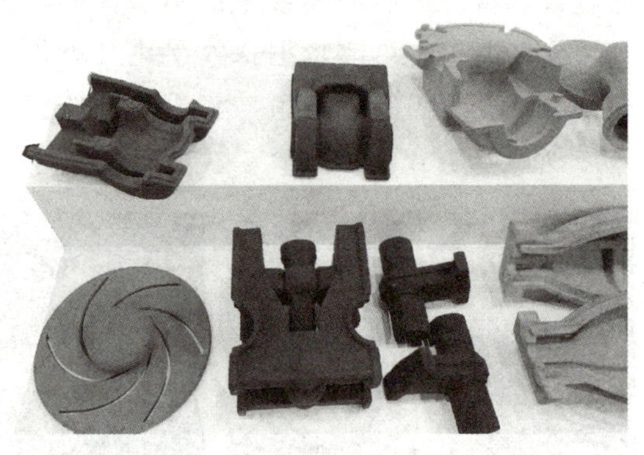

图 0-26 高等院校 3D 打印的砂芯

8. 地理信息

3D 打印的地貌地形模型如图 0-27 所示。

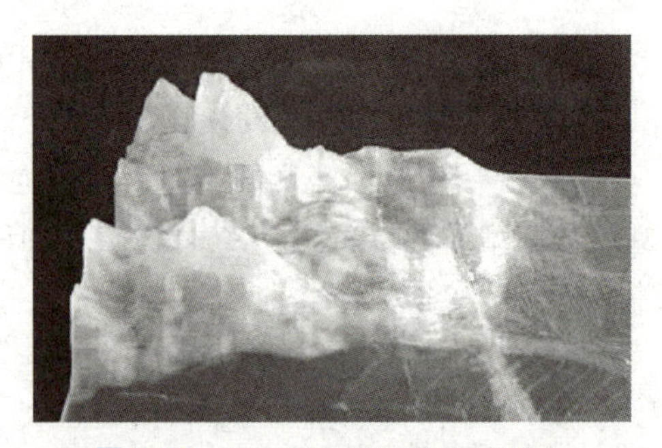

图 0-27 3D 打印的地貌地形模型

9. 生活用品

图 0-28 是几款 3D 打印的运动鞋、半透明质感的衣服、眼镜框和自行车座。

(a) (b) (c) (d) (e) (f) (g)

图 0-28 3D 打印生活用品

七、增材制造技术发展前景

3D 打印与传统 2D 打印最大的区别在于增加了另外一个方向的累积过程。如果 3D 打印是一个物体的逐层制造，那么 4D 打印就增加了第四维度——时间。4D 打印的物体一旦产生，就会对它的环境产生反应，并随着时间的推移而发生动态改变，由静止变为动态。4D 打印的物体是一种可编程的物体，通过编程设定物体所有时刻的形状，随着时间的推移，物体会按照预定过程发生形变，把能够自动变形的材料适当地内置到物料当中，不需要连接任何复杂的机电设备，就能按照产品设计自动变化成相应的形状。4D 打印正在成为现实，可能在生物清洗、超材料、自组装、服装等领域率先应用。

思考与练习

一、判断题

1. 增材制造是一种以数字模型文件为基础，将塑料或金属等材料通过逐层叠加的方式来构造物体的技术。(　　)

2. “3D打印”也可以理解为基本等同于“增材制造”。(　　)

3. 3D打印技术诞生于20世纪80年代，是基于材料堆积法的一种高新制造技术，被认为是制造领域的一个重大成果。(　　)

4. 3D打印技术是将CAD、CAM、CNC、laser、material等技术集成于一体的多学科交叉的先进制造技术。(　　)

5. 等材制造是指利用模具或模型控制工件成型，将液态或固态材料加工成具有一定形状、尺寸和使用性能的零件或产品。(　　)

6. 减材制造是指按照零件形状、尺寸和表面粗糙度要求，把基体上的多余材料有序地分离去除，以获得符合要求的制品的加工方法。(　　)

7. 铸造、锻压、冲压、塑料成型和粉末冶金等材料成型加工属于等材制造。(　　)

8. 传统的金属切削加工以及电火花加工、电解加工、激光加工和超声波加工等特种加工方法都属于减材制造。(　　)

9. 基于图像构建模型的建模方法需要提供一组物体不同角度的序列照片，利用计算机辅助工具，即可自动生成物体的3D模型。(　　)

10. 数据采集是逆向设计的基础，是产品形状数字化的过程。(　　)

11. 逆向设计是设计和产品之间的唯一通道。(　　)

12. 三维印刷（3DP）技术类似于传统的2D喷墨打印，是最为贴合“3D打印”概念的成型技术。(　　)

13. 三维印刷（3DP）技术是使用喷头将液态黏结剂按照零件的截面数据选择性地喷射到粉末表面并黏结成型的。在黏结剂中添加颜料，可以制作彩色原型，是一种高速多彩的3D打印技术。(　　)

14. 薄材叠层成型又称分层实体制造，主要以片材作为原材料，将薄层材料逐层黏结以形成实物的3D打印技术。(　　)

15. 薄材叠层成型时，将非模型实体区切割成网格，以便在成型件后处理时容易剔除废料。(　　)

16. 4D打印不可能成为现实。(　　)

17. 3D打印技术只是增材制造的一种。(　　)

18. STL格式的三维数据中，输出的小三角形数量越少，则成型件的精度越高。(　　)

19. 三维模型切片过程中，层高设置得过高，可能遗失两相邻切片层之间的小特征结构（如窄槽等）。(　　)

20. 所有的快速成型工艺，层厚越小，成型零件精度越低。(　　)

21. 设备的正常使用和做好设备的日常维护保养工作，是使设备寿命周期费用经济合理和充分发挥设备综合效率的重要保证。(　　)

22. 3D打印技术制造的金属零部件性能可超过锻造水平。(　　)

23. 传统方式无法加工的奇异结构，3D打印技术也无法加工。(　　)

24. 通过3D打印，利用患者自身的细胞基因“量身定制”所需器官，无需担心排斥反应。(　　)

25. 打印耗材使用后无需处理即可回收入库。(　　)

26. 不用一砖一瓦，不用瓦工泥匠，仅操作软件、新型建筑材料、打印喷头，就能“打印”出1∶1的房屋建筑。(　　)

二、填空题

增材制造的基本原理是（　　）和（　　）。

三、单选题

1. 3D打印属于（　　）制造？

A. 等材　　B. 减材　　C. 增材　　D. 手工业

2. 下列（　　）产品仅使用3D打印技术无法制造完成。

A. 首饰　　B. 手机　　C. 服装　　D. 义齿

3. 下列对于3D打印特点的描述，不恰当的是（　　）。

A. 对复杂性无敏感度，只要有合适的三维模型均可以打印

B. 对材料无敏感度，任何材料均能打印

C. 适合制作少量的个性化定制品，对于批量生产优势不明显

D. 虽然技术在不断改善，但强度和精度与部分传统工艺相比仍有差异

4. 一般来说，（　　）格式文件是3D打印领域的标准接口文件。

A. SAL　　B. LED　　C. STL　　D. RAD

5. 我国首次在太空中进行3D打印使用的材料是（　　）。

A. 金属钛　　B. 连续纤维复合材料

C. 光敏树脂　　D. 金属钢

6. 不属于快速成型技术的特点是（　　）。

A. 可加工复杂零件　B. 周期短，成本低　C. 实现一体化制造　D. 限于塑料材料

7. 3D打印具有（　　）的特点。

A. 整体加工、一体成型　　B. 累积成型

C. 逐层加工、累积成型　　D. 逐层加工

8. 3D打印未来的主要特点包括（　　）?

A. 智能化、云端化、网络化、数字化　　B. 智能化、云端化、个人化、数字化

C. 智能化、个人化、网络化、现代化　　D. 智能化、个人化、网络化、数字化

9. 3D打印特别适合于复杂结构的（　　）的产品制造。

A. 快速制造　　B. 个性化定制

C. 高附加值　　D. 快速制造、个性化定制、高附加值

10. 3D打印这种一层一层堆积起来做“加法”的工艺（增材成型）具有如下优点：（　　）刀具、模具，所需工装、夹具大幅度（　　），生产周期大幅度（　　）。

A. 不需要 减少 缩短　　B. 不需要 增加 缩短

C. 需要 减少 延长　　D. 需要 增加 缩短

11. 下列（　　）不属于3D打印机的耗材?

A. ABS塑料丝　　B. 聚乳酸（PLA）　　C. 聚碳酸酯（PC）　　D. 石灰粉

12. 对于强度和轻量化的工件，我们可以选择使用（　　）材料进行打印。

A. 碳纤维　　B. TPU　　C. 尼龙粉末　　D. PLA

13. 关于3D打印机的参数，下列说法错误的是（　　）。

A. 你用3D打印机能创造的最小物件不会小于线宽的4倍

B. 其实定位精度是机械的定位精度，目前的FDM桌面级3D打印机的机械精度大概是*XY*轴定位精度0.0128mm，*Z*轴定位精度0.0025mm

C. 分辨率是3D打印机最重要的指标，因为它直接决定了输出的精度，同时它又是最令人困惑的指标之一

D. 比较重要的一项参数是*Z*轴层的厚度（如果实际的成型精度确实能够达到的话）

14. 关于STL文件格式，错误的是（　　）。

A. STL文件格式具有简单清晰、易于理解、容易生成及易于分割等优点

B. STL文件分层处理只涉及平面与一次曲线求交

C. 分层算法极为复杂

D. 还可以很方便地控制 STL 模型的输出精度

四、多选题

1. 生产中，零件的制造方法有（　　）。

A. 增材制造　　B. 等材制造　　C. 减材制造

2. 3D 打印数字模型获得的方式主要有（　　）。

A. 计算机辅助设计模型　　B. 基于图像构建模型

C. 逆向设计模型

3. 下列选项中是 3D 打印主流技术的有（　　）。

A. FDM 技术　　B. SLA 技术　　C. SLS 技术　　D. 3DP 技术

五、简答题

简述 3D 打印的突出优点。

项目一 熔融沉积成型工艺与实施

◉ 学习目标

1. 知识目标

（1）掌握熔融沉积成型原理。

（2）熟悉熔融沉积成型材料、特点及应用领域。

2. 技能目标

（1）能熟练操作 FDM 切片软件。

（2）能利用 FDM 切片软件处理零件的数据模型并设置合理的打印参数。

（3）能熟练操作熔融沉积成型设备并完成零件的 3D 打印。

（4）能根据需求进行 3D 打印后处理。

（5）能维护保养熔融沉积成型设备，并能排除设备常见故障。

3. 素质目标

培养学生的团队合作精神。

◉ 增材制造模型设计职业技能等级证书考核要求

通过本项目的学习，能够系统地了解 FDM 工艺，掌握零件数据修复与优化方法和 FDM 设备操作技能。包括 FDM 工艺、工艺编制、数据处理、设备操作、过程监控、零件后处理、质量检测和产品性能提升以及 FDM 设备装调与维护等。

必备知识

>>> 沧海遗珠拓知识

一、熔融沉积成型原理

1. 熔融沉积成型工艺

熔融沉积成型是将丝状热熔性材料加热熔融后从喷嘴挤出，沉积在制作面板或前一层已固化的材料上，温度低于固化温度后开始固化，通过材料的层层堆积形成最终成品。

2. 熔融沉积成型原理

众所周知，燕子的巢穴是靠燕子衔泥筑造而成，如图 1-1 所示。生活中，我们常常会看到燕子衔泥筑巢的场景，巢穴位置一般选择在屋檐下，燕子先啄取湿泥，混合着唾液和稻草等，用嘴巴把它挤压成丸状，然后一点一点构筑起属于它们自己的温馨的家。

(a) (b)

图 1-1 燕子衔泥筑巢

熔融沉积成型原理与燕子衔泥筑巢类似，如图 1-2 所示。丝状热塑性材料首先由送丝机构送至喷头，并在喷头中加热至熔融态。然后喷头在计算机控制下，根据加工工件截面轮廓信息做 X、Y 方向运动，工作台则沿垂直高度做 Z 轴方向的运动（也有部分成型设备喷头做 X、Z 方向运动，工作台沿 Y 轴方向运动）。随着喷头的运动，熔融材料被选择性地涂覆在工作台或已成型表面，在 0.1s 内快速冷却凝固后，形成加工工件的截面轮廓。当一层成型完成后，工作台沿 Z 轴下降一个层高，喷头再进行下一层的涂覆，如此反复，逐层沉积，直到最后一层，最终成型三维造型。FDM 工艺要求环境温度适宜，要尽量提供一个恒温环境，防止产品翘曲和开裂。送丝要求平稳可靠，避免断丝或积瘤。

动画：熔融沉积成型原理

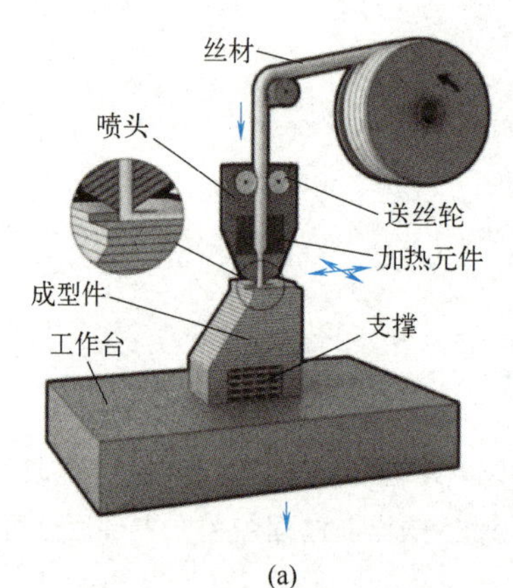

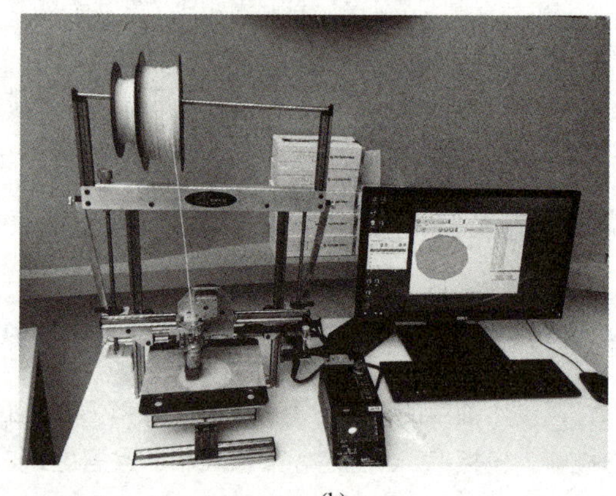

(a) (b)

图 1-2 熔融沉积成型单喷头装置

FDM 制造中，每一层都是在上一层（或制作面板）的基础上堆积而成，上一层（或制作面板）对当前层起到支撑和定位的作用。随着高度的增加，层片轮廓的面积和形状都会发生变化，当形状发生较大变化时，上一层轮廓就不能给当前层提供充分的支撑和定位，这就需要设计一些辅助结构——“支撑”，以保证成型过程顺利进行，如图 1-3 所示。

思政拓展：港珠澳大桥桥墩

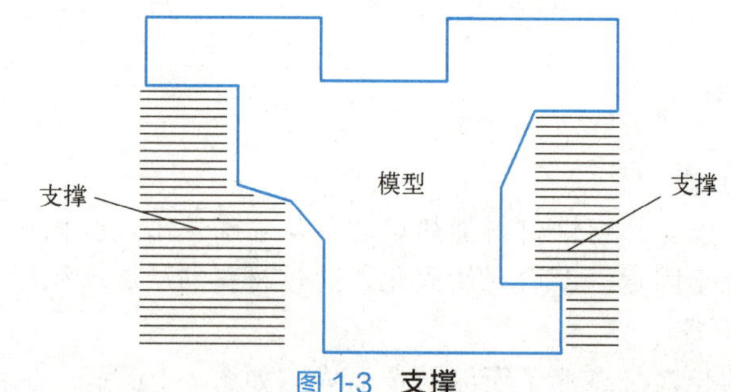

图 1-3 支撑

FDM工艺在原型制作时需要同时制作支撑，支撑可以用同一种材料制作，也可以用不同种材料制作。用同一种材料制作支撑时，采用单喷头装置，单喷头熔融沉积成型三鹿模型如图1-4所示。

为了节省成本和提高沉积效率，新型FDM工艺采用双喷头装置，如图1-5所示。一个喷头用于沉积模型材料制作零件，另一个喷头用于沉积支撑材料制作支撑。一般来说，模型材料丝精细而且成本较高，沉积的效率较低；而支撑材料丝较粗且成本较低，沉积的效率较高。双喷头的优点是除沉积过程中具有较高沉积效率和可降低模型制作成本外，还可以灵活地选择具有特殊性能的支撑材料，以便于后处理过程中支撑材料的去除，如水溶性材料、低于模型材料熔点的热熔材料等。

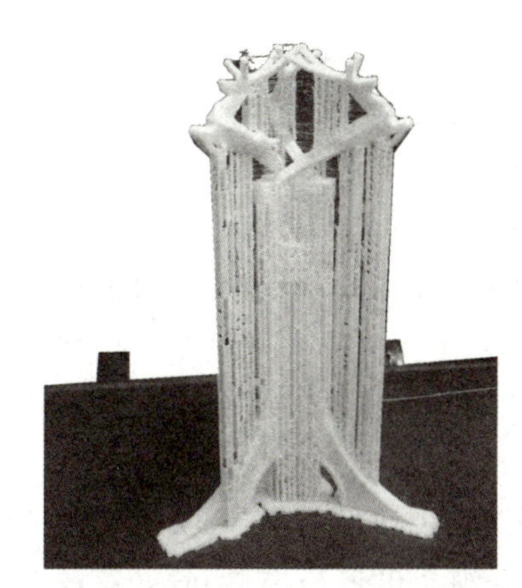

图1-4 单喷头熔融沉积成型三鹿模型

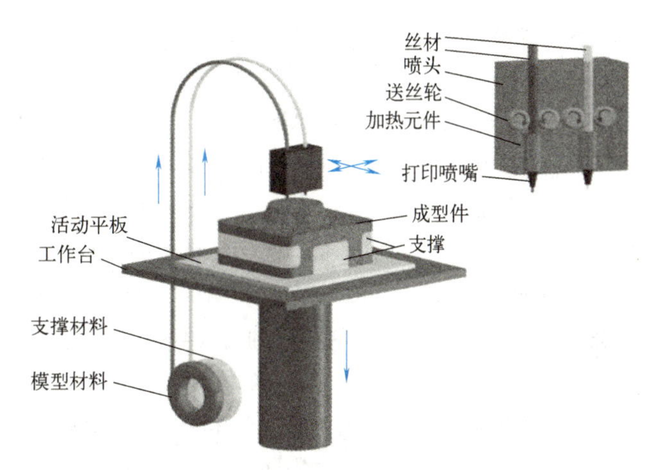

图1-5 熔融沉积成型双喷头装置

双喷头熔融沉积成型产品如图1-6所示。

图1-6 双喷头熔融沉积成型产品

二、熔融沉积成型材料

1. FDM材料特点

FDM工艺一般采用低熔点丝状材料。高分子塑料丝材是利用塑料挤出机制备的，将塑料颗粒加入挤出机料筒内加热熔融，使之呈黏流状态，在挤出机挤压系统作用下，通过具有与丝材截面形状相仿的口模，成为形状与口模相仿的黏流态熔体，经冷却定型，便成为具有一定几何形状和尺寸的连续塑料丝材，再卷绕成卷制备成品，如图1-7所示。

图1-7 塑料丝材

FDM材料主要分为两类：一类是模型材料；另一类是支撑材料。FDM工艺对模型材料的要求是熔融温度低、黏度小、黏结性好、收缩率小。影响材料挤出过程的主要因素是黏度。材料的黏度小、流动性好，阻力就小，有助于材料顺利挤出。材料的流动性差，需要很大的送丝压力才能挤出，会增加喷头的启停响应时间，从而影响成型精度。

FDM 工艺对支撑材料的要求是能承受一定高温、与模型材料不浸润、具有水溶性或酸溶性、熔融温度较低、流动性好。FDM 支撑材料的强度不能太高，且应与模型材料易于分离，成型后易于去除。FDM 支撑材料有水溶性和剥离性两种类型。水溶性支撑材料可以通过碱性溶液水洗去除，存放时要注意防潮。剥离性支撑材料可以直接剥离去除。水溶性支撑材料因为不用考虑机械式的移除，所以可以很细小，因而应用更广泛。

2. FDM 材料的种类

FDM 材料有多种类型，常用材料如 PLA（聚乳酸）、ABS（丙烯腈-丁二烯-苯乙烯共聚物）、PC（聚碳酸酯）、PC-ABS（ABS 与 PC 的混合料）、TPU（热塑性聚氨酯弹性体）、PEEK（聚醚醚酮）和 PA（聚酰胺、尼龙）等。

① PLA（polylactic acid，聚乳酸）是一种新型的可生物降解的热塑性塑料，使用可再生的植物资源所提出的淀粉原料制成，如玉米、甜菜、木薯和甘蔗等。因此，基于 PLA 的 3D 打印材料比其他塑料材料更加环保，甚至被称为“绿色塑料”。由于 PLA 具有生物可降解性，良好的热塑性、可加工性、生物相容性及较低的熔体强度等优异性能，用它打印出的模型更容易成型，表面光泽，并且色彩艳丽。PLA 在打印过程中不会像 ABS 塑料那样释放出刺鼻难闻的气味，所以它相对安全，适合在家里或教室使用。这种材料的冷却收缩没有 ABS 那么强烈，仅是 ABS 塑料的 1/10～1/5。即使打印机没有配备加热平台，也能成功完成打印。

PLA 塑料因其卓越的可加工性和生物可降解性，已成为目前市面上所有 FDM 工艺的桌面型 3D 打印机最常使用的材料，也是 3D 打印爱好者最喜欢使用的材料。PLA 塑料打印的阁楼如图 1-8 所示。

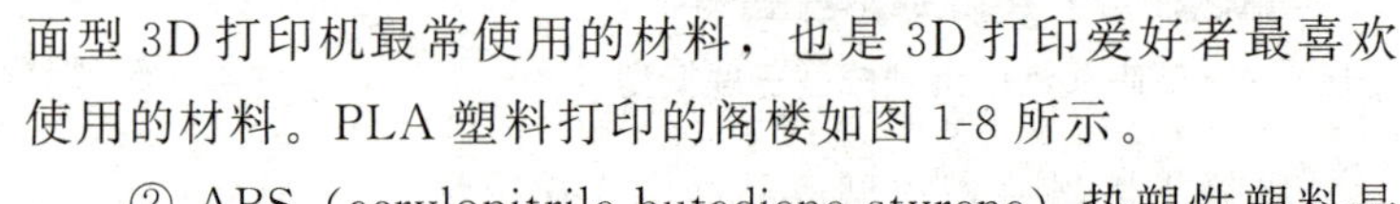

图 1-8　PLA 塑料打印的阁楼

② ABS（acrylonitrile butadiene styrene）热塑性塑料是丙烯腈、丁二烯和苯乙烯的共聚物，A 代表丙烯腈，B 代表丁二烯，S 代表苯乙烯。丙烯腈具有高强度、热稳定性及化学稳定性，丁二烯具有坚韧性、抗冲击特性，苯乙烯具有易加工、高强度的特点。ABS 塑料是目前产量最大、应用最广泛的聚合物之一，它将丙烯腈、丁二烯和苯乙烯的各种性能优点有机地结合起来。ABS 塑料具有优良的综合性能，其强度、柔韧性、机械加工性优异，并具有较高的耐温性，价格便宜，经久耐用，稍有弹性，质量轻，容易挤出，是工程机械零部件优先采用的塑料，非常适用于 3D 打印，受欢迎程度仅次于 PLA 塑料。目前，乐高玩具使用的就是这种材料。

ABS 塑料也有很多缺点。首先，熔点比 PLA 更高，通常为 210～250℃；其次，由于 ABS 的冷却收缩性，在打印过程中模型易与打印平台产生脱离，所以，在打印 ABS 的过程中，必须对平台加热，目的是防止打印的第一层冷却太快产生翘曲和收缩；此外，ABS 在打印过程中有毒物质的释放量远远高于 PLA，会产生气味，因此在打印 ABS 时，打印机需要放置在通风良好的区域，或打印机采用封闭机箱并配备空气净化装置。ABS 塑料打印的中国馆如图 1-9 所示。

③ PC（聚碳酸酯）是一种热塑性塑料，具备工程塑料的所有特性，如高强度、耐高温、抗冲击、抗弯曲。PC的强度比ABS高60%左右，具备超强的工程材料属性。由PC材料制作的零部件可以作为最终零部件直接装配使用。聚碳酸酯用途广泛，可用来制造齿轮、凸轮、蜗轮及电器仪表零件等。又由于它具有高达85%的透光率，故可用于制作大型灯罩、防护玻璃、飞机驾驶室挡风玻璃等。

图 1-9 ABS 塑料打印的中国馆

④ PC-ABS材料是ABS与PC的混合料，是一种应用最广泛的热塑性工程塑料，具备ABS塑料的韧性和PC塑料的高强度及耐热性，大多应用于汽车、家电及通信行业。使用PC-ABS材料能制作出热塑性部件，包括概念模型、功能原型、制造工具及最终零部件等。

⑤ TPU（thermoplastic polyurethanes）是热塑性聚氨酯弹性体，是一种柔性材料。TPU耐磨、耐油，透明且弹性好，通常用于汽车部件、家用电器、医疗用品、日用品、体育用品、玩具和装饰材料等领域。无卤阻燃TPU还可以代替软质PVC以满足越来越多领域的环保要求。增材制造用TPU是介于橡胶和塑料之间的一种成熟的环保材料。使用柔性材料可以制造伸展性特别好的物体，但打印时难度较大，特别是对于远端送料的增材制造设备，很难控制柔性材料的进退。TPU打印的模型如图1-10所示。

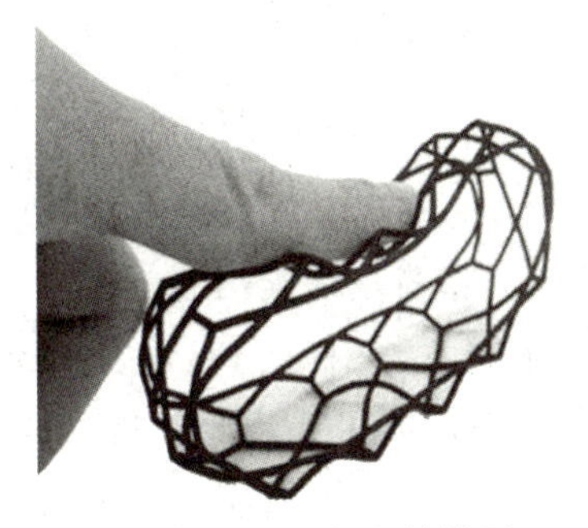

图 1-10 TPU 打印的模型

⑥ PEEK（聚醚醚酮）是一种半结晶热塑性塑料，具有优异的力学性能，具有自润滑性、化学稳定性、耐辐射和优异的电气绝缘性能等，耐高温性能十分突出，可在250℃下长期使用，被认为是世界上性能最好的工程热塑性塑料之一。PEEK常用于要求苛刻的应用，例如航空航天、汽车、电子电气和医疗等领域。在生物医学领域，聚醚醚酮具有优良生物相容性，和金属材料的植入体相比，其弹性模量和人骨弹性模量更接近，能够满足人体正常的生理需要，是一种良好的骨科植入物材料。

PEEK作为增材制造材料可制造机械零部件以及骨科植入物，但由于PEEK熔点较高，多数设备喷头工作性能不足以更好地熔化PEEK，这个问题给PEEK在FDM工艺中的应用带来一定的难度。PEEK打印的汽车零件如图1-11所示。

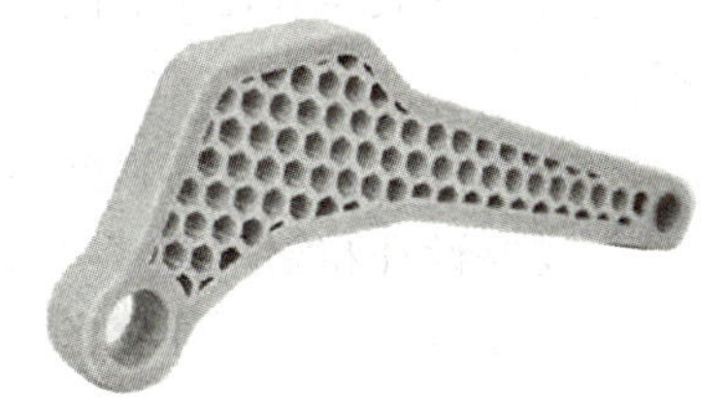

图 1-11 PEEK 打印的汽车零件

⑦ 尼龙（polyamide，PA）又称聚酰胺树脂，外观为白色至淡黄色颗粒，尼龙制品表面有光泽且坚硬。常用增材制造用尼龙材料有PA6、PA11和PA12。尼龙具有优良的韧性、耐磨性、耐疲劳性，在工业上应用广泛。可用于制造具有自润滑作用的齿轮和轴承。在航空和汽车领域，FDM打印尼龙可制作工具、夹具和卡具以及用于制造内饰板、低热进气组件以及天线罩的原型。在消费品开发方面，可制作用于卡扣面板以及防冲击组件的耐用原型。尼龙耐油性

好，阻透性优良，无臭无毒，也是性能优良的包装材料，可长期存储油类产品，如制作油管等。

各种常用FDM材料性能如表1-1所示。

表1-1 常用FDM成型材料性能

简称	中文名称	最佳打印温度/℃	密度/(kg/dm^3)	抗拉强度/MPa	抗弯强度/MPa	冲击韧度(缺口)/(kJ/m^2)
PLA	聚乳酸	190～210	1.25～1.28	40～60	90	20～60
ABS	丙烯腈-丁二烯-苯乙烯共聚物	210～230	1.02～1.16	50	80	11
PC	聚碳酸酯	220～230	1.20	72	113	55.8～90
PC-ABS	ABS与PC的混合料	230～265	1.14	41	68	196
TPU	热塑性聚氨酯弹性体	210～230	1.14～1.22	30～60		
PEEK	聚醚醚酮	380～400	1.5	98	162	11
PA	聚酰胺	240～260	1.10～1.15	70	96.9	11.8

三、熔融沉积成型工艺特点

1. FDM工艺优点

① FDM制造系统结构简单、操作方便、运行安全，无毒性、无异味、无粉尘和噪声等，不产生化学物质的污染，可用于办公环境。不需要专用场地，节省场地支出。

② FDM工艺可选用多种成型材料，如各种颜色的工程塑料PLA、ABS、PC以及ABS与PC的混合料等。成型材料强度、韧性优良，制件的翘曲变形小，可用于装配功能测试。原材料以材料卷的形式提供，易于搬运和快速更换。

③ 采用水溶性支撑材料，使去除支撑结构简单易行，可快速构建瓶状或中空等复杂零件以及一次成型的装配结构件。一次成型、易于操作且不产生垃圾。

④ FDM增材制造设备不需要激光器等昂贵部件，且原材料利用率高，成本较低，有利于FDM工艺的推广和应用。

2. FDM工艺缺点

① 成型件表面有较明显的条纹，存在“台阶效应”，表面光洁度较差，成型精度相对较低。

② 与截面垂直的方向强度小，不宜进行二次加工。

③ 需要设计和制作支撑结构。

④ 需要对整个截面进行扫描涂覆，成型时间较长，成型速度相对较慢，不适合构建大型零件。

⑤ 原材料价格昂贵。

⑥ 喷头容易发生堵塞，不便维护。

FDM工艺与SLA、LOM、SLS/SLM工艺在成型速度、原型精度、制造成本、复杂程度、零件大小和常用材料等方面的比较情况如表1-2所示。FDM工艺与SLA、SLS工艺在设备、成本、操作难易、材料种类、性能及生产应用等特性的比较如表 1-3 所示。

表 1-2　增材制造工艺方法比较

指标	FDM	SLA	LOM	SLS/SLM
成型速度	较慢	较快	快	较慢
原型精度	较低	高	较高	较低
制造成本	较低	较高	低	较低
复杂程度	中等	复杂	简单	复杂
零件大小	中小件	中小件	中大件	中小件
常用材料	石蜡、尼龙、ABS、低熔点金属等	液态光敏树脂等	纸、金属箔、塑料薄膜等	石蜡、塑料、金属、陶瓷等粉末

表 1-3　FDM 工艺与 SLA、SLS 工艺特性比较

比较项	FDM	SLA	SLS
设备价格	★★		
操作成本	★★		
维修成本	★★		
设备操作难易程度	★★		
后处理	★★		★
占地空间、电力需求、电力环境等	★★		
材料种类	★		★★
材料实用性	★★		★
材料弹性	★★		
材料强度	★★	★	★
材料抗剪性	★★		
材料抗拉性	★★		
建造速度	★	★	★
生产能力	★	★	★
零件精度及表面粗糙度	★	★★	★
生产应用	★	★	★

注：★为优势符号。

四、熔融沉积成型应用领域

FDM 设备采用降维制造原理，将原本很复杂的三维模型根据一定的层厚分解为多个二维图形，然后采用逐层堆积法还原制造出三维实体。FDM 工艺主要应用于汽车、机械、航空航天、家电、通信、电子、建筑、医学和玩具等领域产品的设计开发过程，如产品外观评估、方案选择、装配检查、功能测试、用户看样订货、塑料件开模前校验设计以及少量产品制造等，也应用于大学及研究所等机构。用传统方法需几个星期、几个月才能制造的复杂产品原型，用 FDM 工艺无需任何刀具和模具，很快便可完成。FDM 工艺现在已经广泛应用于制造行业，产品生产成本较低，生产周期较短，生产效率大大提高，给企业带来了较大的经济效益。

任务一　摩托车发动机缸体检测夹具

任务单

任务描述	利用熔融沉积成型工艺完成摩托车发动机缸体检测夹具的 3D 打印任务
任务内容	1. 摩托车发动机缸体检测夹具模型分析 2. 摩托车发动机缸体检测夹具 3D 打印数据处理与参数设置 3. 摩托车发动机缸体检测夹具 3D 打印制作 4. 摩托车发动机缸体检测夹具 3D 打印后处理
任务载体	检测面 图 1-12　摩托车发动机缸体 检测夹具 图 1-13　检测夹具

任务引入

职业技能等级证书要求描述：产品需求分析、产品外观与结构设计

某企业大批量生产摩托车发动机缸体，如图 1-12 所示。现需对发动机缸体的一个面进行检测，由于发动机缸体外形形状不规则，无法利用常规量具检测这个面的高度，所以需要根据检测面的位置，设计并制造检测夹具，如图 1-13 所示。采用传统工艺制造检测夹具用时长、人力物力消耗大，而采用增材制造工艺，无需任何工模具，很快便可制造出来，生产周期短，产品成本低。

任务分析

职业技能等级证书要求描述：产品制造工艺设计

发动机缸体利用外表面定位，检测高度时，需保证其定位可靠，因此要求尽量提高检测夹具表面质量，以减少打磨等后处理的工作量和保证模型精度。由于该检测夹具对材料力学性能要求不高，所以选用比较轻巧的 PLA 塑料丝，丝材直径为 $\phi 1.75$mm，利用熔融沉积成型该检测夹具，具体流程如图 1-14 所示。

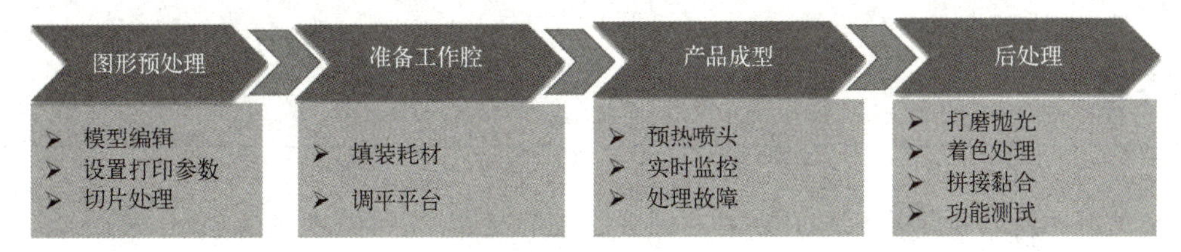

图 1-14　摩托车发动机缸体检测夹具 FDM 打印流程

任务实施 1　模型分析

>>> 技巧点拨提技能

摩托车发动机缸体检测夹具设计为底座式结构，由定位和夹紧等部分组成，由图 1-15 可以看出，检测夹具主体为实体，仅顶部有一悬梁，因此 3D 打印容易实现。

从打印质量、打印成本、打印时间和后处理难易程度等方面对检测夹具成型方向进行分析，如表 1-4 所示。

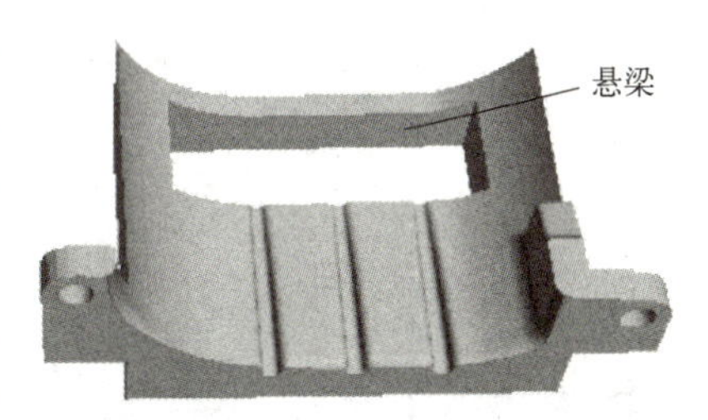

图 1-15　检测夹具

表 1-4　检测夹具成型方向分析

比较项	最小 *XY* 投影	最小支撑面积	最小 *Z* 高度
方向图示			
打印质量	表面质量高，检测面精度高，最佳方向	表面质量较差	表面质量差，检测面精度低
打印成本	支撑耗材少，成本低	支撑耗材较少，成本较低	支撑耗材多，成本高
打印时间	打印时间短	打印时间较长	打印时间长
后处理难易程度	支撑去除容易，打磨量小	支撑去除较困难，打磨量较大	支撑去除困难，打磨量大

本任务中成型方向选择最小 *XY* 投影方向，即检测夹具底座与打印平面接触，顶部悬梁处需要加支撑结构以保证成型。

评价单

请填写“模型分析任务评价表”，对任务完成情况进行评价，见表1-5。

表1-5 模型分析任务评价表

班级： 学号： 姓名：

评价点	评价比例	★★★	★★	★	自我评价	小组评价	教师评价
结构分析	20%	能合理分析模型的结构和组成部分;能独立判断模型是否满足3D打印条件	能较为合理地分析模型的结构和组成部分;能判断模型是否满足3D打印条件	能在小组成员协助下完成模型的结构和组成部分的分析任务;能在小组成员协助下判断模型是否满足3D打印条件			
模型摆放	30%	能根据任务描述和检测夹具模型信息，全面对比打印质量、打印成本、打印时间及后处理难易程度等因素，合理选择模型摆放的角度和方位	能根据任务描述和检测夹具模型信息，对比打印质量、打印成本、打印时间及后处理难易程度等因素，合理选择模型摆放的角度和方位	能根据任务描述和检测夹具模型信息，在小组成员协助下对比打印质量、打印成本、打印时间及后处理难易程度等因素，选择模型摆放的角度和方位			
支撑添加	40%	能全面考虑模型用途、结构、摆放角度、方位及支撑剥离难易程度等因素，合理选择添加支撑的位置和类型	能较为全面地考虑模型用途、结构、摆放角度、方位及支撑剥离难易程度等因素，合理选择添加支撑的位置和类型	能在小组成员的协助下根据模型用途、结构、摆放角度、方位及支撑剥离难易程度等因素，合理选择添加支撑的位置和类型			
反思与改进	10%						

任务实施 2　3D 打印数据处理与参数设置

活动 1　检测夹具模型数据处理与参数设置

>>> 技巧点拨提技能

职业技能等级证书要求描述：模型数据处理与参数设置

检测夹具模型数据处理与参数设置是在 FDM 切片软件中完成的，打印材料选用 PLA，丝材直径为 ϕ1.75mm。FDM 切片软件具体操作方法详见附录 3。

双击程序快捷图标，打开 FDM 切片软件。

程序：FDM 切片软件

知识拓展：增材制造数字模型的基本要求

模型下载：检测夹具

一、添加机器平台

点击“文件”或“机型”菜单，再点击“机型设置”命令，弹出“机型设置”对话框，如图 1-16 所示。点击“添加机器”按钮，利用“添加新机器向导”添加机器平台，然后再根据打印机的相关参数，完成机型设置。如果已经添加该机器平台，此步骤忽略。

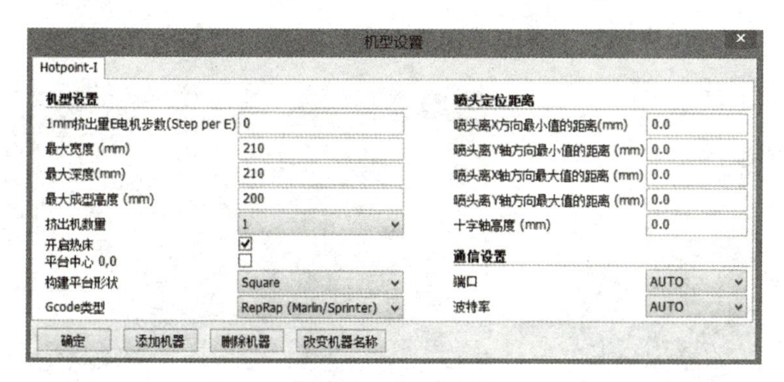

图 1-16　机型设置

视频：FDM 切片软件基本操作

二、导入模型

点击“文件”菜单，再点击“打开模型”命令，系统弹出“打开 3D 模型”对话框，找到 STL 文件位置，然后选中“检测夹具”点击“打开”按钮，STL 文件将自动添加到成型平台中心或预先设置好的位置，如图 1-17 所示。

用户也可以在主窗口中点击左上角“Load”按钮（按“Ctrl+L”组合键），打开检测夹具 STL 文件。还可以在文件夹中选择检测夹具 STL 文件，按住鼠标左键将其拖动到模型显示工作区，如图 1-18 所示。旋转鼠标中键可以将视图放大或缩小，按住鼠标右键拖动可以旋转视图，按 Shift+鼠标右键拖动可以移动视图。

提示：FDM 切片软件可以同时导入多个模型。对于复杂的模型，可以先设定好参数，然后再导入模型，避免每改动一个参数计算机都要重新进行计算。

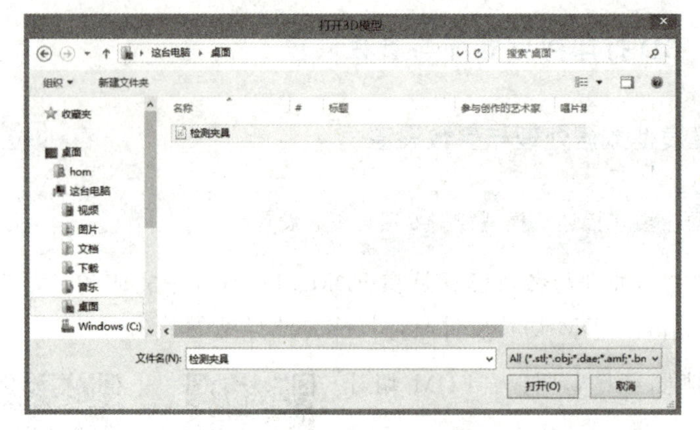

图 1-17　打开 3D 模型

视频：FDM 切片软件模型操作

三、模型编辑

用鼠标左键点击检测夹具模型，激活后的模型高亮显示，显示区左下角会自动弹出 3 个按钮，如图 1-19 所示。按住鼠标左键拖动，可以将模型平移到成型平台中的任意位置，也可以通过 3 个按钮旋转、缩放和镜像模型。由于检测夹具的角度方位已是最佳状态，尺寸大小前期也已经设置好，所以此处不需要更改。

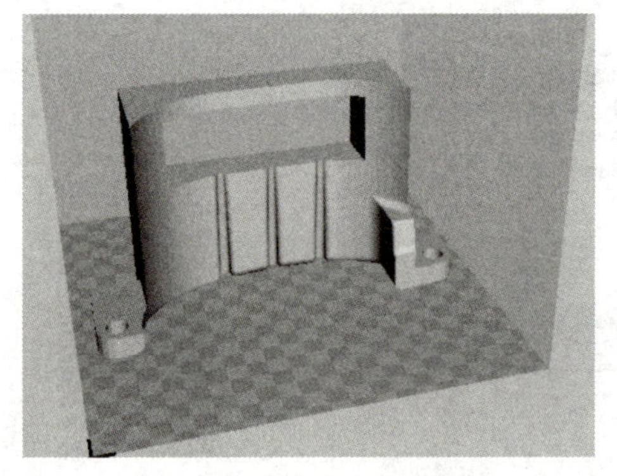

图 1-18　导入检测夹具模型

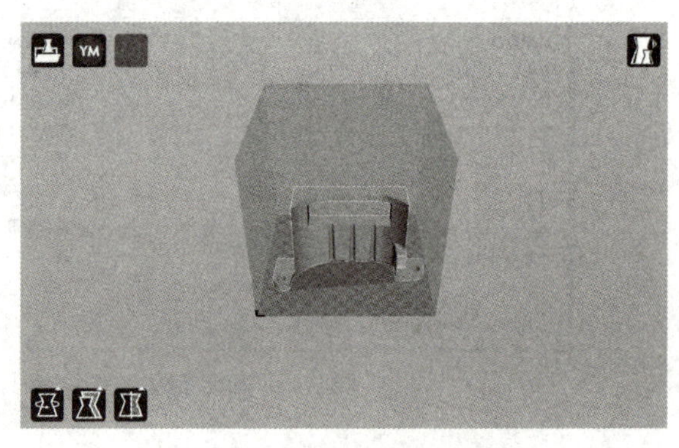

图 1-19　编辑检测夹具模型

四、设置打印参数

任务描述和检测夹具模型信息要求模型表面质量较高，为了减少台阶效应，兼顾打印速度与质量，选择快速打印模式（Fast print）。设定打印“层高”为 0.15mm，“壁厚”为 1.2mm，即打印三层轮廓后进行内部填充。选中“开启回退”复选框，可以有效地避免产生拉毛等表面缺陷。“底层/顶层厚度”设为 0.8mm，“填充密度”设为 20%。“喷头温度”设为 200℃。“支撑类型”选择“全部支撑”选项，“平台附着类型”选择“底层网格”选项。“打印材料”选用 PLA 细丝，“直径”设为 ϕ1.75mm。“喷嘴孔径”设为 ϕ0.4mm。其余参数保持默认设置。设置检测夹具打印参数如图 1-20 所示。

思政拓展：速度与质量

五、切片

点击主窗口左上角“Slice”按钮，系统会自动进行切片，切片结束后，在主窗口左上角显示检测夹具打印时间、耗材长度和耗材质量，如图 1-21 所示。

在层模式下，可以拖动右侧进度条，查看检测夹具不同层的轮廓、填充情况及打印路径等切片信息，如图 1-22 所示。

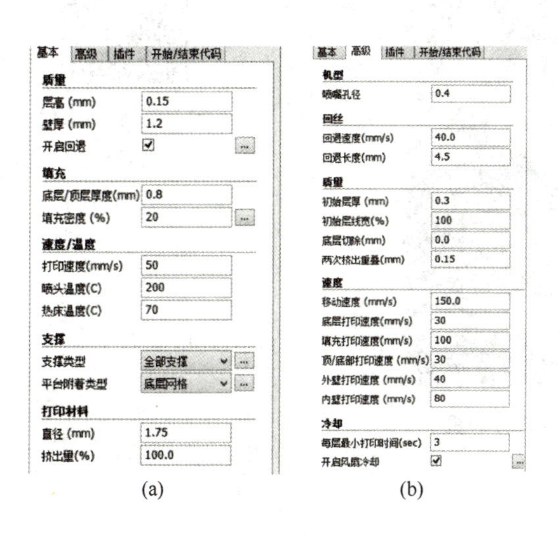

图 1-20　设置检测夹具打印参数

图 1-21　快捷按钮和打印信息

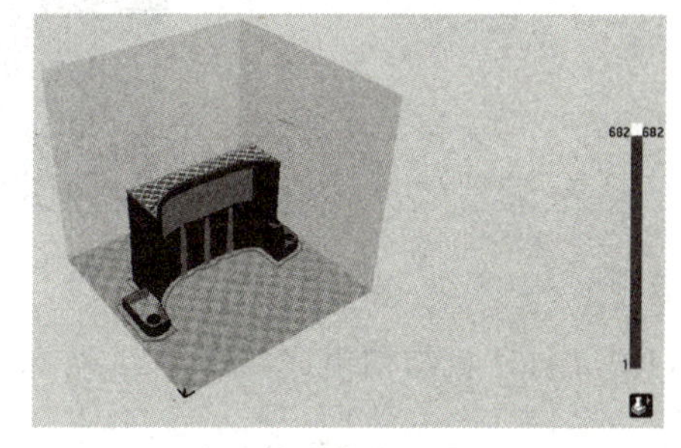

图 1-22　检测夹具层模式切片信息

六、保存数据文件

在主窗口中点击“Gcode”按钮，或在“文件”菜单中点击“保存 Gcode”命令，系统弹出“保存 gcode 代码”对话框，输入文件名并选择保存路径，保存 gcode 文件，如图 1-23 所示。最后将处理完成的切片文件通过 SD 卡导入 FDM 设备中准备打印。

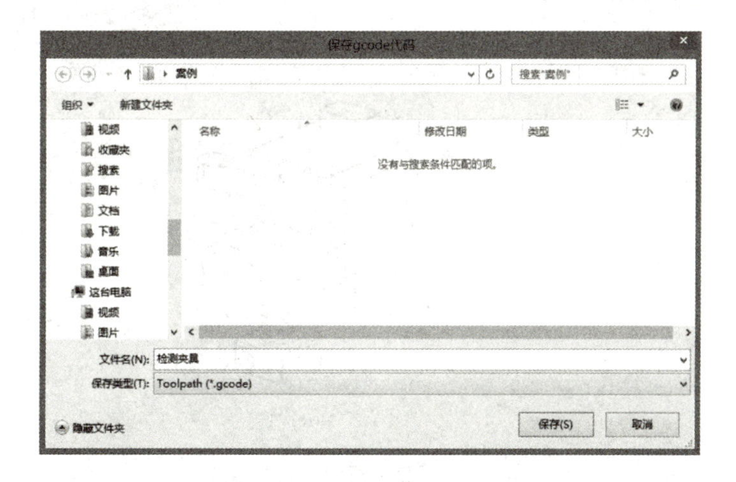

图 1-23　保存检测夹具数据文件

活动 2 设备检查调试

>>> 沧海遗珠拓知识

职业技能等级证书要求描述：3D 打印前准备及仿真

FDM 打印机实物如图 1-24 所示。

图 1-24 FDM 打印机

知识拓展：FDM 打印机安全操作注意事项

FDM 打印机结构组成如图 1-25 所示。

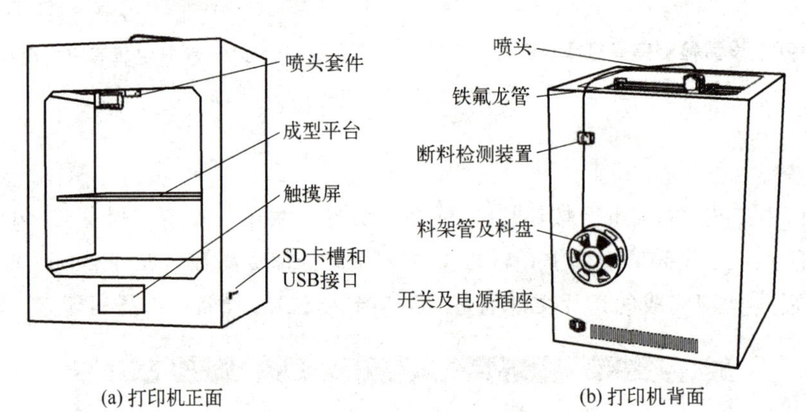

(a) 打印机正面 (b) 打印机背面

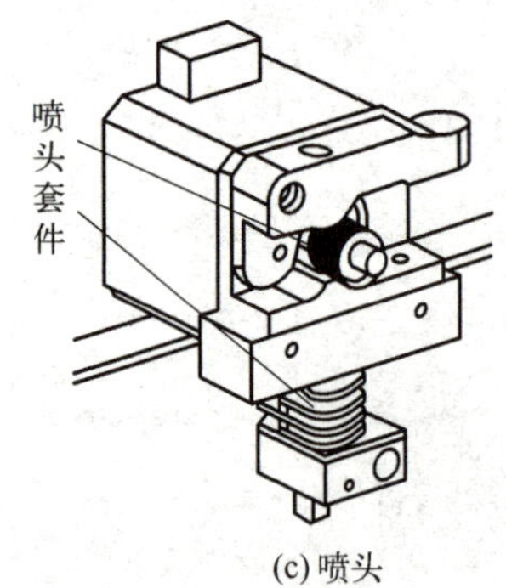

(c) 喷头

图 1-25 FDM 打印机结构组成

FDM 打印机配件如表 1-6 所示。

表 1-6 FDM 打印机配件

序号	配　　图	配件名称	数量
1		扳手和螺丝刀	1
2	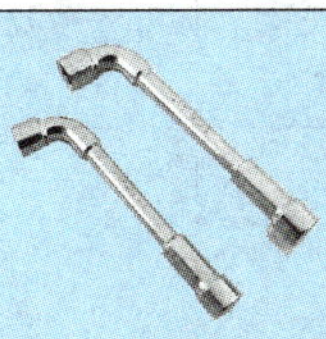	套筒	1
3		平头铲刀	1
4		斜口钳	1
5		通针	1
6	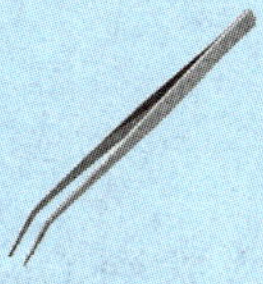	镊子	1
7		润滑脂	1
8		固体胶	2
9		电源线	1
10	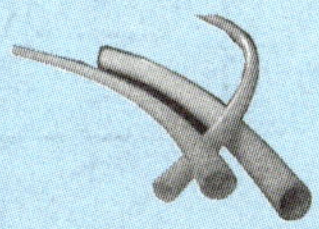	铁氟龙管	1

续表

序号	配　图	配件名称	数量
11		USB 线	1
12		SD 卡和读卡器	1
13		美工刀	1

FDM 打印机主要技术参数如表 1-7 所示。

表 1-7　FDM 打印机主要技术参数

项目	技术参数	项目	技术参数
成型尺寸	210mm×210mm×200mm	电源输出电压	24V
成型技术	FDM	额定功率	250W
喷头数量	1	热床最高温度	≤75℃
打印层厚	0.1～0.4mm	喷嘴最高温度	≤250℃
喷嘴直径	标配 ϕ0.4mm	断电续打	有
打印精度	±0.1mm	断料检测	有
打印材料	ϕ1.75mm PLA	双 Z 轴	有
切片支持格式	STL/OBJ/AMF	多语言	支持
打印方式	联机打印或存储卡脱机打印	计算机操作系统	Windows XP/Vista/7/8/10、MAC、Linux
可兼容切片软件	FDM 切片软件		
额定电压	100～120V/200～240V,50/60Hz	打印速度	≤180mm/s,通常为 30～60mm/s

>>> 技巧点拨提技能

视频：熔融沉积成型设备开机调试

一、装填丝材

接通电源，将 3D 打印机电源开关拨到 ON 位置，设备开机，开机后将在 LCD 面板上显示“准备打印”主菜单界面，如图 1-26 所示。

1. 预热

点击“预热”按钮，进入“预热”子菜单，增加喷头温度至 200℃，如图 1-27 所示。

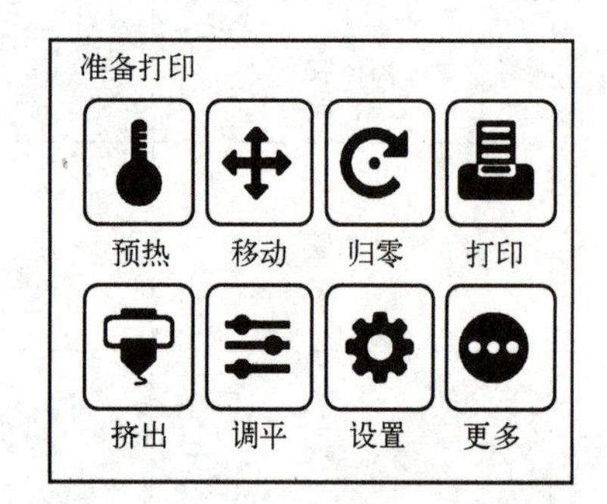

图 1-26　准备打印

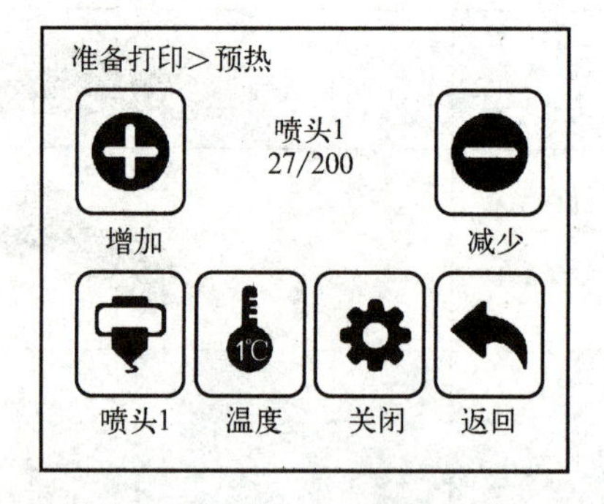

图 1-27　预热

2. 送料

点击“设置”→“换料”→“进料”按钮，按住挤出弹簧，从喷头上方小孔将丝材送入喷头，如图 1-28 所示。

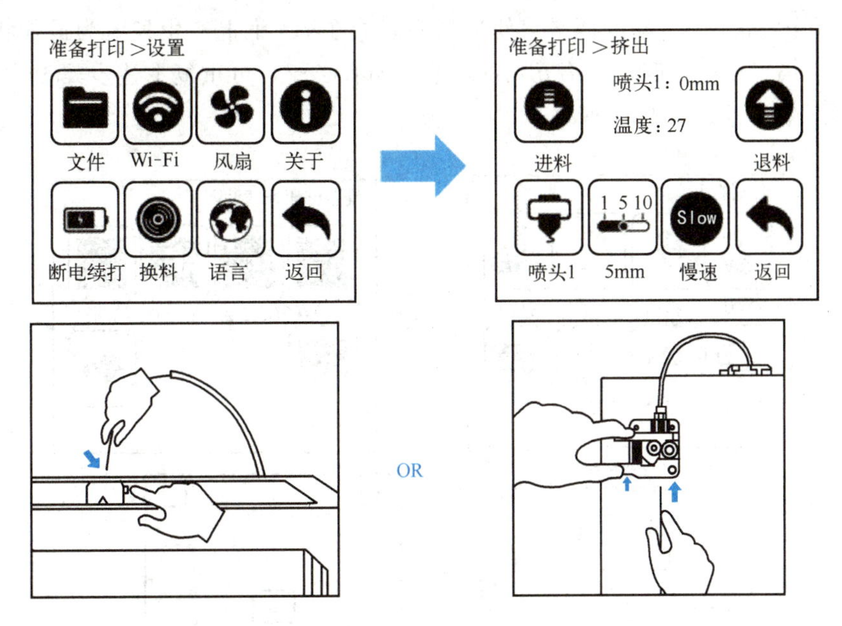

图 1-28 送料

3. 挤出

当打印机喷头加热到设定的温度时，就可以看到喷嘴处有熔融材料流出，即表示丝材已经安装完成，如图 1-29 所示。

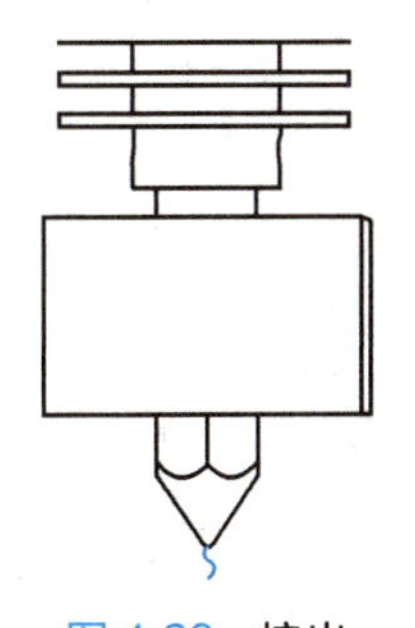

图 1-29 挤出

二、调平平台

在我国，最早提出水平定义的是墨子。他说：“平，同高也。”调平平台也一样，就是将成型平台各个点调到相同的高度。

1. 贴胶带纸

在活动平板上粘贴胶带纸，然后把贴好胶带纸的活动平板安装在成型平台上，如图 1-30 所示。

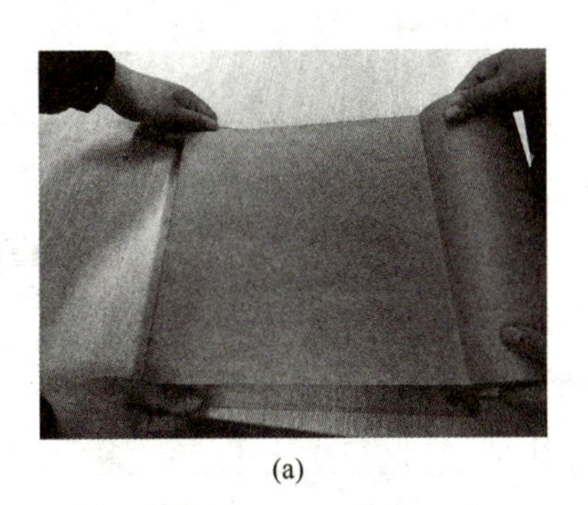

(a)

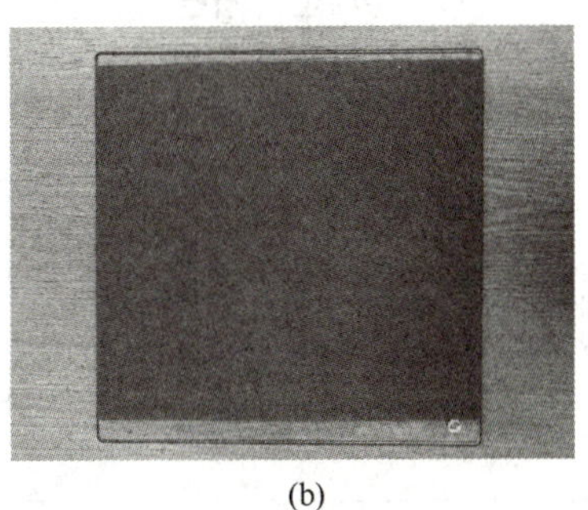

(b)

图 1-30 贴胶带纸

2. 平台的调平方法

点击“调平”按钮，进入“调平”子菜单，选择“第一点”，此时喷嘴会移动到平台第一点。拧动螺钉，调节成型平台，使成型平台和喷嘴刚好处于贴合状态，间距约为0.05mm。可用一张A4纸辅助调平，使喷嘴刚好能在A4纸上产生划痕为最佳状态。依次完成第二点、第三点、第四点、第五点的调节。如有必要，可重复上述步骤1～2次，以达到更好的调平效果，如图1-31所示。

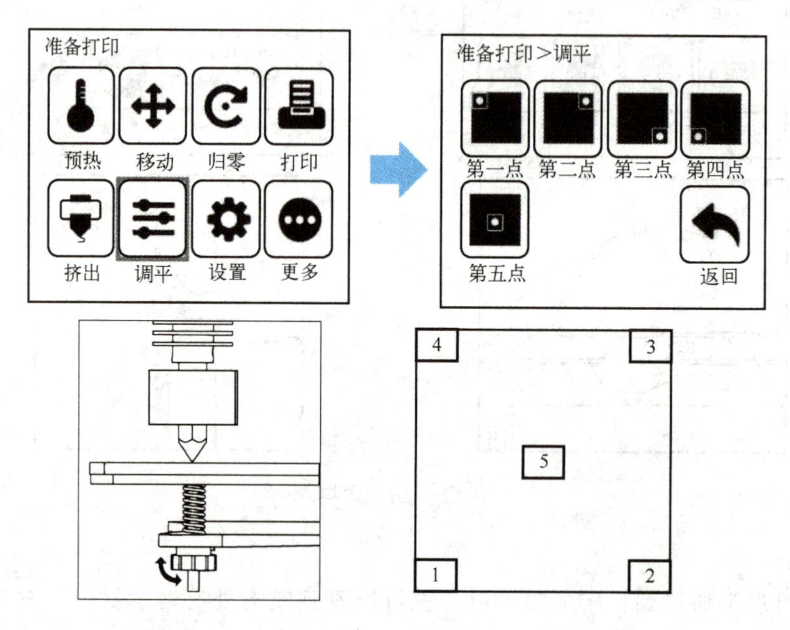

图1-31 调平平台

成型平台调平时，熔融材料挤出均匀，刚好贴在平台上，如图1-32所示。

当喷嘴离成型平台太远时，熔融材料无法黏附在平台上，如图1-33所示。

当喷嘴离成型平台太近时，熔融材料挤出不足，甚至会刮坏平台，如图1-34所示。

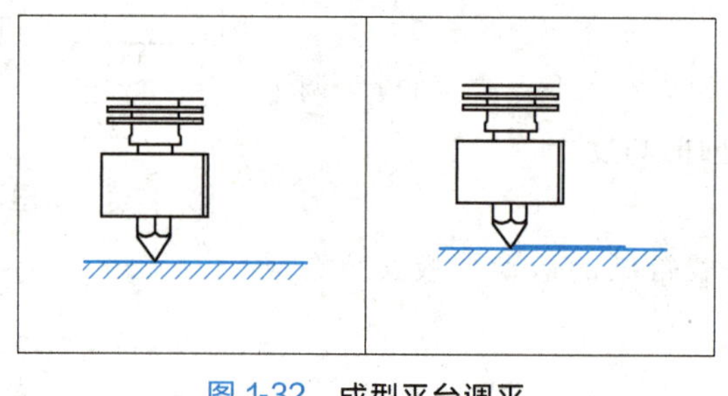

图1-32 成型平台调平

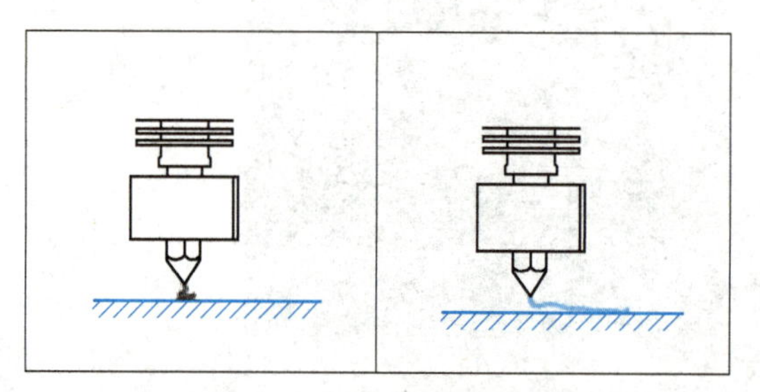

图1-33 喷嘴离成型平台太远

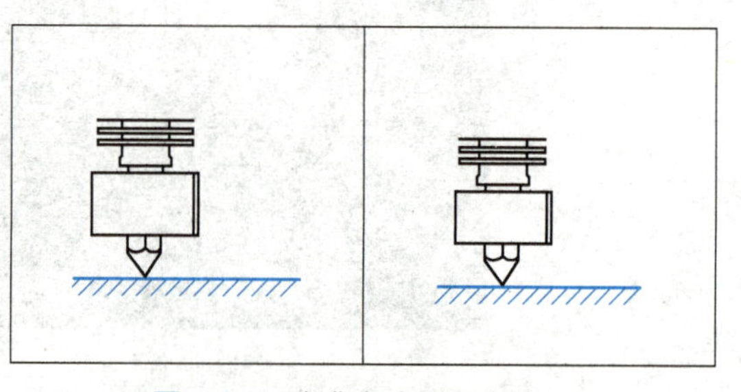

图1-34 喷嘴离成型平台太近

评价单

请填写“3D 打印数据处理与参数设置任务评价表”，评价任务完成情况，见表 1-8。

表 1-8 3D 打印数据处理与参数设置任务评价表

班级：　　　　学号：　　　　姓名：

评价点	评价比例	★★★	★★	★	自我评价	小组评价	教师评价
模型导入	10%	能添加相应机器平台并完成机型设置；能利用 2～3 种方法在 FDM 切片软件中导入检测夹具 STL 文件	能添加相应机器平台并完成机型设置；能利用 1～2 种方法在 FDM 切片软件中导入检测夹具 STL 文件	能在小组成员协助下添加相应机器平台并完成机型设置；能在 FDM 切片软件中导入检测夹具 STL 文件			
打印参数设置	20%	能合理选择打印方式、填充密度、支撑类型等参数；能有效避免打印过程中产生拉毛等表面缺陷	能完成 90%左右的打印参数设置；能避免打印过程中产生拉毛等表面缺陷	能完成 80%左右的打印参数设置；基本能避免打印过程中产生表面缺陷			
切片处理	20%	能独立且规范地完成模型自动切片任务并读取切片信息；能正确保存文件并将切片文件通过 SD 卡导入 FDM 设备中准备打印	能独立且比较规范地完成模型自动切片任务并读取切片信息；能正确保存文件并将切片文件通过 SD 卡导入 FDM 设备中准备打印	能在小组成员协助下完成模型自动切片任务并读取切片信息；基本能正确保存文件并将切片文件通过 SD 卡导入 FDM 设备中准备打印			
设备检查调试	40%	能独立且规范地完成喷头预热、送料、调平平台等任务；能独立解决调试中出现的问题；有精益求精的工匠精神	能独立且比较规范地完成喷头预热、送料、调平平台等任务；能较为独立地解决调试中出现的问题；有尽善尽美的工作态度	能在小组成员协助下完成喷头预热、送料、调平平台等任务；能在小组成员协助下解决调试中出现的问题			
反思与改进	10%						

任务实施 3　3D 打印制作

>>> 技巧点拨提技能

活动　零件制作

职业技能等级证书要求描述：3D 打印制作及过程监控

插入 SD 卡，点击“打印”按钮，进入“打印”子菜单，选择“由存储卡打印”选项，找到要打印的文件，点击“确定”按钮，当喷头温度达到 200℃时，设备开始打印。打印过程中可调整温度、速度等参数，可以暂停或停止打印；需实时监控，一旦出现故障，以便及时处理。如图 1-35 所示。

视频：熔融沉积成型设备零件制作

检测夹具制作如图 1-36 所示。

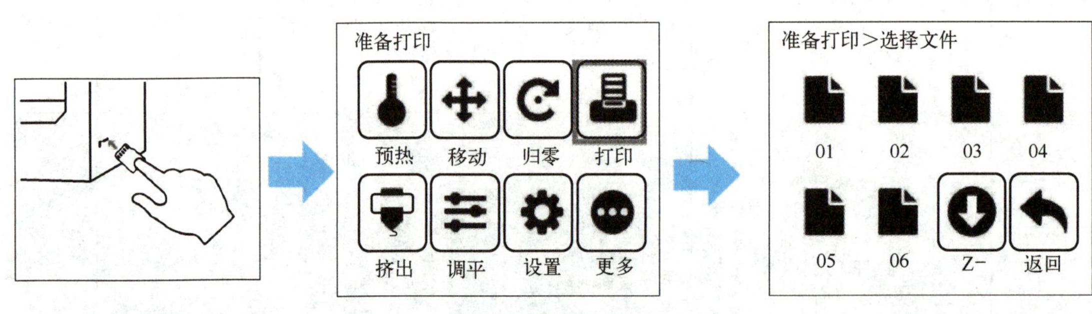

图 1-35　零件制作

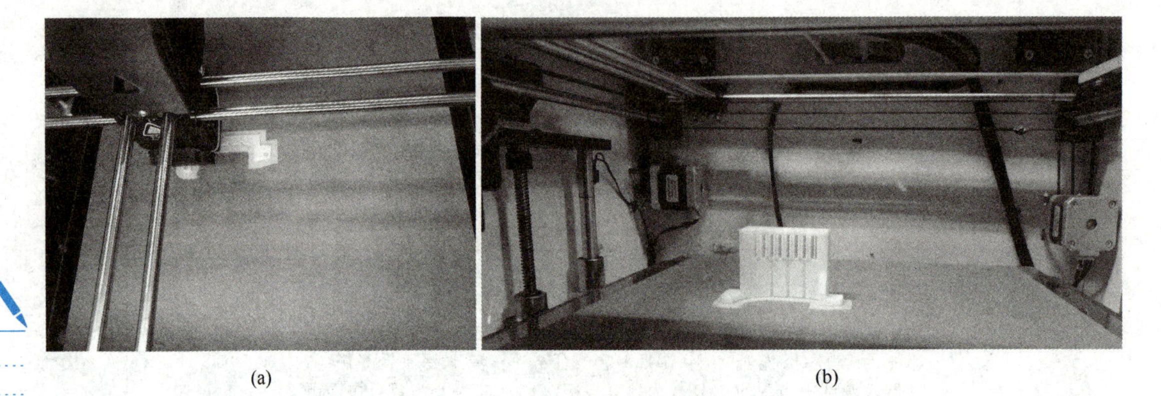

图 1-36　检测夹具制作

评价单

请填写“3D 打印制作任务评价表”，对任务完成情况进行评价，见表 1-9。

表 1-9　3D 打印制作任务评价表

班级：　　　　　学号：　　　　　姓名：

评价点	评价比例	★★★	★★	★	自我评价	小组评价	教师评价
设备操作	40%	能正确且规范地完成插入 SD 卡，点击“打印”按钮，进入“打印”子菜单，选择“由存储卡打印”选项，找到要打印的文件，点击“确定”按钮等打印步骤；能正确且规范地完成设备日常维护与保养	能独立地完成插入 SD 卡，点击“打印”按钮，进入“打印”子菜单，选择“由存储卡打印”选项，找到要打印的文件，点击“确定”按钮等打印步骤；能独立完成设备日常维护与保养	能在小组成员协助下完成插入 SD 卡等打印步骤；能在小组成员协助下完成设备日常维护与保养			
过程监控	30%	能在打印过程中根据实际情况合理调整温度、速度等参数；能够独立进行设备运行的实时监控	能在小组成员协助下根据实际情况合理调整温度、速度等参数；能够独立进行设备运行的实时监控	能在小组成员协助下根据实际情况合理调整打印温度、速度等参数；能够进行设备运行的实时监控			
故障处理	20%	能在打印过程中及时发现故障并能处理故障	能在打印过程中及时发现故障并能在小组成员的协助下处理故障	能在小组成员协助下及时发现设备故障并能处理故障			
反思与改进	10%						

任务实施 4　3D 打印后处理

>>> 技巧点拨提技能

职业技能等级证书要求描述：3D 打印后处理

采用 FDM 工艺打印的成型件的后处理流程如下：取件→去除支撑→表面打磨抛光→表面着色处理→拼接黏合→功能测试。

知识拓展：取件工具及方法

活动 1　取件

3D 打印后处理的第一步就是从成型平台上把模型取下来。当模型打印完成后，打印机会发出提示音，喷嘴和成型平台停止加热并复位，待成型平台冷却后，再取下模型，避免造成模型变形或灼伤手部。

打印完成后，待检测夹具和成型平台冷却，取下活动平板，使用平头铲刀将检测夹具铲下。根据检测夹具数据模型检查是否存在打印缺陷，如有缺损或存在较严重的打印缺陷，应重新打印。如图 1-37 所示。

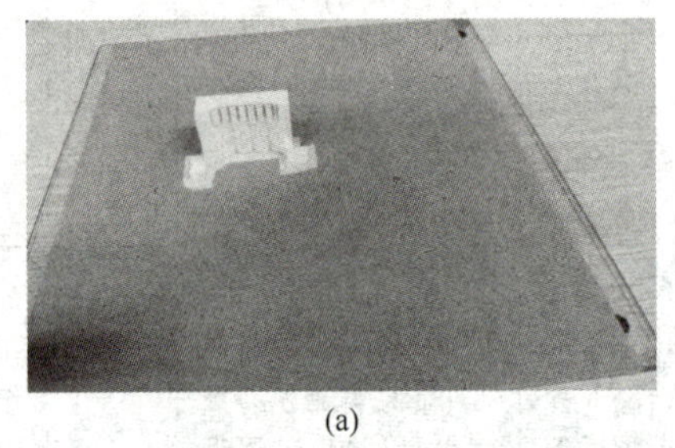

(a)

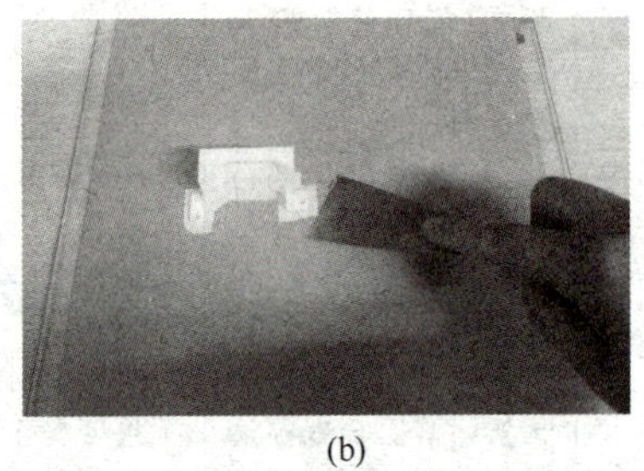

(b)

图 1-37　取下检测夹具

活动 2　去除支撑

将打印完成的检测夹具与其三维数据模型对照，区分出模型和支撑结构，使用斜口钳、美工刀等工具去除支撑结构，如图 1-38 所示。

知识拓展：去除支撑工具及方法

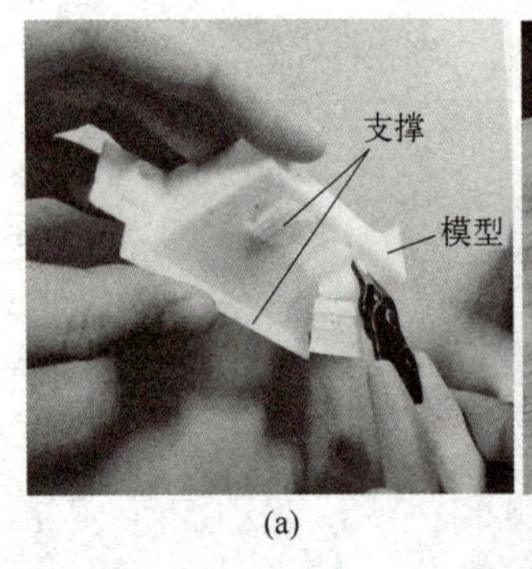

(a)

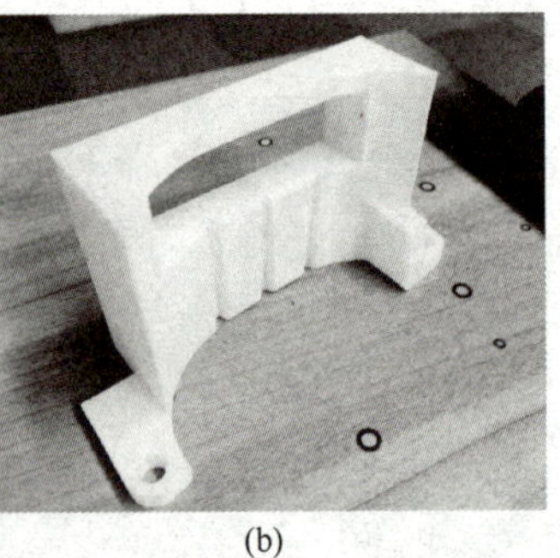

(b)

图 1-38　去除检测夹具支撑

活动 3　表面打磨抛光

去除检测夹具支撑后，观察确认需要重点打磨的表面和一般打磨的表面。表面拉丝和表面黏料，可使用美工刀去除，然后用砂纸打磨。模型边角比较锋利，容易割手，需要倒钝和打磨，可使用美工刀先刮除锐角，然后用砂纸打磨。模型的支撑面比非支撑面粗糙，需要重点打磨，可先选用锉刀打磨，然后使用砂纸或电动打磨机打磨，如图 1-39 所示。

知识拓展：打磨工具及工艺

图 1-39　打磨检测夹具

活动 4　表面着色处理

一般来说，FDM 增材制造设备无法直接打印彩色制件，要达到渐变色的效果更是难以实现。在这种情况下，可以在打印完成后，通过后期着色处理使制件达到想要的彩色效果。常见表面着色的方法有手涂上色和喷涂上色。此处检测夹具不需要表面着色处理。

知识拓展：表面着色

活动 5　拼接黏合

对于大尺寸或多部件的模型，打印完成后，需要对部件进行拼接黏合。大部分塑料材料可以通过黏合剂黏合得很牢固，如 ABS 材质的制件可用丙酮黏合，黏合后强度非常好。由于存在倒角磨损或成型误差等因素，在两个部件的拼接接缝处时常会有缝隙，严重影响制件外观。出现这种情况时，通常在缝隙处补土，再配合打磨手段将制件整体表面打磨平整，然后再进行着色处理，就不会再有拼接痕迹，使模型符合或接近设计的要求。此处检测夹具不需要拼接黏合。

活动 6　功能测试

将检测夹具打印件与摩托车发动机缸体装配在一起，进行功能测试，如图 1-40 所示。

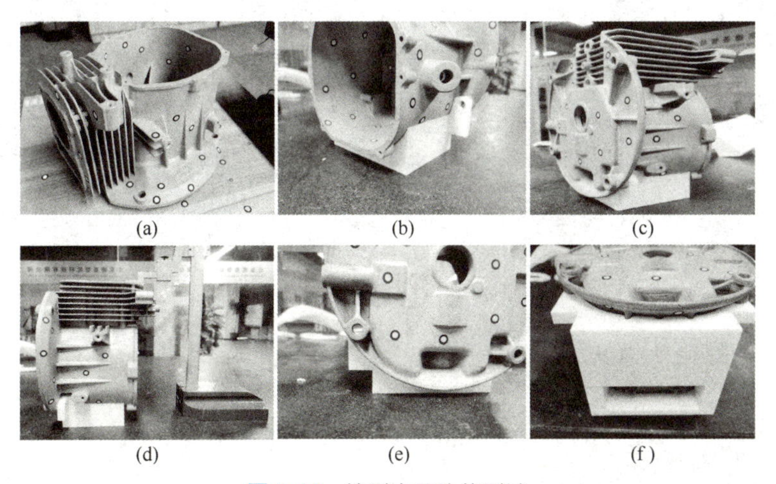

(a)　(b)　(c)

(d)　(e)　(f)

图 1-40　检测夹具功能测试

评价单

请填写“3D打印后处理任务评价表”，对任务完成情况进行评价，见表1-10。

表1-10 3D打印后处理任务评价表

班级： 学号： 姓名：

评价点	评价比例	★★★	★★	★	自我评价	小组评价	教师评价
取件	10%	能在打印完成后，独立规范地取下活动平板，并把检测夹具完好无损铲下；能根据检测夹具数据模型检查是否存在打印缺陷	能在打印完成后，较规范地取下活动平板，并把检测夹具完好无损铲下；能根据检测夹具数据模型检查是否存在打印缺陷	能在小组成员协助下取下活动平板，并把检测夹具完好无损铲下；能根据检测夹具数据模型检查是否存在打印缺陷			
去除支撑	30%	能独立区分出模型和支撑结构，并规范使用斜口钳、美工刀等工具独立去除支撑结构	能区分出模型和支撑结构，并比较规范使用斜口钳、美工刀等工具去除支撑结构	能在小组成员协助下区分出模型和支撑结构，并使用斜口钳、美工刀等工具去除支撑结构			
表面打磨抛光	20%	能独立观察确认需要重点打磨的表面和一般打磨的表面；能合理选择打磨工具对不同表面进行打磨；打磨后的模型不被损坏	基本能区分重点打磨的表面和一般打磨的表面；能合理选择打磨工具对不同表面进行打磨；打磨后的模型基本不被损坏	能在小组成员协助下区分重点打磨的表面和一般打磨的表面；能基本完成对不同表面的打磨任务；打磨后的模型有轻微损坏			
功能测试	30%	能独立规范地将检测夹具打印件与摩托车发动机缸体装配在一起；能根据模型功能要求进行功能测试	能基本完成检测夹具打印件与摩托车发动机缸体的装配任务；能在小组成员协助下进行模型的功能测试	能在小组成员协助下完成检测夹具打印件与摩托车发动机缸体的装配任务并进行功能测试			
反思与改进	10%						

任务二　核酸检测信息采集手机扫描支架

任务单

任务描述	利用熔融沉积成型工艺完成核酸检测信息采集手机扫描支架的 3D 打印任务
任务内容	1. 核酸检测信息采集手机扫描支架模型分析 2. 核酸检测信息采集手机扫描支架 3D 打印数据处理与参数设置 3. 核酸检测信息采集手机扫描支架 3D 打印制作 4. 核酸检测信息采集手机扫描支架 3D 打印后处理 5. 3D 打印机应用维护
任务载体	(a) 医务人员手持手机扫描身份证　(b) 手机扫描支架设计 图 1-41　核酸检测信息采集

任务引入

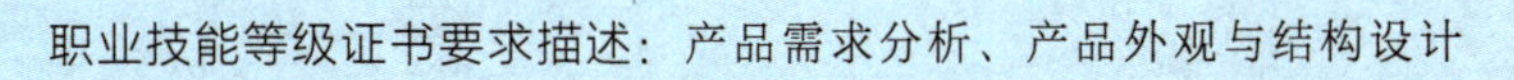

职业技能等级证书要求描述：产品需求分析、产品外观与结构设计

做核酸检测时，信息采集员需要对被检测人先进行信息采集，即用手机扫描被检测人身份证信息录入系统中。为减少交叉感染，避免扫描区域反光，提高核酸检测信息采集录入速度，进而提高核酸检测采样进度和效率，让采集员都能熟练地操作手机扫描身份证进行居民信息采集，因此设计了一款助力核酸检测信息采集的手机扫描支架，如图 1-41 所示。

首先对手机扫描支架各个部件进行结构尺寸设计，然后用建模软件对其各部件进行建模，各部件模型图如图 1-42 所示。

建模完成后将模型部件进行装配，装配图如图 1-43 所示。

将装配完成的手机扫描支架以 STL 格式导出，如图 1-44 所示。

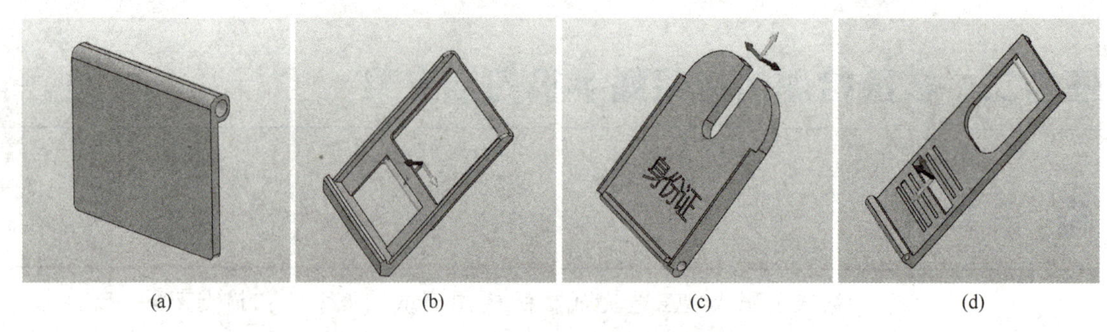

(a) (b) (c) (d)

图 1-42 手机扫描支架各部件模型图

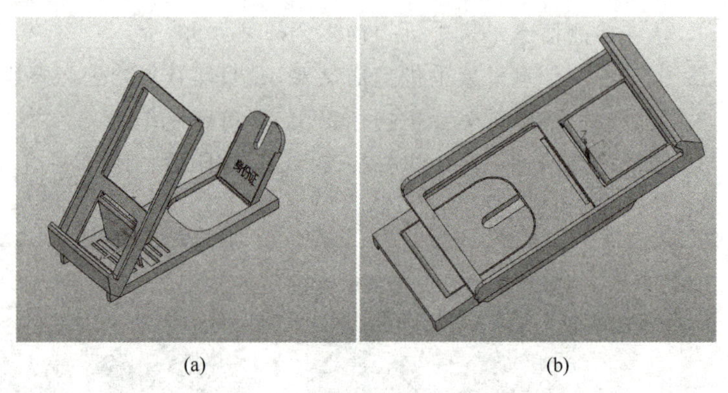

(a) (b)

图 1-43 手机扫描支架装配图

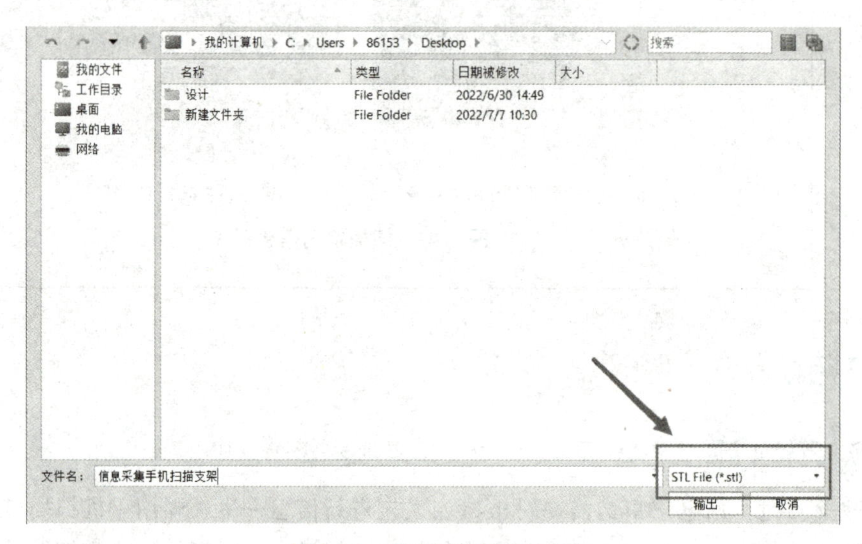

图 1-44 导出手机扫描支架

任务分析

职业技能等级证书要求描述：产品制造工艺设计

核酸检测信息采集手机扫描支架是组合打印件，精度要求不高，光滑即可。核酸检测时，与手机和身份证配合的部位要保证其取放自如。由于手机扫描支架对材料的力学性能要求不高，所以选用比较轻巧的 PLA 塑料丝，丝材直径为 ϕ1.75mm，采用 FDM 工艺制造手机扫描支架，具体流程如图 1-45 所示。

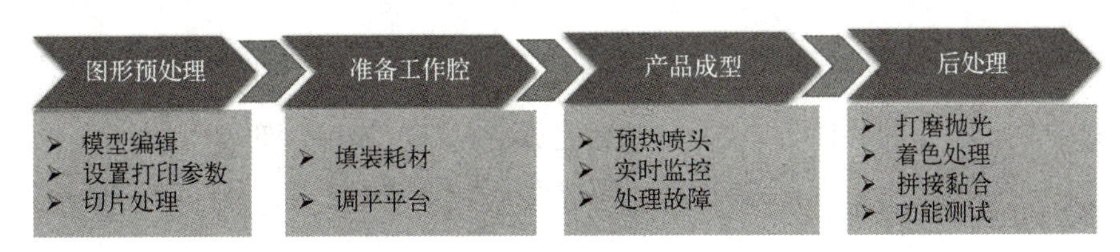

图 1-45 手机扫描支架 FDM 打印流程

任务实施

任务实施 1 模型分析

>>> 技巧点拨提技能

手机扫描支架是组合打印件，考虑打印质量、打印成本、打印时间和后处理难易程度等因素，对手机扫描支架成型方向进行分析，如表 1-11 所示。

表 1-11 手机扫描支架成型方向分析

比较项	最佳方向	最小 XY 投影	最小支撑面积	最小 Z 高度
方向图示				
打印质量	表面质量高	表面质量较高	表面质量较差	表面质量差
打印成本	支撑耗材少，成本低	支撑耗材较少，成本较低	支撑耗材较多，成本较高	支撑耗材多，成本高
打印时间	打印时间短	打印时间短	打印时间较长	打印时间长
后处理难易程度	支撑去除容易，打磨量小	支撑去除较容易，打磨量较小	支撑去除较困难，打磨量较大	支撑去除困难，打磨量大

本任务中成型方向选择最佳方向，打印成型的手机扫描支架表面质量较好，支撑耗材少，成本低。

评价单

请填写“模型分析任务评价表”，对任务完成情况进行评价，见表 1-12。

表 1-12 模型分析任务评价表

班级： 学号： 姓名：

评价点	评价比例	★★★	★★	★	自我评价	小组评价	教师评价
结构分析	20%	能合理分析模型的结构和组成部分；能独立判断模型是否满足 3D 打印条件	能较为合理地分析模型结构和组成部分；能判断模型是否满足 3D 打印条件	能在小组成员协助下完成模型结构和组成部分的分析任务；能在小组成员协助下判断模型是否满足 3D 打印条件			
模型摆放	30%	能根据任务描述和手机扫描支架模型信息，全面对比打印质量、打印成本、打印时间及后处理难易程度等因素，合理选择模型摆放的角度和方位	能根据任务描述和手机扫描支架模型信息，对比打印质量、打印成本、打印时间及后处理难易程度等因素，合理选择模型摆放的角度和方位	能根据任务描述和手机扫描支架模型信息，在小组成员的协助下对比打印质量、打印成本、打印时间及后处理难易程度等因素，选择模型摆放的角度和方位			
支撑添加	40%	能全面考虑模型用途、结构、摆放角度、方位及支撑剥离难易程度等因素，合理选择添加支撑的位置和类型	能较为全面地考虑模型用途、结构、摆放角度、方位及支撑剥离难易程度等因素，合理选择添加支撑的位置和类型	能在小组成员协助下根据模型用途、结构、摆放角度、方位及支撑剥离难易程度等因素，合理选择添加支撑的位置和类型			
反思与改进	10%						

任务实施 2　3D 打印数据处理与参数设置

>>> 技巧点拨提技能

活动 1　手机扫描支架模型数据处理与参数设置

职业技能等级证书要求描述：模型数据处理与参数设置

手机扫描支架模型的打印材料选用 PLA 丝材，直径为 $\phi1.75$mm。

一、导入模型

点击“Load”按钮，导入手机扫描支架，模型显示如图 1-46 所示。

二、模型编辑

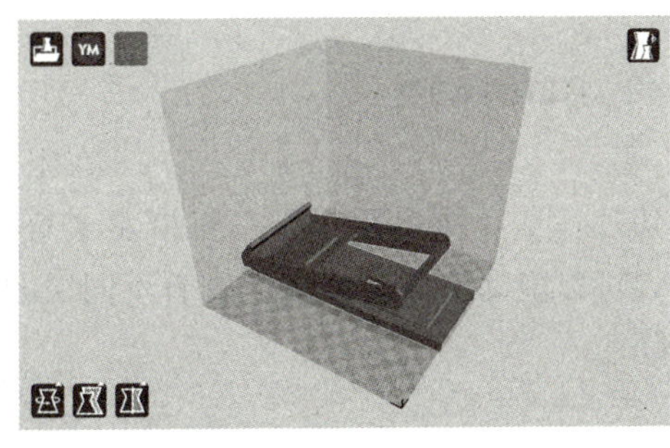

图 1-46　导入手机扫描支架

模型下载：手机扫描支架

导入手机扫描支架模型后，发现模型尺寸已经超出打印机平台 Y 轴最大打印尺寸，但是手机扫描支架是根据实际需要尺寸设计的，不能缩小，同时考虑添加支撑，良好的支撑结构既能确保打印顺利进行，又能减少后处理去除支撑结构的工作量，还可以使支撑结构去除后对零件的表面质量影响最小，所以需要根据模型的具体情况调整模型方位。点击“Rotate”按钮，在模型外部出现 3 个旋转控制圆。点击控制圆 1 并拖动鼠标左键，模型绕 Y 轴旋转 90°后松开鼠标左键，旋转后的模型如图 1-47 所示。点击“Lay flat”按钮，将模型按预定的角度放平，底面贴合成型平台。再点击控制圆 2 并拖动鼠标左键，模型绕 Z 轴旋转 120°后松开鼠标左键，最终调整后的模型方位如图 1-48 所示。(此处调整方法不唯一)

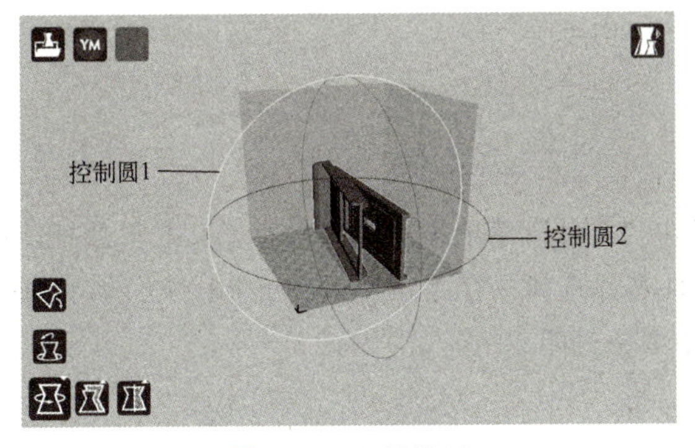

图 1-47　旋转模型

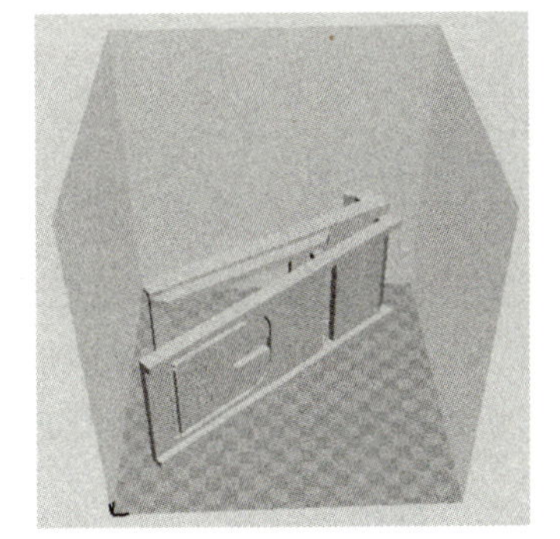

图 1-48　调整后的手机扫描支架

三、设置打印参数

根据任务描述和手机扫描支架模型信息，选择快速打印模式（Fast print），设置打印

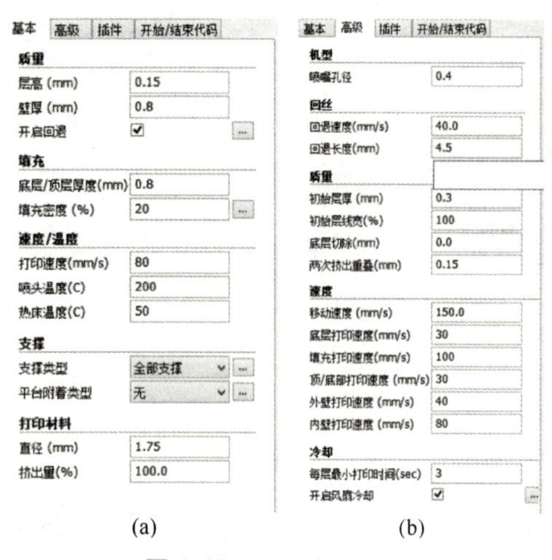

(a) (b)

图 1-49 打印参数设置

“层高”为0.15mm，“壁厚”为0.8mm，选中“开启回退”复选框。“底层/顶层厚度”设为0.8mm，“填充密度”设为20%，不会影响打印物体的外观。“打印速度”设为80mm/s，“喷头温度”设为200℃，“热床温度”设为50℃。“支撑类型”选择“全部支撑”选项，“平台附着类型”选择“无”选项。“打印材料”选用PLA细丝，“直径”设为ϕ1.75mm。“喷嘴孔径”设为ϕ0.4mm。其余参数保持默认设置。打印参数设置如图1-49所示。

四、切片

在主窗口中点击左上角“Slice”按钮YM，系统会自动进行切片，切片结束后，在主窗口左上角会显示打印时间、耗材长度和耗材质量。在层模式下，可以拖动右侧进度条，查看不同层的轮廓、填充情况及打印路径等切片信息，如图1-50所示。

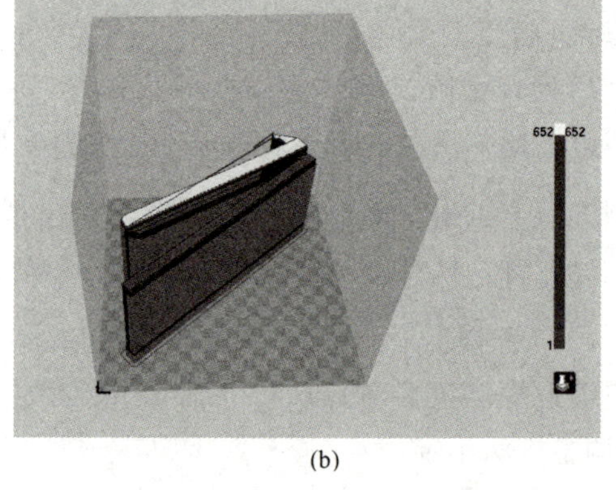

(a) (b)

图 1-50 切片

五、保存数据文件

在主窗口中点击“Gcode”按钮，或在“文件”菜单中点击“保存Gcode”命令，系统弹出“保存gcode代码”对话框，输入文件名并选择保存路径，保存gcode文件。将处理完成的切片文件通过SD卡导入FDM设备中准备打印。

活动2 设备检查调试

职业技能等级证书要求描述：3D打印前准备及仿真

熟悉设备安全操作注意事项、结构和性能参数，按照前面介绍的详细步骤装填丝材并调平平台。

评价单

请填写“3D打印数据处理与参数设置任务评价表”，评价任务完成情况，见表1-13。

表1-13 3D打印数据处理与参数设置任务评价表

班级：　　　　　学号：　　　　　姓名：

评价点	评价比例	★★★	★★	★	自我评价	小组评价	教师评价
模型导入编辑	10%	能添加相应机器平台并完成机型设置；能利用2～3种方法在FDM切片软件中导入手机扫描支架STL文件；能根据实际情况合理调整模型方位	能添加相应机器平台并完成机型设置；能利用1～2种方法在FDM切片软件中导入手机扫描支架STL文件；能基本按照实际情况调整模型方位	能在小组成员协助下添加相应机器平台并完成机型设置；能在FDM切片软件中导入手机扫描支架STL文件；能基本完成模型方位调整			
打印参数设置	20%	能合理选择打印方式、填充密度、支撑类型等参数；能有效避免打印过程中产生拉毛等表面缺陷	能完成90%左右的打印参数设置；能避免打印过程中产生拉毛等表面缺陷	能完成80%左右的打印参数设置；基本能避免打印过程产生表面缺陷			
切片处理	20%	能独立且规范地完成模型自动切片任务并读取切片信息；能正确保存文件并将切片文件通过SD卡导入FDM设备中准备打印	能独立且比较规范地完成模型自动切片任务并读取切片信息；能正确保存文件并将切片文件通过SD卡导入FDM设备中准备打印	能在小组成员协助下完成模型自动切片任务并读取切片信息；基本能正确保存文件并将切片文件通过SD卡导入FDM设备中准备打印			
设备检查调试	40%	能独立且规范地完成喷头预热、送料、调平平台等任务；能独立解决调试中出现的问题；有精益求精的工匠精神	能独立且比较规范地完成喷头预热、送料、调平平台等任务；能较为独立地解决调试中出现的问题；有尽善尽美的工作态度	能在小组成员协助下完成喷头预热、送料、调平平台等任务；能在小组成员协助下解决调试中出现的问题			
反思与改进	10%						

任务实施 3　3D 打印制作

>>> 技巧点拨提技能

活动　零件制作

职业技能等级证书要求描述：3D 打印制作及过程监控

将处理完成的切片文件通过 SD 卡导入 FDM 设备中开始打印。手机扫描支架打印过程如图 1-51 所示。

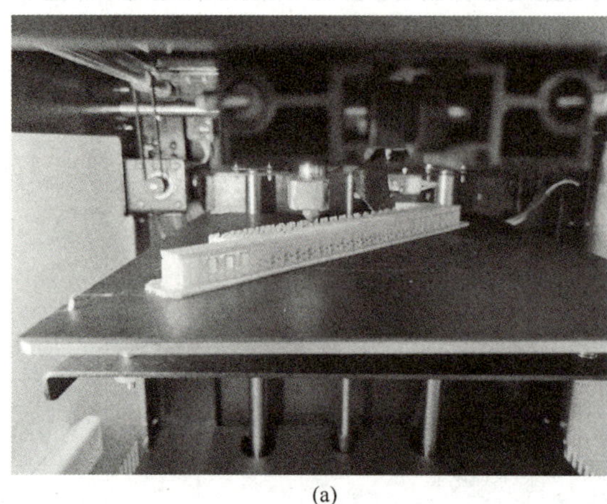

(a)

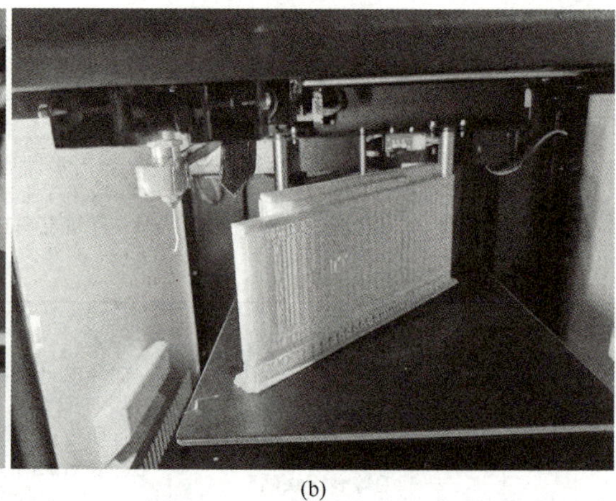

(b)

图 1-51　手机扫描支架制作

评价单

请填写“3D打印制作任务评价表”，对任务完成情况进行评价。见表1-14。

表1-14　3D打印制作任务评价表

班级：　　　　学号：　　　　姓名：

评价点	评价比例	★★★	★★	★	自我评价	小组评价	教师评价
设备操作	40%	能正确且规范地完成手机扫描支架打印步骤和设备日常维护与保养	能独立完成手机扫描支架打印步骤和设备日常维护与保养	能在小组成员协助下完成打印步骤和设备的日常维护与保养			
过程监控	30%	能在打印过程中根据实际情况合理调整温度、速度等参数；能够独立进行设备运行的实时监控	能在小组成员协助下根据实际情况合理调整温度、速度等参数；能够独立进行设备运行的实时监控	能在小组成员协助下根据实际情况合理调整打印温度、速度等参数；能进行设备运行的实时监控			
故障处理	20%	能在打印过程中及时发现故障并处理故障	能在打印过程中及时发现故障并能在小组成员协助下处理故障	能在小组成员协助下及时发现并处理设备故障			
反思与改进	10%						

任务实施 4 3D 打印后处理

>>> 技巧点拨提技能

职业技能等级证书要求描述：3D 打印后处理

活动 1 取件

当手机扫描支架打印完成后，喷嘴和成型平台停止加热并复位，待喷嘴和成型平台冷却后，从活动平板上小心取下模型，如图 1-52 所示。根据手机扫描支架数据模型检查是否存在打印缺陷，如有缺损或存在较严重的打印缺陷，应重新打印。

活动 2 去除支撑

将打印的手机扫描支架与其三维数据模型对照，区分出模型和支撑结构，使用斜口钳、美工刀或平头铲刀等工具去除支撑结构，保留模型的完整结构，如图 1-53 所示。

图 1-52 取下手机扫描支架

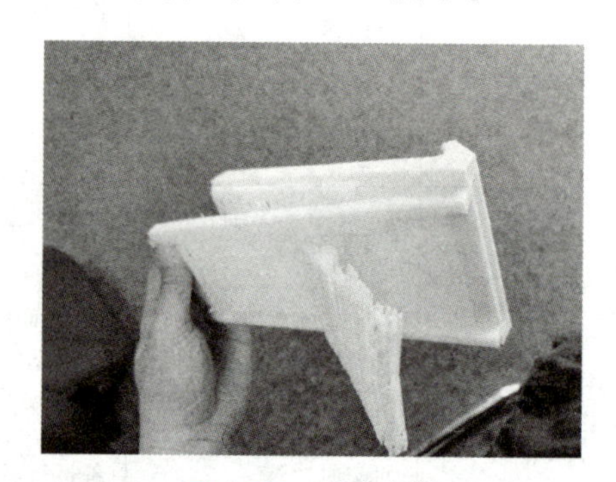

图 1-53 去除支撑

活动 3 表面打磨处理

去除手机扫描支架支撑后，观察发现模型表面有拉丝和黏料，如图 1-54 所示，可以使用美工刀、锉刀和砂纸等进行去除和打磨。

活动 4 功能测试

核酸检测信息采集手机扫描支架制作完成后，需进行功能测试，测试情况如图 1-55 所示。

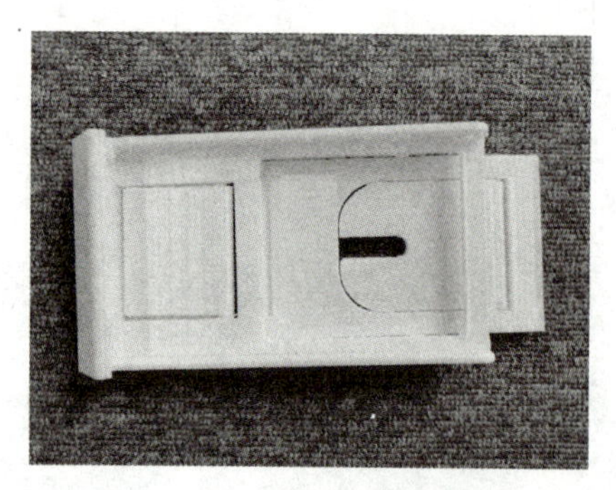

图 1-54 表面打磨处理

图 1-55 功能测试

评价单

请填写“3D打印后处理任务评价表”，对任务完成情况进行评价，见表1-15。

表1-15 3D打印后处理任务评价表

班级：　　　　学号：　　　　姓名：

评价点	评价比例	★★★	★★	★	自我评价	小组评价	教师评价
取件	10%	能在打印完成后，独立规范地取下活动平板，并把手机扫描支架完好无损铲下；能根据手机扫描支架数据模型检查是否存在打印缺陷	能在打印完成后，较规范地取下活动平板，并把手机扫描支架完好无损铲下；能根据手机扫描支架数据模型检查是否存在打印缺陷	能在小组成员协助下取下活动平板，并把手机扫描支架完好无损铲下；能根据手机扫描支架数据模型检查是否存在打印缺陷			
去除支撑	30%	能独立区分出模型和支撑结构，并规范使用斜口钳、美工刀等工具独立去除支撑结构	能区分出模型和支撑结构，并比较规范使用斜口钳、美工刀等工具去除支撑结构	能在小组成员协助下区分出模型和支撑结构，并使用斜口钳、美工刀等工具去除支撑结构			
表面打磨处理	20%	能独立观察确认需要重点打磨的表面和一般打磨的表面；能合理选择打磨工具对不同表面进行打磨；确保打磨后的模型不被损坏	基本能区分重点打磨的表面和一般打磨的表面；能合理选择打磨工具对不同表面进行打磨；打磨后的模型基本不被损坏	能在小组成员协助下区分重点打磨的表面和一般打磨的表面；能基本完成对不同表面的打磨任务；打磨后的模型有轻微损坏			
功能测试	30%	能根据模型功能要求独立完成手机扫描支架的功能测试	能基本完成手机扫描支架的功能测试	能在小组成员协助下完成手机扫描支架的功能测试			
反思与改进	10%						

任务实施 5　3D 打印机应用维护

职业技能等级证书要求描述：3D 打印应用维护

活动 1　设备常见故障排除

>>> 沧海遗珠拓知识

FDM 设备常见故障与解决方法见表 1-16。

表 1-16　FDM 设备常见故障与解决方法

序号	故障现象	解决方法
1	挤出电动机卡顿异响、反转、不工作	①确保限位开关未被按下，处于开放状态，检查步进电动机线缆 ②用替换法互换电动机接线，并确保限位开关未被按下 ③如换线后，原电动机仍无法工作，且确认线路正常，则申请更换原电动机 ④如换线后，被替换电动机无法工作，且确认线路正常，则为驱动模块问题，申请更换主板
2	电动机回零时，碰到限位开关后仍然前进	用替换法检查限位开关是否正常，若不正常，更换限位开关
3	电动机持续移动到超出打印平台范围	①查看切片时打印机型号是否设置正常 ②查看模型是否超出打印机的打印尺寸范围
4	*Z* 轴电动机移动时，丝杠不同心，电动机无法降至最低点	松开丝杠螺母(T 杆螺母)固定螺钉，调整到合适位置重新锁紧
5	电动机抖动	①对调电动机接线 ②对调驱动 ③重新插紧电动机线 ④如问题仍旧无法解决，更换电动机
6	挤出电动机转动，但送丝轮不转	如果是送丝轮未锁紧，将送丝轮的紧定螺钉(顶丝)锁紧，注意要锁在 D 形轴的平面上
7	喷嘴无法加热	检查加热管所有触点，确保电路连接正常，调试加热管与线缆间的触点
8	喷嘴风扇不转，有噪声、异响	若喷嘴工作时，喷嘴风扇不转，有噪声或异响，查看风扇内是否有杂物，若无杂物，更换风扇
9	打印温度升不上来	检查加热棒、加热电阻的引线、延长线之间的压接套有没有接触不良的问题。或更换一个加热棒进行尝试
10	热床不加热	①检查接线。热床共有四根线，两根用于加热，两根用于检测温度。尝试插拔航空插头，再接上进行尝试 ②更换热敏电阻 ③如问题无法解决，更换热床
11	打印平台无法调平	①确认铝板与玻璃载板间无杂物 ②将所有螺母旋紧，再重新调试 ③重新装夹长尾票夹 ④确认玻璃平整度，如玻璃发生明显变形，则申请更换玻璃平台
12	平台晃动、喷嘴晃动	①拧紧偏心螺母，调整好热床平台螺母。平台跟喷嘴都是由同步带带动的，通过同步带拉动偏心螺母，然后来控制它的走动，如果偏心螺母没有调节好，就会造成晃动 ②检查滑块是否变形
13	插入存储卡后无反应，或找不到文件	①格式化存储卡 ②重新载入存储卡 ③刷新存储卡 ④用橡皮擦擦拭金属触点 ⑤若计算机能够正常读取存储卡，则更换主板

续表

序号	故障现象	解决方法
14	显示屏花屏、黑屏、白屏、闪屏	①检查显示屏接线 ②检查排线屏蔽胶布是否正常 ③移除高频干扰源 ④更换显示屏
15	屏幕自动跳动	这种现象是屏幕在工作的过程中产生静电导致的。用湿抹布擦拭屏幕，注意不要接触通电原件
16	打印机自动停机	①更换 SD 卡 ②判断是否因为停电导致
17	开始打印后，耗材无法挤出	①查看耗材标称温度与打印机设置温度是否一致 ②修剪耗材端部，并将耗材捋直，重新装载 ③检查喷嘴是否堵死，若堵死，将打印机加热到 250℃左右，并用通针疏通喷嘴孔 ④检查喷嘴是否离平台太近。如果喷嘴离平台太近，打印时平台会将喷嘴堵住，导致耗材无法顺利从喷嘴挤出，需重新调节打印机平台 ⑤若问题仍无法解决，更换喷嘴 ⑥若出现漏料现象，清理冷却后，先确认喷嘴是否旋紧，若拧紧后仍旧漏料，更换喷嘴

FDM 打印件常见质量问题与解决方法见表 1-17。

表 1-17 FDM 打印件常见质量问题与解决方法

序号	质量问题	解决方法
1	打印的耗材无法粘到平台上	①平台不水平。通过调节平台下面的四个弹簧螺母来调节平台与喷嘴的距离，合适的距离是喷嘴到平台大概一张 A4 纸的厚度，逆时针拧喷嘴远离平台，顺时针拧喷嘴接近平台 ②喷嘴离平台太远。调节平台下面的弹簧螺母来调节平台与喷嘴的距离 ③第一层打印太快。调节第一层的打印速度。如果第一层打印太快，耗材没有足够多的时间粘在平台上。点击“工具”→“高级参数设置”→“速度”→“底层打印速度”选项，可以设置速度为 20mm/s。足够的打印时间能够使耗材更好地粘在平台上，而且出的耗材料充足，对之后的打印也更稳定，不容易翘边脱落。合适的首层状态是喷嘴出的丝在平台上呈一种扁平状态，这种效果是最理想的 ④温度或冷却设置有问题，根据耗材种类来选择合适的喷头和热床温度。分别设置喷头和热床温度到正常范围，PLA 设置喷头温度为 190～210℃，热床温度为 40～50℃，喷头温度不可设置到 240℃以上，这样耗材会炭化造成堵头，ABS 喷头温度设置为 240℃，热床温度 70～100℃ ⑤平台表面处理。贴美纹纸，涂抹固体胶等 ⑥当以上方法都不行时，采用边线和底座。有时需要打印一个非常小的模型，模型表面没有足够的面积与平台表面黏合。通过打印边线和底座，来增加与平台的附着面积
2	出料不足	①不正确的喷嘴孔径。将切片软件喷嘴孔径改为喷嘴实际参数 ②增加挤出倍率。点击“工具”→“基本参数设置”→“打印材料”→“挤出量(%)”选项，默认挤出倍率是 100，可以适当增加挤出倍率来弥补挤出量不足。在打印过程中也可以设置挤出倍率
3	出料偏多	①不正确的喷嘴孔径。将切片软件中喷嘴孔径改为喷嘴实际参数 ②减少挤出倍率

续表

序号	质量问题	解决方法
4	顶层出现孔洞或缝隙	①顶部实心层数不足时，调整顶层实心层数。通常需要在顶部打印几层实心层，来获得平整完美的实心表面。顶层实心部分打印的厚度至少为0.5mm。如果打印层高为0.1mm，需要在顶部打印5个实心层。增加实心层只会增加打印件里面塑料的体积，不会增加外部尺寸。可以在“基本参数设置”里调整底层、顶层厚度来改善 ②填充率太低时，调整内部填充率。打印件内部的填充，会成为它上面层的基础。打印件顶部的实心层，需要在这个基础上打印。如果填充率非常低，填充时将有大量空的间隙。如果试过增加顶部实心层的数量，而在顶部仍然能看到间隙，可以尝试增加填充率，来看看间隙是否会消失 ③出料不足时，手动送料。如果已经尝试增加填充率和顶层实心层的数量，但在打印件的顶层，仍能看到间隙，可能是挤出不足的问题。这意味着喷嘴没有挤出软件所预期数量的材料，可手动挤出耗材看打印情况如何，如果没有问题，说明是挤出不足
5	拉丝或垂料	当打印件上残留细小的耗材丝线时，则发生了拉丝。通常，这是因为当喷嘴移到新的位置时，耗材从喷嘴中垂出来了 ①设置回抽距离。回抽距离决定了多少耗材会从喷嘴被拉回。一般回抽长度设置为6～10mm ②设置回抽速度。回抽速度决定了耗材从喷嘴抽离的快慢。回抽速度介于3600～6000mm/min(60～100mm/s)范围时，回抽效果较好 ③调整喷头温度。喷头温度太高，耗材更容易从喷嘴中流出来，适当降低喷头温度 ④悬空移动距离太长时，设置合适的悬空距离。拉丝发生在挤出机在两个不同的位置间移动时。在移动过程中耗材从喷嘴中垂下来。移动距离的大小对拉丝的产生有很大的影响，短程移动足够快，耗材没有时间从喷嘴中垂落下来。然而大距离的移动更有可能导致拉丝。点击“专家设置”→“回丝”→“最小移动距离”选项进行设置。一般默认设置为1.5mm即可
6	过热	①散热不足，调整风扇的转速比。打印过程中可以直接调整转速，最快的转速是255 ②打印温度太高，降低喷头温度。试着降低打印温度5～10℃，观察打印效果 ③打印太快，调整打印速度。如打印每个层都非常快，导致每层都没有足够的时间冷却，就又开始在它上面打印新的层了。特别是在打印小模型时，每层只有很少的时间来打印，这时需要降低打印速度，来确保有足够的时间让层凝固。点击“工具”→“高级参数设置”→“冷却”→“每层最小打印时间”选项进行设置 ④当以上办法都无效时，试试一次打印多个模型。通过同时打印多个模型，能为每个模型提供更多冷却时间。这个办法简单、有效、可行
7	层错位	①打印速度太快，调整打印速度。打印速度太快，以至于超过了电动机所能承受的范围，通常会听到“咔咔”的声音，电动机没法转动到预期的位置。此种情况下，接下来打印的层，会与之前打印的所有层之间产生层错位。试着降低50%的打印速度看打印效果 ②打印过程中喷嘴刮到模型，设置回退时Z轴抬起高度。打印过程中，有时喷嘴会刮到模型，特别是从一个点平移到另一个点的过程中，在到达指定位置之后，喷嘴没有任何的抬升过程直接就粘上去，这时很容易刮到模型，但是机器本身感测不到，所以喷嘴会继续工作，结果打印出来的模型可能已经错位了。点击“专家设置”→“回丝”→“回退时Z轴抬起高度”选项进行设置。一般设置为0.3mm即可 ③模型问题，更换模型。切片完成后，可以检查预览每层是否正常，如果在哪一层突然出去了一根线条，那么这个模型肯定是有问题的，正常的模型预览，每一层的喷头移动轨迹都是围着模型在转的，所以可以在每层切完之后检查一下，确保模型本身没有问题 ④受外力影响，打印时尽量不要让打印机受到外力影响。机器本身是由电动机带动皮带传动的，很小的外力都可能会影响喷嘴的移动，造成电动机丢步，或切片时模型超出成型平台的尺寸，造成喷嘴在平台的最边缘丢步导致错层，所以打印机旁边尽量不要有其他不相关的物品或人为的干扰 ⑤机械问题，检查调整同步轮同步带的松紧情况。如果降低了速度，错层问题还一直出现，那就有可能是打印机存在机械或电子问题。多数3D打印机使用同步带来进行电动机传动，以控制喷头的位置。同步带一般是用橡胶制成，再加某种纤维来增强，使用时间一长，同步带可能会松弛，进而影响同步带带动喷头的张力。如果张力不够，同步带可能在同步轮上打滑，这意味着同步轮转动了，但同步带没有动，如果同步带原本安装得太紧，也会导致问题。过度绷紧的同步带，会使轴承间产生过大的摩擦力，从而阻碍电动机转动。理想的情况是，皮带足够紧，防止打滑，但又不太紧不会阻碍系统运行。如果处理错层问题，需要确认所有同步带的张力是合适的，没有太松或太紧。如果觉得有问题，可以通过调整皮带的被动轮来调节同步带的松紧度

续表

序号	质量问题	解决方法
8	层开裂或断开	①层高太高，在切片软件内降低层高。一般来说，需要确保选择的层高比喷嘴直径小20%。如果喷嘴直径是ϕ0.4mm，使用的层高不能超过0.32mm，否则每层上的材料将无法正确与它下面的层黏合，合适的层高一般设置为0.1～0.24mm（一般采用0.1～0.2mm），这样对模型的表面精度有保证，而且黏合度很好。所以，如果发现打印件开裂，层与层之间没能黏合在一起，首先需要检查层高与喷嘴直径是否匹配，试试减少层高能否让层黏合得更好 ②打印温度太低，可以在切片软件内或打印时调高温度。相比冷的耗材，热的耗材总是能更好地黏合在一起。如果发现层与层之间不能很好黏合，并且能确定层高没有设置得太高，那么可能是线材需要以更高的温度来打印，以便更好地黏合。例如，如果尝试在190℃时打印ABS塑料，可能会发现层与层之间很容易分开。这是因为ABS一般需要在230～260℃时打印，以便使层与层有力地黏合 ③打印速度太快及壁厚太薄时，在切片软件内调整打印速度以及壁厚。合适的打印速度、壁厚以及填充可以更有效地避免模型层开裂
9	刨料	①升高打印温度。如果一直遇到刨料的问题，试着把喷嘴的温度提高5～10℃，这样耗材更容易挤出。点击“工具”→“基本参数设置”→“喷头温度”选项，重新设置一下“喷头温度”再切片打印即可，耗材在温度高时总是更容易挤出，所以这是一个可以调整的非常有用的设置 ②打印速度太快，在切片软件内或打印时调整打印速度。在提高了“喷头温度”后，如果仍然遇到刨料的问题，下一步需要做的是降低打印速度，从而降低挤出机的电动机转速，有助于避免刨料问题 ③检查喷嘴是否堵塞。需要清理一下喷嘴，如果堵得不严重，耗材会断断续续地出来，把打印温度升高到230℃，然后用小针通几次喷嘴之后，再手动往里面送料，看看能否正常出料，正常的话是可以的，如果通了之后还不行的话，可以更换一个新的喷嘴，然后清理一下喉管内部，检查一下导料管是否正常，有时需要更换一个新的导料管 ④检查喉管内铁氟龙管是否炭化堵塞。在机器喉管里面有一小节铁氟龙管，铁氟龙管是耐高温的，但是长时间在高温的环境下工作，铁氟龙管也会逐渐被炭化，造成原本就比较小的铁氟龙管通道缩小，然后造成后续挤出不顺畅，从而造成出料不足、卡料的现象。如果出现这个问题，可以更换新的铁氟龙管
10	喷头堵塞	①手动送丝。手工推送丝材进入挤出机。在机器控制里手动设置喷嘴温度为230℃，当温度到达后，然后在“准备”里面选择移动轴，移动1mm挤出机，挤出少量耗材。如果还是不行的话，可以先关闭步进电动机，然后手动往喷嘴里面送料，多数情况下，这额外的力量可以使耗材顺利通过出问题的位置 ②加热后重新安装耗材。如果耗材仍然没有移动，将喷嘴温度升高到230℃，从挤出机中抽出耗材。耗材被拔出后，使用剪刀剪掉线材上熔化或损坏了的部分。然后重新安装耗材，看这段新的没有损坏的耗材能不能正常挤出 ③清理喷嘴。将喷头部分拆掉，对喷头、喉管、铁氟龙管进行清理
11	打印中途，挤出停止	①耗材耗尽，更换耗材 ②耗材与驱动齿轮打滑，可直接参考“刨料”内容。在打印过程中，挤出机的电动机会不停地转动来推动耗材进入喷嘴，这样打印机才能持续挤出耗材。如果打印得太快，或耗材挤出太多，可能会导致电动机刨掉部分耗材，直到驱动齿轮抓不住耗材为止。如果挤出机电动机在转动，但是耗材没有移动，很可能是这个原因 ③喷嘴堵塞，参考“喷头堵塞”内容 ④挤出机电动机驱动过热，等待电动机冷却后重新开机打印。在打印过程中，挤出机的电动机负载非常大，它持续地前后旋转，推拉耗材向前或向后。这些快速运动需要很多电流，如果打印机的电路没能有效散热，可能导致电动机驱动电路过热。这种电动机驱动通常有过热保护，当温度过高时，它会使电动机停止工作，这种情况出现时，XY轴的电动机会旋转，移动喷头，但挤出机的电动机却完全不动，解决这个问题的唯一办法是关闭打印机使电路能冷却下来。如果打印时间很长，可以在打印完成之后，让机器适当休息一个小时，降低主板的温度，完成冷却后，即可重新开始打印

续表

序号	质量问题	解决方法
12	填充不牢	①降低打印速度。打印过程中，填充速度通常比其他部分的打印速度要快。打印速度太快，挤出机将可能跟不上，在模型内部会出现出料不足的问题。这种出料不足，将产生无力的纤细的填充，因为喷嘴无法像软件期望的那样，挤出足够多的耗材。如果尝试了几种填充纹理，但仍然填充不牢，试试降低打印速度 ②增大填充挤出丝宽度。例如，可以使用0.4mm的挤出丝宽度打印外围，使用0.8mm的挤出丝宽度做填充。这将创造更厚、更结实的填充壁，从而提高3D打印件的强度。可以在"高级"→"质量"→"走线宽度(填充)"选项里修改该设置。"走线宽度(填充)"是以喷嘴的孔径大小来决定的，一般设置为喷嘴的整倍数
13	斑点和疤痕	挤出机必须从3D模型外壳的某个位置开始打印，当整个壳打印完后，喷头会返回那个位置，这通常会形成斑点或疤痕 ①回抽和滑行。通过切片软件调整回抽距离。根据需求调整回抽，避免非必要的回抽 ②修改起点位置。如果仍然在打印件表面看到瑕疵，可以修改起点出现的位置。例如，打印一个雕像，需要设置所有起点在模型的背面，这样它们就无法从前面被看到
14	填充与轮廓之间有间隙	①轮廓重叠不够，调整切片的填充重合。"填充重合"决定了多少填充会重叠在轮廓上，来使这两部分连接起来。点击"专家设置"→"填充"→"填充重合(%)"选项进行设置 ②填充打印太快，修改打印速度。填充部分的打印速度比轮廓速度快太多，会导致它没有足够多的时间与外轮廓黏合。如果已经调整切片的填充重合，但是仍然看到轮廓与填充之间的间隙，那么需要降低填充打印速度
15	边角卷曲和毛糙	如果在打印后期发现卷曲问题，通常意味着存在过热问题。耗材从很高温度的喷嘴中挤出，没能及时冷却，随着时间过去可能会变形。卷曲可以通过对每层快速的冷却来解决，这样它在凝固前没有机会变形。详细可参考"过热"内容。如果在打印开始没多久就发现卷曲，也可以参考"打印的耗材无法粘到平台上"内容
16	顶层表面疤痕	①挤出塑料过多，详细可参考"出料偏多"内容 ②垂直抬升(*Z*抬升)。切片软件设置"回退*Z*轴抬起高度"。如果确定挤出机挤出耗材量正常，但仍然遇到喷嘴在上表面拖拽的问题，可在切片软件中设置垂直抬升。开启这个选项表示喷嘴二次移动时，在之前打印的层上面会抬升一段距离。当它到达目标位置后，喷嘴将移回到原来高度，以备打印。通过向上移动一定的高度，可以避免喷嘴刮伤打印件的上表面。点击"专家设置"→"回丝"→"回退时*Z*轴抬起高度"选项进行设置，一般设置为0.3mm左右即可。例如，输入0.3mm，在移动到一个新位置前，喷嘴将总是抬升0.3mm，请注意，抬升只会在回抽动作时发生
17	底面边角上的孔洞和间隙	①轮廓厚度太薄，设置增加轮廓厚度。点击"基本"→"质量"→"壁厚"选项进行设置。壁厚设置一般是喷嘴的倍数，例如喷嘴直径是ϕ0.4mm的，那么壁厚一般设置在0.8～1.6mm，合适的壁厚一般是在1.2mm左右，这样既不会时间太长，打印出来的模型也不会有孔洞 ②顶层实心层数不足，设置增加顶层实心填充层数。点击"基本"→"填充"→"底层/顶层厚度"选项进行设置 ③填充率太低，设置增加填充率。点击"基本"→"填充"→"填充密度"选项进行设置

续表

序号	质量问题	解决方法
18	侧面线性纹理	①挤出不稳定，更换高质量耗材 ②温度波动。更换挤出机保温棉；更换加热管；将挤出机和热床电源线拧紧；更换热床热敏电阻；如果以上解决办法无法奏效，更换主板
19	振动和回环纹理	回环是打印件表面出现的波浪形纹理，是因为打印机振动产生的。通常在挤出机突然转向时，如在靠近尖锐的转角处看到这种纹理 ①打印太快时，设置降低打印速度。最常见的导致回环纹理的原因是打印速度过快，当打印机突然改变方向，快速的运动将会导致更多的力量，从而产生挥之不去的振动。点击“基本”→“速度/温度”→“打印速度”选项进行设置。合适的打印速度一般在 30～80mm/s，不同的模型速度不同，常用 50mm/s ②机械故障，检查打印机是否松动。如有松动，固定即可。如果其他办法都没法解决回环的问题，需要检查一下是否是机械方面的因素导致过多振动。例如：螺钉松了，支架破损了，都会导致过多振动产生。在打印时仔细观察打印机，试着检查一下振动是从哪儿产生的。顺便在丝杠上擦一层润滑脂，再检查一下平台是否松动，如果松动，可以调节一下平台下面的偏心螺母，达到调紧的目的
20	薄壁上出现间隙	①设置增加“轮廓重叠”。点击“基本”→“质量”→“两次挤出重叠”选项进行设置 ②设置修改挤出丝宽度，以便配合更好
21	细节打印不出来	①重新设计修改有薄壁的模型 ②更换安装开孔直径更小的喷嘴 ③改变软件参数去打印更小的细节
22	挤出不稳定	①线材被卡住或缠绕在一起。整理好耗材，清理铁氟龙管 ②清理喷头 ③层高太小，设置增加层高 ④耗材质量太差，更换新的质量高的耗材 ⑤挤出机机械故障，检查挤出弹簧强度是否足够，加个垫片或对弹簧进行拉伸即可

>>> 技巧点拨提技能

图 1-56 是打印机开始打印后，材料无法挤出，检查喷嘴并疏通喷嘴孔。

图 1-56 排除喷嘴故障

活动 2 设备维护保养

>>> 沧海遗珠拓知识

FDM 设备维护保养事项：

① 在打印完毕后，及时利用喷头的余温借助工具将喷嘴上的耗材清理干净，清理时请勿直接用手触摸喷头，以防出现烫伤。

② 用润滑脂涂在机器的光杆和丝杠上，进行定期保养。

③ 机器长期使用，表面会有较多灰尘，需定期清理干净。维护时，先给设备断电，然后用干布对打印机做机身清洁，拭去灰尘和黏结的打印材料以及导轨上的异物。

④ 机器长时间不使用的话，将其装回箱子内，注意防尘。

>>> 技巧点拨提技能

图 1-57 是对 FDM 设备进行日常维护保养。

(a)

(b)

图 1-57 FDM 设备日常维护保养

评价单

请填写“3D 打印应用维护任务评价表”，对任务完成情况进行评价。见表 1-18。

表 1-18 3D 打印应用维护任务评价表

班级： 学号： 姓名：

评价点	评价比例	★★★	★★	★	自我评价	小组评价	教师评价
常见故障排除	45%	能独立规范地完成 11～15 种设备常见故障的判断与排除	能独立规范地完成 6～10 种设备常见故障的判断与排除	能独立规范地完成 1～5 种设备常见故障的判断与排除			
设备维护保养	45%	能独立规范地完成设备日常维护与保养	能基本完成设备日常维护与保养	能在小组成员协助下完成设备日常维护与保养			
反思与改进	10%						

项目评价

熔融沉积成型工艺与实施项目评价表如表 1-19 所示。

表 1-19 熔融沉积成型工艺与实施项目评价表

姓名				学号			
班级				组别			
完成时间				指导教师			
评价项目	评价内容	评价标准	配分	个人评价（30%）	小组评价（10%）	组间互评（10%）	教师评价（50%）
项目完成情况（70 分）	任务分析	正确率 100% 5 分 正确率 80% 4 分 正确率 60% 3 分 正确率＜60% 0 分	5				
	必备知识	必备理论基础知识掌握程度（成型原理、材料、工艺特点及应用等）	10				
	模型分析	分析合理 3 分 分析不合理 0 分	3				
	数据处理参数设置	数据参数设置合理 7 分 数据参数设置不合理 0 分	7				
	设备调试	操作规范、熟练 5 分 操作规范、不熟练 2 分 操作不规范 0 分	5				
	3D 打印	操作规范、熟练 5 分 操作规范、不熟练 2 分 操作不规范 0 分	15				
		加工质量符合要求 10 分 加工质量不符合要求 0 分					
	后处理	处理方法合理 5 分 处理方法不合理 0 分	15				
		操作规范、熟练 10 分 操作规范、不熟练 5 分 操作不规范 0 分					
	设备故障排除与维护保养	操作规范、熟练 10 分 操作规范、不熟练 5 分 操作不规范 0 分	10				
职业素养（30 分）	劳动保护	按规范穿戴防护用品	5				
	出勤纪律	不迟到、不早退、不旷课、不吃喝、不玩游戏 全勤为满分，旷课 1 学时扣 2 分，旷课 5 学时以上，取消本项目成绩	5				
	态度表现	积极主动认真负责的学习态度 6S 规范（整理、整顿、清扫、清洁、素养、安全） 有创新精神	5				
	团队精神	主动与他人交往、尊重他人意见、支持他人、融入集体、相互配合、共同完成工作任务	5				
	表达能力	表达客观准确，口头和书面描述清楚，易于理解；表达方式适当，符合情景和谈话对象；专业术语使用正确	10				
总分			100				
总评成绩							
学生签名		教师签名		日期			

评价要求：

① 个人评价：主要考核学生的诚信度和正确评价自己的能力。

② 小组评价：由学生所在小组根据任务完成情况、具体作用以及平时表现对小组内学生进行评价。

③ 组间互评：不同组别之间相互评价。

④ 教师评价：教师根据学生完成任务情况、实物和平时表现进行评价。

项目小结

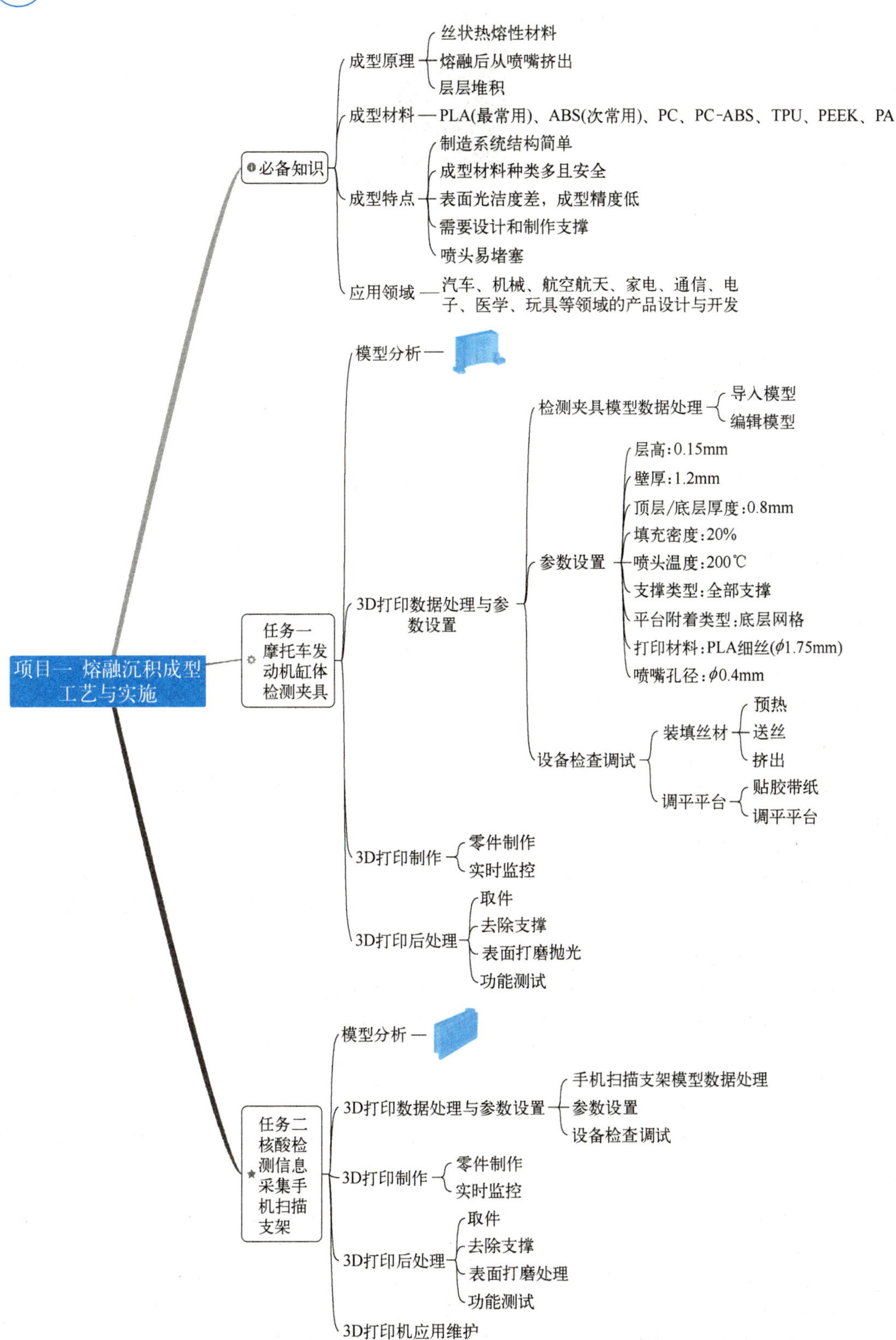
项目一 熔融沉积成型工艺与实施
必备知识
成型原理
丝状热熔性材料
熔融后从喷嘴挤出
层层堆积
成型材料 — PLA(最常用)、ABS(次常用)、PC、PC-ABS、TPU、PEEK、PA
成型特点
制造系统结构简单
成型材料种类多且安全
表面光洁度差，成型精度低
需要设计和制作支撑
喷头易堵塞
应用领域 — 汽车、机械、航空航天、家电、通信、电子、医学、玩具等领域的产品设计与开发
任务一 摩托车发动机缸体检测夹具
模型分析
3D打印数据处理与参数设置
检测夹具模型数据处理
导入模型
编辑模型
参数设置
层高:0.15mm
壁厚:1.2mm
顶层/底层厚度:0.8mm
填充密度:20%
喷头温度:200℃
支撑类型:全部支撑
平台附着类型:底层网格
打印材料:PLA细丝(ϕ1.75mm)
喷嘴孔径:ϕ0.4mm
设备检查调试
装填丝材
预热
送丝
挤出
调平平台
贴胶带纸
调平平台
3D打印制作
零件制作
实时监控
3D打印后处理
取件
去除支撑
表面打磨抛光
功能测试
任务二 核酸检测信息采集手机扫描支架
模型分析
3D打印数据处理与参数设置
手机扫描支架模型数据处理
参数设置
设备检查调试
3D打印制作
零件制作
实时监控
3D打印后处理
取件
去除支撑
表面打磨处理
功能测试
3D打印机应用维护

拓展训练

参照任务一和任务二实施步骤，完成猫头鹰零件熔融沉积成型。

拓展训练模型：猫头鹰

思考与练习

一、判断题

1. 熔融沉积成型是将丝状热熔性材料加热融化后从喷头挤出，沉积在制作面板或者前一层已固化的材料上，通过材料的层层堆积形成最终成品。(　　)

2. FDM 工艺在原型制作时，支撑可有可无。(　　)

3. 单喷头装置中，模型和支撑用同一种材料制作。(　　)

4. 双喷头装置中，一个喷头用于沉积模型材料制作零件，另一个喷头用于沉积支撑材料制作支撑。(　　)

5. FDM 工艺一般采用低熔点丝状材料。(　　)

6. FDM 工艺所需丝状材料是利用塑料挤出机制备的。(　　)

7. FDM 工艺对模型材料的要求是熔融温度低、黏度小、黏结性好、收缩率小。(　　)

8. FDM 支撑材料的强度不能太高，且应与模型材料易于分解，成型后易于去除。(　　)

9. PLA 塑料是生物可降解材料，使用可再生的植物资源所提出的淀粉原料制成。(　　)

10. PC（聚碳酸酯）是一种热塑性塑料，可用于 FDM 成型。(　　)

11. FDM 工艺与 SLA 工艺相比较，原型精度较低。(　　)

12. FDM 工艺与 SLA 工艺相比较，成型速度较慢。(　　)

13. FDM 工艺与 SLA 工艺相比较，制造成本较低。(　　)

14. FDM 工艺可用于汽车、机械、航空航天、家电、通信、电子、建筑、医学和玩具等产品的设计开发过程。(　　)

15. FDM 工艺成型产品可用于外观评估、方案选择、装配检查、功能测试、用户看样订货等。(　　)

16. 检测夹具模型数据处理与参数设置是在 FDM 切片软件中完成的。(　　)

17. 创想三维 FDM 切片软件中，导入的 STL 模型将自动添加到成型平台中心或预先设置好的位置。(　　)

18. 创想三维 FDM 切片软件可以同时导入多个模型。(　　)

19. 创想三维 FDM 切片软件中，旋转鼠标中键可以将视图放大或缩小。(　　)

20. 创想三维 FDM 切片软件中，按住鼠标右键拖动可以旋转视图。(　　)

21. 创想三维 FDM 切片软件中，按下 Shift 键，同时按住鼠标右键拖动可以移动视图。(　　)

22. 创想三维 FDM 切片软件中，对于复杂的模型，可以先设定好参数后再导入模型，避免每改动一个参数计算机都要重新进行计算。(　　)

23. FDM 切片软件主要用于 FDM 3D 打印机，可准备要打印的 3D 模型，并将其转换为 3D 打印机指令。(　　)

24. FDM 切片软件可以导入三角面片格式文件。(　　)

25. STL 模型是三维 CAD 模型的表面模型，由许多三角面片组成，输出为 STL 模型时一般会有精度损失。(　　)

26. 创想三维 FDM 3D 打印机中，构建平台形状为“Square”，表示成型平台为圆形。(　　)

27. 创想三维 FDM 3D 打印机中，构建平台形状为“Circular”，表示成型平台为方形。(　　)

28. FDM 3D 打印机，可以多个模型同时打印，也可以多个模型逐个打印。(　　)

29. FDM 切片软件中，模型显示模式中的普通模式用于查看实体模型的整体外观和操作模型。（　　）

30. FDM 切片软件中，模型显示模式中的悬空模式用于查看实体模型的悬空位置，红色显示部分为悬空。（　　）

31. FDM 切片软件中，模型显示模式中的透明模式是用半透明的形式显示实体模型，透明度不可调节。（　　）

32. FDM 切片软件中，层模式显示模型时，红色表示模型最外层表面。（　　）

33. FDM 切片软件中，层模式显示模型时，黄色表示网格状内部填充。（　　）

34. FDM 切片软件中，层模式显示模型时，翠绿色表示模型其他层表面（除最外层）。（　　）

35. FDM 切片软件中，层模式显示模型时，墨绿色表示支撑等辅助结构。（　　）

36. FDM 切片软件中，层模式显示模型时，蓝色表示空走。（　　）

37. FDM 切片软件通过模型操作可以改变模型的几何位置和尺寸。（　　）

38. FDM 切片软件中，旋转模型影响实际打印物体在成型平台中的角度方位。（　　）

39. FDM 切片软件中，缩放模型影响实际打印物体的尺寸大小。（　　）

40. FDM 切片软件中，缩放模型时，当模型灰色显示，说明模型尺寸大于成型平台尺寸，此时将无法正常切片，需将模型调整到小于成型平台的尺寸。（　　）

41. FDM 切片软件中，缩放模型时，Uniform Scale 比例锁按钮处于锁闭状态时，X、Y、Z 轴缩放时同步。（　　）

42. FDM 切片软件中，缩放模型时，Uniform Scale 比例锁按钮处于打开状态时，可修改单方向尺寸。（　　）

43. FDM 切片软件中，镜像模型也影响实际打印物体的方位。（　　）

44. FDM 切片软件中，快速打印模式适合大尺寸的简单模型，在打印模型时可以大大缩短打印时长，同时仍具有较好的表现力。（　　）

45. FDM 切片软件中，普通打印模式适用于大部分模型的打印，在实现较好打印精度的同时提高了打印速度，是速度与精度的最佳平衡设置。（　　）

46. FDM 切片软件中，高质量打印模式牺牲了打印速度以提供更好的打印精度。（　　）

47. FDM 切片软件中，层高（每层的高度）设置，最影响打印时间和表面质量。（　　）

48. FDM 切片软件中，层厚越薄，表面质量越高，打印时间越长。（　　）

49. FDM 切片软件中，层厚越厚，台阶效应越明显，表面越粗糙，打印时间越短。（　　）

50. FDM 切片软件中，层高的设置与打印速度和打印质量无关。（　　）

51. FDM 切片软件中，壁厚是指打印件水平方向的边缘厚度，通常设置为喷嘴孔径的倍数。（　　）

52. FDM 切片软件中，底层/顶层厚度通常设置为层高的倍数，而且尽量接近壁厚，这样模型强度会更均匀。（　　）

53. FDM 切片软件中，填充密度不会影响物体的外观，一般用来调整物体的强度。（　　）

54. FDM 切片软件中，底层边线平台附着类型表示首层打印时在模型的外边缘打印线圈，为模型提供更好的附着。（　　）

55. FDM 切片软件中，底层网格平台附着类型表示在打印模型之前，先在模型底面打印一个比模型底面略大的网状底座，进而提高模型与打印平台的黏结强度，有效防止模型的翘曲变形。（　　）

56. FDM 切片软件中，喷嘴孔径尺寸是非常重要的参数，它会被用于计算走线宽度、外壁走线次数和厚度。（　　）

57. *.gcode 格式是指 FDM 3D 打印机用于打印物体的工具路径的格式。（　　）

58. FDM 3D 打印机可以放置在易燃易爆物品或高热源附近。（　　）

59. FDM 3D 打印机打印物体时，机身晃动不会影响打印质量。（　　）

60. 在 FDM 3D 打印机工作时，不要用手接触喷嘴以及热床；在打印完毕后，及时利用喷头的余温，并借助工具将喷嘴上的熔融料清理干净，清理时请勿直接用手触摸喷头，以防止高温烫伤，造成人身伤害。（　　）

61. 对于复杂结构的模型，可用斜口钳或美工刀，依据由外到里、由易到难的顺序去除支撑。（　　）

62. 用水溶性材料打印的支撑结构，打印结束后，去除支撑的方法是在超声波清洗机内加入相应溶解液体与制件，打开超声波与加热功能，这样便可以快速、彻底地清除制件表面及内部的支撑结构。（　　）

63. FDM 工艺打印的物体容易产生加工纹路、毛刺、拉丝、残余颗粒、大象脚等缺陷，打磨能消除物

体的这些缺陷。（ ）

64. FDM 3D打印机长期使用，表面会有较多灰尘，需定期清理干净。维护时，先给设备断电，然后用干布对打印机做机身清洁，拭去灰尘和粘结的打印材料以及导轨上的异物。（ ）

65. FDM技术的成型原理是叠层实体制造。（ ）

66. 熔融沉积成型工艺可以同时成型两种或两种以上材料。（ ）

67. FDM技术对支撑材料的要求是与成型材料相互浸润。（ ）

68. 现场的FDM 3D打印机需要手动调平。（ ）

69. FDM打印机使用之前进行调平操作是为了防止出料不畅。（ ）

70. FDM技术要将材料加热到其熔点以上，加热的设备主要是喷头。（ ）

71. 目前FDM 3D打印机主要识别的3D模型文件是STL格式的文件。（ ）

72. FDM技术一般不需要支撑结构。（ ）

73. FDM工艺对成型材料的要求是熔融温度高、黏度低、黏结性好、收缩率大。（ ）

74. 由于FDM工艺不需要激光系统支持，成型材料多为ABS、PLA等热塑性材料，因此性价比高，是桌面级3D打印机广泛采用的技术路径。（ ）

75. 采用FDM原理打印模型过程中，要注意材料是否出现断裂、打结等现象，若出现上述情况，需要及时处理。（ ）

76. FDM工艺设备在日常维护中，需要清理光杆、丝杠等传动部件，并定期涂抹润滑油。（ ）

二、填空题

1. （ ）技术是当前全世界应用最为广泛的一种3D打印技术。

2. 常见的用于FDM成型的塑料材料有（ ）和（ ）。

3. FDM支撑材料有（ ）和（ ）两种类型。

4. 在制造之前需要对模型进行切层操作，以获得各层截面的信息，预先形成分层成型所需的数据，这个过程称为（ ）。

5. 创想三维FDM打印机所用塑料丝材直径为（ ）。

6. 创想三维FDM打印机喷嘴孔径为（ ）。

7. 创想三维FDM切片软件，导出文件的扩展名为（ ）。

8. 实训室中，小型FDM打印机一般配备（ ）个挤出头。

9. FDM切片软件中，模型显示模式中的（ ），主要用于分层显示实体模型及喷嘴移动路径，根据类型的不同，移动路径显示不同颜色。

10. FDM切片软件中，在层模式下，（ ）显示模式仅显示当前层的路径。

11. FDM切片软件中，在层模式下，（ ）显示模式将显示0至当前层的全部路径。

12. FDM切片软件中，旋转模型时，单击（ ）色控制圆并拖动鼠标左键，模型可以绕X轴旋转。

13. FDM切片软件中，旋转模型时，单击（ ）色控制圆并拖动鼠标左键，模型可以绕Y轴旋转。

14. FDM切片软件中，旋转模型时，单击（ ）色控制圆并拖动鼠标左键，模型可以绕Z轴旋转。

15. FDM切片软件中，单击控制圆并拖动鼠标左键，可以旋转模型，默认旋转角度为（ ），同时按下（ ）键可以一度一度地旋转。

16. FDM切片软件中，打印实心物体时填充密度需设置为（ ），打印空心物体需设置为（ ）。

17. FDM 3D打印机调平正方形平台时，共调节（ ）个点。

18. FDM 3D打印机调节成型平台时，使成型平台和喷嘴刚好处于贴合状态，间距约为（ ）mm，可用一张A4纸辅助调平，使喷嘴刚好能在A4纸上产生划痕为最佳状态。

19. FDM 3D打印机打印的产品，表面着色的方法有两种，分别是（ ）和（ ）。

20. 喷涂上色最常使用的是（ ）。

三、单选题

1. 创想三维FDM打印机喷头温度一般设为（ ）左右。

A. 50℃　　B. 100℃　　C. 200℃

2. FDM切片软件中，导入模型的方式通常有（ ）。

A. 一种　　B. 两种　　C. 三种　　D. 四种

3. 熔融沉积成型（FDM）技术所用的原材料是（ ）。

A. 粉体打印　　B. 液体打印　　C. 丝材打印　　D. 片式打印

4. 熔融沉积成型技术存在（　　）危险环节。

A. 激光　　B. 高压　　C. 高温　　D. 高加工速度

5. FDM 工艺对于支撑材料的要求是（　　）。

A. 支撑材料可以不需要承受成型材料的温度

B. 必须同成型材料相互浸润

C. 支撑材料不考虑流动性特点

D. 支撑材料具有水溶性或酸溶性。为了便于后处理，支撑材料最好能溶解在某种液体中

6. 市场上常见的 FDM 3D 打印机所用的打印材料直径为（　　）。

A. 1.75mm 或 3mm　　B. 1.85mm 或 3mm

C. 1.85mm 或 2mm　　D. 1.75mm 或 2mm

7. FDM 设备制件容易使底部产生翘曲形变的原因是（　　）。

A. 设备没有成型空间的温度保护系统　　B. 打印速度过快

C. 分层厚度不合理　　D. 底板没有加热

8. FDM 3D 打印技术成型件后处理过程中最关键的步骤是（　　）。

A. 取出成型件　　B. 打磨成型件

C. 去除支撑部分　　D. 涂覆成型件

9. 3D 打印的主流技术，比如（　　）是把塑料熔化成半融状态拉成丝，用线来构建面，一层一层堆起来。

A. SLA　　B. FDM　　C. SLS　　D. 3DP

10. 下面（　　）不属于 FDM 技术特点。

A. 成型后表面粗糙，需配合后续抛光处理，目前不适合高精度的应用

B. 需要浪费材料来做支撑

C. 速度较慢，因为它的喷头是机械的

D. 成型过程不需要支撑，特别适合于做内腔复杂的原型

11. FDM 成型过程中，除了打印喷头外，工作平面也要持续加热的主要原因是（　　）。

A. 便于取件拆卸　　B. 打印辅助加热　　C. 持续保温制件　　D. 控制翘曲变形

12. 操作 FDM 3D 打印机时，喷头高度、温度设定都正确的情况下出现翘曲、高度错误的原因是（　　）。

A. 喷头旋紧时倾斜　　B. 工作平台温度设定不妥

C. 活动工作平面安装不水平　　D. 环境温度未控制

13. 关于调平打印平台，下列说法错误的是（　　）。

A. 保持打印平台的水平对于打印质量非常重要

B. 精调是指通过运行厂商自带的调平软件，进一步缩小喷头与平台的距离（大约一张 A4 纸的厚度）

C. 粗调的目的是保证平台在每次取放后，平台和喷头保持 15mm 左右的合理距离

D. 在 3D 打印机的使用过程中，一般来说，可以跳过粗调直接进入精调。然而，如果打印机长时间未使用，粗调步骤还是必要的

14. 关于喷头堵塞的处理，正确的是（　　）。

A. 找根针捅捅，常温的时候捅

B. 拆喷头，清理喷头里面残留的耗材

C. PLA 堵头，可以先将温度升高至 160℃，再打印，或许可以融化里面的残留物

D. 无需处理

15. 自动调平后平台已经平整了，调平界面会显示（　　）。

A. 1.01.01.0　　B. 101010　　C. 0.00.00.0　　D. 0.10.10.1

16. 设备在（　　）禁止用手触碰打印头加热部分。

A. 未彻底降温时　　B. 未开机　　C. 打印头没加温　　D. 彻底降温

17. 打印头出料不畅是挤出头中的（　　）导致的。

A. 热敏电阻损坏　　B. 喷嘴损坏　　C. 加热棒损坏　　D. 没有特氟龙管

18. 关于 ABS 塑料丝，下面说法错误的是（　　）。

A. 打印大尺寸模型时，模型精度较高

B. 柔韧性好
C. 有高抗冲、高耐热、阻燃、增强、透明等级别
D. 综合性能较好，冲击强度较高，化学稳定性、电性能良好
19. 关于 PLA，下面说法错误的是（　　）。
A. 聚乳酸（PLA）是一种优良的聚合物，是植物淀粉的衍生物
B. 加热融化时气味小，成型时收缩率较低，打印大型零件模型时边角不易翘起，且熔点较低
C. 它是生物环保的，由玉米等制成，是一种可再生资源，还可生物降解
D. 它的颜色和打印效果较暗，效果不好

四、多选题

1. FDM 成型件后处理包括（　　）等过程。
A. 取出模型　B. 剥离支撑　C. 表面打磨处理　D. 抛光上色
2. 下列属于 FDM 成型材料的有（　　）。
A. 尼龙　B. PC（聚碳酸酯）　C. TPU 橡胶　D. PEEK（聚醚醚酮）
3. FDM 切片软件中，图形预处理主要包括（　　）。
A. 导入模型　B. 模型编辑　C. 设置打印参数　D. 切片及保存数据
4. FDM 切片软件可以导入扩展名为（　　）的模型文件。
A. *.stl　B. *.obj　C. *.dae　D. *.amf
5. FDM 切片软件中，模型显示模式有（　　）。
A. 普通模式（Normal）　B. 悬空模式（Overhang）
C. 透明模式（Transparent）　D. X 透视模式（X-Ray）
E. 层模式（Layers）
6. FDM 3D 打印机安装丝材时，主要步骤有（　　）。
A. 预热　B. 送料　C. 挤出
7. 下列属于去除支撑的工具有（　　）。
A. 斜口钳　B. 美工刀　C. 平头铲刀
8. 常见的打磨工具有（　　）。
A. 砂纸　B. 锉刀　C. 电动打磨机

五、简答题

1. 利用熔融沉积成型工艺（FDM）成型检测夹具时，具体流程是什么？
2. 利用 FDM 3D 打印机打印物体时，工作平台加热的目的是什么？

六、论述题

1. 分析 FDM 工艺的优点。
2. 分析 FDM 工艺的缺点。
3. 增材制造数字模型的基本要求是什么？

项目二
光固化成型工艺与实施

◉ 学习目标

1. 知识目标

（1）掌握光固化成型原理。

（2）熟悉光固化成型材料、特点及应用领域。

2. 技能目标

（1）能熟练操作 Magics 切片软件。

（2）能利用 Magics 软件处理零件的数据模型并设置合理的打印参数。

（3）能熟练操作光固化成型设备并完成零件的 3D 打印。

（4）能根据需求进行 3D 打印后处理。

（5）能维护保养光固化成型设备，并能排除设备常见故障。

3. 素质目标

培养学生崇尚科学、锐意进取的高尚品质和独立思考的学习习惯。

◉ 增材制造模型设计职业技能等级证书考核要求

通过本项目的学习，能够系统地了解 SLA 工艺，掌握零件数据修复与优化方法和 SLA 设备操作技能。包括 SLA 工艺、工艺编制、数据处理、设备操作、过程监控、零件后处理、质量检测和产品性能提升以及 SLA 设备装调与维护等。

必备知识

>>> 沧海遗珠拓知识

一、光固化成型原理

1. 光固化成型工艺

光固化成型是用特定波长与强度的激光聚焦到液态光敏树脂材料表面，利用光能的化学与热作用，按由点到线、由线到面的顺序选择性地固化液态光敏树脂，可以在不接触液态光敏树脂的情况下逐层叠加制造所需三维实体模型。SLA 产品如图 2-1 所示。

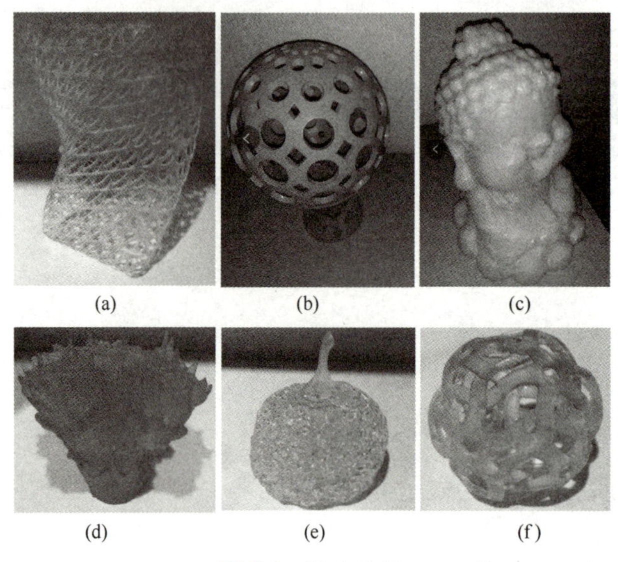

图 2-1 SLA 产品

2. 成型原理

动画：光固化成型原理

（1）曝光方式　光敏树脂是一种透明、有黏性的光敏液体。当一定波长和强度的激光照射到该液体时，被照射的部分由于发生聚合反应而固化，从液态转变为固态。通常有两种曝光方式：遮光掩模曝光和激光束曝光，如图 2-2 所示。遮光掩模曝光是将紫外光通过一个遮光掩模照射到树脂表面，使树脂接受面曝光。这种曝光方式，当零件形状比较复杂时，需要较多具有不同截面的遮光掩模，而且操作起来比较麻烦，所以适合简单形状零件的成型，生产中不多见。激光束曝光是用扫描头将激光束扫描到树脂表面使之曝光。液态树脂被照射部分发生固化，成型为所需形状的一层，然后用同样的方式在该层面上进行新一层截面轮廓的照射、固化，依此类推，从而将一层层的截面轮廓逐步叠合在一起，最终成型三维原型。这种曝光方式特别常见。

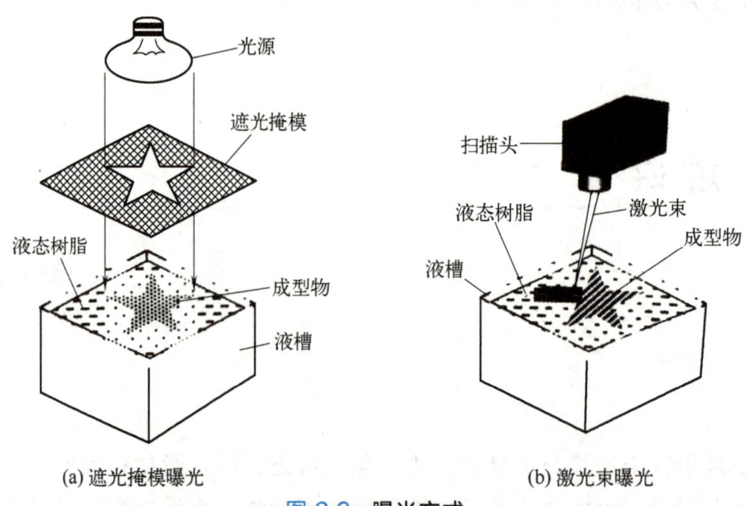

图 2-2 曝光方式

（2）激光束曝光原理　激光束曝光时，按扫描系统的不同可分为两种：由计算机控制的 X-Y 平面扫描仪系统和振镜光扫描系统，如图 2-3 所示。图 2-3（a）是由计算机控制的 X-Y 平面扫描仪系统，激光器发出光束，通过光纤（或一组定位反光镜）传送到聚焦镜中，聚焦镜安装在 X-Y 轴臂上，通过计算机控制可在 X-Y 平面内运动，从而对液态光敏树脂进行扫描曝光。图 2-3（b）是振镜光扫描系统，它是通过由电动机带动的两片反射镜，根据控制系统的指令，按照每一截面轮廓的要求做高速摆动，从而将激光器发出的光束反射并聚焦于液态光敏树脂表面，并沿此面做 X-Y 平面上的扫描运动，这种扫描系统在生产中特别常见。

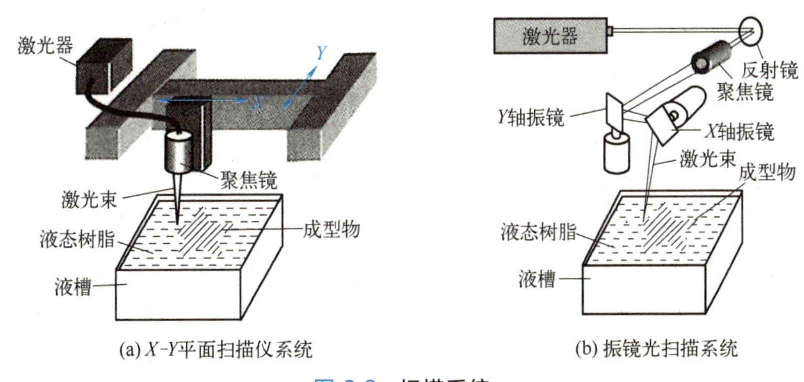

(a) X-Y平面扫描仪系统　(b) 振镜光扫描系统

图 2-3　**扫描系统**

激光束曝光时，按设备结构不同又可分为两种：自由液面型成型系统和约束液面型成型系统。图 2-4 是自由液面型成型系统，这种系统通常从上方对液态树脂进行扫描照射，需要精准检测液态树脂的液面高度，并精确控制液面与液面下已固化树脂层上表面的距离，即控制成型层的厚度。扫描系统可以是 X-Y 平面扫描仪系统，也可以是振镜光扫描系统。

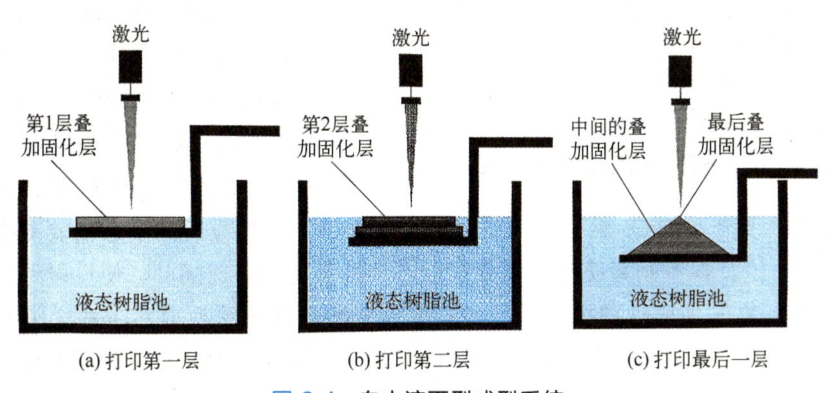

(a) 打印第一层　(b) 打印第二层　(c) 打印最后一层

图 2-4　**自由液面型成型系统**

图 2-5 是约束液面型成型系统，光源从下部隔着一层玻璃板往上扫描照射。约束液面型结构的优点如下：①约束液面型结构可精确控制成型层的厚度，即控制玻璃板上表面与固化层下表面之间的距离。②不需要精准控制液面高度。③液槽容积小，不需要一次注入大量液态光敏树脂，以免长期存放导致其氧化或曝光而失效。④材料利用率高，成型一个原型件几乎可以全部用完注入的光敏树脂。⑤树脂已固化的部分可以

视频：约束液面型 SLA 设备操作

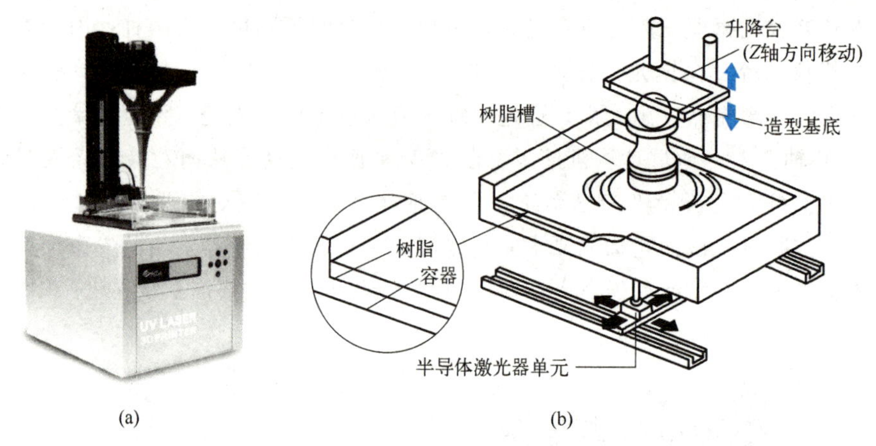

(a) (b)

图 2-5 约束液面型成型系统

不浸泡在液态树脂中，避免原型件变形。

（3）光固化成型过程 图 2-6 中 SLA 设备采用的是振镜光扫描系统。成型机主要由激光器、光路系统（反射镜、光阑、动态聚焦系统、聚焦镜）、扫描照射系统（振镜、激光束）、分层叠加固化成型系统（光敏树脂、工作台、涂敷板）和计算机控制系统等几部分组成。光源是紫外激光器发出的激光束，液槽中盛满液态光敏树脂，工作台在步进电动机驱动下沿 Z 轴方向做往复运动，工作台表面分布着许多可以让液体自由通过的小孔，所以工作台又称网板。

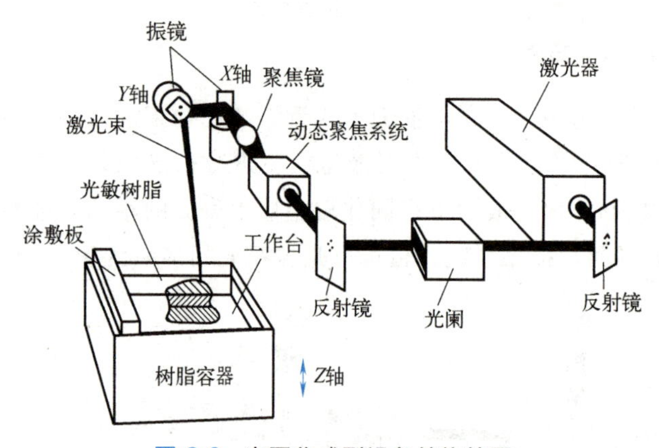

图 2-6 光固化成型设备结构简图

成型时，激光束从激光器发出，经过反射镜反射并穿过光阑到达另一面反射镜，再反射进入动态聚焦系统。激光束经过动态聚焦系统的扩束镜扩束准直后，经过聚焦镜聚焦，然后投射到 X 轴振镜上，从 X 轴振镜再反射到 Y 轴振镜，最后投射到液态光敏树脂表面。两面振镜也是反射镜，在控制系统指令下分别由电动机带动做高速摆动，使投射到树脂表面的激光光斑能够沿 X-Y 平面做扫描移动，将三维模型的截面形状扫描到光敏树脂上，使之发生固化。一层成型后，计算机程序控制工作台下降一个层高，使液态树脂能漫过已固化树脂表面。再控制涂覆板沿平面移动，使已固化的树脂表面均匀涂上一层薄薄的液态树脂。计算机再控制激光束进行下一个断面的扫描，如此重复进行，直至整个模型成型完成。

二、光固化成型材料

SLA 工艺常用材料是液态光敏树脂，如图 2-7 所示。光敏树脂由聚合物单体与预聚体组成，其中加有光敏剂。它在一定波长的紫外光照射下能立刻发生聚合反应而固化。光敏树脂一般为液态，可用于制作高强度、耐高温的防水零件。通常所提到的增材制造用光敏树脂大多为环氧树脂。

1. SLA 工艺对光敏树脂的要求

SLA 工艺制造原型、模具，要求快速准确，对制件的精确性及性能要求严格，这就使用于该技术的光敏树脂必须满足以下条件。

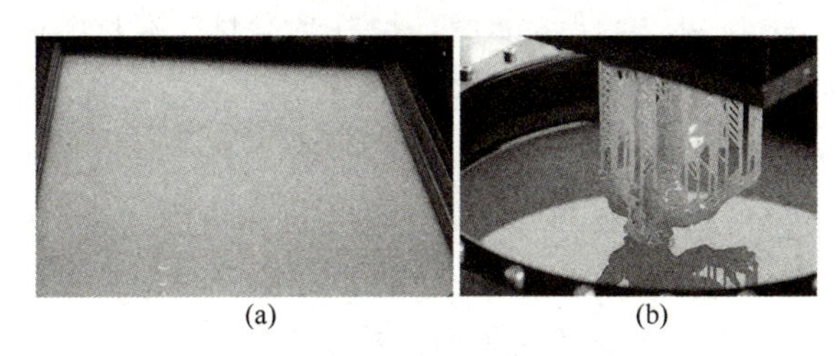

图 2-7 液态光敏树脂

① 固化前性能稳定，可见光照射下不发生化学反应。

② 黏度低。成型过程中，低黏度的树脂有利于树脂浸润、新层涂覆与流平，可减少涂覆时间，提高成型效率，同时便于树脂的加料和清除。树脂黏度一般要求在 600cP❶（30℃）以下。由于液态树脂表面张力大于固态树脂表面张力，液态树脂很难自动覆盖已固化的固态树脂表面，所以必须借助刮刀将树脂液面刮平，而且只有待液面流平后才能加工下一层。

③ 固化速率快，光敏性好。激光扫描速度快，作用于树脂的时间极短，所以要求树脂对紫外光的光响应速率快，在光强不是很高的情况下能快速固化成型。

④ 固化收缩小。成型模型固化收缩会产生内应力，进而引起模型实体变形。形变大小不仅直接影响零件的尺寸精度，较大的固化形变还会导致零件翘曲、开裂，致使成型失败。所以要求在成型过程中和后固化处理中收缩要小，否则会严重影响精度。

⑤ 溶胀小。由于在成型过程中，液态树脂一直覆盖在零件已固化部分上面，能够渗入固化件内而使已经固化的树脂发生溶胀，造成制件严重变形。只有减小树脂的溶胀，才能保证模型实体的精度。

⑥ 半成品强度高，以保证后固化过程中不发生形变、膨胀，不出现气泡及层分离等。

⑦ 最终固化产物具有较好的机械强度，耐化学试剂，易于洗涤和干燥，并且具有良好的热稳定性。

⑧ 毒性小。未来的光固化成型可以在办公室完成，因此对单体或预聚物的毒性或对大气的污染有严格要求。

2. 光敏树脂的种类

按使用特性不同，光敏树脂可分为通用树脂、硬性树脂、柔性树脂、弹性树脂、高温树脂、日光树脂和生物相容性树脂。

（1）通用树脂　即最常用的光敏树脂。最初只有黄色和透明色，随着市场的发展，近年来颜色已经扩展到橘色、绿色、红色、蓝色和白色等多种。

（2）硬性树脂　通常用于桌面级 3D 打印机，有点脆弱，固化成型后容易折断和开裂。为了解决这些问题，许多公司开发生产了性能优良的树脂，这类树脂材料在强度和伸长率之间取得了一种平衡，使增材制造原型产品拥有更好的抗冲击性和强度，可以制造一些有精密组合要求的零部件原型。

（3）柔性树脂　这类树脂的性能表现为中等硬度、耐磨、可反复拉伸的状态，可用来制作如铰链和摩擦装置等需要反复拉伸的零部件。

（4）弹性树脂　弹性树脂是在高强度挤压和反复拉伸下表现出优秀弹性的树脂材料。如

❶ $1cP=10^{-3}Pa\cdot s$。

Flexible树脂是非常柔软的橡胶类材料，在打印比较薄的层厚时会很柔软，打印比较厚的层厚时会变得非常有弹性和耐冲击力，这种新材料主要应用于制造完美的铰链、减振装置、接触件等。

（5）高温树脂　高温树脂是许多树脂制造厂商一个重点研发方向。目前有的高温树脂热变形温度高达250℃以上，可以在高温下保持良好的强度、刚度和长期的热稳定性，适用于汽车和航空工业的模具和机械零件。

（6）日光树脂　日光树脂与普通的在紫外线照射下发生固化的树脂不同，它们在普通日光下就可以固化。这样就可以不再依赖UV光源，而仅凭一个液晶屏来固化此类树脂。日光树脂有望大幅降低DLP工艺的制造成本，具有一定的发展潜力。

（7）生物相容性树脂　生物相容性树脂对人体环境安全友好，可用作外科材料，如牙科行业。随着技术的发展，生物相容性树脂将可以适用于整个医疗行业。

3. 光敏树脂的制备

光敏树脂的制备过程是将不同比例的原料进行混合的过程。制作时，将基本的光敏预聚体、活性稀释剂、光引发剂、光敏剂，以及其他助剂进行混合、加热，并且搅拌均匀。

三、光固化成型特点

1. SLA工艺优点

① 光固化成型工艺是最早出现的增材制造工艺，成熟度高。

② 由CAD数字模型直接制成原型，加工速度快，产品生产周期短，无需切削工具与模具，可以加工外形结构复杂或使用传统手段难以成型的原型和模具。

③ 系统工作稳定。系统一旦开始工作，构建零件的全过程完全自动进行，无需专人看管，直到整个工艺过程结束，可联机操作和远程控制，有利于自动化生产。

④ 尺寸精度较高，可确保工件的尺寸精度在0.1mm以内，目前最高精度可达到16μm。每层厚度可以达到0.05～0.15mm。表面质量较好，工件的最上层表面很光滑，侧面可能有台阶不平及不同层面间的曲面不平。

⑤ 可以为实验提供试样，对计算机仿真结果进行验证与校核。

2. SLA工艺缺点

① SLA系统造价高昂，使用和维护成本过高。激光管的寿命通常为3000～5000h，价格较昂贵，由于需对整个截面进行扫描固化，成型时间较长，因此制作成本相对较高。

② SLA系统是对液体进行操作的精密设备，对工作环境要求苛刻。需要专用的实验室环境，成型件需要后处理，如二次固化、防潮处理等工序。

③ 可选择的材料种类有限，成型件多为树脂材料，强度、刚度、耐热性有限，不利于长时间保存。由这类树脂制成的工件在大多数情况下都不能进行耐久性和热性能试验。且光敏树脂对环境有污染，易引起皮肤过敏。

④ 尺寸稳定性差，随着时间推移，树脂会吸收空气中的水分，导致软薄部分的翘曲变形，影响成型件的整体尺寸精度。

⑤ 需要设计工件的支撑结构，以便确保在成型过程中制作的每一个结构部位都能可靠定位，支撑结构需在未完全固化时手工去除，容易破坏成型件。

⑥ 预处理软件和驱动软件运算量大，与加工效果关联性太高。

四、光固化成型应用领域

自从 SLA 工艺出现以来，应用领域和范围不断扩大。目前，主要应用在新产品开发设计检验、市场预测、航空航天、汽车制造、电子电信、民用器具、玩具、工程测试、装配测试、模具制造、医学、生物制造工程和美学等方面。SLA 工艺适合制作中小型工件，能直接得到树脂或类似工程塑料的产品，是目前较为成熟的增材制造工艺。

（1）在电子、家电类产品中的应用　由于 SLA 工艺成型方式与结构复杂程度无关，因此其比较适合成型一些结构复杂的电子类产品，如计算机及其相关产品、音响、相机、手机、MP3、掌上电脑、摄像机等，以及一些结构复杂的家电类产品，如电熨斗、电吹风、吸尘器等。

（2）在制造业中的应用　SLA 工艺在制造业中应用最多，达到 67%，说明该工艺对改善产品的设计和制造水平具有巨大作用。例如用于概念模型的原型制作，或用来做简单装配检验和工艺规划。它还能代替蜡模制作浇铸模具，以及作为金属喷涂模、环氧树脂模和其他软模的母模。

（3）在生物制造工程和医学中的应用　生物制造工程是指采用现代制造科学与生命科学相结合的原理和方法，通过直接或间接细胞受控组装完成组织和器官的人工制造的科学、技术和工程。SLA 技术为制造科学与生命科学的结合提供了重要的手段。用 SLA 技术辅助外科手术是一个重要的应用方向。

任务一　右侧颞部肿瘤占位的颅脑模型

任务单

任务描述	利用光固化成型工艺完成右侧颞部肿瘤占位颅脑模型的 3D 打印任务
任务内容	1. 颅脑模型分析 2. 颅脑模型 3D 打印数据处理与参数设置 3. 颅脑模型 3D 打印制作 4. 颅脑模型 3D 打印后处理
任务载体	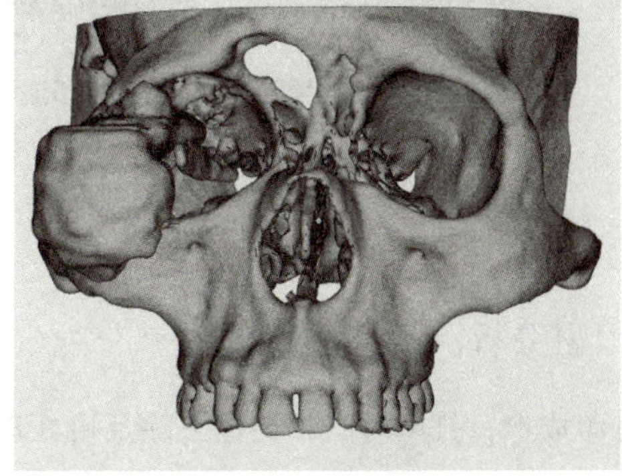 图 2-8　颅脑模型

任务引入

职业技能等级证书要求描述：产品需求分析、产品外观与结构设计

增材制造技术在精准定位病灶与显现重要脉管结构上发挥了重要作用，可以快速制造出与手术位置完全一致的 3D 模型，使外科医生跳出“凭空想象”的窘境，在手术前即可从多维度真实预见术中情形，明确重要脉管的走行，制定手术路径和程序并预演手术。利用 SLA 工艺制造右侧颞部肿瘤占位颅脑模型，用于医生对患者病灶的了解，以便于进一步完善手术方案，提高手术成功率。

知识拓展：CT 扫描

图 2-8 所示颅脑模型是通过 CT 扫描获得的三维数据，临床诊断为右侧颞部肿瘤占位。

任务分析

职业技能等级证书要求描述：产品制造工艺设计

由于 SLA 工艺制造原型快速准确、固化收缩和溶胀小、尺寸精度高，因此颅脑模型采用 SLA 工艺制造。本任务是根据颅脑模型 STL 三维数据，使用光固化成型设备将光敏树脂材料固化成型，完成颅脑模型的 3D 打印任务。

本任务按照 SLA 工艺制造的一般流程，打印右侧颞部肿瘤占位的颅脑模型，如图 2-9 所示。打印前先对颅脑模型进行修复编辑、生成支撑和切片处理；然后检查调试打印机，清理刮刀，调平网板，添加树脂到要求的液位；再将切片文件导入打印机中，设置打印参数，制作零件；打印完成后按步骤进行零件后处理。

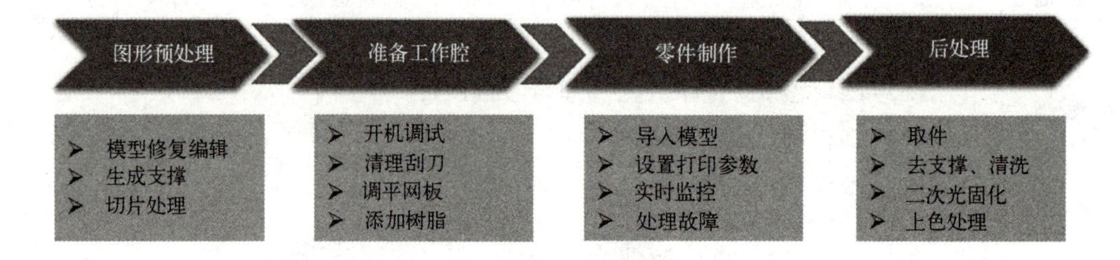

图 2-9 颅脑模型 SLA 打印流程

任务实施

任务实施 1 模型分析

>>> 技巧点拨提技能

从打印质量、打印成本、打印时间、支撑去除及后处理难易程度等方面，对颅脑模型成型方向进行分析，如表 2-1 所示。

表 2-1　颅脑模型成型方向分析

比较项	最小支撑面积(最佳方向)	最小 XY 投影	最小 Z 高度
方向图示			
打印质量	打印时内腔不积存液体,零件与刮刀接触面积小,表面质量好,精度高	打印时内腔积存液体较少,零件与刮刀接触面积较小,面部支撑去除后,表面质量较差,精度较低	打印时内腔易积存液体,零件与刮刀接触面积大,面部支撑去除后,表面质量差,精度低
打印成本	支撑耗材少,成本低	支撑耗材较少,成本较低	支撑耗材多,成本高
打印时间	零件 Z 轴高度较小,打印时间较短	零件 Z 轴高度较高,打印时间较长	零件 Z 轴高度最小,打印时间短
支撑去除及后处理难易程度	支撑较少,易去除,打磨量小	支撑较多,去除较困难,打磨量较大	支撑多,去除困难,打磨量大

本任务中对颅脑模型成型方向进行综合对比分析，最终选择最小支撑面积方向作为成型方向以保证颅脑模型打印成型。

思政拓展：团队合作

评价单

请填写“模型分析任务评价表”，对任务完成情况进行评价，见表 2-2。

表 2-2 模型分析任务评价表

班级：　　　　学号：　　　　姓名：

评价点	评价比例	★★★	★★	★	自我评价	小组评价	教师评价
结构分析	20%	能合理分析模型的整体结构和各组成部分;能独立判断模型是否满足 3D 打印条件	能较为合理地分析模型的整体结构和各组成部分;能判断模型是否满足 3D 打印条件	能在小组成员协助下完成模型的整体结构和各组成部分的分析任务;能在小组成员协助下判断模型是否满足 3D 打印条件			
模型摆放	30%	能根据任务描述和颅脑模型信息,全面对比打印质量、打印成本、打印时间及后处理难易程度等因素,合理选择模型摆放的角度和方位	能根据任务描述和颅脑模型信息,对比打印质量、打印成本、打印时间及后处理难易程度等因素,合理选择模型摆放的角度和方位	能根据任务描述和颅脑模型信息,在小组成员协助下对比打印质量、打印成本、打印时间及后处理难易程度等因素,选择模型摆放的角度和方位			
支撑添加	40%	能全面地考虑模型的用途、结构、摆放角度、方位及支撑剥离难易程度等因素,合理选择添加支撑的位置和类型	能较为全面地考虑模型的用途、结构、摆放角度、方位及支撑剥离难易程度等因素,合理选择添加支撑的位置和类型	能在小组成员协助下根据模型的用途、结构、摆放角度、方位及支撑剥离难易程度等因素,合理选择添加支撑的位置和类型			
反思与改进	10%						

任务实施 2　3D 打印数据处理与参数设置

活动 1　颅脑模型数据处理与参数设置

>>> 技巧点拨提技能

职业技能等级证书要求描述：模型数据处理与参数设置

颅脑模型数据处理与参数设置是在 Magics21.1 中文版软件中完成的，有关 Magics21.1 中文版软件详细操作参见附录 4。活动所需数据文件可通过扫描颅脑模型二维码下载，打印材料选用液态光敏树脂。

视频：Magics 软件界面和三键鼠标

视频：Magics 软件导入零件

模型下载：颅脑模型

一、导入零件

将扫描处理完成的颅脑模型导入 Magics 软件中，如图 2-10 所示。

二、修复零件

导入的颅脑模型首先要进行修复处理，主要是修复反向三角面片、坏边、壳体、重叠三角面片和交叉三角面片等。点击“修复”选项卡，再点击“修复向导”按钮，打开“修复向导”对话框，点击“诊断”命令，再点击“更新”按钮，可以查看模型错误信息，发现零件存在多种错误，如图 2-11 所示。

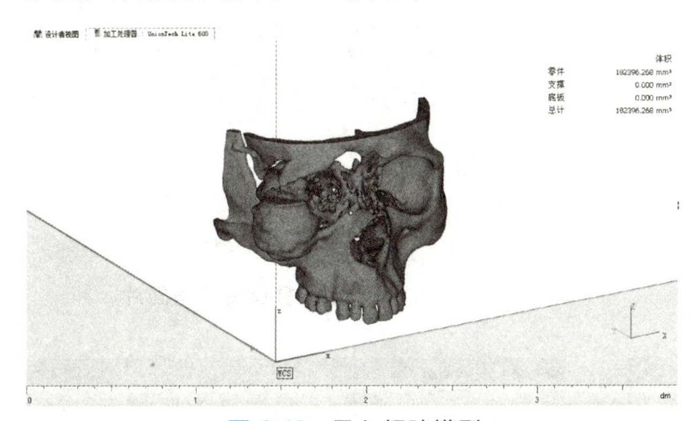

图 2-10　导入颅脑模型

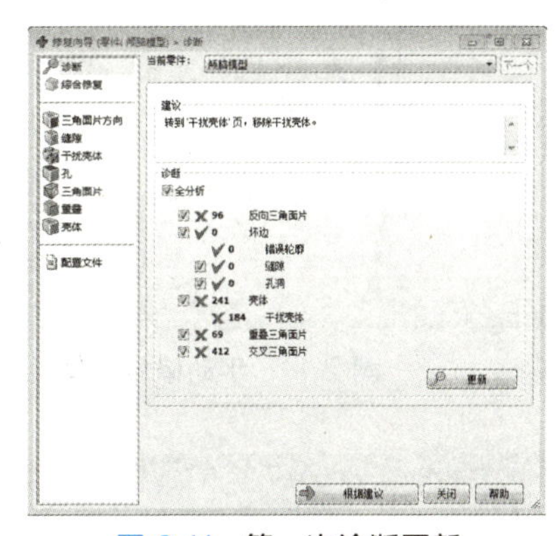

图 2-11　第一次诊断更新

点击“综合修复”命令，再点击“自动修复”按钮，可对零件进行第一次自动修复。修复后第二次诊断更新，发现零件仍存在很多错误，如图 2-12 所示。

点击“综合修复”命令，再点击“自动修复”按钮，可对零件进行第二次自动修复。修复后第三次诊断更新，发现零件仍存在壳体、重叠三角面片和交叉三角面片错误，如图 2-13 所示。

刘徽割圆术

重复上述步骤发现系统无法自动修复，所以接下来进行手动修复。依次分别修复壳体、重叠三角面片和交叉三角面片错误，如图 2-14～图 2-16 所示。

再次点击诊断更新后，发现全部诊断的项目都变成✔标记，表示颅脑模型没有错误，已完全修复，如图 2-17 所示。

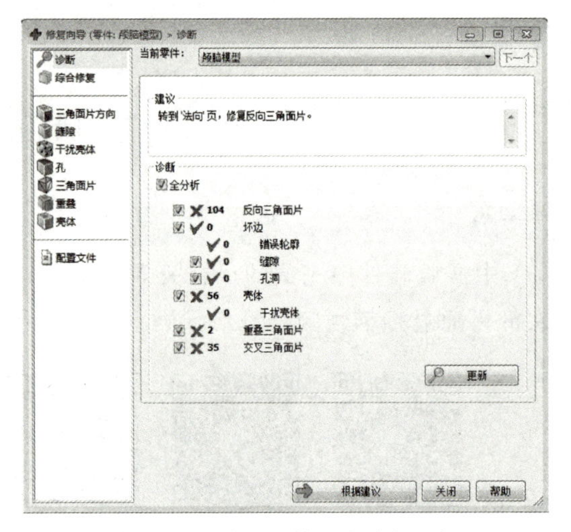

图 2-12　修复后第二次诊断更新

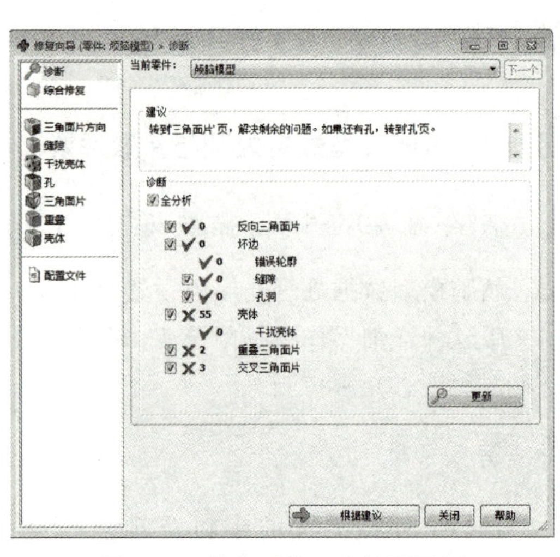

图 2-13　修复后第三次诊断更新

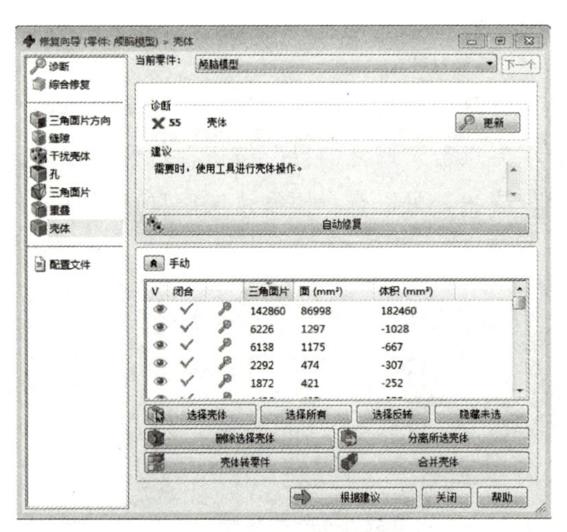

图 2-14　手动修复壳体

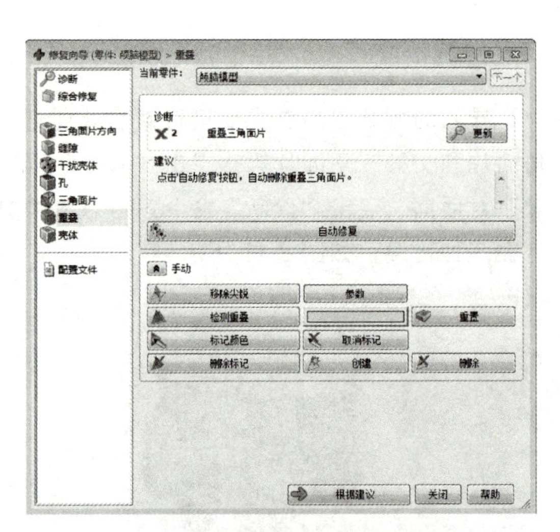

图 2-15　手动修复重叠三角面片

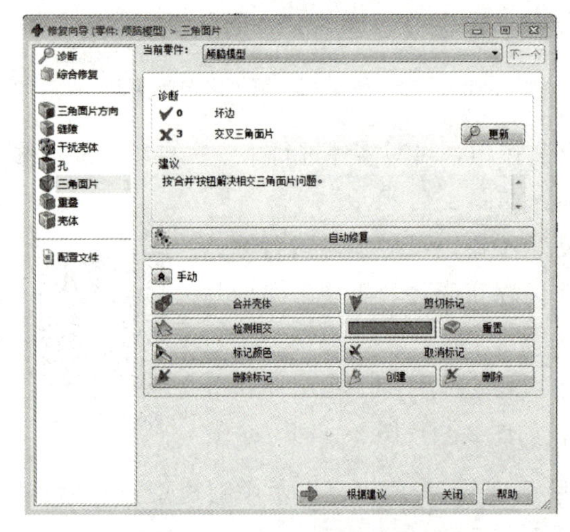

图 2-16　手动修复交叉三角面片

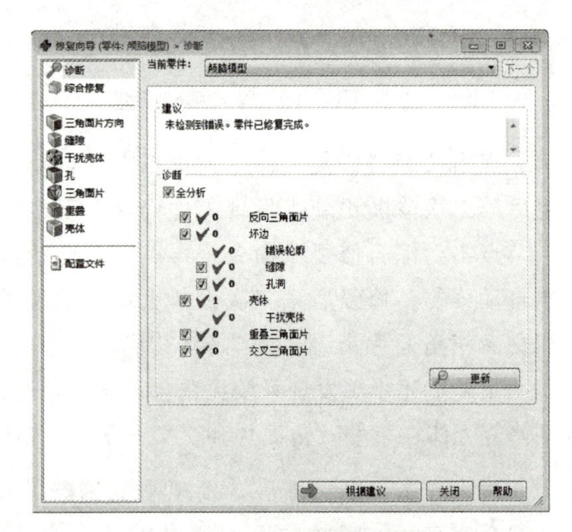

图 2-17　颅脑模型完全修复

三、零件操作

修复完成后，按照模型分析将颅脑模型调整到合适的角度，以方便添加支撑。点击“位置”→“底/顶平面”选项，打开“底/顶平面”对话框，点选“底平面”单选按钮，点击“指定面”按钮，这时鼠标指针会提示到零件上选择三角面片作为底平面，在零件上选择底平面，然后点击“确认”按钮退出对话框，如图 2-18 所示。

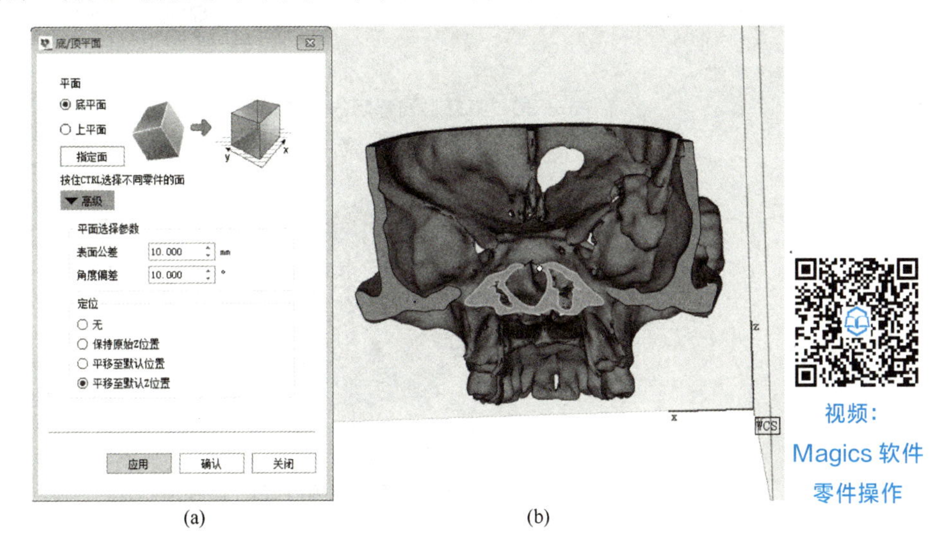

(a) (b)

图 2-18 底/顶平面

第一次调整后的颅脑模型如图 2-19 所示。

图 2-19 第一次调整后的颅脑模型

点击“位置”→“选择并放置零件”→“平移至默认 Z 位置”选项，将零件调整到图 2-20 所示角度方位。

点击“位置”选项卡，旋转平移模型后，再点击“加工准备”→“Z 轴补偿”选项，默认 *Z* 轴补偿值为 0.1～0.2mm，最终将零件调整到合适的角度方位，如图 2-21 所示。

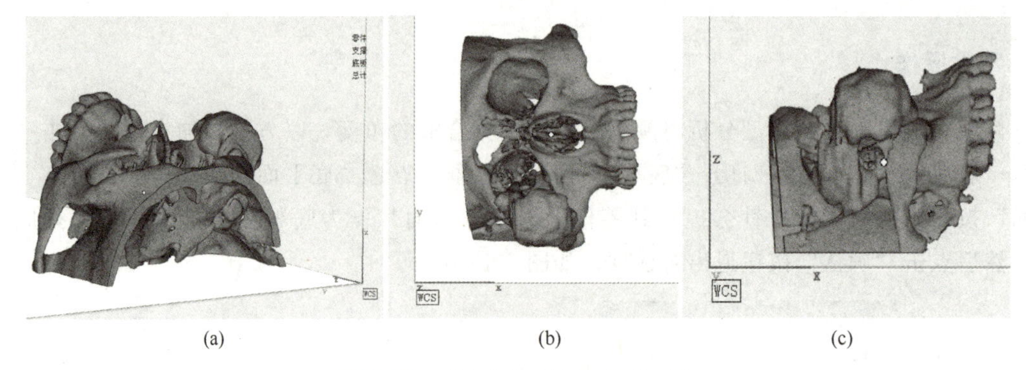

(a) (b) (c)

图 2-20 第二次调整后的颅脑模型

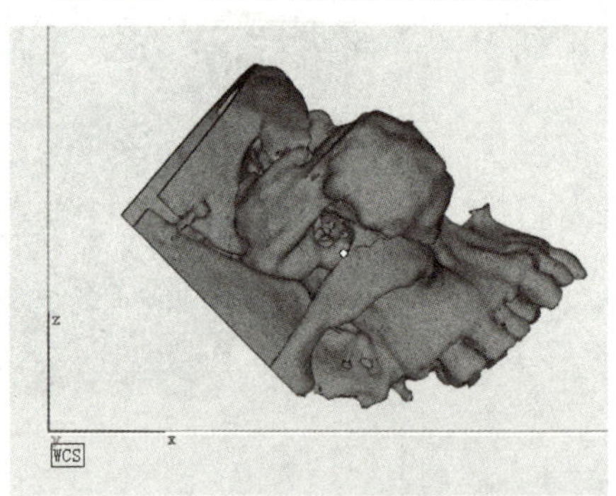

图 2-21 调整合适的颅脑模型

四、生成支撑

点击“生成支撑”选项卡，再点击“生成支撑”按钮后进行添加支撑操作。确保需要添加支撑的位置都有支撑，否则可能会导致打印失败。生成支撑后，在支撑参数页中检查编辑支撑，加好支撑的颅脑模型如图 2-22 所示。

Magics 软件添加支撑

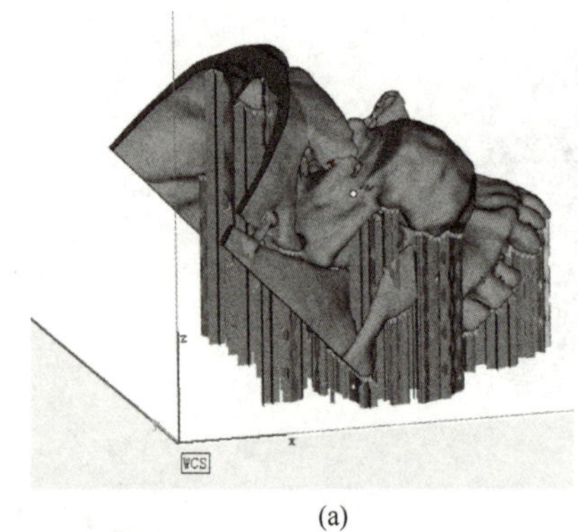

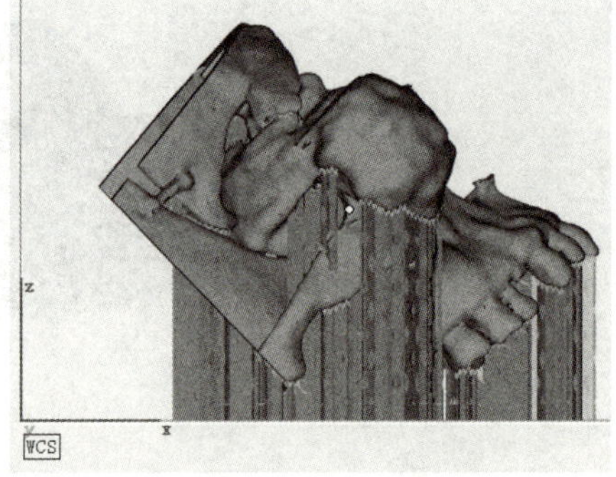

(a) (b)

图 2-22 生成支撑

Magics 软件切片和导出零件

思政拓展：科技冬奥，时间切片

五、切片

将颅脑模型处理完成后进行切片。在“3D 打印”对话框中，选择“UnionTech Lite 600”型 3D 打印机，设置任务名称和打印文件的保存路径，其他选项保持默认设置，最后点击“提交任务”按钮退出对话框，如图 2-23 所示。然后用 U 盘或通过网络将切片文件传输到 3D 打印机中。

图 2-23 切片设置

六、保存零件和项目

点击“文件”→“另存为”→“所选零件另存为”选项，打开“零件另存为”对话框，设置档案名称，点击“存档”按钮退出对话框，如图 2-24 所示。

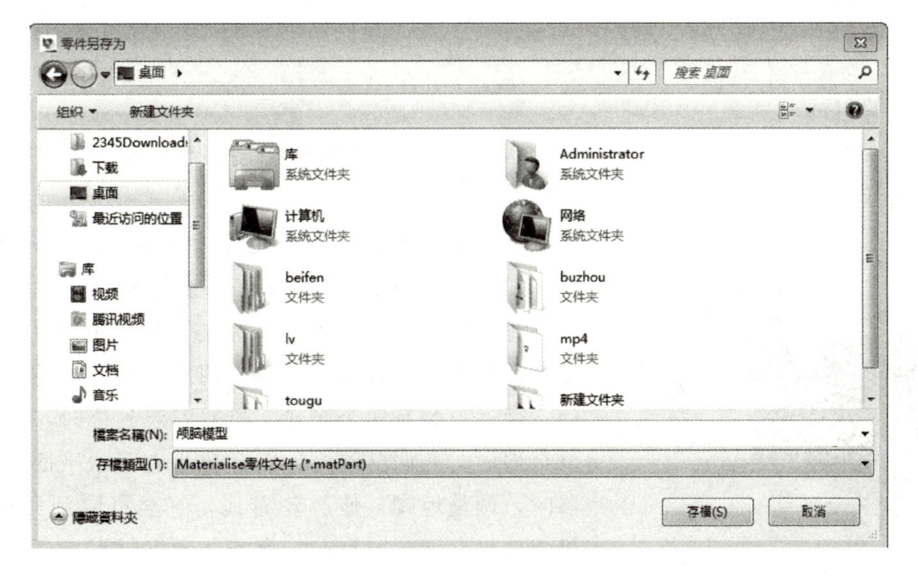

图 2-24 保存零件

点击“文件”→“另存为”→“保存项目”或“项目另存为”选项，打开“另存新档”对话框，设置档案名称，点击“存档”按钮退出对话框，保存加好支撑的项目文件，方便以后查看，如图 2-25 所示。

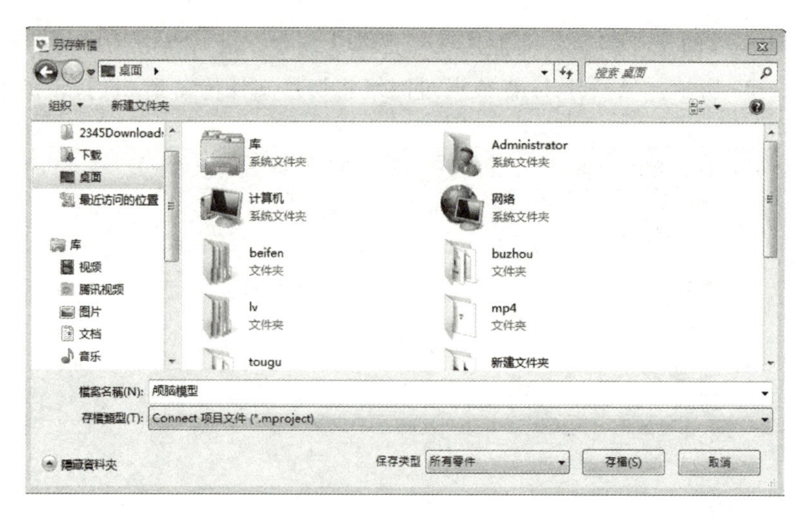

图 2-25 保存项目

活动 2 设备检查调试

职业技能等级证书要求描述：3D 打印前准备及仿真

“工欲善其事，必先利其器。”要做好一件事，准备工作非常重要，一定要事先进行筹划、安排，这样才能稳步把事情做好。为保证颅脑模型顺利完成打印，需提前对光固化成型设备进行检查调试。

>>> 沧海遗珠拓知识

1. 系统组成

SLA 系统由三部分组成：机械主体部分、光学系统和控制系统。SLA 3D 打印机如图 2-26 所示。

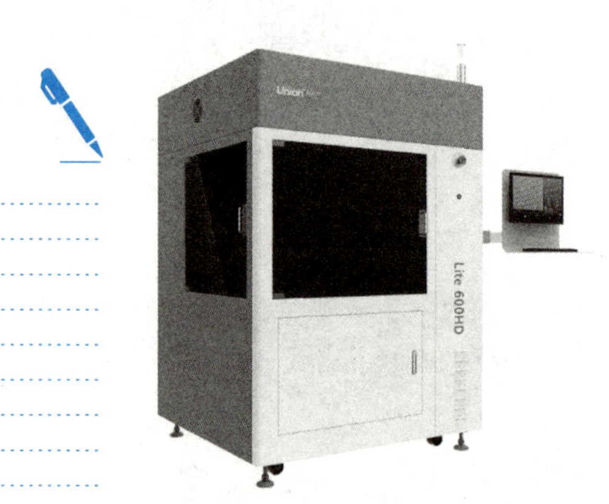

图 2-26 SLA 3D 打印机

（1）机械主体部分　主要由机架、Z 轴升降系统、树脂槽、涂覆系统、液位调节系统构成。

① 机架。机架为槽钢、空心方钢、角钢混合式框架结构。机架下安装可调地脚，用于调整设备的水平。为便于搬运，装有四个脚轮。机器安装到位时，把地脚调整至地面，并调整整机，使 Z 轴垂直于水平面。移动机器时，调整地脚，使脚轮着地，直至可顺利移动机器。机架地脚高度一般是在初次安装调机时直接调好，非特殊情况，请勿私自调节。

② Z 轴升降系统。Z 轴升降系统是 3D 打印机中很重要的一个组成部分，Z 轴的行走精度决定着成型零件层厚的均匀性和准确性，因此 Z 轴的行走精度直接决定着成型零件的精度。Z 轴升降系统采用高精度滚珠丝杠和直线导轨作为传动结构，并采用伺服电动机作为驱动元件，来保证整

个升降系统的精度。整个升降系统带有三重保护，第一重是软件保护，第二重是电气限位保护，上下还有弹性机械挡块，进行第三重机械保护。

③ 树脂槽。树脂槽采用不锈钢焊接而成，正面和两侧有保温层，并内置有铸铝加热板。树脂槽主要作用是盛放设备工作时所需要的树脂，并提供适宜的温度。树脂槽由主槽和液位检测区组成，它们之间相互连通。液位检测区上方装有一个液位传感器，用以检测液位高度变化并反馈给 PLC，再由 PLC 控制调节平衡块来保持液位稳定。如图 2-27 所示。

④ 涂覆系统。涂覆系统的作用是在已固化层上面覆盖一层一定厚度的树脂薄层，以便继续进行固化过程。吸附式涂覆机构原理简图如图 2-28 所示。

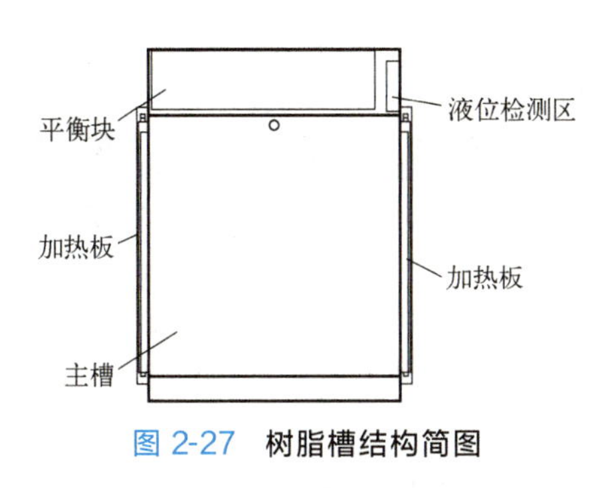

图 2-27　树脂槽结构简图

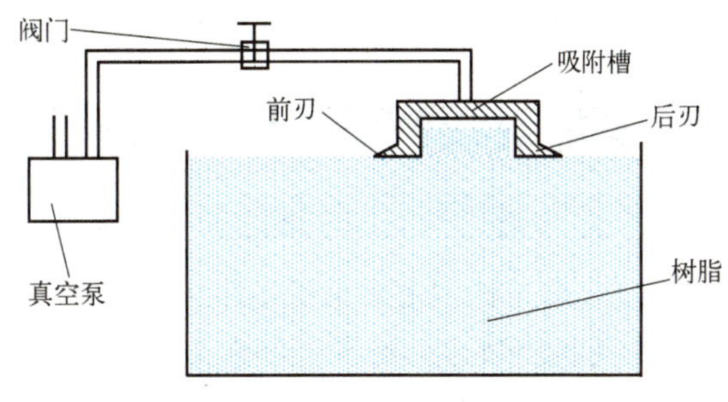

图 2-28　吸附式涂覆机构原理简图

当一层固化完成后，工作台下降一定的层厚，刮刀进行涂刮运动。刮刀运动时，真空泵保持抽气工作，把真空泵调到一定的压力后，这样刮刀吸附槽中会始终吸上一定高度的树脂。吸附槽中的树脂会涂到已固化的树脂表面，并且未固化部分的树脂会由于刮刀吸附槽内负压吸附到吸附槽中，并向已固化部分进行补充。设置适当的速度，可使较大的区域得到涂覆。涂覆机构中，前刃和后刃的作用是修平高出的多余树脂，使液面平整，消除树脂中产生的气泡。

注意要定期清理刮刀刃口以及内腔，去除残留和黏结在刮刀上的废弃固化物，以保证后续的打印成型质量。刮刀刀刃距离液面的距离很重要，距离太大容易导致零件脱皮，黏结不住，距离太小，容易刮坏零件，因此在调节好后，请勿随便调节。

⑤ 液位调节系统。主要用于控制液位的稳定。液位稳定的作用有两个：一是保证激光到液面的距离不变，始终处于焦平面上；二是保证每一层涂覆的树脂层厚一致。引起液位变化的原因有很多，主要有树脂固化的体积收缩、*Z* 轴移动机构的升降引起树脂槽容积的变化、设备振动、电磁干扰等。本系统采用平衡块填充式液位控制原理，如图 2-29 所示，由液位传感器、平衡块组成。液位传感器实时检测主槽中树脂液位高度，当 *Z* 轴上下移动时，必然引起主槽中液位变化，而平衡块则根据检测液位值自动控制下降或上升，以平衡液位波动，形成动态稳定平衡，从而保持液位的稳定。

(2) 光学系统　光学系统示意图如图 2-30 所示。

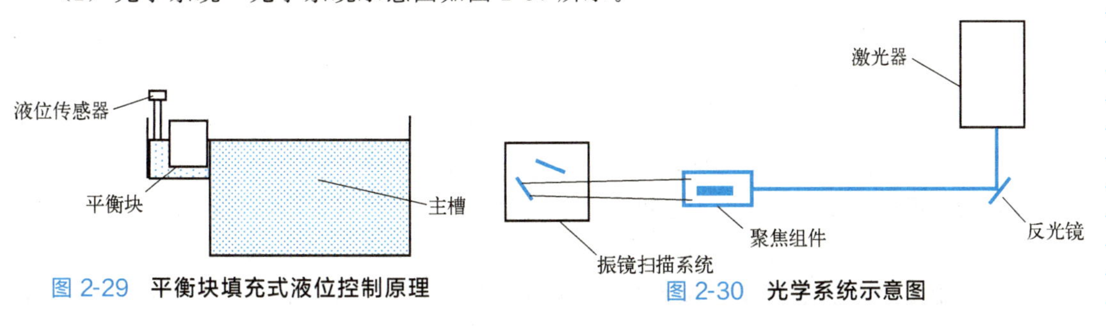

图 2-29　平衡块填充式液位控制原理

图 2-30　光学系统示意图

① 激光器。激光器参数如表 2-3 所示。

表 2-3 激光器参数

项目	参数	项目	参数
激光器	英谷激光器	频率	0～150kHz
输出波长	355nm	输出功率	100～3000mW

② 振镜扫描系统。振镜是一种特殊的摆动电动机，基本原理与电流计一样。当线圈通以一定的电流时，转子偏转一定的角度，偏转角与电流成正比，故振镜又叫电流计扫描器，两个垂直安装的偏转振镜构成 *XY* 扫描头。

振镜扫描系统参数如表 2-4 所示。

表 2-4 振镜扫描系统参数

项目	参数	项目	参数
产品型号	Lite600	参考扫描速度	6～12m/s
扫描区域	600mm×600mm	最大扫描速度	18m/s

③ 光路组件。主要是指光路中一些小的光学器件，包括聚焦组件、反光镜等。聚焦组件的作用是使激光束始终聚焦在工作平面上。图 2-31 是聚焦产生示意图，在聚焦区域内，光斑能量近似不变。

反光镜是用来调节光路的，安装在调整架上，可通过调节调整架上的两颗螺钉来调节光路。反光镜调整架如图 2-32 所示。

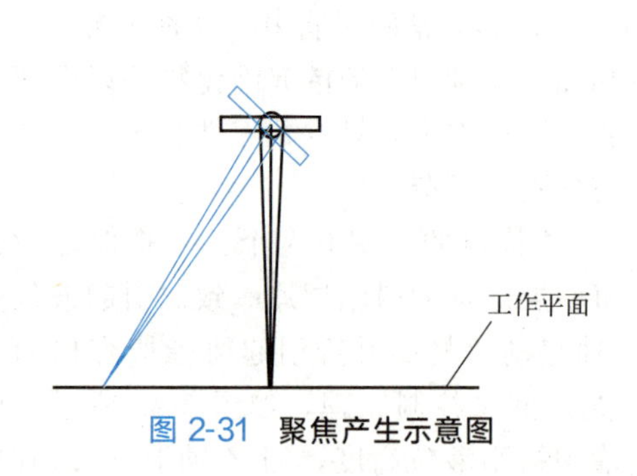

图 2-31 聚焦产生示意图

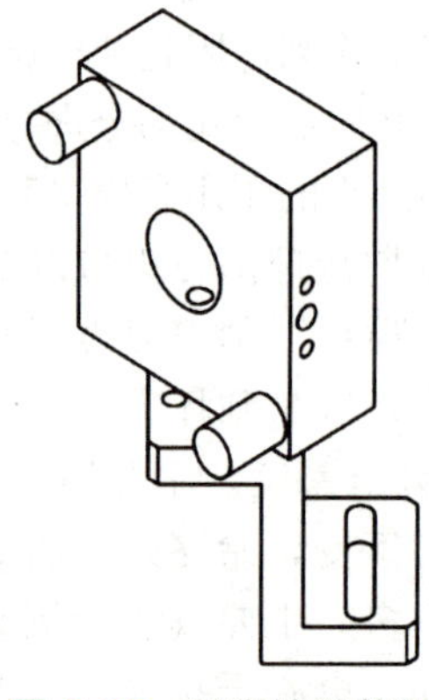

图 2-32 反光镜调整架

④ 变光斑模块。通常安装在反光镜和振镜之间，由一系列的光学器件和电气元件组成，用来调节并改变扫描光斑的大小。变光斑原理是利用电动机带动扩束镜运动，改变进入振镜前的激光路径的距离，从而使扫描在焦平面上的光斑大小可以发生改变。这样在成型件制作过程中，需要高精细度和高质量的地方，扫描时采用小光斑，而在扫描填充或不重要的部位时采用大光斑，既保证了成型件的表面质量，又提高了成型速度。

⑤ 光路保护罩。在整个光路经过区域，用一个铝制的盒子将光路罩住，这样既保证了整个光路的光学器件不被灰尘污染，又能防止操作者被激光照射到。

(3) 控制系统　控制系统由工控机、振镜运动控制卡、伺服运动控制系统、温度控制系统等构成。

① 工控机。工控机也就是常说的控制计算机，用来存储加工文件并负责控制整台机器。

制作时，首先将扫描路径信息输出给扫描振镜，然后再将控制命令发给 PLC，并能够接收到 PLC 上传的各传感器及电动机驱动器的反馈信息。

② 振镜运动控制卡。主要用来控制激光器的通断、振镜的扫描和动态聚焦镜的协调运动。

③ 伺服运动控制系统。实现了运动过程的闭环控制，具备很好的指令快速响应和过流保护性能；采用高分辨率增量式光电编码器反馈信号，实现了精确的速度控制和位置控制，确保设备移动部件运动平稳、定位准确。

④ 报警控制系统。下位机的主控器，输入信号为控制面板按键状态、限位开关、微机信号、液位传感器信号、温度传感器信号、压差传感器信号等信息。通过逻辑运算（如报警逻辑等），控制机器各部分的电源通断、刮刀涂覆机构的真空度闭环控制、液位调整、Z 轴及刮刀的闭环运动控制等功能。当设备出现警告提示或故障报警时，设备上部的状态提示灯会有相应颜色的闪烁。

a. 当 Z 轴、涂覆、平衡块电动机驱动故障时，状态指示灯红色闪烁（1 次/s）并伴有蜂鸣声。

b. 当刮刀刃口脱离树脂液面较多时，造成刮刀内腔的负压缺失，状态指示灯黄色闪烁（2 次/s）。

c. 当 Z 轴、刮刀、平衡块电动机驱使部件运动到限位位置时，状态指示灯黄色闪烁（1 次/s）。

d. 上位机修改 PLC 参数并顺利下载到 PLC，此时状态指示灯黄色闪烁 4 次。

e. 制作完成后，状态指示灯黄色常亮。

f. 严重故障，设备不能正常运行，状态指示灯红色闪烁（1 次/s）并伴有蜂鸣声。

⑤ 温度控制系统。设备的温度控制系统采用闭环控制方式来实现，通过实时检测温度传感器的信息，实时调整 PWM 的脉宽输出，确保树脂温度控制在设置的范围内。其中，温控器采用智能温控模块，加热器采用铸铝加热板。温度传感器采用金属铂电阻 PT100。温控器的 PID 参数调至最佳状态后请勿变动，否则会导致温度波动过大。

⑥ 激光功率检测系统。通过软件控制激光光束照射到光功率检测头上，计算机程序界面显示激光功率值，上位机能根据检测的激光功率值自动改变激光扫描速度。注意：激光功率检测头有保护盖，在工作时打开，不工作时盖上，不能用任何东西碰触其中间部位，否则将损坏激光功率检测头。

⑦ 负压控制系统。设备的吸附式刮刀具有负压自动调节功能，PLC 控制软件根据采集到的负压传感器的信息，采用 PID 控制算法，自动调整 PWM 的输出脉宽，用以调节真空泵的工作，从而实现对刮刀负压的全闭环控制。该负压控制系统实现了刮刀腔内目标负压值的快速、平稳形成，并确保制作全过程中刮刀腔内负压的稳定。

2. 性能参数

SLA 设备性能参数如表 2-5 所示。

表 2-5 SLA 设备性能参数

项目	参数
成型尺寸（$L\times W\times H$）	600mm×600mm×400mm
分层厚度	0.05～0.25mm

续表

项目	参数
数据接口	STL
成型精度	±0.1mm($L\leqslant$100mm) 或者±0.1%×L($L>$100mm)
激光功率	配置A：激光器出口3000mW(在名义上的光路条件下材料表面的典型功率是300mW) 配置B：激光器出口3000mW(在名义上的光路条件下材料表面的典型功率是800mW)
光斑直径	0.12～0.80mm
扫描速度	配置A：6～10m/s 配置B：6～12m/s
外形尺寸	1990mm×1571mm×2211mm
设备质量	1480kg
设备额定输入功率	3.6kV·A

3. 安全操作注意事项

下面事项需特别关注，否则可能对机器本身和操作人员造成伤害，以及对成型件造成破坏。

① 确保设备机架、供电系统、控制系统安全接地，注意人身用电安全。确保所有外部电缆均用绝缘材料保护起来，严禁使用有缺陷或破损的电缆，不要让设备电缆通过有水或有油的地方。禁止打开电气柜门，禁止更改电气盘上线路及接线，专业人员除外。

② 保证设备房间环境整洁，不要放置其他杂物。保持机器的清洁，附近区域不要有灰尘和溶剂。

③ 在设备工作过程中，严禁将头或身体其他部位伸进工作区；禁止敲打、撞击或用力倚靠设备，使设备振动或移动；禁止在设备导轨或其他位置放置任何物品。

④ 禁止直接用手或眼睛接触激光，严禁向上直视从振镜出来的激光。禁止打开光路、调节或拆卸光路的元器件，禁止用手直接触摸各光学镜片表面。

⑤ 严禁分解树脂或与树脂发生化学反应的物质溅入设备的树脂槽中，包括水、酒精或其他树脂等。严禁用设备外的激光等其他光束长时间照射设备中树脂。

⑥ 定期检查机器，查看是否有丢失、松动或损坏的零部件。确保机器的保护装置都在正确的位置上，并且完好无损。当保护装置不在正确位置时，切勿使用设备。注意：不要去掉警告和指示标牌。

⑦ 如机器出现紧急情况，请立即按下急停按钮，记录错误并由专业人员尽快修复该问题。

>>> 技巧点拨提技能

视频：光固化设备开机调试

一、开机

SLA设备开机步骤如表2-6所示。

表2-6 SLA设备开机步骤

序号	步骤
1	开启UPS电源
2	打开设备钥匙开关
3	打开工控机，启动计算机

续表

序号	步　骤
4	打开 RSCON V5 软件。双击快捷程序图标打开 RSCON V5 软件，弹出系统初始化对话框，点击“确定”按钮，系统将自动完成初始化，Z 轴归零、平衡块归零、刮刀归零。屏幕右下角操作信息显示初始化结束后，在硬件控制栏中勾选电源控制，点击“激光”按键、“扫描头”按键、“照明”按键，点击后变成蓝色，如果材料需要加热，可以打开“加热”按键 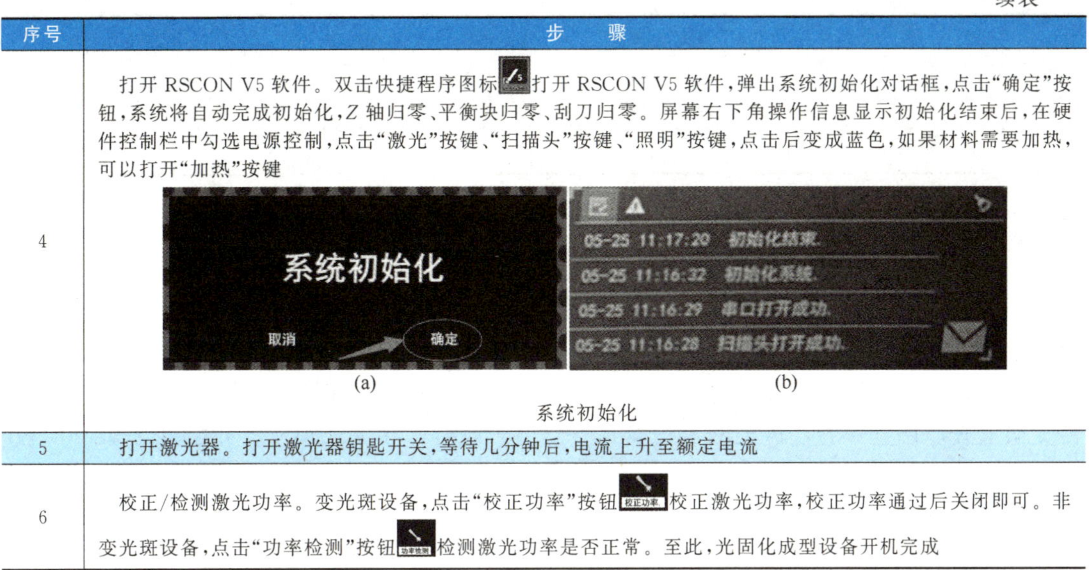 (a)　(b) 系统初始化
5	打开激光器。打开激光器钥匙开关，等待几分钟后，电流上升至额定电流
6	校正/检测激光功率。变光斑设备，点击“校正功率”按钮校正激光功率，校正功率通过后关闭即可。非变光斑设备，点击“功率检测”按钮检测激光功率是否正常。至此，光固化成型设备开机完成

二、清理刮刀

清理刮刀步骤如表 2-7 所示。

表 2-7　清理刮刀步骤

序号	步　骤
1	点击“刮刀清理”按钮，网板自动下降到设定高度，刮刀向前移动到设定距离
2	戴好手套，将刮刀清理工具置于刮刀刀刃底部来回刮，发现有异物多刮几次，直到刮干净为止，刮刀两边都要进行清理 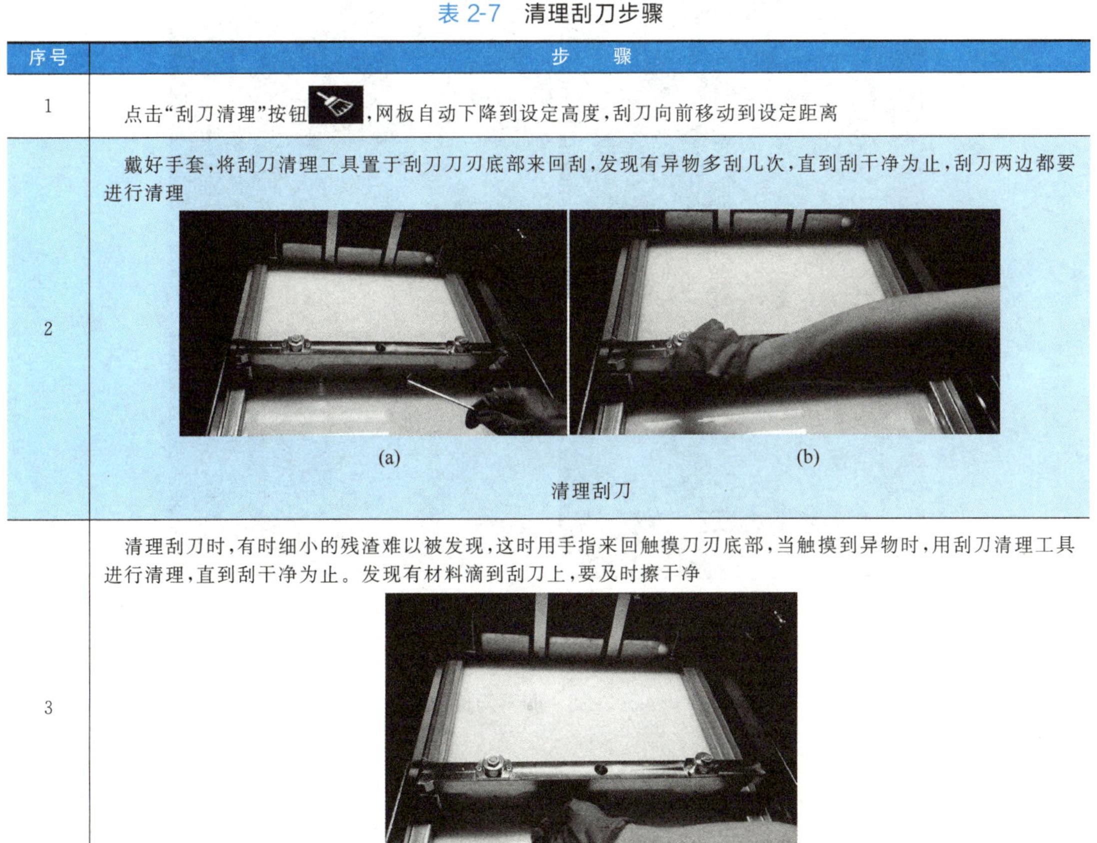 (a)　(b) 清理刮刀
3	清理刮刀时，有时细小的残渣难以被发现，这时用手指来回触摸刀刃底部，当触摸到异物时，用刮刀清理工具进行清理，直到刮干净为止。发现有材料滴到刮刀上，要及时擦干净 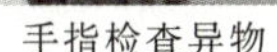 手指检查异物

续表

序号	步骤
4	刮刀清理完毕后，点击“准备”按钮进入准备状态。设备自动完成三个步骤：第一步，调整液位到标准值；第二步，刮刀空走一遍，去除气泡；第三步，将液位调整到设定值。准备就绪后按钮将变成绿色

三、调平网板

当发现网板有一角低于液面时，需要调整网板水平。首先把网板上升到一定高度，直到脱离液面。戴好手套，一只手放在网板的最前端往后拉，另一只手将内六角扳手插在网板孔中，拆下网板。然后调整支架（托臂）上的4颗螺钉，顺时针拧螺钉支架下降，逆时针拧螺钉支架上升，调整好后，再把网板安装到支架上。最后，在RSCON软件中将Z轴（网板）回零。当发现网板与液面接近平行，网板仍不平时，重复上述步骤，直至Z轴回零后，液位值调整为设定值，整个网板比液面高0.5mm即可。检查上下卡扣是否锁紧，确保网板固定好，如图2-33所示。

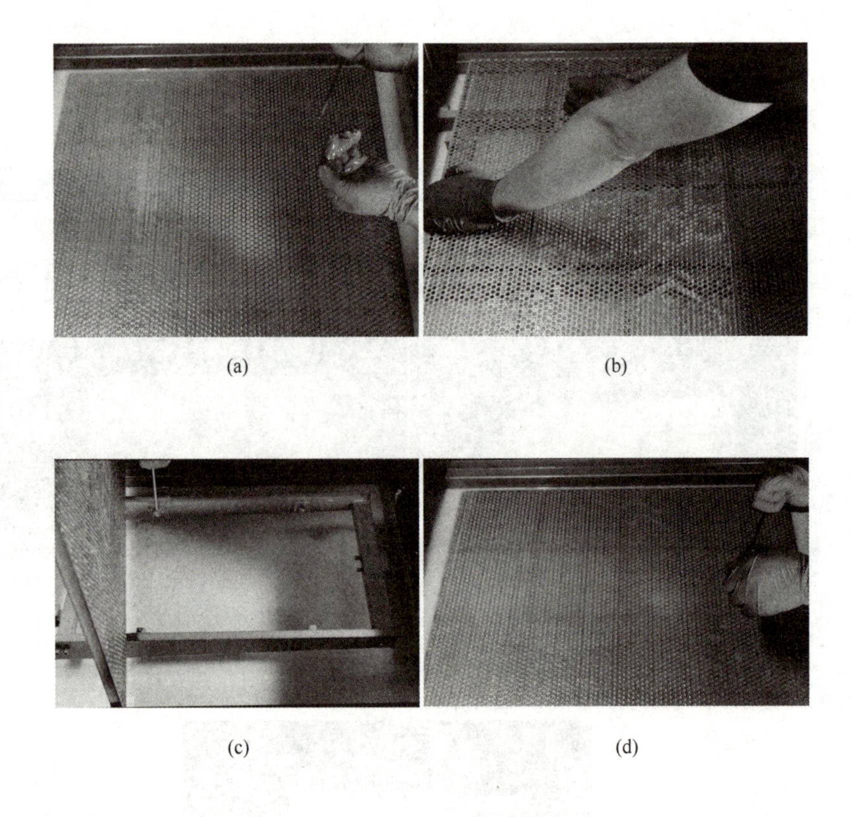

(a) (b) (c) (d)

图2-33 调平网板

四、添加树脂

添加树脂步骤如表2-8所示。

表 2-8 添加树脂步骤

序号	步骤
1	如果显示屏右下角操作信息显示区提示树脂量过少，首先用鼠标左键双击警告提示，然后点击“清除所有”按钮取消警告  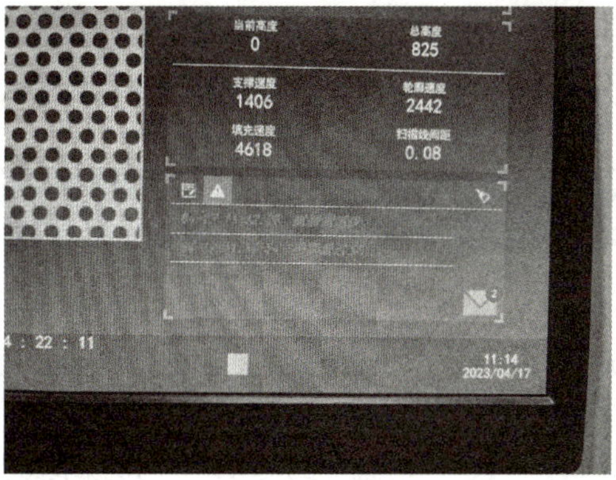 树脂量过少警告
2	在硬件控制栏中，点击“刮刀”“Z 轴”“液位”按钮回零 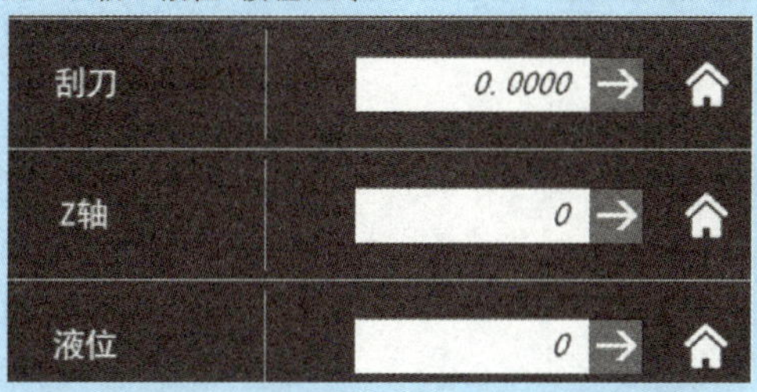 硬件回零
3	从树脂槽缓慢倒入树脂，直至倒入的树脂与网板平齐即可 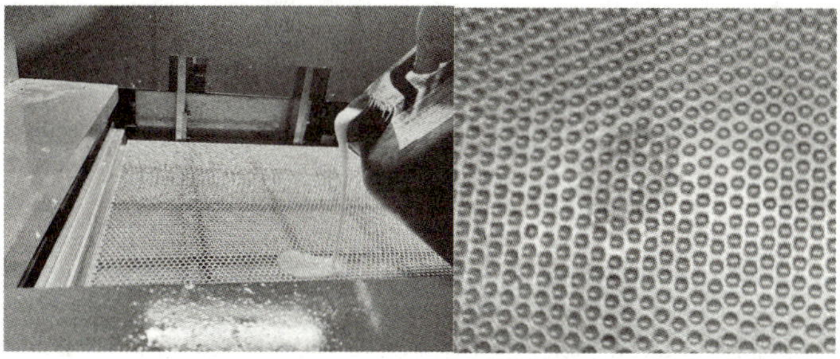 (a) (b) 添加树脂

评价单

请填写“3D打印数据处理与参数设置任务评价表”，评价任务完成情况，见表2-9。

表2-9 3D打印数据处理与参数设置任务评价表

班级： 学号： 姓名：

评价点	评价比例	★★★	★★	★	自我评价	小组评价	教师评价
模型修复优化	20%	能熟练地修复优化颅脑模型；能合理地调整零件打印尺寸和摆放方位	能比较熟练地修复优化颅脑模型；能比较合理地调整零件打印尺寸和摆放方位	能在小组成员协助下修复优化颅脑模型，比较合理地调整零件打印尺寸和摆放方位			
支撑设置	20%	能合理地设置零件支撑参数，并能熟练地生成支撑及编辑支撑	能比较合理地设置零件支撑参数，并能比较熟练地生成支撑及编辑支撑	能在小组成员协助下设置零件支撑参数，并能比较熟练地生成支撑及编辑支撑			
切片	15%	能按步骤要求对颅脑模型进行切片处理，并能将切片文件传输到打印机中	基本能按步骤要求对颅脑模型进行切片处理，并能将切片文件传输到打印机中	能在小组成员协助下对颅脑模型进行切片处理，并能将切片文件传输到打印机中			
打印前准备	35%	能熟练地完成设备开机操作；能正确清理刮刀、调平网板；能熟练地按步骤添加树脂；操作过程规范且安全	能比较熟练地完成设备开机操作；基本能正确清理刮刀、调平网板；基本能按步骤添加树脂；操作过程基本规范且安全	能在小组成员协助下完成设备开机操作；基本能正确清理刮刀、调平网板；基本能按步骤添加树脂；操作过程基本规范且安全			
反思与改进	10%						

任务实施 3　3D 打印制作

>>> 技巧点拨提技能

活动　零件制作

职业技能等级证书要求描述：3D 打印制作及过程监控

先用 U 盘将颅脑模型切片文件导入设备中，然后在软件中点击“导入”按钮，弹出“打开文件”对话框。选中颅脑模型，点击“导入”按钮退出对话框，完成颅脑模型的导入。如图 2-34 所示。

视频：光固化设备零件制作

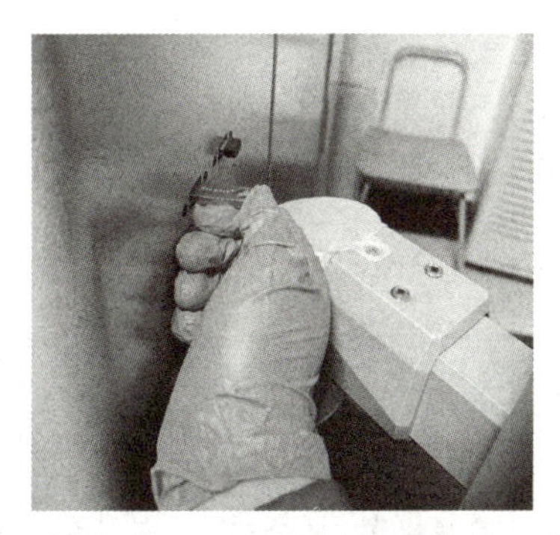

图 2-34　导入颅脑模型文件

导入完成后，在文件控制及显示区中会自动添加颅脑模型文件信息。点击自动模拟或手动模拟按钮，可以查看颅脑模型的截面信息并预估制作时间。进度圆弧全部变绿表示模拟完成。

点击“开始制作”按钮，默认开始高度为 0，再点击“制作”按钮，设备将按设定参数开始制作零件。在制作过程中可根据需要点击“暂停”按钮暂停制作，调好后再点击“继续”按钮继续制作，也可以点击“制作结束”按钮结束制作。如图 2-35 所示。

(a)

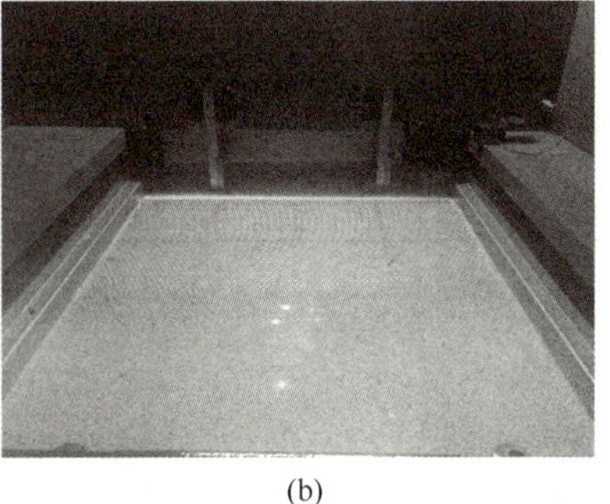

(b)

图 2-35　颅脑模型制作

评价单

请填写“3D打印制作任务评价表”，对任务完成情况进行评价，见表2-10。

表2-10 3D打印制作任务评价表

班级： 学号： 姓名：

评价点	评价比例	★★★	★★	★	自我评价	小组评价	教师评价
扫描策略	15%	能根据颅脑模型结构设置合适的扫描策略，并能预判不同扫描策略对制件的影响	能根据颅脑模型结构设置比较合适的扫描策略，基本能预判不同扫描策略对制件的影响	能在小组成员协助下设置颅脑模型比较合适的扫描策略，基本能预判不同扫描策略对制件的影响			
设备操作	25%	能熟练地导入颅脑模型，手动或自动模拟打印过程，并完成颅脑模型3D打印任务；能正确且规范地完成设备日常维护与保养	能比较熟练地导入颅脑模型，手动或自动模拟打印过程，并完成颅脑模型3D打印任务；基本能正确且规范地完成设备日常维护与保养	能在小组成员协助下比较熟练地导入颅脑模型，手动或自动模拟打印过程，并完成颅脑模型3D打印任务，基本能正确且规范地完成设备日常维护与保养			
过程监控	30%	能在打印过程中根据实际情况合理调整扫描参数；能够独立进行设备运行的实时监控，评估打印质量	能在小组成员协助下根据实际情况合理调整扫描参数；能够进行设备运行的实时监控，评估打印质量	能在小组成员协助下根据实际情况合理调整扫描参数并进行设备运行的实时监控，评估打印质量			
故障处理	20%	能在打印过程中及时发现故障并处理故障	能在打印过程中及时发现故障并能在小组成员协助下处理故障	能在小组成员协助下及时发现并处理设备故障			
反思与改进	10%						

任务实施 4　3D 打印后处理

>>> 技巧点拨提技能

职业技能等级证书要求描述：3D 打印后处理

采用 SLA 工艺打印的一般成型件的后处理流程如下：取件→去支撑、清洗→二次光固化→上色处理。后处理质量要求：美观、干净、表面无划痕、不粘手。

活动 1　取件

准备取件常用的工具，如铲刀、托盘、手套、镊子等，如图 2-36 所示。

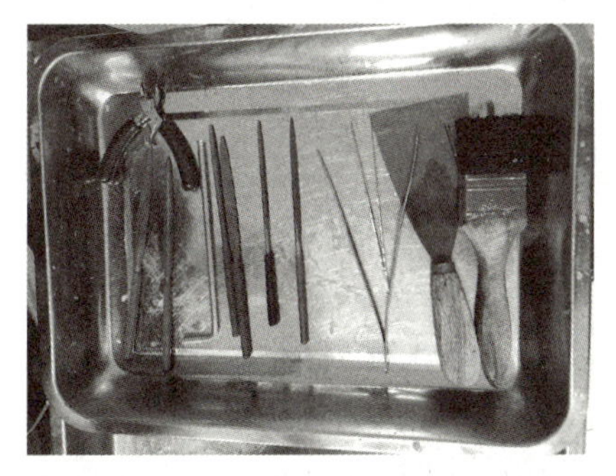

图 2-36　取件工具

视频：光固化设备零件后处理

零件制作完成后，网板上升到设定高度以方便铲件。等待 10～15min，让液态树脂从零件中充分流出。如图 2-37 所示。

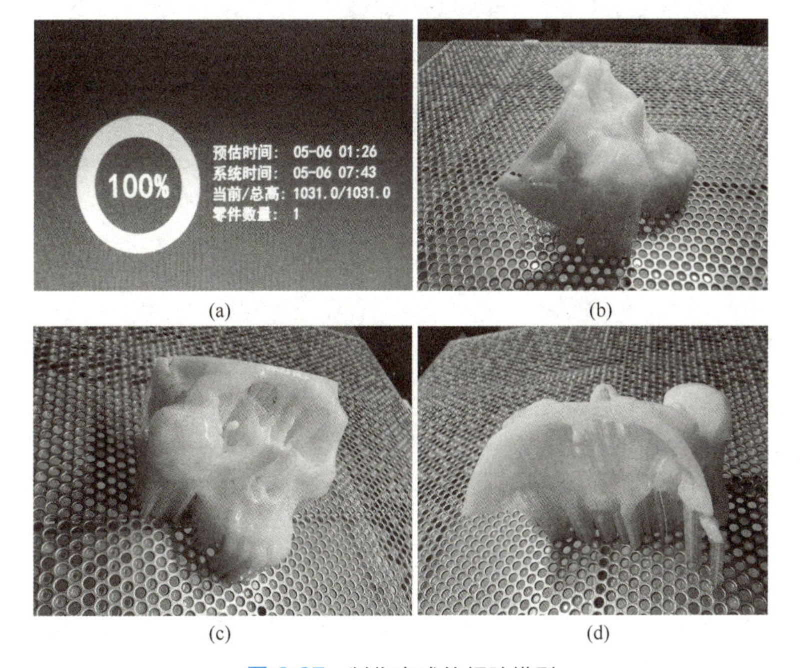

图 2-37　制作完成的颅脑模型

戴好乳胶手套，用铲刀将颅脑模型铲起，使支撑与工作台分离，小心将颅脑模型取出放入托盘中，清理干净工作台表面的支撑碎片，如图 2-38 所示。

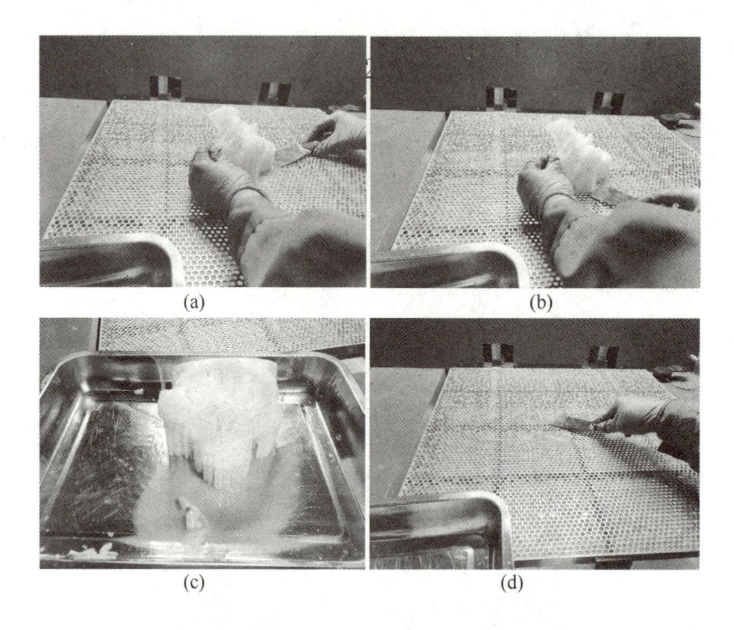

图 2-38　取出颅脑模型

将工作台表面下调至光敏树脂液面下 10mm 处，关闭成型室门，如图 2-39 所示。

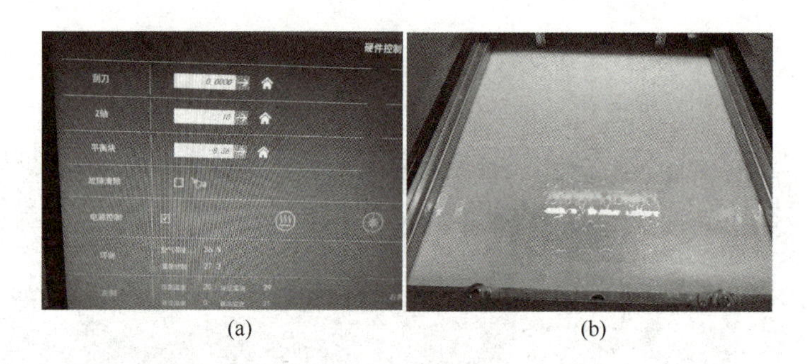

图 2-39　下调液面

活动 2　去支撑、清洗

成型件从工作台上取下后，要立即进行去支撑和清洗等后处理工艺。

1. 去除颅脑模型支撑

将打印完成的颅脑模型与其三维数据对照，区分出模型和支撑结构，使用斜口钳和锉刀等工具去除支撑结构，如图 2-40 所示。

2. 清洗颅脑模型

颅脑模型去除支撑后，放入清洗槽内用无水酒精清洗。因颅脑模型结构复杂，如果第一次清洗不干净，还需二次清洗，如图 2-41 所示。

3. 吹干颅脑模型

清洗结束时，用风枪吹掉颅脑模型表面的酒精，吹干后表面应不粘手，如图 2-42 所示。

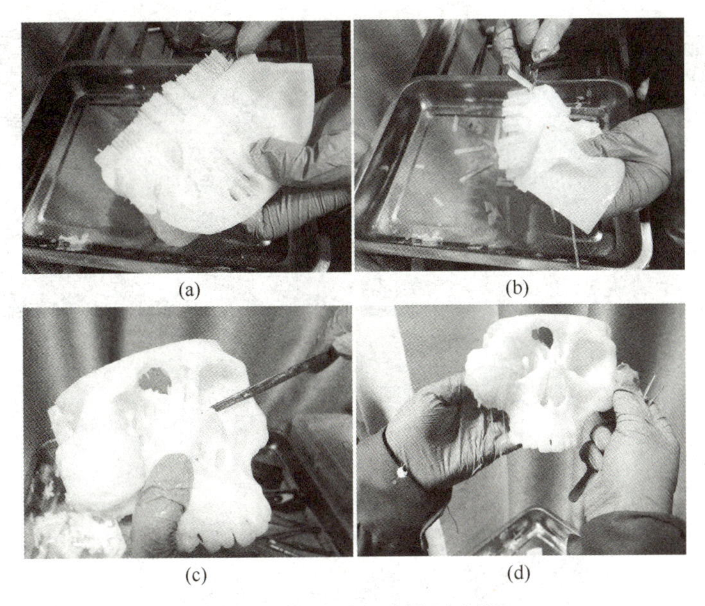
(a) (b) (c) (d)

图 2-40 去除颅脑模型支撑

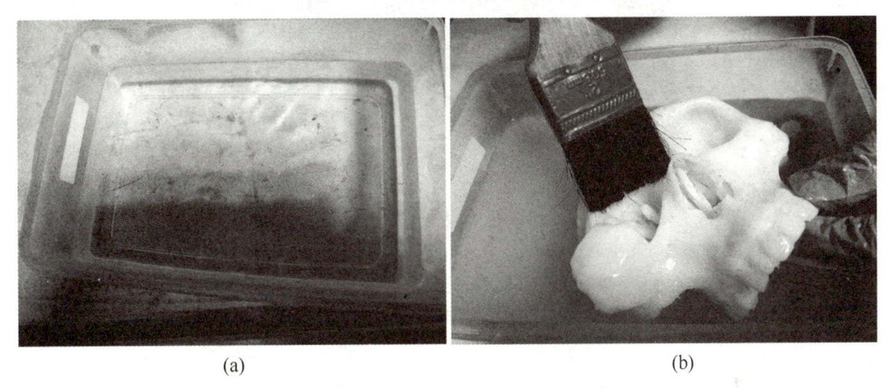
(a) (b)

图 2-41 清洗颅脑模型

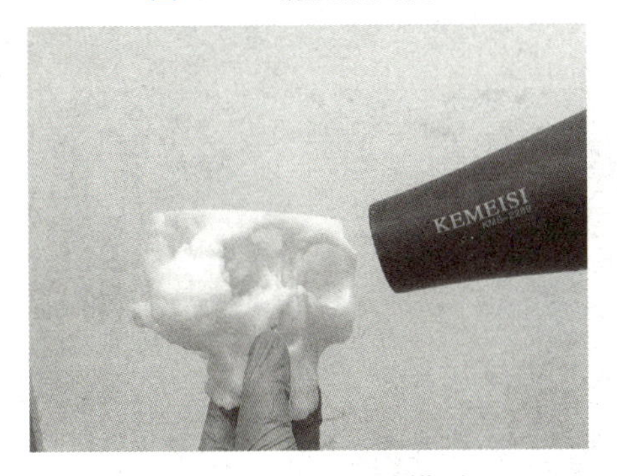

图 2-42 吹干颅脑模型

活动 3 二次光固化

将颅脑模型放入专用固化箱中进行二次固化处理，二次固化时间约为 20min，如图 2-43 所示。

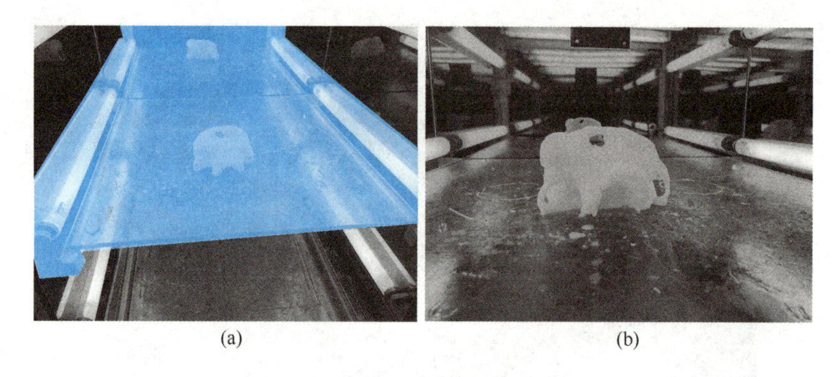

图 2-43 颅脑模型二次固化处理

二次固化处理后的颅脑模型如图 2-44 所示。

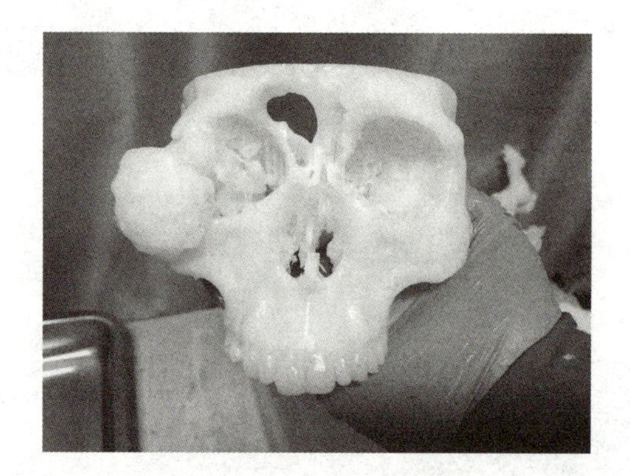

图 2-44 二次固化后的颅脑模型

活动 4 上色处理

颅脑模型的肿瘤和血管等部位上色完成后，模型可用于医生术前讨论。如图 2-45 所示。

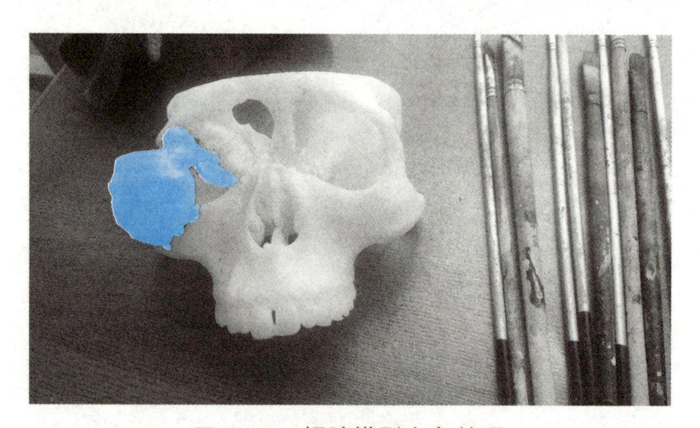

图 2-45 颅脑模型上色处理

评价单

请填写“3D打印后处理任务评价表”，对任务完成情况进行评价，见表2-11。

表2-11 3D打印后处理任务评价表

班级： 学号： 姓名：

评价点	评价比例	★★★	★★	★	自我评价	小组评价	教师评价
取件	20%	能在打印完成后独立将颅脑模型从成型室中取出；能根据颅脑模型数据检查是否存在打印缺陷	能在打印完成后将颅脑模型从成型室中取出；基本能根据颅脑模型数据检查是否存在打印缺陷	能在小组成员协助下将颅脑模型从成型室中取出，基本能根据颅脑模型数据检查是否存在打印缺陷			
去除支撑、清洗	40%	能独立区分出模型和支撑结构，并规范使用工具将工件上的支撑逐个剥离，完成清洗任务	能区分出模型和支撑结构，并规范使用工具将工件上的支撑逐个剥离，完成清洗任务	能在小组成员协助下区分出模型和支撑结构，并规范使用工具将工件上的支撑逐个剥离，完成清洗任务			
二次光固化	20%	能独立且规范操作专用固化箱，完成颅脑模型的二次光固化	能操作专用固化箱，完成颅脑模型的二次光固化	能在小组成员协助下操作专用固化箱，完成颅脑模型的二次光固化			
上色处理	10%	能根据医生要求独立完成颅脑模型不同部位的上色处理	能在小组成员协助下完成颅脑模型不同部位的上色处理	能在指导老师帮助下完成颅脑模型不同部位的上色处理			
反思与改进	10%						

任务二 金牛摆件

任务单

任务描述	利用光固化成型工艺完成金牛摆件的 3D 打印任务
任务内容	1. 金牛摆件模型分析 2. 金牛摆件 3D 打印数据处理与参数设置 3. 金牛摆件 3D 打印制作 4. 金牛摆件 3D 打印后处理 5. 3D 打印应用维护
任务载体	图 2-46 金牛摆件模型

任务引入

职业技能等级证书要求描述：产品需求分析、产品外观与结构设计

金牛盛世，一犇自奋蹄。在中华文化里，牛是勤奋、奉献、奋进、力量的象征。图 2-46 是人们常在办公等场所摆放的金牛摆件。本任务中，通过 SLA 成型工艺打印一个金牛摆件。

任务分析

职业技能等级证书要求描述：产品制造工艺设计

金牛摆件外形结构比较复杂，表面质量要求较高，背部表面有细腻的花纹图案，头部表面要求比较光滑。由于金牛摆件只评估外观质量，要求外观光滑细腻，不需要有较大的强度，所以为节省材料、缩短打印时间和提高成型效率，内部设计成镂空结构。金牛摆件使用传统制造方法很难成型，而采用 SLA 工艺成型快速准确，固化收缩和溶胀小，表面质量高，因此本任务采用 SLA 工艺成型金牛摆件，成型材料选用液态光敏树脂。金牛摆件 SLA 打印流程如图 2-47 所示。

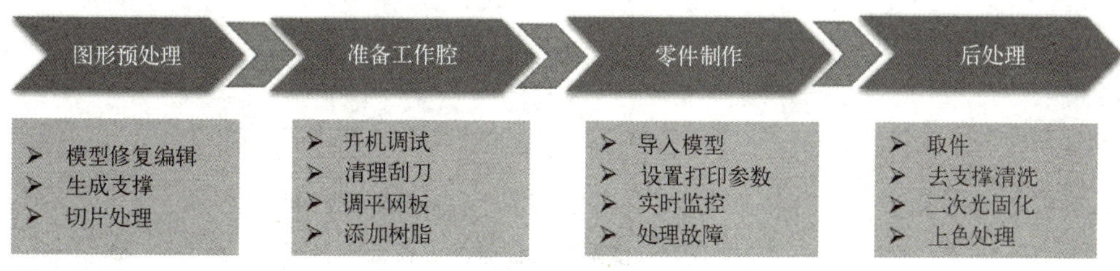

图 2-47 金牛摆件 SLA 打印流程

任务实施

任务实施 1 模型分析

>>> 技巧点拨提技能

从打印质量、打印成本、打印时间、支撑生成及后处理难易程度等方面，对金牛摆件成型方向进行分析，如表 2-12 所示。

表 2-12 金牛摆件成型方向分析

比较项	最佳方向	最小 XY 投影 最小支撑面积	最小 Z 高度
方向图示			
打印质量	在金牛摆件四个蹄子隐蔽处打孔，打印时内腔不积存液体，零件与刮刀接触面积小，表面质量好，精度高	打印时，零件与刮刀接触面积较小，为及时排出内腔积存液体，需在金牛摆件头部打孔，去除支撑后，头部表面质量较差，精度较低	打印时内腔易积存液体，零件与刮刀接触面积大，去除支撑后，金牛摆件表面质量差，精度低
打印成本	支撑耗材较少，成本较低	支撑耗材少，成本低	支撑耗材多，成本高
打印时间	零件 Z 轴高度较高，打印时间较长	零件 Z 轴高度最高，打印时间长	零件 Z 轴高度最低，打印时间短
支撑生成及后处理难易程度	支撑较少，主要集中在金牛摆件腹部，易去除，打磨量小	支撑最少，但主要集中在金牛摆件头部，支撑去除困难，打磨量较大	支撑最多且去除困难，打磨量大

本任务中对金牛摆件成型方向进行综合对比分析，最终选择表中最佳方向作为成型方向以保证金牛摆件打印成型。

评价单

请填写"模型分析任务评价表"，对任务完成情况进行评价，见表 2-13。

表 2-13 模型分析任务评价表

班级： 学号： 姓名：

评价点	评价比例	★★★	★★	★	自我评价	小组评价	教师评价
结构分析	20%	能合理分析模型的整体结构和各组成部分；能独立判断模型是否满足 3D 打印条件	能较为合理地分析模型的整体结构和各组成部分；能判断模型是否满足 3D 打印条件	能在小组成员协助下完成模型的整体结构和各组成部分的分析任务；能在小组成员协助下判断模型是否满足 3D 打印条件			
模型摆放	30%	能根据任务描述和金牛摆件模型信息，全面对比打印质量、打印成本、打印时间及后处理难易程度等因素，合理选择模型摆放的角度和方位	能根据任务描述和金牛摆件模型信息，对比打印质量、打印成本、打印时间及后处理难易程度等因素，合理选择模型摆放的角度和方位	能根据任务描述和金牛摆件模型信息，在小组成员协助下对比打印质量、打印成本、打印时间及后处理难易程度等因素，选择模型摆放的角度和方位			
支撑添加	40%	能全面地考虑模型的用途、结构、摆放角度、方位及支撑剥离难易程度等因素，合理选择添加支撑的位置和类型	能较为全面地考虑模型的用途、结构、摆放角度、方位及支撑剥离难易程度等因素，合理选择添加支撑的位置和类型	能在小组成员协助下根据模型的用途、结构、摆放角度、方位及支撑剥离难易程度等因素，合理选择添加支撑的位置和类型			
反思与改进	10%						

任务实施 2　3D 打印数据处理与参数设置

>>> 技巧点拨提技能

活动 1　金牛摆件模型数据处理与参数设置

职业技能等级证书要求描述：模型数据处理与参数设置

金牛摆件模型数据处理与参数设置是在 Magics21.1 中文版软件中完成的。活动所需金牛摆件模型可通过扫描二维码下载，打印材料选用液态光敏树脂。

1. 导入零件

将扫描处理完成的金牛摆件模型导入 Magics 软件中，如图 2-48 所示。

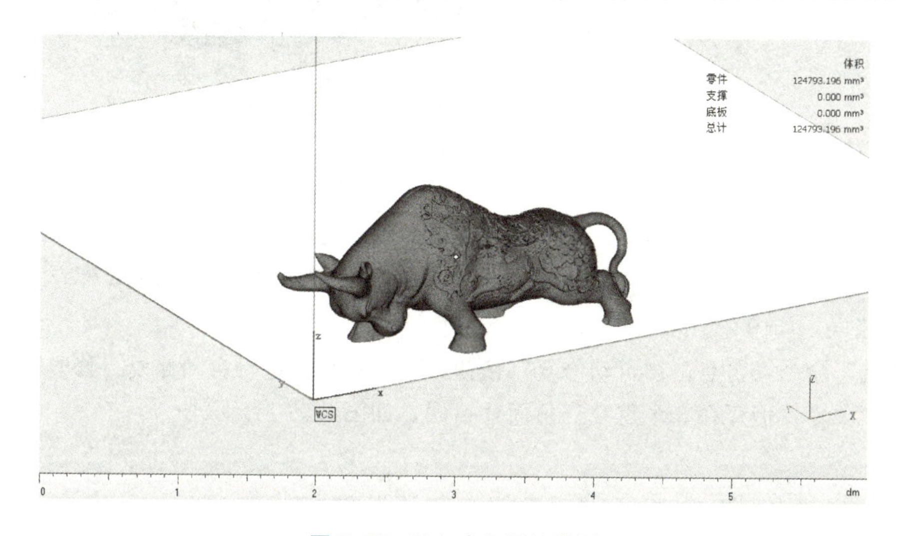

模型下载：
金牛摆件

图 2-48　导入金牛摆件模型

2. 优化修复零件

（1）镂空零件　由于金牛摆件只评估外观质量，要求外观光滑细腻，不需要有较大的强度，所以为节省材料、缩短打印时间和提高成型效率，内部设计成镂空结构，厚度取 2mm，如图 2-49 所示。

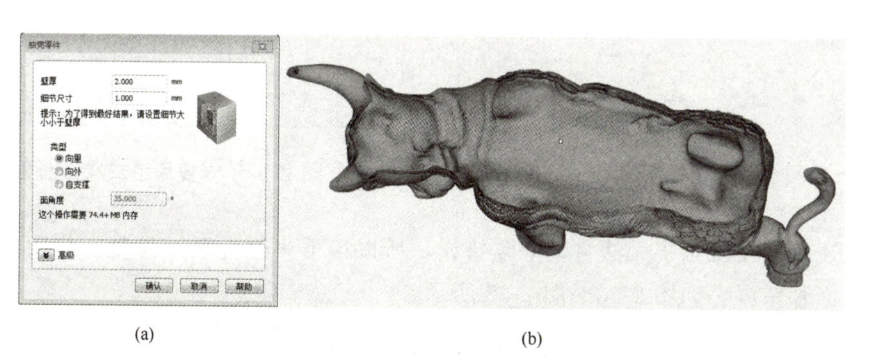

(a)　(b)

图 2-49　镂空零件

（2）打孔　成型零件时，内腔会积存光敏树脂液体，使零件内外形成液面差，且积存的液体会使已固化表面受力变形，影响零件精度。为使零件内不积存液体，且成型结束后及时排出，在不影响金牛摆件外观质量的前提下，在4个蹄子上分别打孔，打孔半径设为5mm，其余保持默认设置，如图2-50所示。

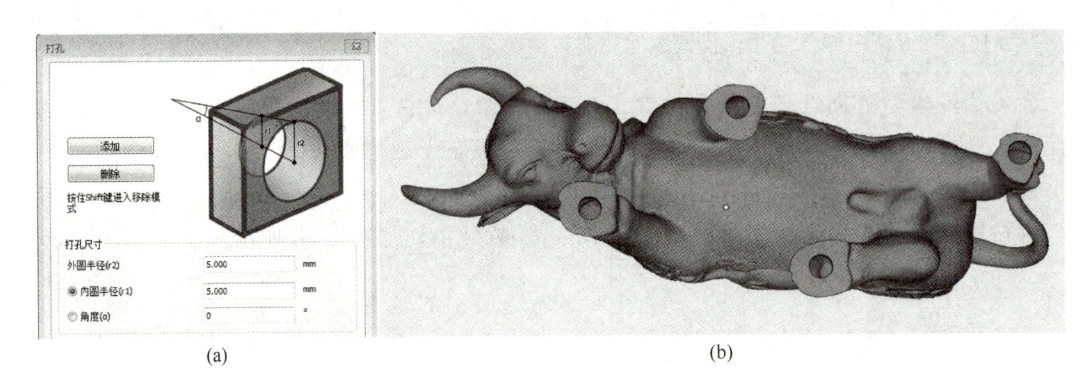

图 2-50　打孔

（3）修复零件　点击“修复”选项卡，再点击“修复向导”按钮，打开“修复向导”对话框，点击“诊断”命令，再点击“更新”按钮，可以查看模型错误信息，发现零件存在10个重叠三角面片错误，如图2-51所示。

点击“综合修复”命令，再点击“自动修复”按钮，可以对零件进行自动修复。修复后第二次诊断更新，发现零件仍存在8个重叠三角面片错误，如图2-52所示。

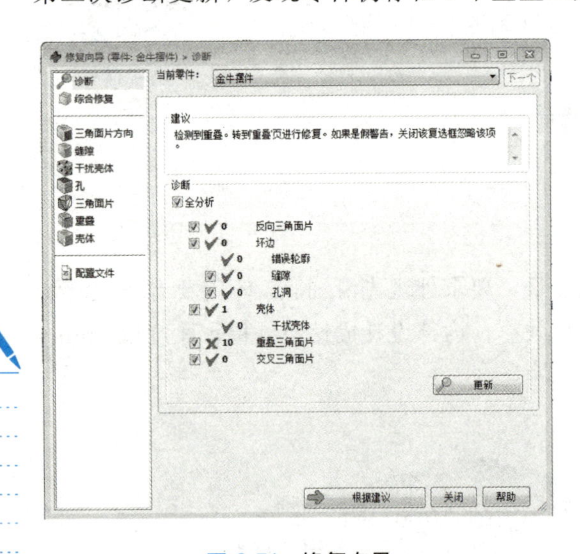

图 2-51　修复向导

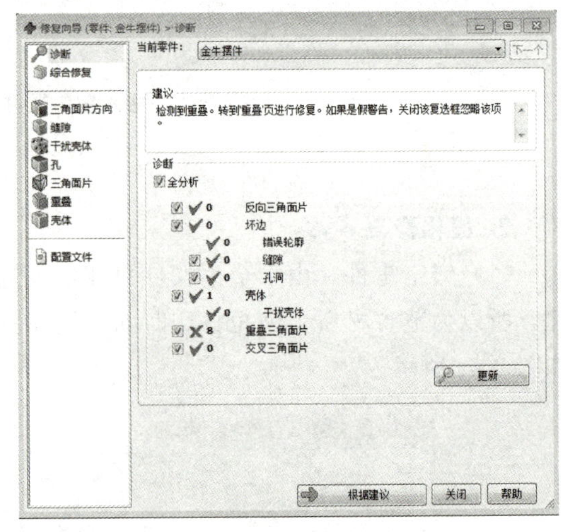

图 2-52　修复后第二次诊断更新

重复上述步骤发现系统无法自动修复错误，所以接下来进行手动修复。依次分别修复8个重叠三角面片错误，如图2-53～图2-55所示。

再次点击诊断更新后，发现全部诊断的项目都变成✔标记，表示金牛摆件没有错误，已完全修复，如图2-56所示。

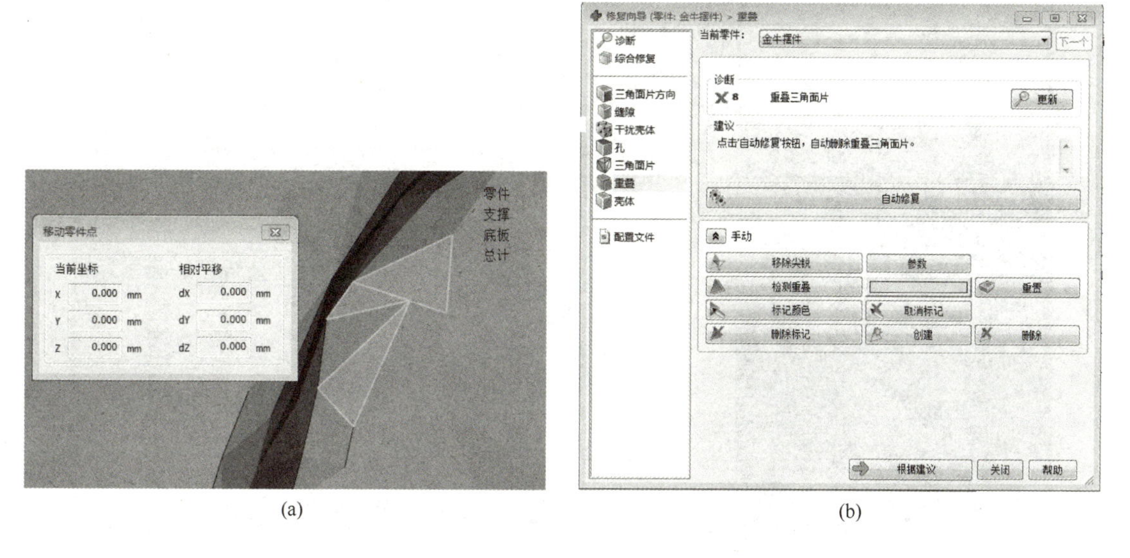

(a) (b)

图 2-53 手动修复重叠三角面片（1）

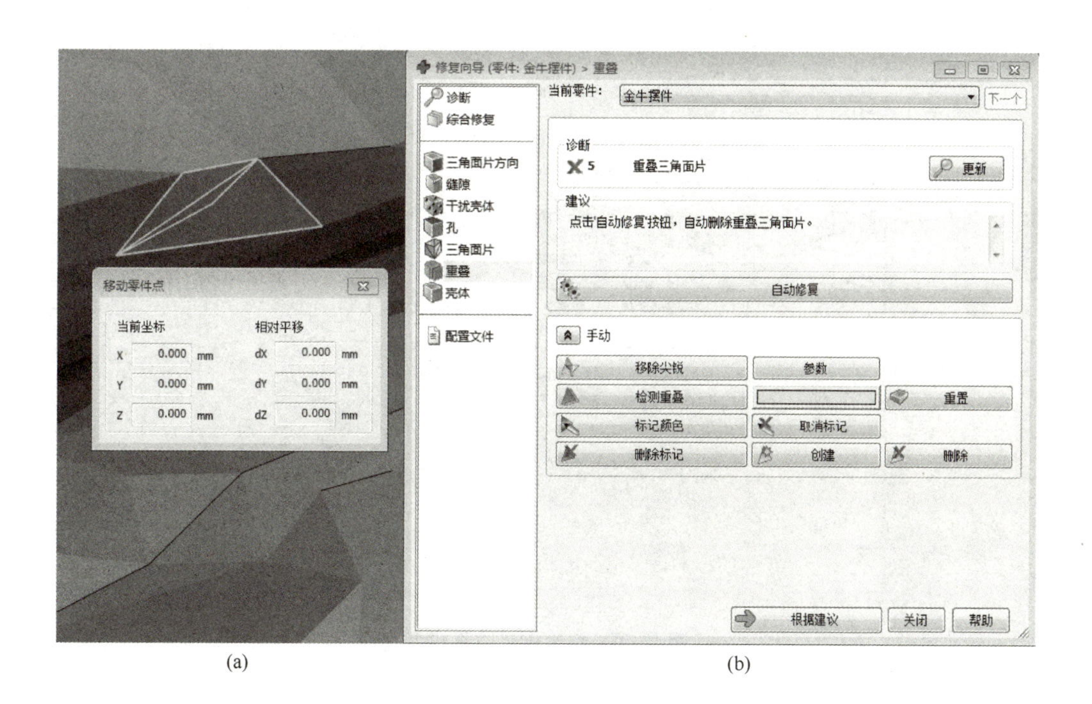

(a) (b)

图 2-54 手动修复重叠三角面片（2）

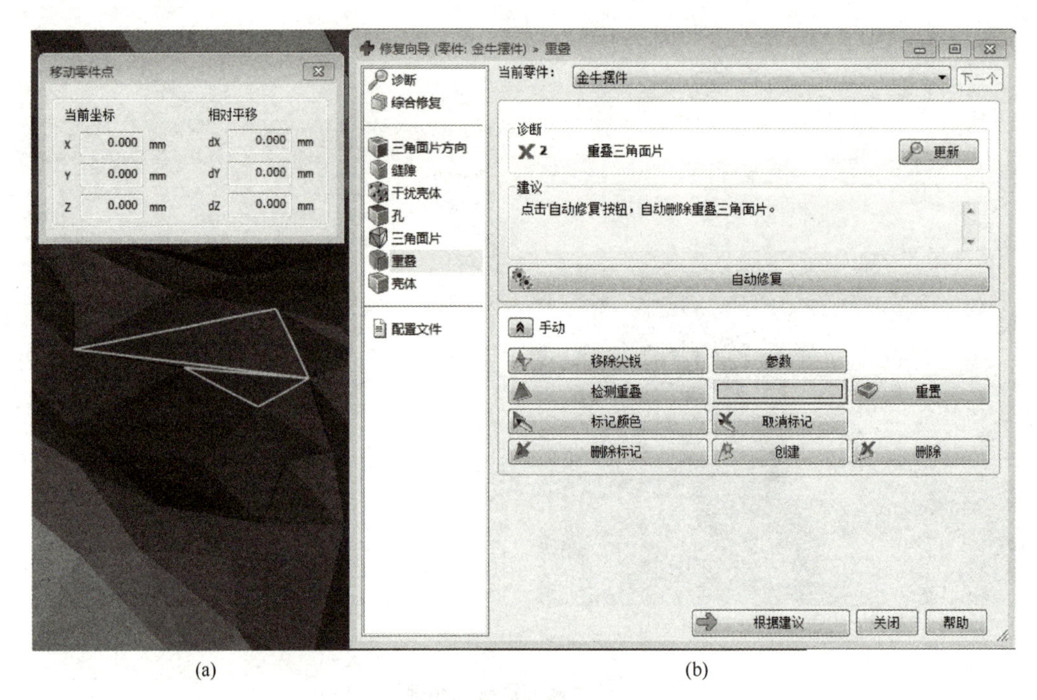

(a) (b)

图 2-55 手动修复重叠三角面片（3）

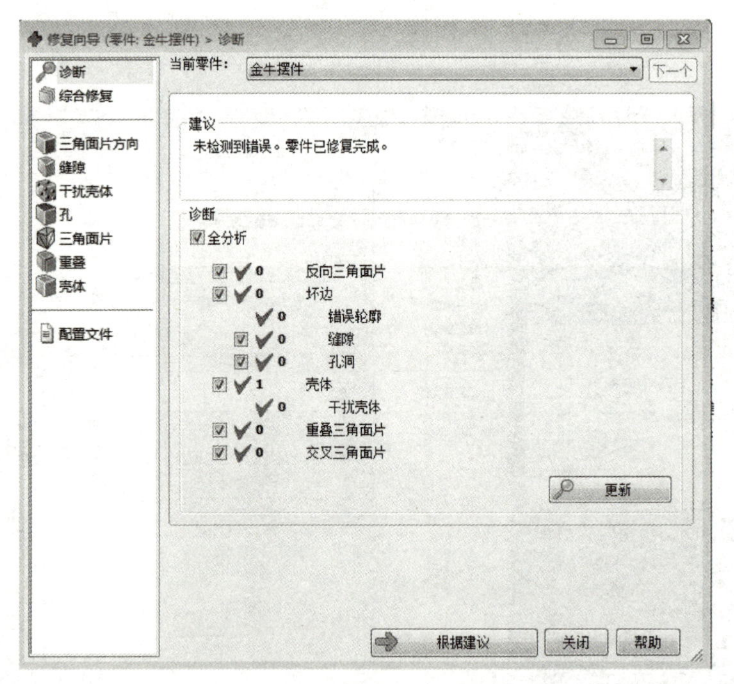

图 2-56 金牛摆件完全修复

3. 零件操作

修复完成后，按照模型分析将金牛摆件调整到最佳角度。点击“位置”选项卡，点击

“旋转”按钮，打开“旋转”对话框，如图 2-57 所示。Y 轴旋转角度输入“45”，以“选中零件中心”作为旋转中心，然后点击“确认”按钮退出对话框。

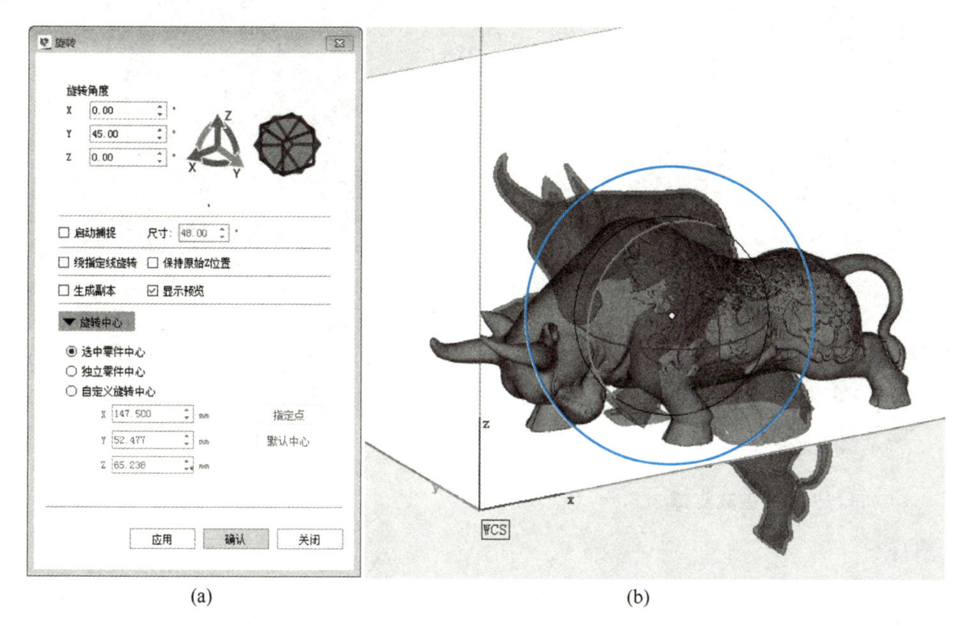

(a) (b)

图 2-57 旋转

旋转后的金牛摆件如图 2-58 所示。

点击“位置”→“平移至默认 Z 位置”选项，再点击“加工准备”→“Z 轴补偿”选项，默认 Z 轴补偿值为 0.1～0.2mm，最终将金牛摆件调整到合适的角度方位，如图 2-59 所示。

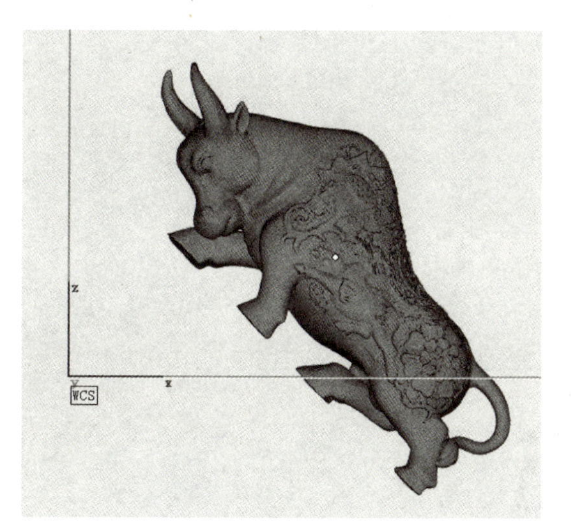

图 2-58 旋转后的金牛摆件

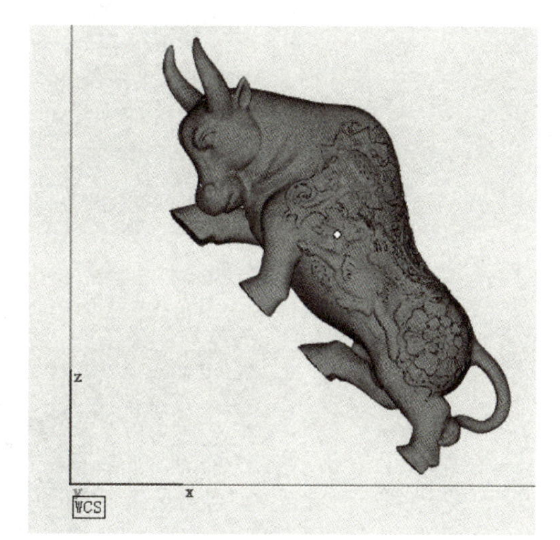

图 2-59 调整合适的金牛摆件

4. 生成支撑

点击“生成支撑”选项卡，再点击“生成支撑”按钮后进行添加支撑操作。确保需要添加支撑的位置都要有支撑，否则可能会导致打印失败，如图 2-60 所示。

生成支撑后检查编辑支撑，加好支撑的金牛摆件如图 2-61 所示。

图 2-60 生成支撑

图 2-61 加好支撑的金牛摆件

5. 切片

将金牛摆件模型处理完成后进行切片。选择“UnionTech Lite 600”型打印机，点击“加工”按钮，打开“3D打印”对话框，设置任务名称和打印文件的保存路径，其他选项保持默认设置，最后点击“提交任务”按钮退出对话框。切片设置如图 2-62 所示。然后用 U 盘或通过网络将切片文件传输到 3D 打印机中。

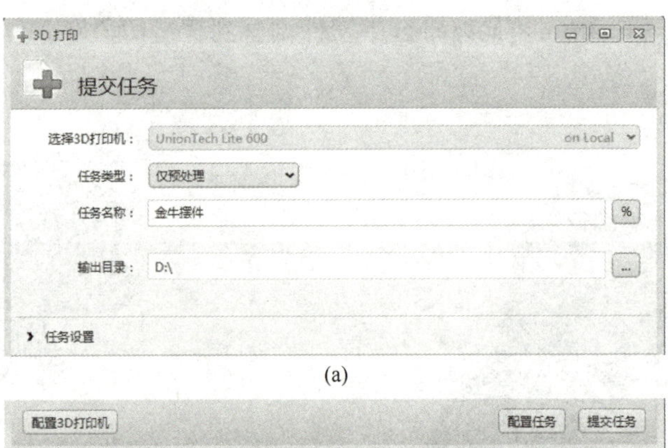

(a)

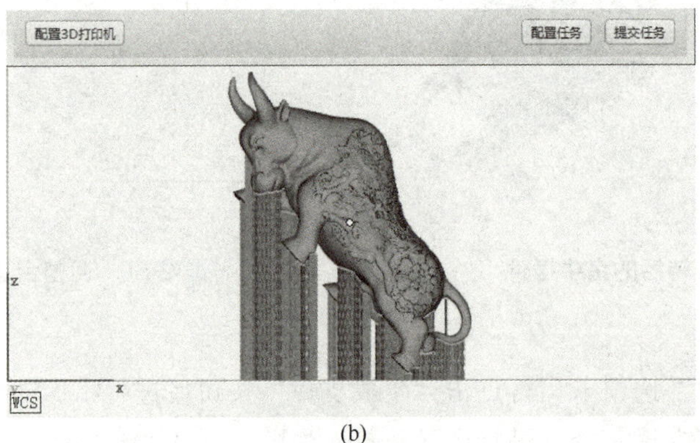

(b)

图 2-62 切片设置

6. 保存零件和项目

点击“文件”→“另存为”→“所选零件另存为”选项，打开“零件另存为”对话框，设置档案名称，点击“存档”按钮退出对话框，如图 2-63 所示。

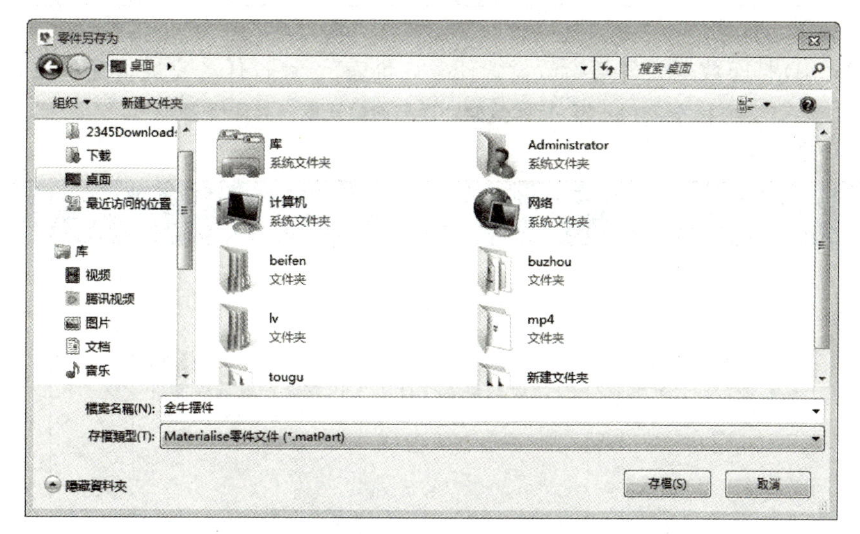

图 2-63　保存零件

点击“文件”→“另存为”→“保存项目”或“项目另存为”选项，打开“另存新档”对话框，设置档案名称，点击“存档”按钮退出对话框，保存加好支撑的项目文件，方便以后查看，如图 2-64 所示。

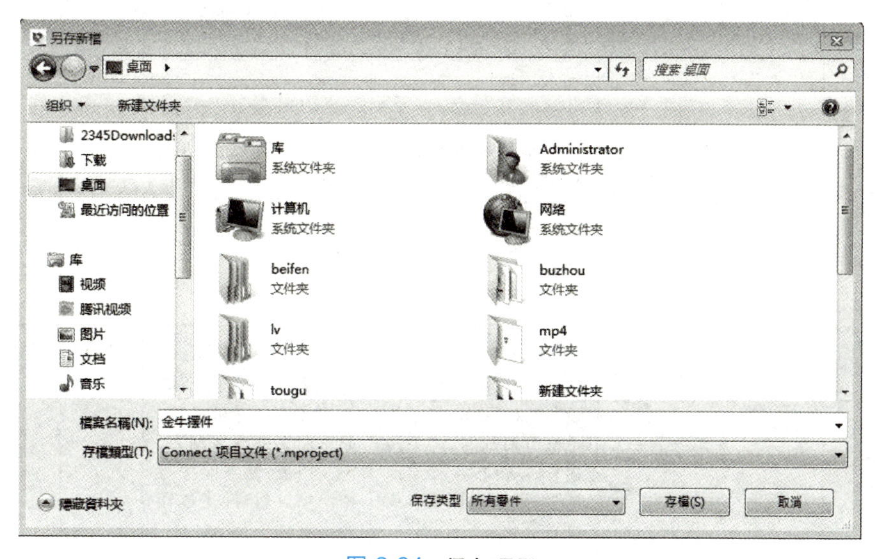

图 2-64　保存项目

活动 2　设备检查调试

职业技能等级证书要求描述：3D 打印前准备及仿真

熟悉设备安全操作注意事项、结构和性能参数，按照前面介绍的详细步骤调试设备。

评价单

请填写“3D 打印数据处理与参数设置任务评价表”，评价任务完成情况，见表 2-14。

表 2-14 3D 打印数据处理与参数设置任务评价表

班级：　　　　学号：　　　　姓名：

评价点	评价比例	★★★	★★	★	自我评价	小组评价	教师评价
模型修复优化	20%	能熟练地优化修复金牛摆件;能合理地调整零件打印尺寸和摆放方位	能比较熟练地优化修复金牛摆件;能比较合理地调整零件打印尺寸和摆放方位	能在小组成员协助下优化修复金牛摆件,比较合理地调整零件打印尺寸和摆放方位			
支撑设置	20%	能合理地设置零件支撑参数,并能熟练地生成支撑及编辑支撑	能比较合理地设置零件支撑参数,并能比较熟练地生成支撑及编辑支撑	能在小组成员协助下设置零件支撑参数,并能比较熟练地生成支撑及编辑支撑			
切片	15%	能按步骤要求对金牛摆件进行切片处理,并能将切片文件传输到打印机中	基本能按步骤要求对金牛摆件进行切片处理,并能将切片文件传输到打印机中	能在小组成员协助下对金牛摆件进行切片处理,并能将切片文件传输到打印机中			
打印前准备	35%	能熟练地完成设备开机操作;能正确清理刮刀、调平网板;能熟练地按步骤添加树脂;操作过程规范且安全	能较为熟练地完成设备开机操作;基本能正确清理刮刀、调平网板;基本能按步骤添加树脂;操作过程基本规范且安全	能在小组成员协助下完成设备开机操作;基本能正确清理刮刀、调平网板;基本能按步骤添加树脂;操作过程基本规范且安全			
反思与改进	10%						

任务实施 3　3D 打印制作

>>> 技巧点拨提技能

活动　零件制作

职业技能等级证书要求描述：3D 打印制作及过程监控

先用 U 盘将金牛摆件切片文件导入设备中，然后在软件中点击“导入”按钮，弹出“打开文件”对话框。选中金牛摆件，点击“导入”按钮退出对话框，完成金牛摆件的导入，如图 2-65 所示。

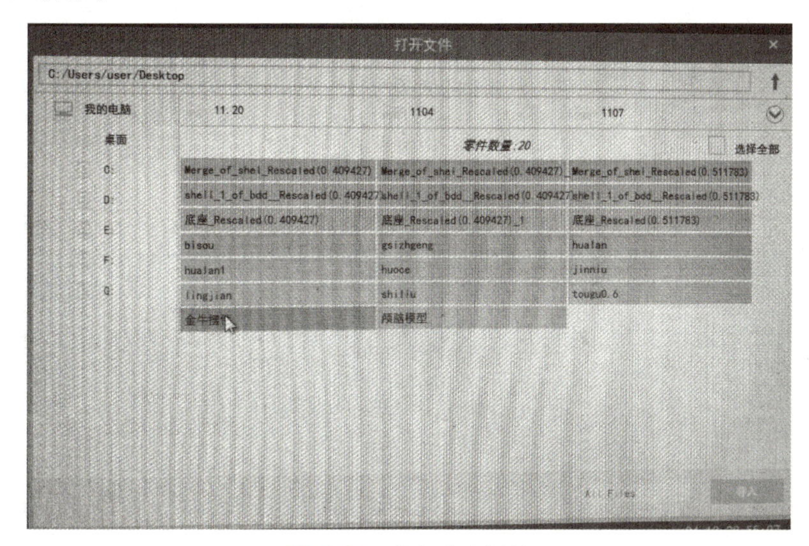

图 2-65　导入金牛摆件

导入完成后，点击“模拟”按钮查看金牛摆件的截面信息和预估制作时间，等待进度圆弧全部变绿模拟完成。点击“开始制作”按钮，默认开始高度为 0，再点击“制作”按钮，设备将按设定参数开始制作零件。在制作过程中可根据需要点击“暂停”按钮暂停制作，调好后再点击“继续”按钮继续制作，也可点击“制作结束”按钮结束制作。金牛摆件制作如图 2-66 所示。

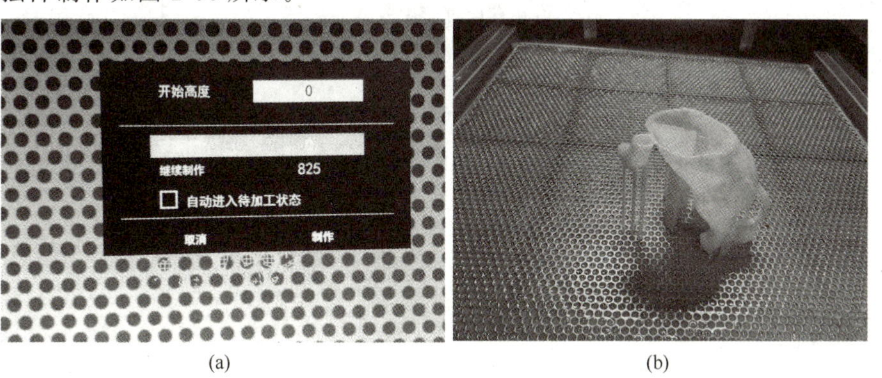

(a)　(b)

图 2-66　金牛摆件制作

评价单

请填写“3D打印制作任务评价表”，对任务完成情况进行评价，见表2-15。

表2-15 3D打印制作任务评价表

班级： 学号： 姓名：

评价点	评价比例	★★★	★★	★	自我评价	小组评价	教师评价
扫描策略	15%	能根据金牛摆件结构设置合适的扫描策略，并能预判不同扫描策略对制件的影响	能根据金牛摆件结构设置比较合适的扫描策略，基本能预判不同扫描策略对制件的影响	能在小组成员协助下设置金牛摆件比较合适的扫描策略，基本能预判不同扫描策略对制件的影响			
设备操作	25%	能熟练地导入金牛摆件，手动或自动模拟打印过程，并完成金牛摆件3D打印任务；能正确且规范地完成设备日常维护与保养	能比较熟练地导入金牛摆件，手动或自动模拟打印过程，并完成金牛摆件3D打印任务；基本能正确且规范地完成设备日常维护与保养	能在小组成员协助下比较熟练地导入金牛摆件，手动或自动模拟打印过程，并完成金牛摆件3D打印任务，基本能正确且规范地完成设备日常维护与保养			
过程监控	30%	能在打印过程中根据实际情况合理调整扫描参数；能够独立进行设备运行的实时监控，评估打印质量	能在小组成员协助下根据实际情况合理调整扫描参数；能够独立进行设备运行的实时监控，评估打印质量	能在小组成员协助下根据实际情况合理调整扫描参数并进行设备运行的实时监控，评估打印质量			
故障处理	20%	能在打印过程中及时发现故障并处理故障	能在打印过程中及时发现故障，并能在小组成员协助下处理故障	能在小组成员协助下及时发现并处理设备故障			
反思与改进	10%						

任务实施 4　3D 打印后处理

>>> 技巧点拨提技能

职业技能等级证书要求描述：3D 打印后处理

活动 1　取件

制作完成后，网板上升到设定高度。等待 10～15min，让液态光敏树脂从零件中充分流出，如图 2-67 所示。

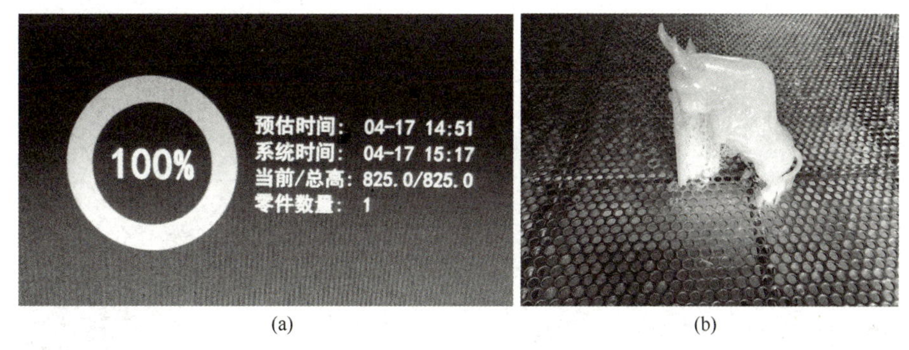

(a)　(b)

图 2-67　制作完成的金牛摆件

戴好乳胶手套，用铲刀将金牛摆件铲起，使支撑与工作台分离，小心将金牛摆件取出放入托盘中，清理干净工作台表面的支撑碎片，如图 2-68 所示。将工作台面下调至光敏树脂液面下 10mm 处，关闭成型室门。

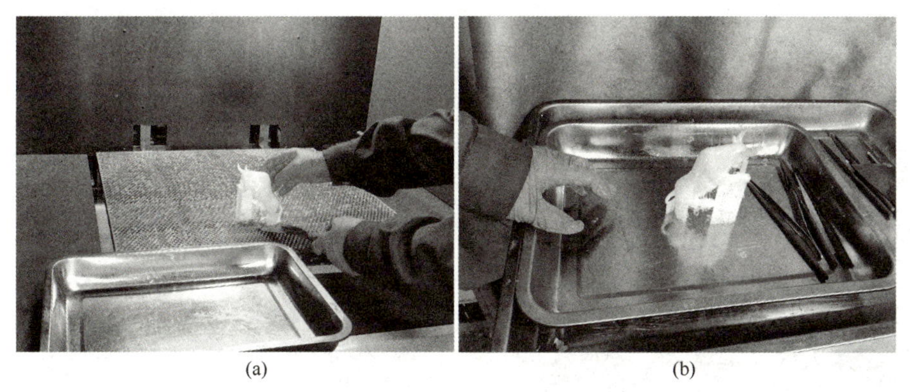

(a)　(b)

图 2-68　取出金牛摆件

活动 2　去支撑、清洗

1. 去除金牛摆件支撑

将打印完成的金牛摆件与其三维数据对照，区分出模型和支撑结构，使用铲刀、斜口钳等工具去除支撑结构，细小毛刺可用锉刀打磨一下，如图 2-69 所示。

2. 清洗金牛摆件

金牛摆件去除支撑后放入清洗槽内用无水酒精清洗，洗完后用风枪吹干表面，如图 2-70 所示。

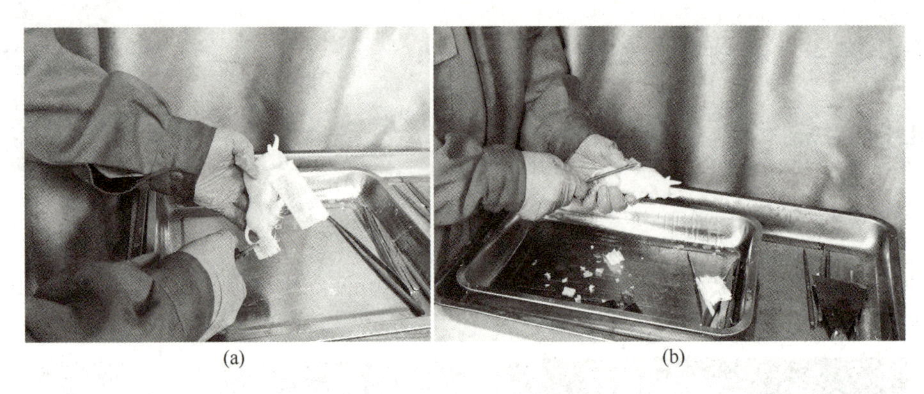

(a) (b)

图 2-69　去除金牛摆件支撑

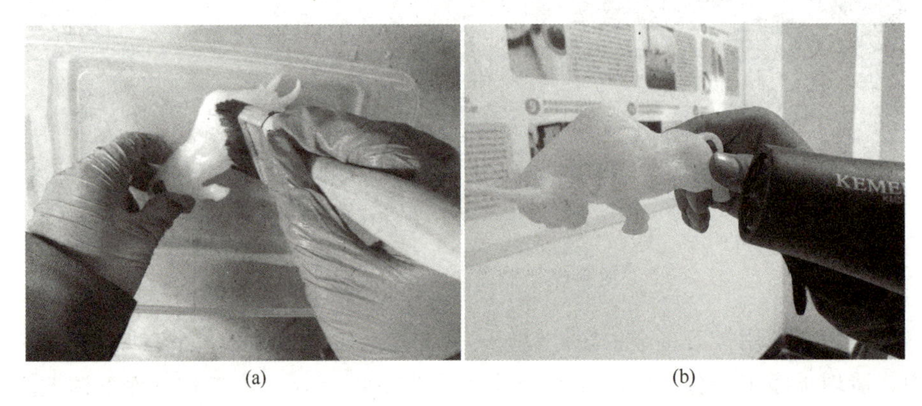

(a) (b)

图 2-70　清洗金牛摆件

活动 3　二次光固化

将金牛摆件放入专用固化箱中进行二次光固化处理，二次光固化时间为 20min，如图 2-71 所示。

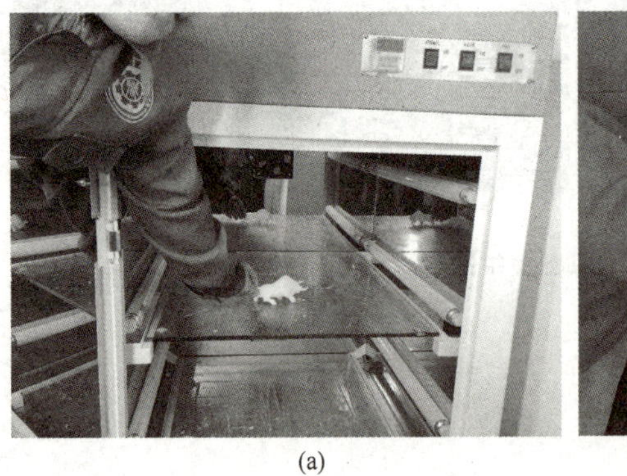

(a)

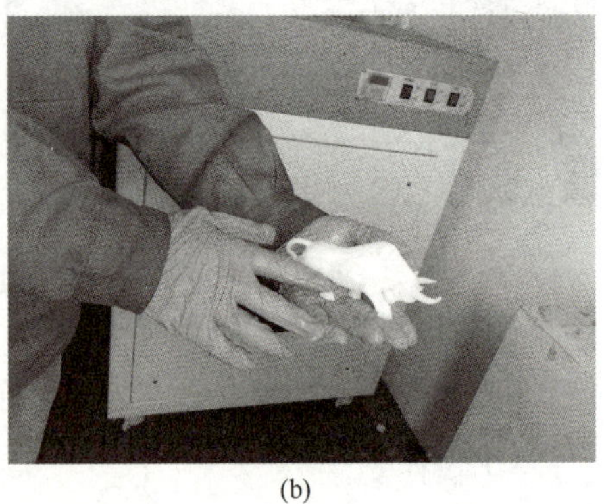

(b)

图 2-71　金牛摆件二次光固化处理

活动 4　上色处理

检查金牛摆件的表面质量，若出现台阶痕、花斑、刮痕、凸点、凹陷等缺陷，应及时处理，然后对金牛摆件进行上色处理，如图 2-72 所示。

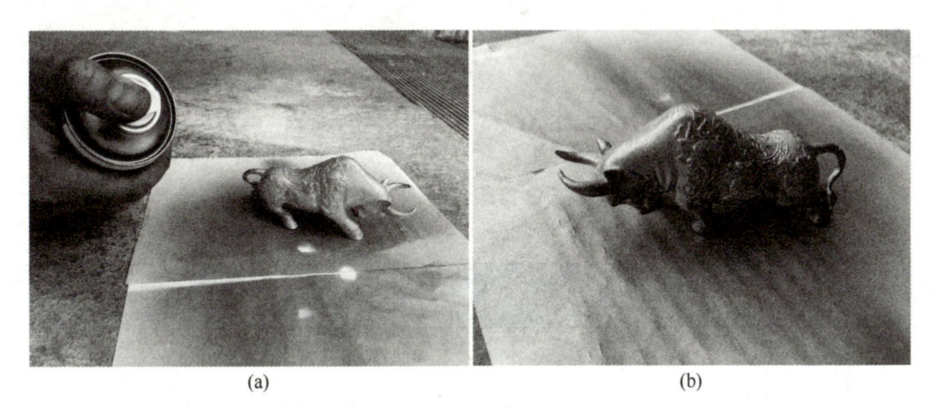

(a) (b)

图 2-72 金牛摆件上色处理

后处理完成的金牛摆件如图 2-46 所示。

评价单

请填写“3D打印后处理任务评价表”，对任务完成情况进行评价，见表2-16。

表2-16 3D打印后处理任务评价表

班级： 学号： 姓名：

评价点	评价比例	★★★	★★	★	自我评价	小组评价	教师评价
取件	20%	能在打印完成后，独立将金牛摆件从成型室中取出；能根据金牛摆件数据检查是否存在打印缺陷	能在打印完成后将金牛摆件从成型室中取出；基本能根据金牛摆件数据检查是否存在打印缺陷	能在小组成员协助下将金牛摆件从成型室中取出，基本能根据金牛摆件数据检查是否存在打印缺陷			
去除支撑、清洗	40%	能独立区分出模型和支撑结构，并规范使用工具将工件上的支撑逐个剥离，完成清洗任务	能区分出模型和支撑结构，并规范使用工具将工件上的支撑逐个剥离，完成清洗任务	能在小组成员协助下区分出模型和支撑结构，并规范使用工具将工件上的支撑逐个剥离，完成清洗任务			
二次光固化	20%	能独立且规范操作专用固化箱，完成金牛摆件的二次光固化	能操作专用固化箱，完成金牛摆件的二次光固化	能在小组成员协助下操作专用固化箱，完成金牛摆件的二次光固化			
上色处理	10%	能独立完成金牛摆件不同部位的上色处理	能在小组成员协助下完成金牛摆件不同部位的上色处理	能在指导老师的帮助下完成金牛摆件不同部位的上色处理			
反思与改进	10%						

任务实施 5　3D 打印机应用维护

职业技能等级证书要求描述：3D 打印应用维护

活动 1　设备常见故障排除

>>> 沧海遗珠拓知识

SLA 设备常见故障与解决方法见表 2-17。

表 2-17　SLA 设备常见故障与解决方法

故障现象	可能的原因	解决办法
模拟不能通过	分层数据有问题	试着换一个加工方向
	STL 或 USP 文件有问题	在 MagicsBP 中修复
成型过程中刮坏	支撑设计缺陷	检查并重新设计支撑
	树脂吸潮	保证成型室湿度低于 40%
	刮刀失调	调整刮刀
	杯口效应	零件开孔或改变加工方向
	刮刀底面有异物	清理刮刀底面
故障停机	加工失败导致刮刀碰到限位开关	检查支撑、工艺参数、刮刀等
成型件、支撑变软	树脂吸潮	保证成型室湿度低于 40%
不扫描支撑或实体	支撑和实体的分层厚度不一致	重新分层
液位不稳	液位平衡系统故障	检查
	树脂槽液位过高或过低	加料或去料
	Z 轴下降速度太快	调低(1mm/s)
制作过程中层间剥离	液位不稳	见“液位不稳”故障
	成型室湿度、温度不稳	检修抽湿机、空调系统
	扫描速度不正确	重设扫描速度
	刮刀高度不对	调整刮刀
制作中零件翘曲变形	制作方向不佳	更换制作方向
	支撑设计不合理	重新添加支撑
平面不平，夹层	刮刀高度不对	调整刮刀，使刮刀与液面的间隙为(0.15±0.05)mm
零件错层	支撑设计不合理	加强支撑
	成型室温度不稳定	检修空调系统
零件底部倾斜	扫描器稳定时间不够	驱动电源打开半小时后再开始制作
刮刀遮挡激光扫描	翘曲变形造成刮刀失步	解决翘曲变形问题
制作时基础支撑不牢	支撑速度太快	调低支撑速度
	托板的起始位置过低	重新调整起始位置
激光功率下降	成型室温度不正确	检修空调系统
	激光器老化	增加激光二极管电流
	光路偏移	调整光路
	光路污染	清洁光路
成型件有气泡	刮刀速度太快	降低刮刀速度
成型件的底部有突起	刮刀过高	检查刮刀的高度
	液位低	加树脂
	液位平衡系统出现问题	检查树脂循环的情况
成型件的上平面凸起	刮刀高	调整刮刀的高度
成型件的上平面凹陷	刮刀低	调整刮刀的高度
加工过程中支撑刮坏	刮刀过低	调整刮刀的高度

续表

故障现象	可能的原因	解决办法
加工过程(做支撑)中支撑有一部分刮坏	刮刀左右没有调平	调整刮刀的高度以及水平
加工过程(做支撑)中支撑有一条线被刮坏	刮刀的底部有异物	取出刮刀底部的异物
做平面时树脂没有铺满	刮刀高	调整刮刀的高度
	平面过大	采用智能涂覆方式,并且Dip深度设为5mm
	树脂吸附系统没开启或没起作用	检查吸附系统
	液位平衡系统不稳	检测调整
零件的壁部分被刮坏	零件存在“杯口”现象	在MagicsBP中更换摆放的方法,或对零件进行切割加工
成型件的底部收缩较大	零件的底部过厚	改变零件摆放或镂空零件
	填充速度太慢	增大填充速度系数
成型件的局部有收缩	零件有交叉部分而且壁厚不均	改变摆放位置
制作过程计算机死机	计算机长时间过负荷工作	重启计算机,继续前面工作
	制作过程中计算机有大数据传输操作	重启计算机,原文件继续制作
失去驱动电源	继电器板损坏	更换备用继电器板
机器不能启动	急停开关未打开	打开急停开关
	保险烧坏	更换备用保险
制作时刮刀不能吸附树脂	真空泵坏	更换真空泵
	负压未调好	调整负压

活动2　设备维护保养

>>> 沧海遗珠拓知识

1. 机械系统的维护

① 制作完成，清理掉工作平台上的树脂固体残渣，清理堵塞的孔洞。

② 树脂溅上导轨，可用酒精擦拭干净。

③ 及时清理掉刮刀上的异物。

④ 要定期清理刮刀导轨上的杂物，3个月加一次润滑油。

⑤ 要定期清理 Z 轴导轨和丝杠的杂物，6个月加一次润滑油。

⑥ 请勿用尖锐利器刻画设备表面，避免损伤设备表面。

⑦ 请勿用钝器敲打设备，防止设备表面变形。

2. 刮刀的清理

制作完成后，将刮刀回零，用刮刀清理工具轻轻地清理刮刀内腔以及刮刀刀刃，将上面残留的固体残渣清理掉。刮刀清理需要定期进行，频率尽量高；同时在使用过程中，应避免误操作，防止刮刀碰到其他物体从而损坏刀刃。

3. 机器限位及解除

(1) Z 轴限位　当 Z 轴运动向下或向上超过极限位置时，会发生限位。此时PLC将信息发送给报警灯，报警灯会有黄色闪烁。可通过软件操作使 Z 轴向相反方向运动脱离极限位，报警信息会消除，进入正常状态。

(2) 刮刀限位　当刮刀运动行程超过极限位置时，会发生限位。此时PLC将信息发送给报警灯，报警灯会有黄色闪烁。可通过软件操作使刮刀向相反方向运动脱离极限位，报警信息会消除，进入正常状态。

评价单

请填写“3D打印应用维护任务评价表”，对任务完成情况进行评价，见表2-18。

班级：　　　　　　　学号：　　　　　　　姓名：

表2-18　3D打印应用维护任务评价表

评价点	评价比例	★★★	★★	★	自我评价	小组评价	教师评价
常见故障排除	45%	能独立规范地完成设备常见故障的判断与排除	能基本完成设备常见故障的判断与排除	能在小组成员协助下完成设备常见故障的判断与排除			
设备维护与保养	45%	能独立规范地完成设备日常维护与保养	能基本完成设备日常维护与保养	能在小组成员协助下完成设备日常维护与保养			
反思与改进	10%						

项目评价

光固化成型工艺与实施项目评价表如表 2-19 所示。

表 2-19 光固化成型工艺与实施项目评价表

姓名				学号			
班级				组别			
完成时间				指导教师			
评价项目	评价内容	评价标准	配分	个人评价（30%）	小组评价（10%）	组间互评（10%）	教师评价（50%）
项目完成情况（70 分）	任务分析	正确率 100% 5 分 正确率 80% 4 分 正确率 60% 3 分 正确率<60% 0 分	5				
	必备知识	必备理论基础知识掌握程度（成型原理、材料、工艺特点及应用等）	10				
	模型分析	分析合理 3 分 分析不合理 0 分	3				
	数据处理参数设置	数据参数设置合理 7 分 数据参数设置不合理 0 分	7				
	设备调试	操作规范、熟练 5 分 操作规范、不熟练 2 分 操作不规范 0 分	5				
	3D 打印	操作规范、熟练 5 分 操作规范、不熟练 2 分 操作不规范 0 分	15				
		加工质量符合要求 10 分 加工质量不符合要求 0 分					
	后处理	处理方法合理 5 分 处理方法不合理 0 分	15				
		操作规范、熟练 10 分 操作规范、不熟练 5 分 操作不规范 0 分					
	设备故障排除与维护保养	操作规范、熟练 10 分 操作规范、不熟练 5 分 操作不规范 0 分	10				
职业素养（30 分）	劳动保护	按规范穿戴防护用品	5				
	出勤纪律	不迟到、不早退、不旷课、不吃喝、不玩游戏 全勤为满分，旷课 1 学时扣 2 分，旷课 5 学时以上，取消本项目成绩	5				
	态度表现	积极主动认真负责的学习态度 6S 规范（整理、整顿、清扫、清洁、素养、安全） 有创新精神	5				
	团队精神	主动与他人交往、尊重他人意见、支持他人、融入集体、相互配合、共同完成工作任务	5				
	表达能力	表达客观准确，口头和书面描述清楚，易于理解；表达方式适当，符合情景和谈话对象；专业术语使用正确	10				
总分			100				
总评成绩							
学生签名		教师签名		日期			

评价要求：

① 个人评价：主要考核学生的诚信度和正确评价自己的能力。

② 小组评价：由学生所在小组根据任务完成情况、具体作用以及平时表现对小组内学生进行评价。

③ 组间互评：不同组别之间相互评价。

④ 教师评价：教师根据学生完成任务情况、实物和平时表现进行评价。

项目小结

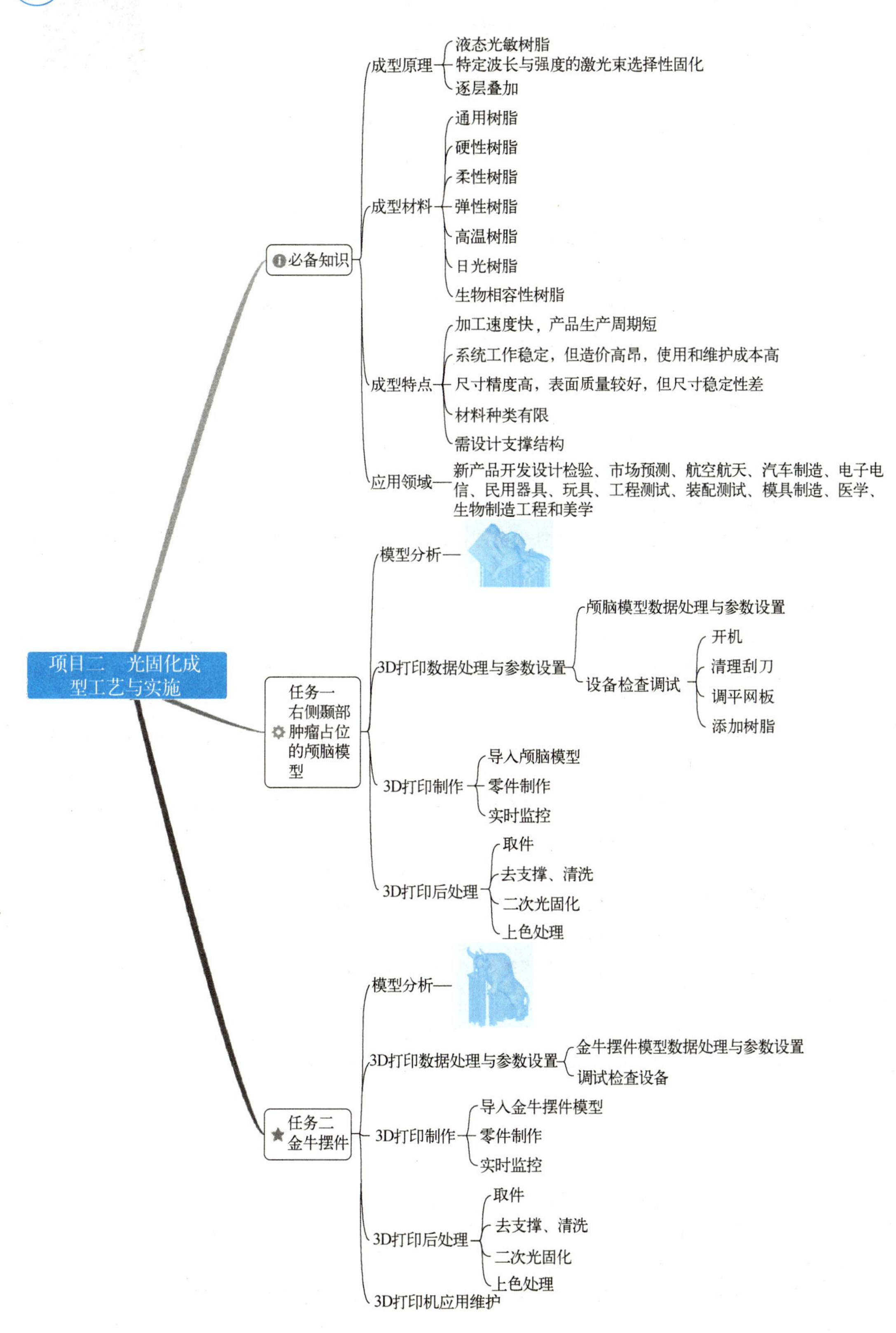
项目二 光固化成型工艺与实施
必备知识
成型原理
液态光敏树脂
特定波长与强度的激光束选择性固化
逐层叠加
成型材料
通用树脂
硬性树脂
柔性树脂
弹性树脂
高温树脂
日光树脂
生物相容性树脂
成型特点
加工速度快，产品生产周期短
系统工作稳定，但造价高昂，使用和维护成本高
尺寸精度高，表面质量较好，但尺寸稳定性差
材料种类有限
需设计支撑结构
应用领域
新产品开发设计检验、市场预测、航空航天、汽车制造、电子电信、民用器具、玩具、工程测试、装配测试、模具制造、医学、生物制造工程和美学
任务一 右侧颞部肿瘤占位的颅脑模型
模型分析
3D打印数据处理与参数设置
颅脑模型数据处理与参数设置
设备检查调试
开机
清理刮刀
调平网板
添加树脂
3D打印制作
导入颅脑模型
零件制作
实时监控
3D打印后处理
取件
去支撑、清洗
二次光固化
上色处理
任务二 金牛摆件
模型分析
3D打印数据处理与参数设置
金牛摆件模型数据处理与参数设置
调试检查设备
3D打印制作
导入金牛摆件模型
零件制作
实时监控
3D打印后处理
取件
去支撑、清洗
二次光固化
上色处理
3D打印机应用维护

拓展训练

参照任务一和任务二实施步骤，完成花篮零件光固化成型。

拓展训练模型：花篮

思考与练习

一、判断题

1. 光固化树脂是一种透明、黏性的光敏液体。当一定波长和强度的紫外光照射到该液体时，被照射的部分由于发生聚合反应而固化，从液态转变为固态。(　　)

2. SLA 成型系统中，激光束曝光是用扫描头将激光束扫描到树脂表面使之曝光。(　　)

3. SLA 成型系统中，按扫描系统的不同可分为两种，即由计算机控制的 X-Y 平面扫描仪系统和振镜光扫描系统。(　　)

4. 自由液面型成型系统，通常从上方对液态树脂进行扫描照射，需要精准检测液态树脂的液面高度，并精确控制液面与液面下已固化树脂层上表面的距离，即控制成型层的厚度。(　　)

5. SLA 成型工艺可以达到每层厚度 0.05～0.15mm，表面质量较好。(　　)

6. SLA 成型系统造价高昂，使用和维护成本过高。(　　)

7. SLA 成型系统是对液体进行操作的精密设备，对工作环境要求苛刻，需要专用的实验室环境。(　　)

8. 光敏树脂材料对环境有污染，易引起皮肤过敏。(　　)

9. 光敏树脂制成的工件在大多数情况下都不能进行耐久性和热性能试验。(　　)

10. 光敏树脂制成的工件尺寸稳定性差，随着时间推移，树脂会吸收空气中的水分，导致软薄部分的翘曲变形，影响成型件的整体尺寸精度。(　　)

11. Magics 软件中，设置零件导入后摆放的位置时，“原始”表示文件按照原有设定的坐标位置摆放。(　　)

12. Magics 软件中，设置零件导入后摆放的位置时，“默认位置”表示零件自动添加到对应平台的默认位置。(　　)

13. Magics 软件几乎可以导入所有 CAD 格式文件，而且可以同时导入多个零件。(　　)

14. STL 文件是 CAD 实体曲面模型进行三角化后得到的三角面片集合。(　　)

15. STL 文件其实是由一个个小的三角面片拼接和封装组成的。(　　)

16. 在 STL 格式中，每一个三角面片与周围的三角面片都应该紧密连接在一起，从而形成整体水密性的 STL 模型。(　　)

17. STL 模型的精度直接取决于离散化时三角面片的数目，一般而言，在 CAD 系统中输出 STL 文件时，设置的精度越高，STL 模型的三角面片数目就越多，文件体积就越大。(　　)

18. 由于增材制造是通过三角面片方向定义零件哪一个面需要填充材料，所以反向三角面片会导致切片错误或打印失败。(　　)

19. 一般而言，一个零件就是一个完整的壳体。(　　)

20. Magics 软件中，干扰壳体不会影响后续切片和打印质量。(　　)

21. Magics 软件中，重叠壳体部分容易出现重复扫描，影响打印质量。(　　)

22. Magics 软件通过零件操作可以改变零件的尺寸大小和几何位置。(　　)

23. Magics 软件中，加完 Z 轴补偿后，零件不能再旋转角度，否则 Z 轴补偿不起作用。(　　)

24. SLA 成型系统中，聚焦组件的作用是使激光束始终聚焦在工作平面上。（ ）

25. 禁止直接用手或者眼睛接触激光，严禁直视从振镜出来的激光。（ ）

26. 严禁分解树脂或者与树脂发生化学反应的物质溅入设备的树脂槽中，包括水、酒精或者其他树脂等。（ ）

27. SLA 成型件制作完成后，最好立即取出。（ ）

28. 刮刀清理需要定期进行，频率尽量高；同时在使用过程中，避免误操作，防止刮刀碰到其他物体从而损坏刀刃。（ ）

29. SLA 技术成型件多为树脂类，强度、刚度、耐热性高，可长时间保持。（ ）

30. 光固化设备长时间不使用时，可将耗材放在打印槽内。（ ）

31. 在紫外线的作用下，部件成型材料及支撑材料都会完全固化。（ ）

32. 在去除支撑后为了能够获得更好的外观质量，有时需要对外表面进行抛光、修补、上色等工序。（ ）

33. 光固化树脂成型的成型效率主要与扫描速度、扫描间隙和激光功率等因素有关。（ ）

34. 光固化机型，中途不可以补充光敏树脂材料。（ ）

35. SLA 工艺制件打印前需要进行辅助支撑的添加，以免悬空分层飘移，同时也便于打印完成后从工作台上快速分离。（ ）

36. SLA 原型的变形量中，由后固化收缩产生的比例是 25%～45%。（ ）

37. SLA 成型的后固化工艺，后固化时间比一次固化时间短。（ ）

38. 打印耗材使用后无需处理，即可回收入库。（ ）

39. SLA 技术可打印大型部件。（ ）

40. 光敏树脂的浓度和吸收系数成反比。浓度越大，吸收系数越小。（ ）

41. SLA 材料不需要加热。（ ）

42. SLA 技术可联机操作，可远程控制，利于生产的自动化。（ ）

二、填空题

1. 在光固化成型中，光敏树脂通常有两种曝光方式，分别是（ ）曝光和（ ）曝光。

2. 光固化成型工艺常用的材料是（ ）。

3. SLA 成型系统中，按设备结构不同可分为两种，即（ ）成型系统和（ ）成型系统。

4. SLA 成型产品尺寸精度较高，可确保工件的尺寸精度在（ ）mm 以内。

5. Magics 软件中，坏边错误可以细分为（ ）和（ ）。

6. Magics 软件可以对数据中存在的错误进行修复，修复的方法有两种：（ ）和（ ）。

三、单选题

1. 下列选项中属于 SLA 技术使用的原材料的是（ ）。

A. 光敏树脂　B. 粉末材料　C. 高分子材料　D. 金属材料

2. 光敏树脂打印材料应存放在（ ）的环境下。

A. 真空　B. 高温　C. 阴凉干燥　D. 湿热

3. 以下是 SLA 成型工艺特有的后处理技术（ ）。

A. 取出成型件　B. 去除支撑　C. 后固化成型件　D. 排出未固化的光敏树脂

4. SLA 对于成型材料选择，要求不正确的是（ ）。

A. 成型材料易于固化，且成型后具有一定的黏结强度

B. 成型材料的黏度必须要高，以保证成型后具有一定的黏结强度

C. 成型材料本身的热影响区小，收缩应力小

D. 成型材料对光有一定的透过深度，以获得具有一定固化深度的层片

5. 3D打印的主流技术包括SLA、FDM、SLS、3DP、LOM等，（　　）把本来液态的光敏树脂，用紫外激光照射，照到哪儿，哪儿就从液态变成了固态。

A. SLA　　B. FDM　　C. SLS　　D. 3DP

6. 做小件或精细件时SLA与FDM的精度（　　）。

A. 前者较高　　B. 后者较高　　C. 相同　　D. 不确定

7. （　　）又称光固化立体成型（立体光刻）。

A. SLA　　B. FDM　　C. SLS　　D. 3DP

8. 世界上第一台3D打印机采用的就是（　　）工艺。

A. SLA　　B. FDM　　C. SLS　　D. 3DP

9. 关于SLA，下面说法错误的是（　　）。

A. 光固化成型法是最早出现的快速成型制造工艺，成熟度最高，经过时间的检验

B. 成型速度较快，系统工作相对稳定

C. 可以打印的尺寸也比较可观，在国外有可以做到2m的大件

D. 尺寸精度高，可以做到纳米级别

10. SLA打印完成后不正确的操作是（　　）。

A. 倒出多余的树脂　　B. 酒精清洗　　C. 二次固化　　D. 放在太阳光下

11. 光固化机型，打印过程中模型脱落，从调试角度来考虑是因为（　　）。

A. 模型太大　　B. 平台没有涂胶　　C. 数值颜色太浅　　D. 平台过松

12. 光固化快速成型工艺中，有时需要添加支撑结构，支撑结构的主要作用是（　　）。

A. 防止翘曲变形　　B. 提升打印成功率　　C. 防止模型脱落　　D. 以上都对

13. 下列选项中不是SLA工艺主要缺点的是（　　）。

A. 打印效率低　　B. 材料强度和耐热性一般

C. 系统造价高　　D. 设备对工作环境的湿度和温度要求较严

14. 光固化成型工艺树脂发生收缩的原因主要是（　　）。

A. 树脂固化收缩　　B. 热胀冷缩

C. 范德华力导致的收缩　　D. 树脂固化收缩和热胀冷缩

四、多选题

1. 下列选项中属于光敏树脂的有（　　）。

A. 通用树脂　　B. 弹性树脂　　C. 高温树脂　　D. 日光树脂

2. STL文件主要错误有（　　）。

A. 反向三角面片错误　　B. 坏边错误　　C. 壳体错误　　D. 重叠三角面片错误

E. 交叉三角面片错误

3. Magics软件中，零件位置的摆放会影响（　　）。

A. Z轴高度　　B. 加工时间

C. 平台中可以摆放零件的数量　　D. 支撑的生成和后处理

4. SLA设备系统由下列（　　）部分组成。

A. 机械主体部分　　B. 光学系统　　C. 控制系统

5. SLA设备系统中，机械主体部分包括（　　）。

A. 机架　　B. Z轴升降系统

C. 树脂槽　　D. 涂覆系统

E. 液位调节系统

6. SLA成型件后处理步骤包括（　　）。

A. 取件　　B. 去支撑清洗　　C. 二次光固化　　D. 上色处理

7. SLA成型设备开机调试包括（　　）。

A. 开机　　B. 清理刮刀　　C. 调平网板　　D. 添加树脂

8. SLA成型设备零件制作包括（　　）。

A. 导入模型　　B. 设置打印参数　　C. 实时监控　　D. 处理故障

五、简答题

1. Magics软件中，壳体的定义是什么？
2. SLA设备系统中，涂覆系统的作用是什么？
3. SLA设备系统中，液位调节系统的作用是什么？

六、论述题

1. 约束液面型成型系统的优点有哪些？
2. STL模型的一致性规则有哪些？
3. SLA工艺成型零件时，零件位置摆放的一般要求有哪些？

项目三

选择性激光烧结成型工艺与实施

◉ 学习目标

1. 知识目标

（1）掌握选择性激光烧结成型原理。

（2）熟悉选择性激光烧结成型材料、特点及应用领域。

2. 技能目标

（1）能利用 Magics 软件处理零件的数据模型，并设置合理的参数。

（2）能熟练操作选择性激光烧结成型设备并完成零件的 3D 打印。

（3）能根据需求进行 3D 打印后处理。

（4）能维护保养选择性激光烧结成型设备，并能排除设备常见故障。

3. 素质目标

培养学生发现问题、分析问题、解决问题的能力。

◉ 增材制造模型设计职业技能等级证书考核要求

通过本项目的学习，能够系统地了解 SLS 工艺，掌握零件数据修复与优化方法和 SLS 设备操作技能。包括 SLS 工艺、工艺编制、数据处理、设备操作、过程监控、零件后处理、质量检测和产品性能提升以及 SLS 设备装调与维护等。

必备知识

>>> 沧海遗珠拓知识

一、选择性激光烧结成型原理

1. 选择性激光烧结成型工艺

动画：选择性激光烧结成型原理

选择性激光烧结，也称激光选区烧结，是指在激光束的热能作用下，对固体粉末材料进行选择性地扫描照射而实现材料的烧结黏合，并使烧结成型的固化层叠加生成所需形状零件的成型工艺。选择性激光烧结是通过低熔点金属或黏结剂的熔化将高熔点金属粉末或非金属粉末粘接在一起的液相烧结方式。

2. 成型原理

最早提出“烧结”概念的是老子，老子在《道德经》中曾说过：“燃埴而为器”。意思是揉和烧制黏土做成器皿。与此类似，SLS 工艺是利用热能选择性地烧结固体粉末。双缸供粉双向铺粉成型原理如图 3-1 所示。成型时，供粉缸升降平台上升，铺粉滚筒推压高于工作平台的粉末，并在工作平台上均匀铺上一层粉末。然后计算机根据零件切片截面轮廓信息控制激光束的二维扫描轨迹，有选择地烧结固体粉末以形成零件的一个层面。非烧结区的粉末仍呈松散状，作为零件和下一层粉末的支撑。一层烧结完成后，工作平台下降一个层高，铺粉滚筒再铺上一层新的粉末，控制激光束再进行一层烧结，此时，层与层之间也同步烧结在一起。如此往复循环，层层叠加，直至烧结完所有层面，三维零件成型。

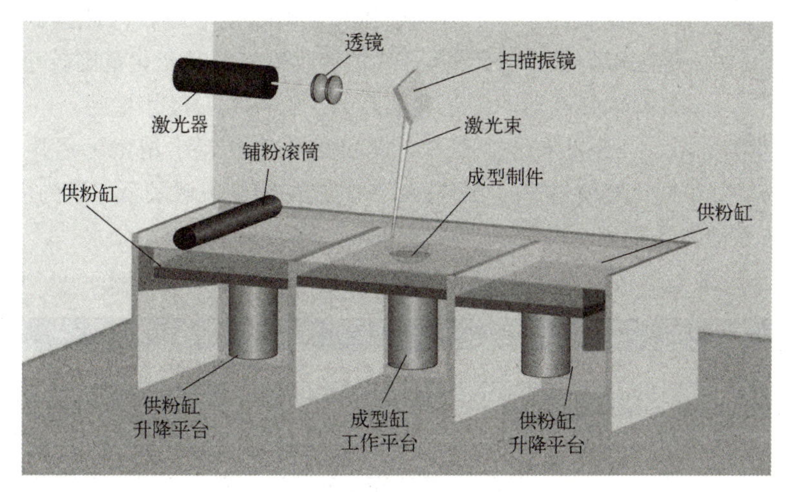

图 3-1　双缸供粉双向铺粉成型原理

单缸供粉单向铺粉成型原理如图 3-2 所示。

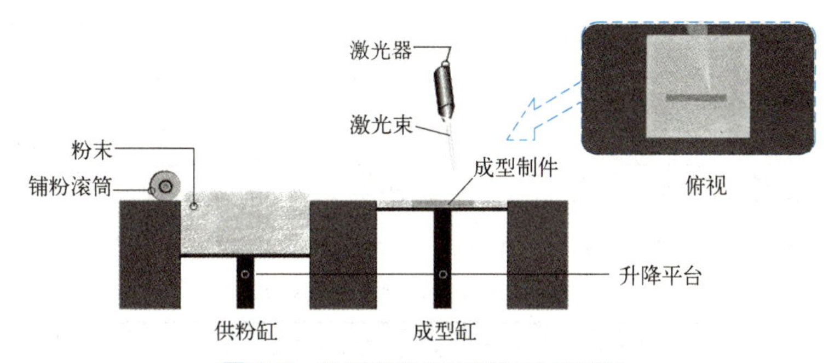

图 3-2　单缸供粉单向铺粉成型原理

二、选择性激光烧结成型材料

SLS 成型原理不同于其他增材制造方法，理论上讲，任何受热后能够黏结的粉末都可以作为 SLS 工艺的原材料。但实际并非如此，用于烧结的材料不是简单的某一种材料，而是以一种材料为主，由多种材料复合。生产中，原材料主要包括塑料粉末（如聚苯乙烯、尼龙和聚碳酸酯等）、陶瓷粉末、金属粉末和它们的复合粉末等。

由于SLS成型材料是粉末，所以在选择材料时，必须考虑粉末的颗粒度、分布和颗粒的统计形状，这些对产品的性能会产生很大的影响。颗粒越细，产品的表面质量越好，可以采用更薄的成型层，所以表面质量更好。但是粉末颗粒太细，会影响铺粉过程，从而也影响产品的成型质量。颗粒的分布对粉层密度有较大的影响，当粉末颗粒分布合理，可以适当提高粉层的密度，这样有利于提高粉末的烧结性能。粉末颗粒的合理分布还有利于铺粉的顺利进行。颗粒形状也对粉末的烧结有影响。

1. PS粉末

聚苯乙烯（PS）粉末是一种热塑性塑料，是有光泽的、透明的粒状固体，如图3-3所示。PS塑料吸湿率很小，仅为0.05%，成型加工前，一般不需要干燥处理；PS塑料为非晶聚合物，无明显熔点，适合成型的温度范围较宽，成型性能好，但其熔体黏度对温度敏感，因此其制件性能受成型温度影响很大。此外，PS塑料收缩率及其变化范围较小，尺寸稳定性好，选择合适的工艺参数有利于提高成型尺寸精度。

图3-3 PS粉末

PS粉末通过SLS工艺可以快速制造出精密铸造用可消失树脂模具（熔模铸造），这是SLS工艺在铸造领域最为广泛的应用。

① PS粉末性能参数如表3-1所示。

表3-1 PS粉末性能参数

项目	PS粉末性能参数	
粉末平均粒径	62μm	
表观密度	0.46g/cm^3	
SLS成型后无任何处理	抗拉强度	1.84MPa
	延伸率	5.15%
	冲击强度	2.03MPa
	弯曲强度	2.17MPa
	灰分	<1%
	粒度	<0.15mm
SLS成型后渗树脂	抗拉强度	25.2MPa
	延伸率	4.3%
	拉伸模量	325.7MPa
	冲击强度	3.4MPa
SLS成型后渗蜡(渗蜡后密度得到很大提升)	抗拉强度	6.4MPa

② PS粉末参考打印参数如表3-2所示。

表3-2 PS粉末参考打印参数

项目	PS粉末参考打印参数
温度	加工温度91～95℃。开始加工第一层和加工过程中突然出现大面时容易出现翘曲现象，此时需要设定关键层温度。第一层关键层温度110～115℃，5层；中间大面层关键层温度100～105℃，3层。视具体机型不同，可根据打印情况优化
铺粉层厚	0.15～0.2mm
扫描参数	填充间距：0.25mm；填充速度：4000mm/s；填充功率：28W；轮廓速度：1000mm/s；轮廓功率：10W。该扫描参数的设备为Scanlab30振镜、Coherent100W激光器。可根据实际机器所使用的振镜、激光器合理选择参数
材料收缩比	1.007(可根据具体机器优化比率)
后处理	打印完成后需进行渗蜡处理。PS件从设备中取出后，清理干净表面的浮粉，置于65℃蜡缸中浸泡至零件表面不产生气泡后取出静置。待蜡模自然冷却后，对其表面进行打磨抛光处理
粉末回收	PS打印完成后，加工仓粉末经过过筛处理，可作为旧粉回收利用，混入适量新粉，打印效果更佳(新粉：旧粉=1：5)

2. 覆膜砂

覆膜砂是由硅砂、黏合剂（酚醛树脂）、固化剂（乌洛托品）和润滑剂（硬脂酸钙）按一定的生产工艺配制而成，是一种由树脂包覆砂粒表面并含有固化剂、润滑剂的干态颗粒状造型材料，如图 3-4 所示。用作 3D 打印的覆膜砂粒径均一，易于成型。覆膜砂打印模型如图 3-5 所示。

图 3-4　覆膜砂

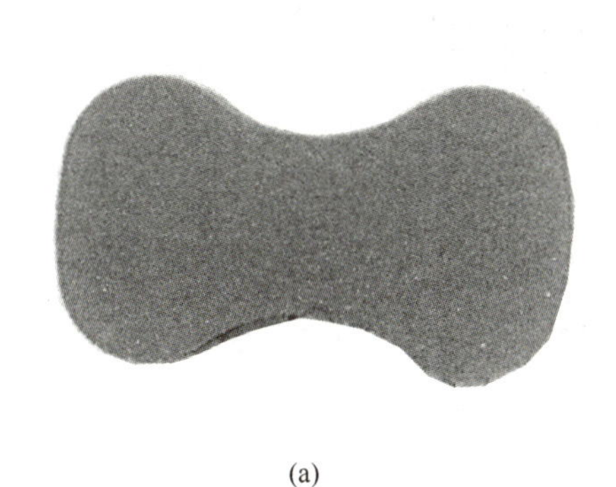

(a)

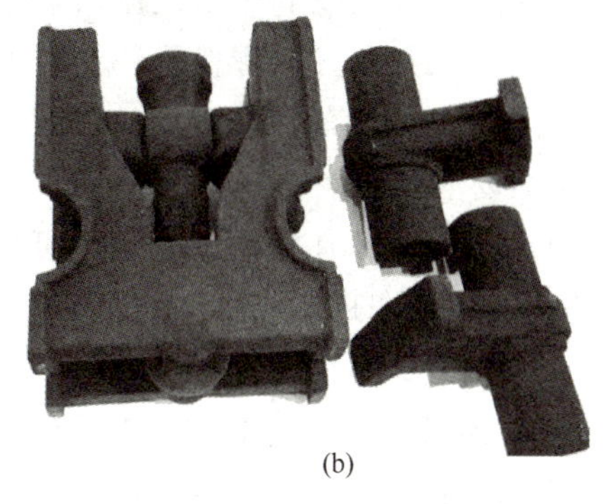

(b)

图 3-5　覆膜砂打印模型

① 覆膜砂主要特点如下。

a. 可振动清砂，高强度、低发气量、低膨胀率。

b. 溃散性好，铸件表面粗糙度低。

c. 壳型不起层，热稳定性好，导热性好，流动性好，铸件表面平整。

d. 耐高温，脱模性好，抗粘砂性好。

e. 壳层均匀不脱壳，固化速率快。

② 覆膜砂性能参数如表 3-3 所示。

表 3-3　覆膜砂性能参数

项目	测试标准	数值
灼烧减量	1000℃，30min	1.7%
粒度		130 目
发气量	850℃，3min	1.2mL/g
熔点		82℃
拉伸强度	232℃，2min	4.3MPa
弯曲强度	232℃，2min	5.7MPa

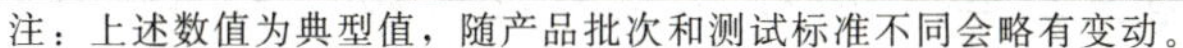

注：上述数值为典型值，随产品批次和测试标准不同会略有变动。

③ 覆膜砂参考打印参数如表 3-4 所示。

表 3-4　覆膜砂参考打印参数

项目	覆膜砂打印参数
料仓温度	30℃
加工温度	55℃
扫描速度	4000mm/s
铺粉层厚	0.25mm
填充间距	0.3mm
激光功率	40W
干燥注意事项	覆膜砂粉末在不用时应置于阴凉干燥处密闭保存。在料仓中进行干燥时，料仓温度不能高于材料的结块温度，且不宜在加热的料仓中长时间存储

注：上述加工参数仅供参考，需根据具体的设备调整相应的加工参数，以获得最佳的工艺条件和制品品质。

三、选择性激光烧结成型特点

1. SLS 工艺优点

① 成型材料多样，价格低廉，包括类工程塑料、蜡、金属、陶瓷、尼龙、石膏粉等。

② 对制件形状几乎没有要求。

③ 材料利用率高，无材料浪费现象，未烧结的粉末可重复使用。

④ 零件的构建时间较短，无需设计和构造支撑。

⑤ 制件具有较好的力学性能，成品可直接用作功能测试或进行小批量使用。能生产较硬的模具，翘曲变形较小。

⑥ 实现了设计制造一体化，配套软件可自动将 CAD 数据转化为分层 STL 数据，生成数控代码，驱动 3D 打印机完成材料的逐层加工和堆积。

2. SLS 工艺缺点

① 设备成本高昂，有激光损耗；需要专门的实验室环境，使用及维护费用高。

② 工作室需要预热和冷却，成型时间较长，后处理麻烦。

③ 制件成型表面粗糙度较高，内部疏松多孔；受粉末颗粒大小及激光光斑的限制，制件质量提升不易。

④ 需要对工作室不断充氮气，以确保烧结过程的安全性，加工成本高。

⑤ 成型过程产生有毒气体和粉尘，污染环境。

⑥ 可制造零件的最大尺寸受到限制。

四、选择性激光烧结应用领域

1. SLS 工艺在精密铸造中的应用

在航空、航天、国防等领域中，核心部件一般为金属零件，如叶轮、叶片、发动机缸体和缸盖等，这些零件结构复杂，常采用传统铸造工艺来制造，由于外形有不规则曲面，内腔有细微的复杂结构，制造难度较大，制造周期长，成本高，风险大，甚至有的零件根本无法制造。SLS 工艺与精密铸造相结合，直接通过零件的 CAD 模型，不需用模具就可以快速制造出金属零件，既解决了由于零件结构复杂难以制造的问题，又能实现铸造工艺过程的集成化、自动化和快速化，这是 SLS 工艺在铸造领域最为广泛的应用。SLS 工艺与精密铸造相结合，主要工序包括打印蜡模、渗蜡处理、沾浆、熔蜡、浇铸金属液及后处理等。

2. SLS 工艺在制造塑料件中的应用

众所周知，塑料制品在工业生产和日常生活中应用日益广泛。能否快速、低成本地制造出塑料制品，直接影响产品的快速开发。一般塑料制品需通过模具成型，塑料模具制造周期较长，严重影响新产品投放市场的速度，不能满足对产品多品种、小批量、需求响应快的市场要求。此外，模具制造成本较高，这也增加了新产品开发的投资风险。塑料制品的低成本制造工艺成为产品快速开发的关键，解决这一问题对于提升企业的市场竞争力具有极其重要的意义。产品开发时，一般先制造一个或数个样品以测试其功能和进行市场评估，然后小批量生产投放市场，根据市场需求情况再决定是否进行批量生产。

目前采用 SLS 工艺制造塑料件的方法主要有以下两种。

① 间接制造法。首先用高分子粉末材料制造出塑料制品的原型件，然后再渗入增强性树脂。这种方法的优点是材料成本低；缺点是制造工序复杂，塑料制品的精度难以控制。

② 直接制造法。用高分子粉末材料直接制造出塑料制品。这种方法的优点是制造工序简单，少了一道精度损失的环节；缺点是材料成本比较高。

3. SLS 工艺在制造金属零件/模具中的应用

制造金属零件/模具的传统方法是对金属毛坯进行车、铣、刨、钻、磨、电蚀等加工，从而得到所需金属零件/模具（形状和尺寸）。这种方法既费时又费钱，特别是对一些复杂的金属零件/模具，制造周期长，甚至无法制造出来，从而给新产品的试制造成很大困难，很难满足当今企业对小批量、低成本、快速制造产品的要求。增材制造既可以满足快速响应市场的需求，又使零件/模具的制造时间和成本大大减少。与传统的零件/模具制造工艺相比，零件/模具的增材制造工艺具有如下特点。

① 从设计到获得实物的时间更短。

② 形状结构设计不受限制。

③ 企业可根据不同的需要选用不同的工艺路线。

④ 可以将冷却流道结构和模具结构集成在一起制造出来。

SLS 工艺由于材料的多样化，适合多种用途，成型过程无需支撑，材料利用率高，以及在快速制造金属零件/模具方面的独特优势，因此其应用范围广，日益受到各行各业的广泛重视。

目前，SLS 工艺用金属粉末成型金属零件/模具的过程是通过熔融低熔点粉末材料进而将高熔点粉末材料黏结起来的过程。用作低熔点的材料有两大类：一类是高分子材料；另一类是熔点相对较低的金属材料。

低熔点的高分子材料黏结剂（如有机玻璃等）与金属粉末混合，用 SLS 工艺烧结时，黏结剂将金属粉末黏结起来。烧结出的金属零件/模具实体需进行后处理，常用的方法是把金属零件/模具实体放到加热炉中，先加热到较低温度，使黏结剂大量降解、气化而去除，然后加热到较高温度，使金属颗粒间相互接触处通过金属原子扩散而形成一个颈式结构，将金属颗粒粘在一起，以便在后面的搬运中不破碎，这个过程叫做二次烧结。在二次烧结中，零件实体的密度增加，但体积要产生收缩（尺寸收缩量达 3%～5%，且收缩量在不同的方向上是不同的），导致金属零件/模具实体的精度受到损失。然后渗低熔点的金属，以便增加强度。目前这种方法用得最多，称为间接制造。

采用低熔点金属材料作黏结剂，用 SLS 工艺烧结时，用功率比较高的激光器使低熔点金属首先熔化，将高熔点粉末黏结起来，然后把金属零件/模具实体放到加热炉中进行二次烧结，通过金属原子的扩散来增加黏结的强度。在这一过程中，密度增加，体积收缩，精度受到损失。然后再渗金属来增加强度。这种方法被称为直接制造。采用 SLS 工艺直接制造金属零件/模具在空间工程、飞机工业中有重要的应用，因而受到广泛的关注。

任务一　汽车前支架铸件

任务单

任务描述	利用选择性激光烧结成型工艺完成汽车前支架铸件的 3D 打印任务
任务内容	1. 汽车前支架铸件模型分析 2. 汽车前支架铸件 3D 打印数据处理与参数设置 3. 汽车前支架铸件 3D 打印制作 4. 汽车前支架铸件 3D 打印后处理
任务载体	(a) 汽车前支架铸件模型　(b) 铸件实物　(c) 断裂实物 图 3-6　汽车前支架铸件

任务引入

职业技能等级证书要求描述：产品需求分析、产品外观与结构设计

众所周知，我国汽车产业面临着全世界范围内的激烈市场竞争。随着近几年我国汽车产业的迅速发展，汽车企业之间的竞争也日益激烈。面对瞬息万变的市场和小批量多品种汽车产品要求的严峻挑战，降低产品成本、提高产品质量、缩短产品开发周期和减小开发投资风险，对市场能快速反应并不断推出新产品抢占市场，已成为企业赖以生存和发展的关键。与此同时，人们对汽车质量、性能（如美观、实用、舒适、安全、环保等方面）的要求也越来越高。因此，缩短产品的市场化周期、降低产品的开发费用和汽车轻量化设计已成为现代汽车产业的发展战略。

图 3-6 所示是某汽车前支架铸件，该铸件一端通过螺栓固定在发动机上，另一端固定在车架上，起连接发动机和车架的作用，工作过程中主要承受拉伸、压缩和扭转等综合载荷作用，所以该零件容易在最薄弱的地方发生断裂。铸件材料采用 ZG230-450。力学参数分别为屈服强度（230MPa）、抗拉强度（450MPa）、弹性模量（210000）、泊松比（0.3）。接下来通过 SLS 工艺解决汽车前支架铸件实际生产问题。

任务分析

职业技能等级证书要求描述：产品制造工艺设计

汽车前支架铸件结构较复杂，外形有不规则曲面，采用传统铸造工艺来制造，制造难度较大，制造周期长，成本高，风险大。将 SLS 工艺与精密铸造相结合，直接利用汽车前支架铸件的 CAD 模型，采用聚苯乙烯（PS）粉末，通过 SLS 工艺快速制造出精密铸造用可消失树脂模具，既解决了由于汽车前支架铸件结构复杂难以制造的问题，又实现了铸造工艺过程的集成化、自动化和快速化。本任务按照 SLS 工艺与精密铸造相结合的一般流程，主要完成模型优化修复、开机调试、配粉铺粉、打印蜡模和渗蜡处理等工序，如图 3-7 所示。

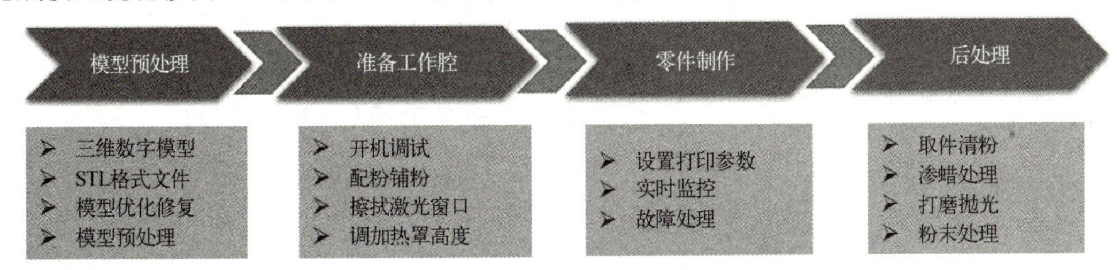

图 3-7　汽车前支架铸件 SLS 打印流程

任务实施

任务实施 1　模型分析

>>> 技巧点拨提技能

从打印质量、打印成本、打印时间及后处理难易程度等方面，对汽车前支架铸件成型方向进行分析，如表 3-5 所示。

表 3-5　汽车前支架铸件成型方向分析

比较项	最小 Z 高度(最佳方向)	最小支撑面积	最小 XY 投影
方向图示			
打印质量	强度高，表面质量好，变形小，精度高	强度较差，表面质量较差，变形较大，精度较差	强度较差，表面质量较差，变形较大，精度较差
打印成本	耗材少，成本低	耗材较少，成本较低	耗材多，成本高
打印时间	零件 Z 轴高度小，打印时间短	零件 Z 轴高度较大，打印时间较长	零件 Z 轴高度大，打印时间长
后处理难易程度	打磨量小，后处理容易	打磨量较大，后处理困难	打磨量较大，后处理困难

通过对汽车前支架铸件成型方向进行综合对比分析，最终选择最小 Z 高度方向作为成型方向，以保证汽车前支架铸件打印成型。

评价单

请填写“模型分析任务评价表”，对任务完成情况进行评价，见表 3-6。

表 3-6 模型分析任务评价表

班级： 学号： 姓名：

评价点	评价比例	★★★	★★	★	自我评价	小组评价	教师评价
结构分析	20%	能合理地分析模型的整体结构和各组成部分；能独立判断模型是否满足 3D 打印条件	能较为合理地分析模型的整体结构和各组成部分；能判断模型是否满足 3D 打印条件	能在小组成员协助下完成模型的整体结构和各组成部分的分析任务；能在小组成员协助下判断模型是否满足 3D 打印条件			
模型摆放	40%	能根据任务描述和汽车前支架铸件信息，全面对比打印质量、打印成本、打印时间及后处理难易程度等因素，合理选择模型摆放的角度和方位	能根据任务描述和汽车前支架铸件信息，对比打印质量、打印成本、打印时间及后处理难易程度等因素，合理选择模型摆放的角度和方位	能根据任务描述和汽车前支架铸件信息，在小组成员协助下对比打印质量、打印成本、打印时间及后处理难易程度等因素，选择模型摆放的角度和方位			
后处理	30%	能根据汽车前支架铸件的材料、结构和用途等方面，选择适合的后处理方法	基本能根据汽车前支架铸件的材料、结构和用途等方面，选择适合的后处理方法	能在小组成员协助下，根据汽车前支架铸件的材料、结构和用途等方面，选择适合的后处理方法			
反思与改进	10%						

任务实施 2　3D 打印数据处理与参数设置

活动 1　汽车前支架铸件模型数据处理与参数设置

>>> 技巧点拨提技能

职业技能等级证书要求描述：模型数据处理与参数设置

活动所需数据文件可通过扫描汽车前支架铸件模型二维码下载，打印材料选用 PS 粉末。

模型下载：汽车前支架铸件

一、扫描测量

在铸件上贴目标点，利用三维扫描仪对汽车前支架铸件进行扫描测量。由于产品有裂痕，扫描时注意对裂痕处的扫描和拼接。汽车前支架铸件扫描测量如图 3-8 所示。

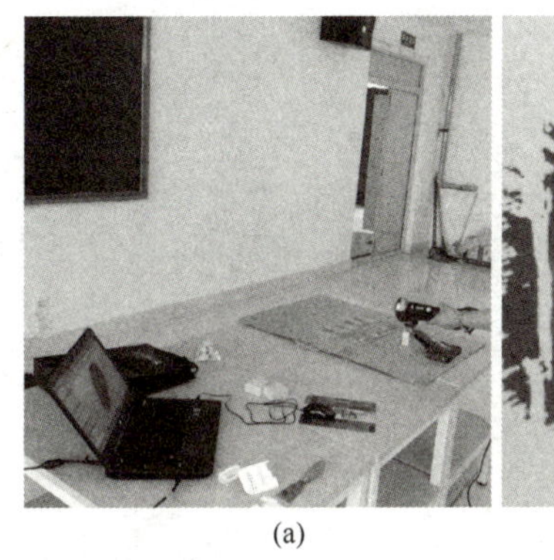
(a)

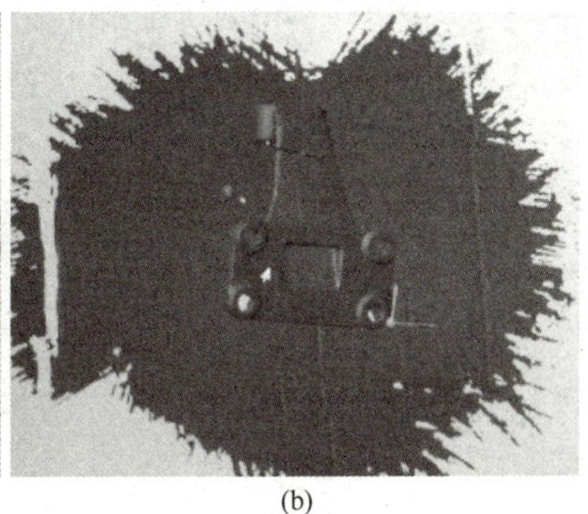
(b)

图 3-8　汽车前支架铸件扫描测量

二、数据预处理

将扫描的数据全部导入数据处理软件，进行数据的预处理。扫描结束后，经过预处理的三维扫描数据如图 3-9 所示。

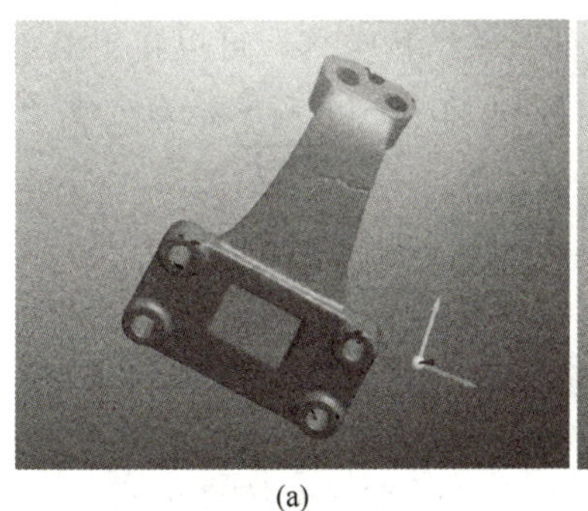
(a)

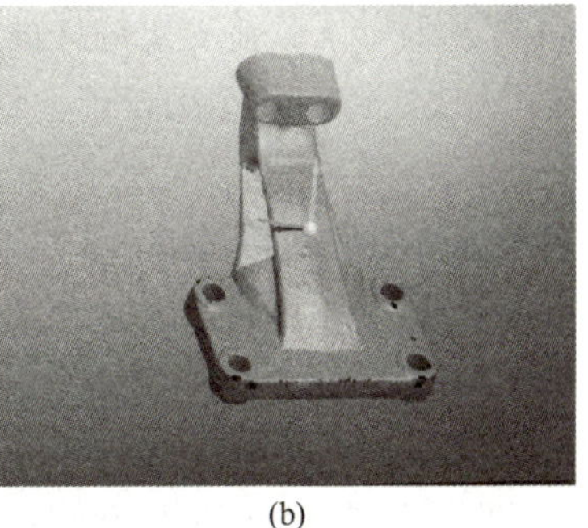
(b)

图 3-9　汽车前支架铸件数据预处理

三、逆向建模

首先导入扫描数据，然后利用逆向设计软件对汽车前支架铸件进行逆向建模，建模完成的汽车前支架铸件数学模型如图 3-10 所示。

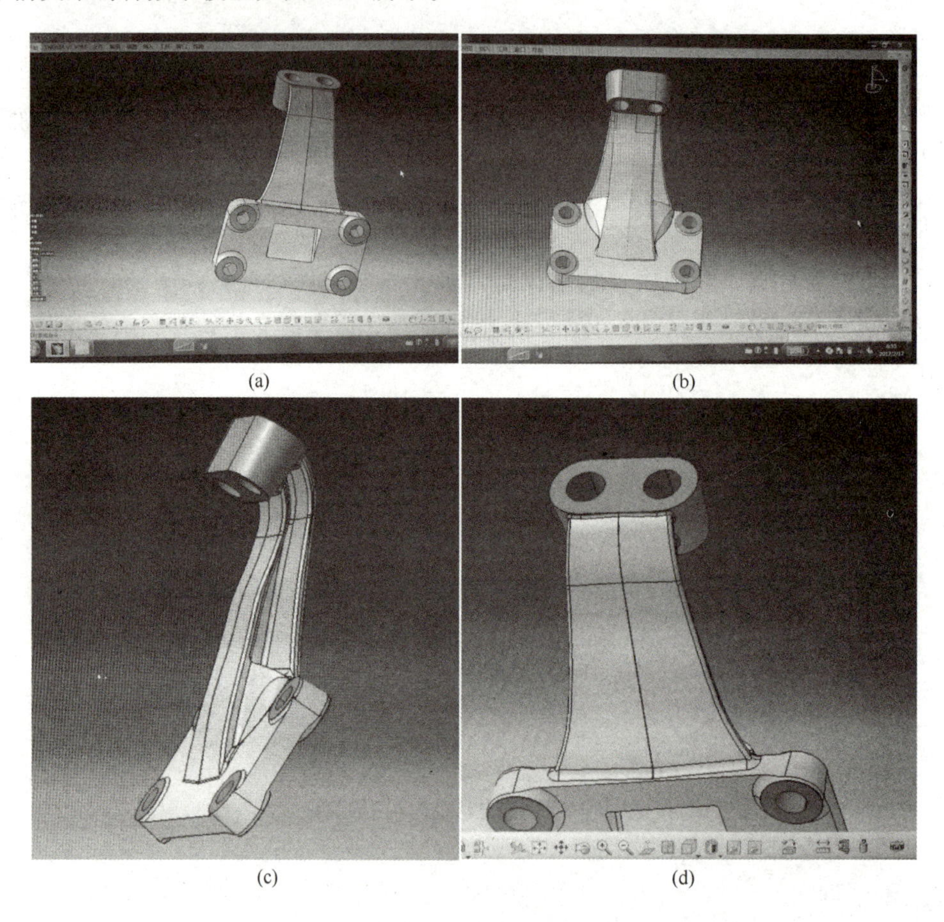

(a) (b) (c) (d)

图 3-10 汽车前支架铸件逆向建模

四、模型评估与优化

利用 CAE 分析技术对汽车前支架铸件进行静态结构分析，可以找出断裂原因并在此基础上优化数学模型，改进铸件的结构设计。再利用 Magics 软件对汽车前支架铸件 STL 模型进行优化修复。

1. 汽车前支架铸件结构 CAE 分析

（1）设置初始条件　根据以往设计经验初步推测，汽车前支架铸件断裂的主要原因是在最薄弱的位置强度不够，所以首先计算该铸件的强度。采用有限元法对该铸件进行静力学分析，选取 1g 垂直加速度。材料为 ZG230-450，采用实体单元划分网格，施加载荷 20000N，并设定相应的边界条件，得到汽车前支架铸件的载荷边界条件，如图 3-11 所示。

（2）计算结果　提取汽车前支架铸件的应力结果，如图 3-12 所示。从计算结果可以得出如下结论：汽车前支架铸件最大应力为364.9MPa，大于材料的屈服强度（230MPa），小于材料的抗拉强度（450MPa），所以汽车前支架铸件在最薄弱处会断裂。

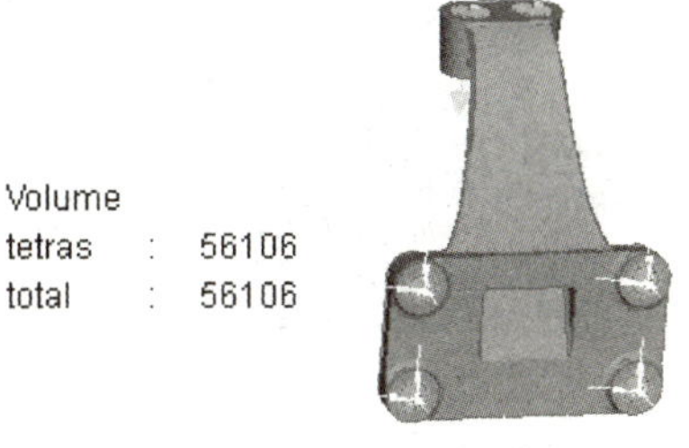

图 3-11 汽车前支架铸件有限元模型

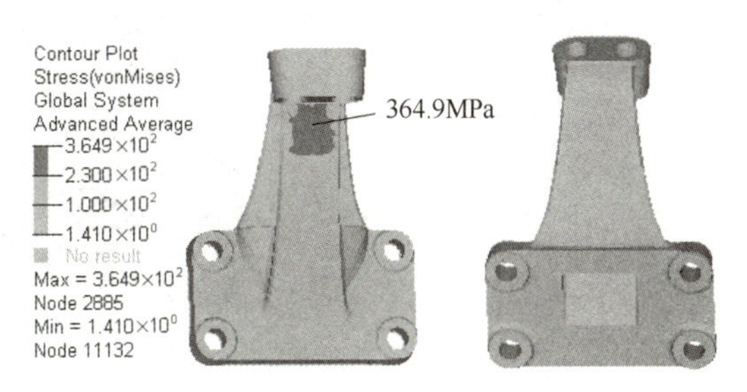

图 3-12 汽车前支架铸件应力云图

2. 汽车前支架铸件结构优化

通过对汽车前支架铸件结构的CAE分析，可以看出铸件结构确实存在问题。所以在不影响铸件使用性能、整体安装空间和铸造成型工艺的条件下对其结构进行优化改进，加宽最薄弱位置的宽度以提高强度。改进的汽车前支架铸件如图3-13所示。

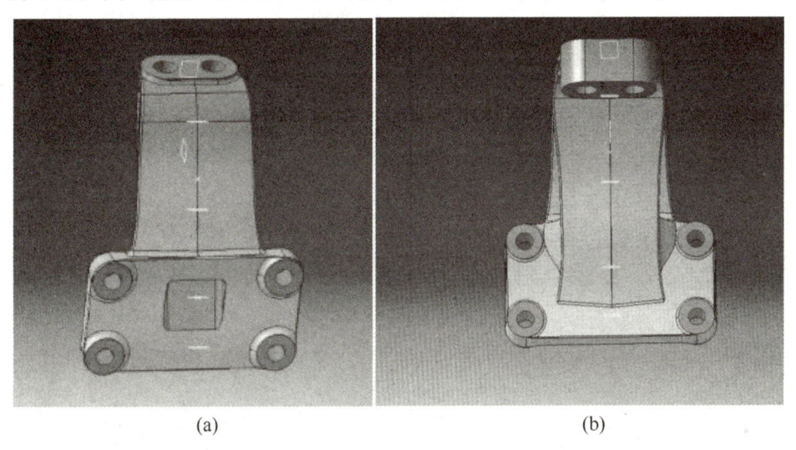

图 3-13 改进的汽车前支架铸件

3. 改进的汽车前支架铸件结构的CAE分析

（1）设置初始条件　采用有限元法对汽车前支架铸件进行静力学分析，选取1g垂直加速度。材料为ZG230-450，采用实体单元划分网格，施加载荷20000N，并设定相应的边界条件，得到改进的汽车前支架铸件有限元模型和载荷边界条件，如图3-14所示。

(a) 有限元模型

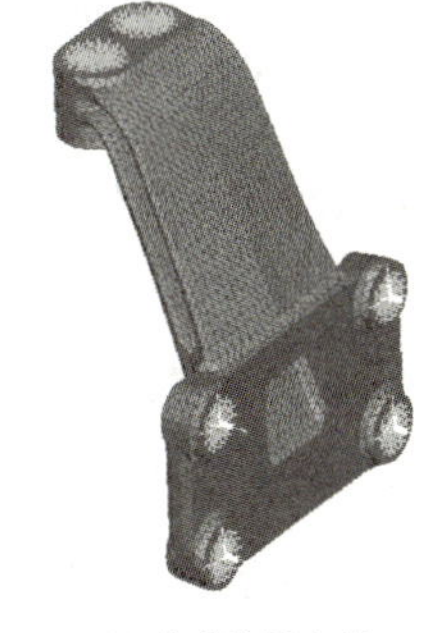

(b) 载荷边界条件

图 3-14 改进的汽车前支架铸件有限元模型和载荷边界条件

（2）计算结果　提取改进的汽车前支架铸件等效应力结果，如图3-15所示。从计算结果可以得出如下结论：改进后的汽车前支架铸件最大应力为138.8MPa，小于材料的屈服强度（230MPa），也小于材料的抗拉强度（450MPa），满足要

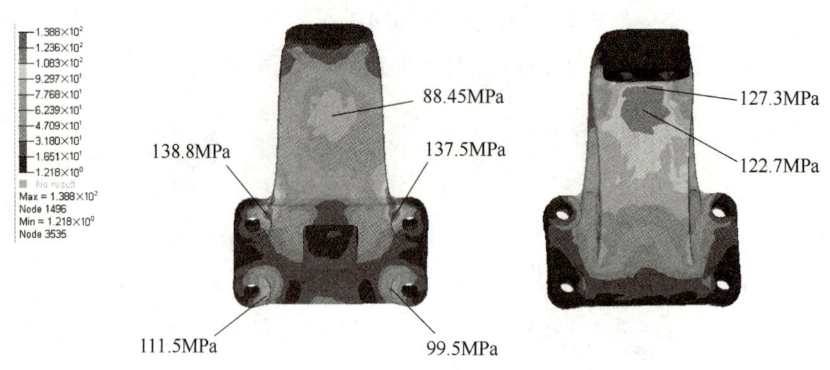

图 3-15 改进的汽车前支架铸件等效应力云图

求，说明汽车前支架铸件结构改进合理。

4. 改进的汽车前支架铸件 STL 模型的修复

改进的汽车前支架铸件 STL 模型的修复是在 Magics25 中文版软件中完成的，软件界面如图 3-16 所示。Magics 软件的详细操作参见附录 4，这里不再赘述。

图 3-16 Magics25 中文版软件界面

点击“文件”→“加载”→“导入零件”选项，打开“导入 STL”对话框，选择汽车前支架铸件，点选位置按钮 原始 ，点击“打开”按钮后，关闭对话框，汽车前支架铸件将按照原先设定的坐标位置导入视图窗口中，如图 3-17 所示。

导入汽车前支架铸件模型后，在工具页中点击“零件修复信息”页→“刷新”按钮，启动零件诊断，检测零件错误类型和数量。如图 3-18 所示，表示汽车前支架铸件没有错误信息。

五、零件操作

Magics 软件通过零件操作可以改变零件的尺寸大小和摆放方位。

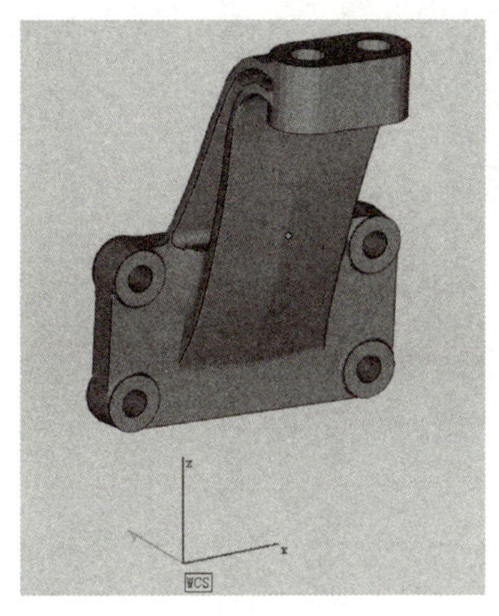

图 3-17　导入改进的汽车前支架铸件 STL 模型

零件信息　零件修复信息
配置文件 default*
诊断
反转法向 ✓0
坏边 ✓0
坏轮廓 ✓0
缝隙 ✓0
平面孔洞 ✓0
壳体 ✓1
噪声壳体 ✓0
交叉三角面片 ✓0
重叠三角面片 ✓0
建议
所选类型未检测到错误。
跟随

图 3-18　汽车前支架铸件修复信息

1. 调整零件尺寸

点击“视图”→“零件尺寸”按钮，可以查看汽车前支架铸件原始尺寸，也可以根据需要调整汽车前支架铸件尺寸，如图 3-19 所示。

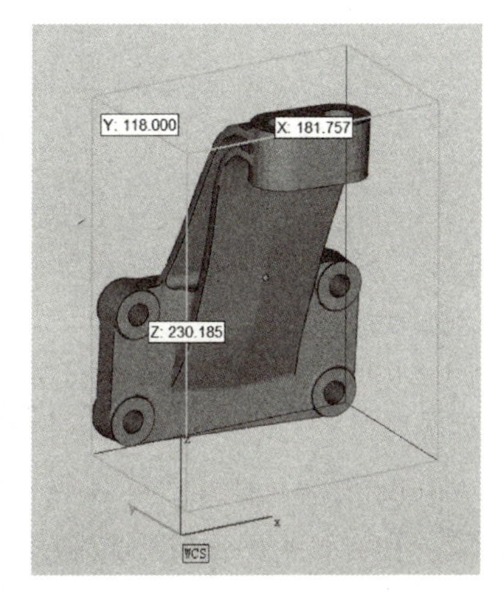

图 3-19　汽车前支架铸件尺寸

2. 调整零件摆放方位

考虑到汽车前支架铸件打印质量、打印速度和后处理难易程度等因素，调整汽车前支架铸件的摆放角度。选中汽车前支架铸件，点击“位置”→“底/顶平面”按钮，打开“底/顶平面”对话框。点选“底平面”单选按钮，再点击“指定面”按钮，这时鼠标会提示到零件上选择三角面片作为底平面，设置完成后，点击“确认”按钮，退出对话框，汽车前支架铸件将会按照要求进行翻转，如图 3-20 所示。

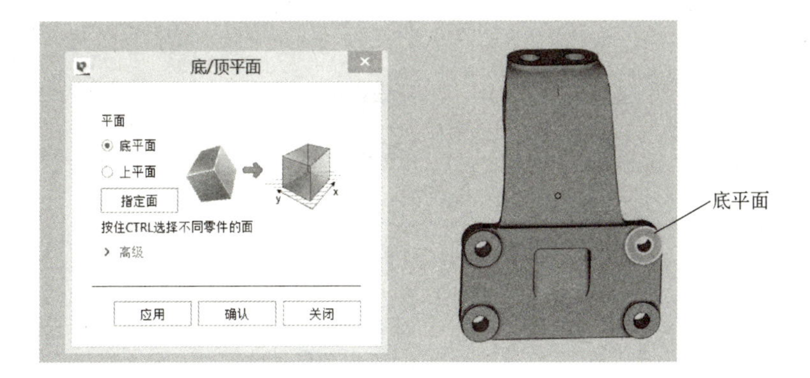

图 3-20　底/顶平面

调整后的汽车前支架铸件如图 3-21 所示。

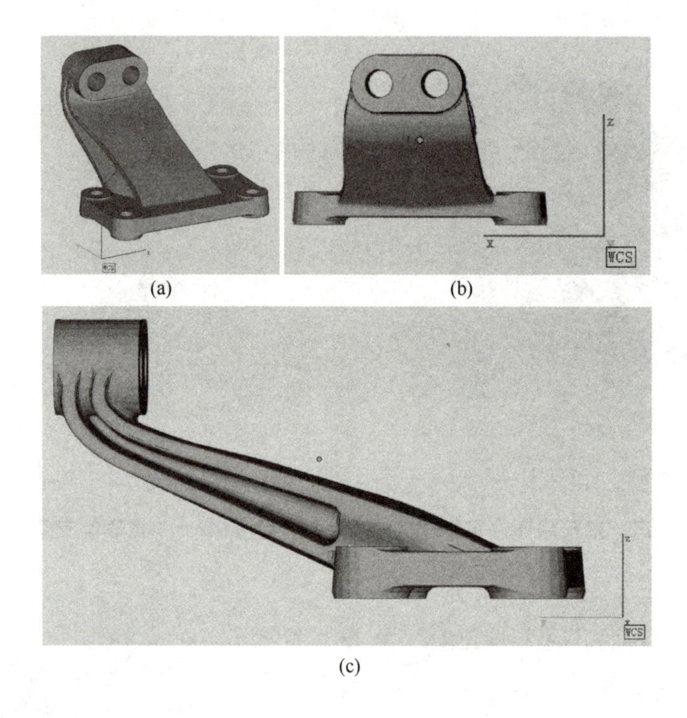

图 3-21 调整后的汽车前支架铸件

六、保存零件

点击“文件”→“另存为”→“所选零件另存为”选项，或直接点击“所选零件另存为”按钮，打开“零件另存为”对话框，修改文件名和保存路径，保存类型为STL文件，点击“保存”按钮退出对话框，汽车前支架铸件将按设定路径保存，如图 3-22 所示。

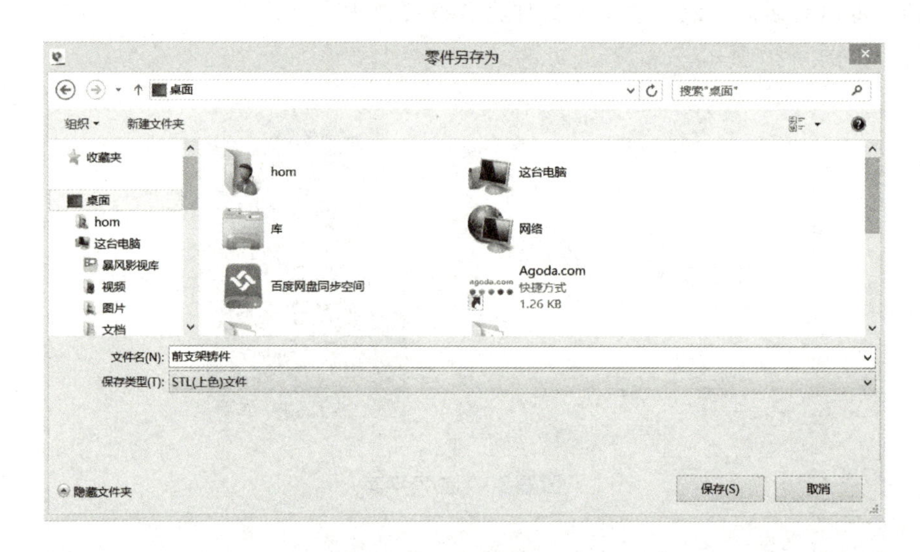

图 3-22 保存零件

活动 2 设备检查调试

>>> 沧海遗珠拓知识

职业技能等级证书要求描述：3D 打印前准备及仿真

1. 系统组成

SLS 设备系统由计算机控制系统、主机、激光循环水冷机三部分组成，如图 3-23 所示。

（1）计算机控制系统　由高可靠性计算机、性能可靠的各种控制模块、电动机驱动单元、各种传感器组成。配以 HUST 3DP 软件系统，该软件系统用于三维图形数据处理，加工过程的实时控制及模拟。

（2）主机　该主机由六个基本单元组成：工作腔、供粉缸、铺粉系统、振镜式激光扫描系统、加热系统、机架与机壳。主机前视图如图 3-24 所示。

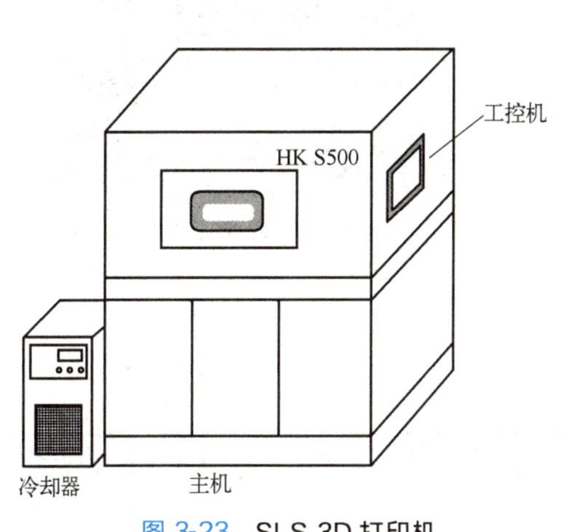

图 3-23　SLS 3D 打印机

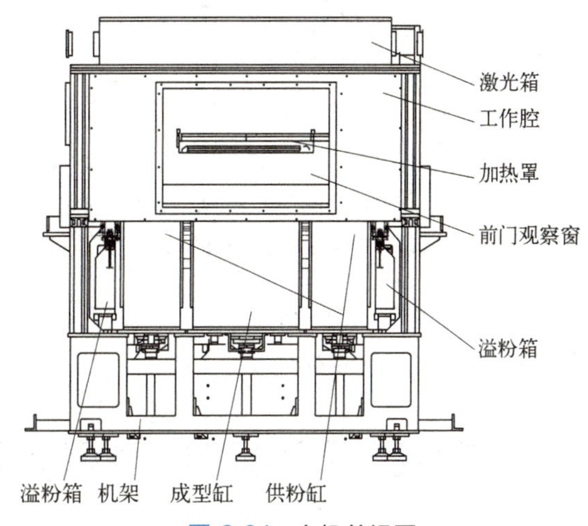

图 3-24　主机前视图

主机后视图如图 3-25 所示。

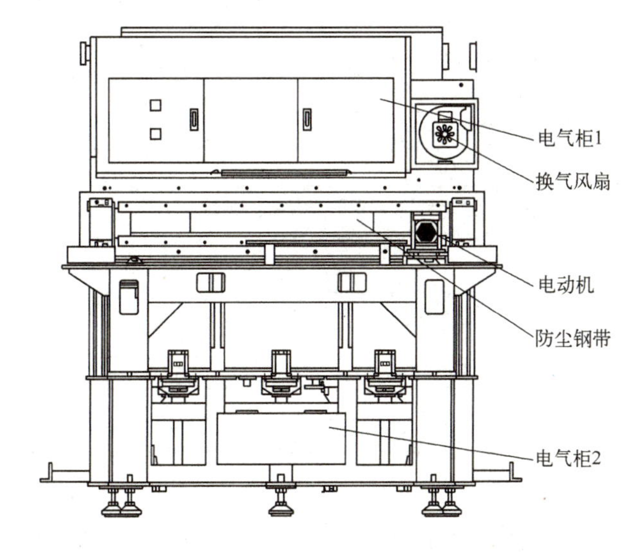

图 3-25　主机后视图

主机工作腔内部结构示意图如图 3-26 所示。

(3) 激光循环水冷机　由可调恒温水冷却器及外管路组成，用于冷却激光器，提高激光能量稳定性，保护激光器，延长激光器寿命，保证激光器稳定运行，如图 3-27 所示。

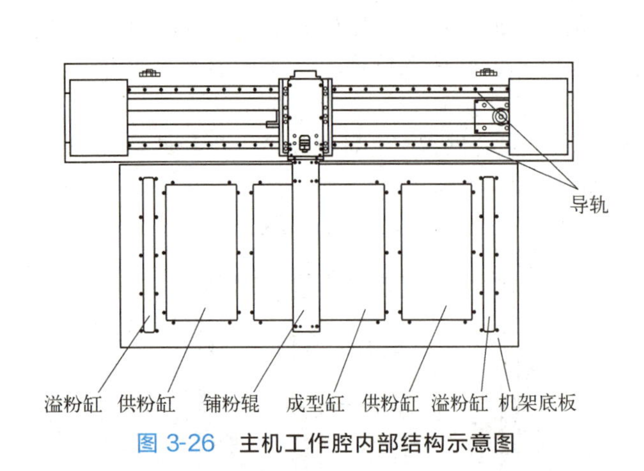

图 3-26　主机工作腔内部结构示意图

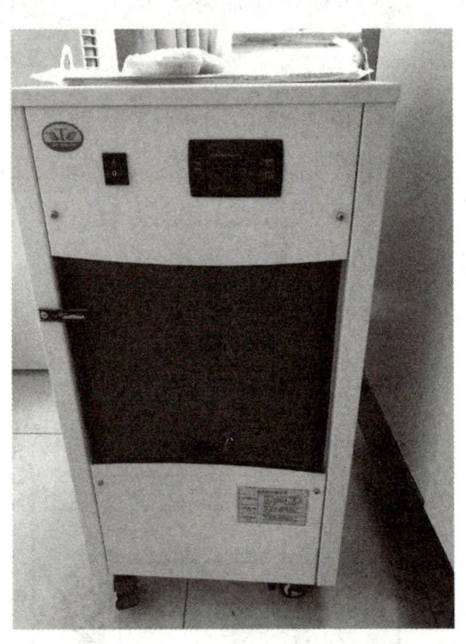

图 3-27　激光循环水冷机

2. 性能参数

SLS 设备性能参数如表 3-7 所示。

表 3-7　SLS 设备性能参数

项目	性能参数
激光器	55W 连续 CO_2 激光器
扫描系统	进口振镜式动态聚焦系统；最大扫描速度为 5m/s
分层厚度	0.08～0.3mm
成型精度	±0.2mm($L \leqslant$200mm)，±0.1%($L>$200mm)
成型室尺寸(工作腔空间)	500mm(长)×500mm(宽)×400mm(高)
铺粉方式	双缸供粉双向铺粉
成型材料	PS、覆膜砂粉末材料
操作系统	Windows 系统
控制软件	HUST 3DP(自主研发)
软件功能	直接读取 STL 文件，在线式切片功能，在成型过程中可随时改变参数，如层厚、扫描间距、扫描方式等；三维可视化
输入文件格式	STL
输入方式	网络或 U 盘
主机外形尺寸	1930mm(长)×1220mm(宽)×2070mm(高)
质量	约 1500kg
额定功率	10kW
电源要求	380V，三相五线，50Hz，40A

3. 安全操作规范

SLS 设备安全操作规范主要包括环境安全、激光安全、粉末安全、电气安全、机械安全和高温烫伤安全。SLS 设备安全标志如表 3-8 所示。

表 3-8　SLS 设备安全标志

安全标志	标志释义
	当心烫伤，表明标志处附近的表面温度可能很高，如果人体直接接触会引起严重烫伤
	当心激光，表明标志处附近存在看不见的激光，可能会对人体造成严重的烧伤或造成失明
	当心电击，表明标志处附近存在高电压，可能会对人体造成严重的电击

（1）环境安全　存放设备的车间要通风，以保证室内的氧气浓度不能太低。室内的温差不能变化太大，最好是在恒温（25℃）的情况下工作。

（2）激光安全　设备采用 55W 的连续 CO_2 激光器，波长为 10.6μm。从激光器发出的激光光斑很小，能量很高，能对人体造成严重的伤害，甚至造成失明，或引发火灾。操作者禁止维修激光系统，只有被认证的专业维修人员才能维修激光系统。

专业维修人员在维修激光系统过程中应该遵循以下原则：

① 所有在场人员必须戴专业防护眼镜，防护眼镜不能透过 10.6μm 波长的光。

② 操作之前需把设备的防护门关好，防止激光反射出腔体。

③ 任何情况下，眼睛绝对不能直视激光。

④ 禁止在玻璃观察窗被破坏或未关闭的情况下操作设备。

⑤ 禁止在开启激光时进入任何张贴了当心激光安全标志的区域。

（3）粉末安全　粉末材料在正常操作中是安全的。但是，粉末材料一般都是易燃物，可能在非惰性环境中被静电点燃；人吸入一定量的粉末可能引起呼吸道过敏；溢出的粉末会引起地板打滑等。因此，在与粉末有关的操作中应该遵循以下原则：

① 确保房间通风良好。

② 保持设备和室内环境干净，减少空气中的粉尘。

③ 在粉末附近禁止吸烟或点燃任何材料。

④ 在制备和筛选粉末的过程中，操作人员需佩戴适合粉尘密度的防粉尘口罩和防护眼镜。

⑤ 将易燃的液体存放到远离粉末的地方。

⑥ 盛装粉末的容器，当不使用时应保持紧闭。

⑦ 零件从工作腔中移出来后，应放置在通风良好的地方使其冷却到室温。

⑧ 应特别小心对待受热的粉末。

(4) 电气安全　在正常操作过程中，设备会保证操作者不被电击。设备中所有的弱电和强电设备都有专门的电器柜，并且都带锁。当操作设备时，请遵循以下原则。

① 只有专业的维护人员才能打开电气柜进行维护操作。

② 注意高压电警告标志，防止电击。

③ 电线线路有任何改动时，请确保设备可靠接地。

④ 遵循任何用电设备的使用常识和一般的安全措施。

(5) 机械安全

① 设备的外防护门是用铰链连接的，手不要接近铰链位置以防夹伤。

② 开启和关闭设备外防护门时要彻底，用双手操作，禁止使门半开半闭。当设备的外防护门打开时，小心碰到头和身体其他部位。

③ 设备上面有很多螺钉和凸起，注意别刮伤手或因碰撞造成伤害。

(6) 高温烫伤安全

① 设备有很多加热装置，在烧结过程中，某些部位的温度很高，要避免烫伤。

② 操作者在操作前必须熟悉制造过程中和制造完成后哪些表面是高温表面，为防止烫伤，一般都有当心烫伤的标志。

③ 制造完成后，不能立即打开防护门，要等到温度冷却到安全温度才能打开。

④ 必须等到冷却到一定温度（80℃以下）才能将工件从成型腔中取出来，在取工件的过程中，应佩戴手套。

⑤ 必须等到工作腔的温度降到50℃以下才能清理工作腔中的粉末。

>>> 技巧点拨提技能

一、配粉

① 根据所需加工零件的材质准备好粉末材料。

② 新的未开封的PS粉末无需过筛，烧结过的PS粉末需要放到筛分机过筛（80目筛网），如图3-28所示。

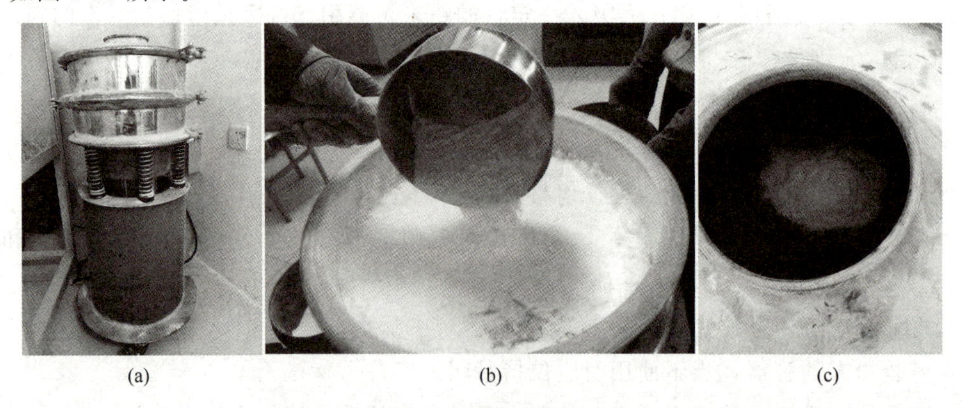

(a)　(b)　(c)

图3-28　筛分机筛粉

③ 覆膜砂必须先放到筛分机过筛（80 目筛网）。

二、开机前的准备工作

SLS 设备开机前的准备工作如表 3-9 所示。

表 3-9 SLS 设备开机前的准备工作

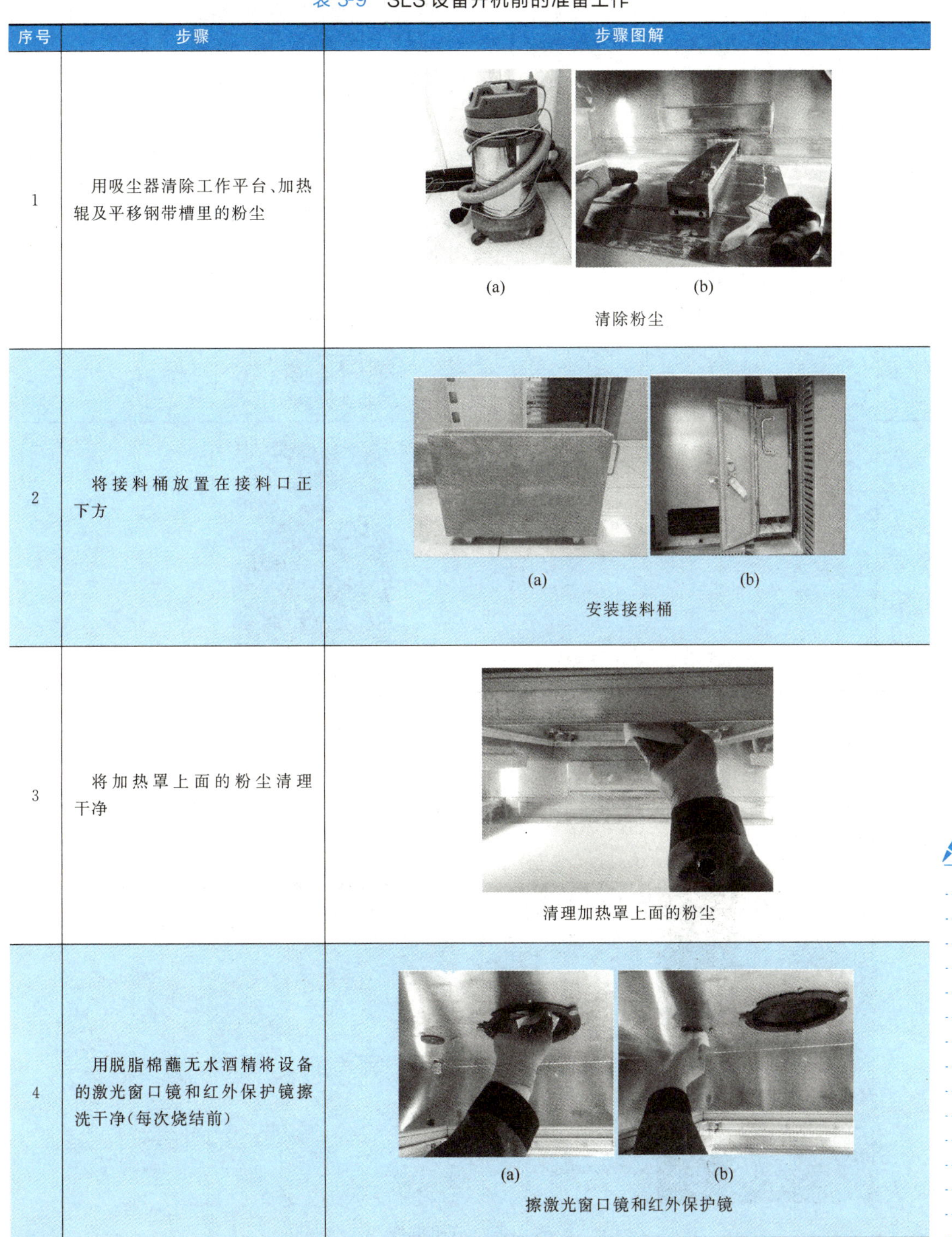

序号	步骤	步骤图解
1	用吸尘器清除工作平台、加热辊及平移钢带槽里的粉尘	(a) (b) 清除粉尘
2	将接料桶放置在接料口正下方	(a) (b) 安装接料桶
3	将加热罩上面的粉尘清理干净	清理加热罩上面的粉尘
4	用脱脂棉蘸无水酒精将设备的激光窗口镜和红外保护镜擦洗干净（每次烧结前）	(a) (b) 擦激光窗口镜和红外保护镜

续表

序号	步骤	步骤图解
5	每次设备开机之前，必须仔细检查工作腔内、工作平台面上有无杂物，以免损伤铺粉辊及其他元器件	检查工作腔
6	查看激光循环水冷机水箱中的水是否充足。若不够，则补充水进去	检查水冷机水位
7	检查设备所在车间环境温度是否在 20～30℃	检查环境温度

三、开机铺粉

① 启动计算机。点击“开机”按钮，其指示灯亮，运行设备软件系统。开机操作如图 3-29 所示。

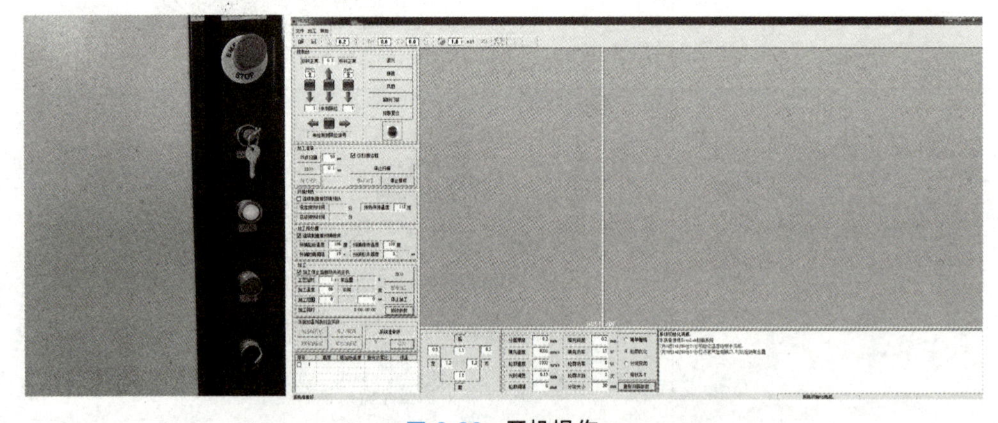

图 3-29 开机操作

② 加粉。点击“工作缸上升”按钮，将工作平台升至最上面位置，将制件托盘放在工作平台台面上，点击“工作缸下降”按钮，使托盘上表面位于低于缸口5mm以下的位置。点击“左右供粉缸下降”按钮，将左右供粉缸升降平台降到粉缸最下面的位置。用勺子将配好的粉末盛入供粉缸，用棒槌或其他工具将粉末刮平并压实。加PS粉末的工作腔如图3-30所示。

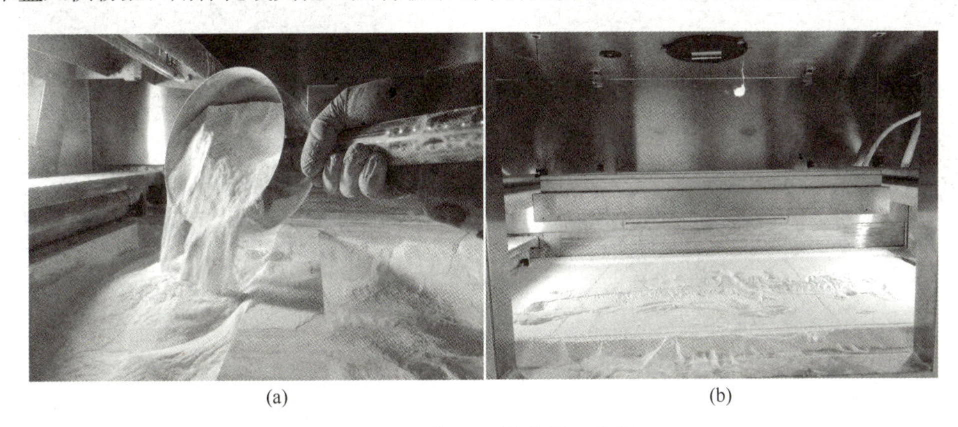

(a) (b)

图 3-30 加PS粉末的工作腔

③ 手动铺粉。在控制台面板中，通过供粉缸送粉和铺粉辊的左右移动的配合，将工作平台台面的粉末材料铺均匀，左右供粉缸每次送粉高度不能超过1mm，以免粉末溢出，如图3-31所示。

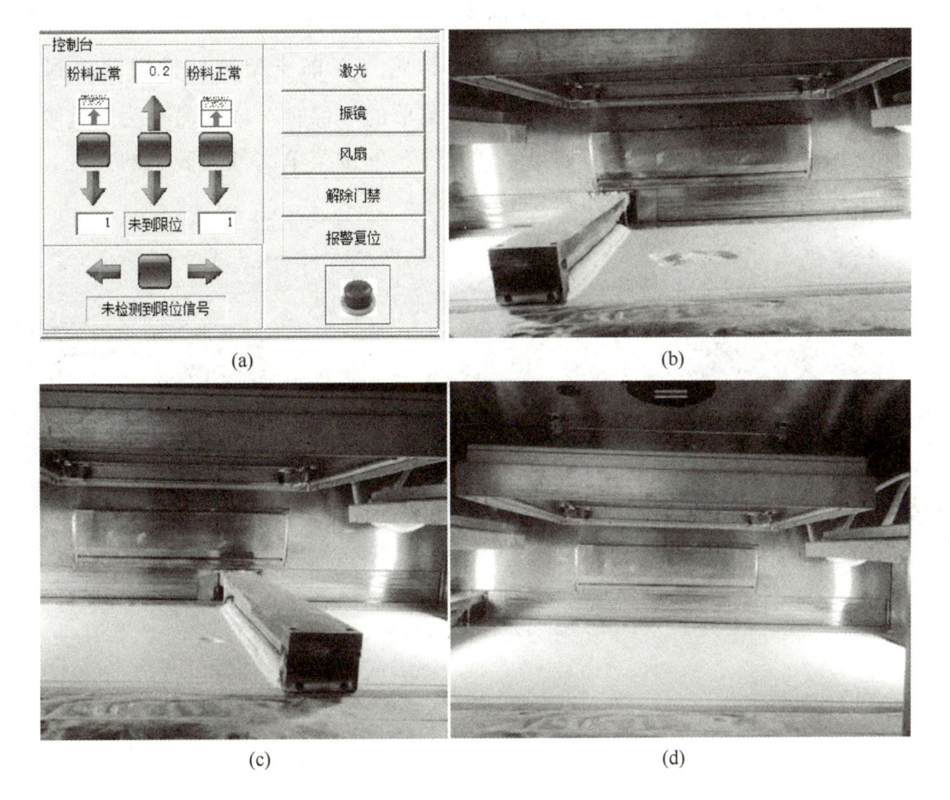

(a) (b)

(c) (d)

图 3-31 手动铺粉

④ 检测加热罩高度，将其调至合适位置，如图 3-32 所示。

⑤ 关闭前仓门，如图 3-33 所示。

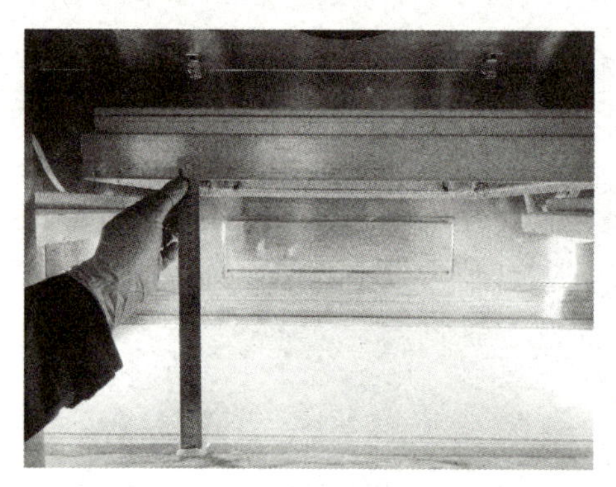

图 3-32 检测加热罩位置

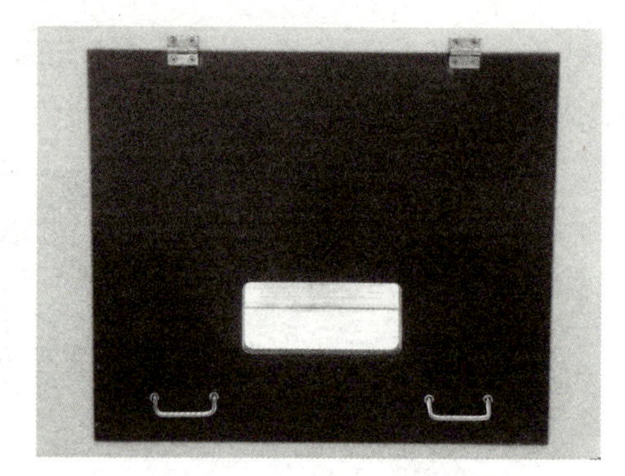

图 3-33 关闭前仓门

四、模型预处理

在 Magics 软件中准备好模型后，利用 U 盘或网络将准备加工的 STL 文件导入设备的计算机中。文件最好存在设备的计算机里，一般不用 U 盘直接打印，以防止突然断电等丢失数据，从而不能继续打印。

通过“文件”下拉菜单读取 STL 文件，汽车前支架铸件模型将显示在屏幕实体视图框中。点击“旋转”按钮 0.0 ，将汽车前支架铸件实体模型进行适当的旋转，以选取理想的加工方位。点击“缩放”按钮 1.0 ，可以将汽车前支架铸件模型缩放到合适的大小。加工方位和尺寸确定后，利用“文件”下拉菜单的“保存”或“另存为”选项存储该零件，作为即将用于加工的数据模型。如果是“文件”下拉菜单文件列表中的文件，用鼠标左键直接点击该模型文件即可导入。如图 3-34 所示。

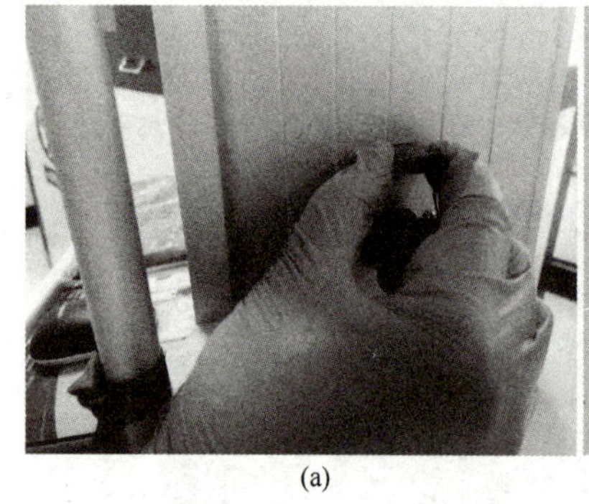

(a)

(b)

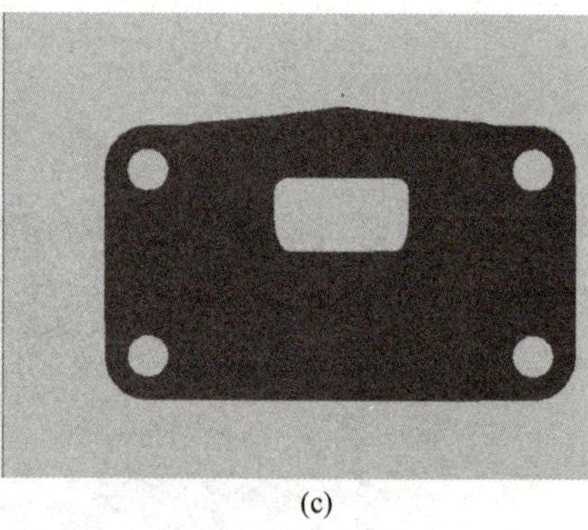

(c)

图 3-34 导入零件

评价单

请填写“3D打印数据处理与参数设置任务评价表”，评价任务完成情况。见表3-10。

表3-10　3D打印数据处理与参数设置任务评价表

班级：　　　　学号：　　　　姓名：

评价点	评价比例	★★★	★★	★	自我评价	小组评价	教师评价
模型优化修复	20%	能熟练地优化修复汽车前支架铸件模型；能合理调整零件打印尺寸和摆放方位	能比较熟练地修复优化汽车前支架铸件模型；能比较合理地调整零件打印尺寸和摆放方位	能在小组成员协助下优化修复汽车前支架铸件模型，能较合理地调整零件打印尺寸和摆放方位			
准备粉末	20%	能根据加工的汽车前支架铸件材质准备好PS粉末材料	基本能根据加工的汽车前支架铸件材质准备好PS粉末材料	能在小组成员协助下，根据加工的汽车前支架铸件材质准备好PS粉末材料			
手动铺粉	15%	能按步骤要求熟练完成手动铺粉操作，操作过程规范且安全	基本能按步骤要求完成手动铺粉操作，操作过程规范且安全	能在小组成员协助下，按步骤要求完成手动铺粉操作，操作过程基本规范且安全			
模型预处理	35%	能熟练地导入汽车前支架铸件模型；能根据模型尺寸和结构将其调整到合适的大小和方位	能较为熟练地导入汽车前支架铸件模型；基本能根据模型尺寸和结构将其调整到合适的大小和方位	能在小组成员协助下导入汽车前支架铸件模型；基本能根据模型尺寸和结构将其调整到合适的大小和方位			
反思与改进	10%						

任务实施 3 3D 打印制作

活动 零件制作

>>> 沧海遗珠拓知识

职业技能等级证书要求描述：3D 打印制作及过程监控

一、零件制作步骤

零件制作一般按如下步骤进行。

1. 扫描参数设置

选择软件界面参数设置区域，设置零件制作参数。主要包括：分层厚度，填充间距，填充速度，填充功率，轮廓速度，轮廓功率，光斑偏置，轮廓次数，轮廓间隔，分块大小和路径规划。设置完后点击“更新扫描参数”按钮保存设置。材料不同，扫描参数略有不同。扫描参数设置如图 3-35 所示。

2. 加热强度设置

选择加热强度设置区域，设置前辐射强度、后辐射强度、左辐射强度及右辐射强度各系数，点击“更新扫描系数”按钮保存设置。辐射强度系数一般保持默认设置，如图 3-36 所示。

分层厚度	0.2 mm	填充间距	0.2 mm	○ 简单栅格
填充速度	4000 mm/s	填充功率	15 W	◉ 轮廓优化
轮廓速度	1000 mm/s	轮廓功率	8 W	○ 分块变向
光斑偏置	0.15 mm	轮廓次数	1 次	○ 带状X-Y
轮廓间隔	0 mm	分块大小	30 mm	更新扫描参数

图 3-35 扫描参数设置

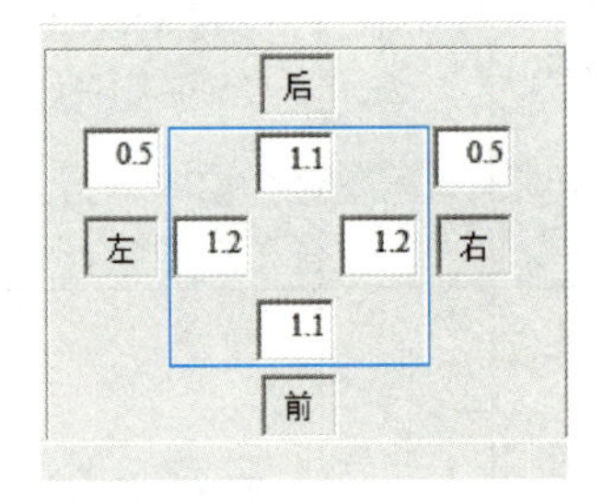

图 3-36 加热强度设置

3. 加工准备设置

选择“加工准备”区域，点击“加工预估”按钮，即可进行该零件的预估制造及加工时间预估。在“环境预热”区域，设置“预热保持温度”，如图 3-37 所示。

4. 当前加温列表对应实体设置

点击“加温层识别”按钮，即可对该零件关键层进行自动识别，在加温层列表中会出现几个加温层，一般第一层或突然变化的截面会被识别为加温层。

点击“删除加温层”按钮，对加温层列表进行清理，去掉不必要的加温层，然后对加温层列表里各层进行切片观察，设置高度、强加热温度、激光功率比和保温等参数，参数设置完成后，点击“修改”按钮保存设置。当前加温列表对应实体设置如图 3-38 所示。

5. 加工设置

选择“加工预处理”区域，勾选“连续制造前预铺粉床”复选框，设置“预铺起始温度”“预铺保持温度”“预铺时间间隔”和“预铺粉床厚度”选项。

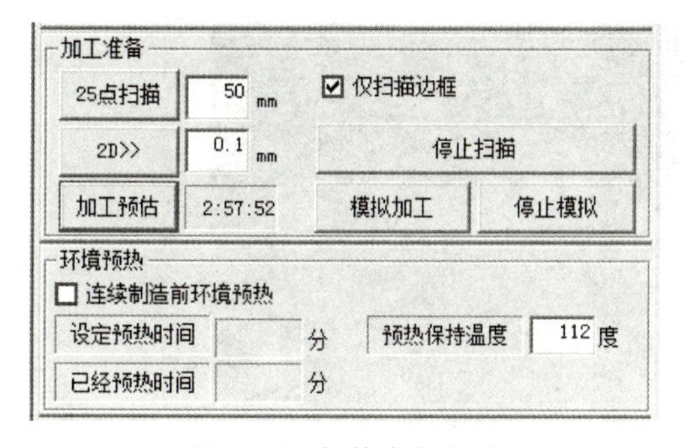

图 3-37 **加热准备设置**

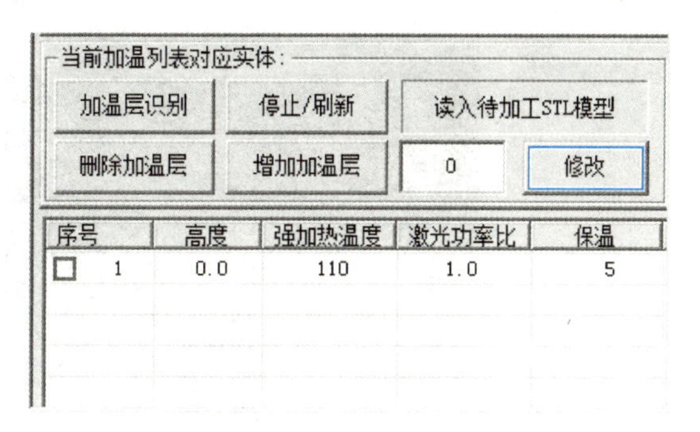

图 3-38 **当前加温列表对应实体设置**

选择“加工”区域，设置“加工温度”“加工范围”参数，“加工范围”的初始值一般保存默认设置。勾选“加工停止后自动关闭主机”复选框，点击“修改参数”按钮，保存加工参数设置，点击 3D>> 按钮开始自动制造，零件制造完，系统自动停止工作。在零件加工过程中，可以点击“扫描参数”区域，随时调整零件的制作参数。加工设置如图 3-39 所示。

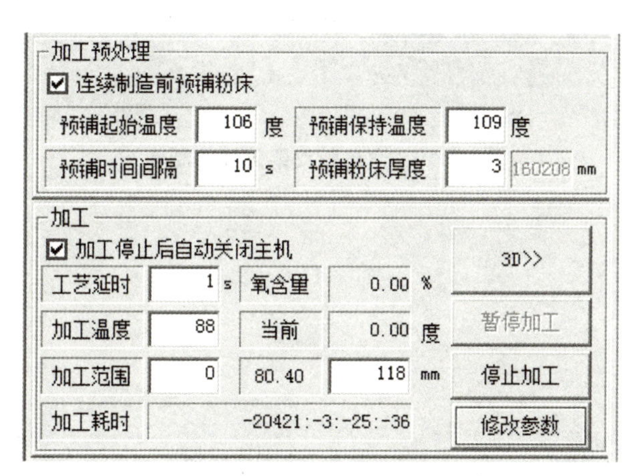

图 3-39 **加工设置**

6. 系统暂停和继续加工

在自动制造过程中，如果想暂时停止制造，点击“加工”区域中的“暂停加工”按钮，系统在加工完当前层后停止加工下一层。如果想继续制造，再次点击“暂停加工”按钮即可。点击“停止加工”按钮，机器将停止制造。

7. 关机

零件制造完成后，主机会自动关闭电源，点击窗口右上角的关闭按钮“×”或“文件”中的“退出”命令退出 HUST 3DP 软件系统，返回 Windows 界面，关闭计算机，最后关闭总电源。

二、汽车前支架铸件制作

>>> 技巧点拨提技能

按上述零件制作步骤，完成汽车前支架铸件的制作，打印结束后开启前仓门，零件被埋在 PS 粉末中，如图 3-40 所示。

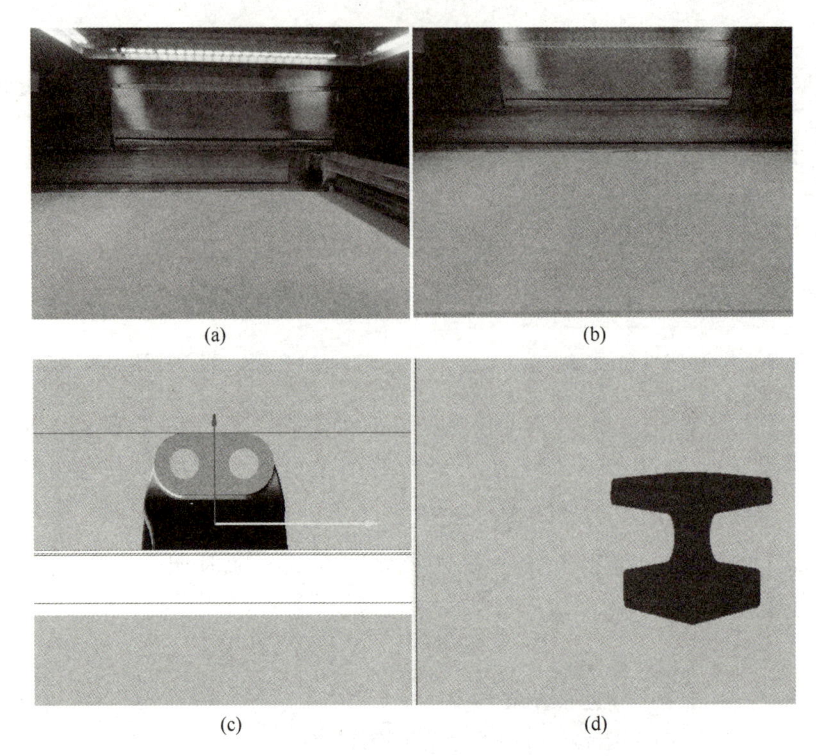

(a) (b) (c) (d)

图 3-40 汽车前支架铸件的制作

评价单

请填写“3D 打印制作任务评价表”，对任务完成情况进行评价。见表 3-11。

表 3-11　3D 打印制作任务评价表

班级：　　　　　学号：　　　　　姓名：

评价点	评价比例	★★★	★★	★	自我评价	小组评价	教师评价
设置打印参数	15%	能根据汽车前支架铸件结构设置合适的打印参数，并能预判不同打印参数组合对制件的影响	能根据汽车前支架铸件结构设置比较合适的打印参数，基本能预判不同打印参数组合对制件的影响	能在小组成员协助下设置汽车前支架铸件比较合适的打印参数，基本能预判不同打印参数组合对制件的影响			
设备操作	25%	能熟练地导入汽车前支架铸件模型，模拟打印过程，并完成汽车前支架铸件 3D 打印任务；能正确且规范地完成设备日常维护与保养	能比较熟练地导入汽车前支架铸件模型，模拟打印过程，并完成汽车前支架铸件 3D 打印任务；基本能正确且规范地完成设备日常维护与保养	能在小组成员协助下比较熟练地导入汽车前支架铸件模型，模拟打印过程，并完成汽车前支架铸件 3D 打印任务；基本能正确且规范地完成设备日常维护与保养			
过程监控	30%	能在打印过程中根据实际情况合理调整打印参数；能够独立进行设备运行的实时监控，评估打印质量	能在小组成员协助下根据实际情况合理调整打印参数；能够独立进行设备运行的实时监控，评估打印质量	能在小组成员协助下根据实际情况合理调整打印参数并进行设备运行的实时监控，评估打印质量			
故障处理	20%	能在打印过程中及时发现并处理故障	能在打印过程中及时发现故障并能在小组成员的协助下处理故障	能在小组成员的协助下及时发现并处理设备故障			
反思与改进	10%						

任务实施 4 3D 打印后处理

>>> 技巧点拨提技能

职业技能等级证书要求描述：3D 打印后处理

利用 SLS 工艺打印 PS 粉末材料的后处理的一般流程如下：清粉前准备→取件清粉→渗蜡处理→黏结、修补、打磨抛光和保存→粉末处理。

活动 1 清粉前准备

查看零件数学模型，了解零件的形状和位置，以免在清粉过程中损坏零件，如图 3-41 所示。

确保零件充分冷却后再清粉，以防止零件在清粉过程中发生永久性的变形。如果粉块中心温度大于 60℃，请不要操作。可用温度计测量温度，如果没有温度计，往粉块插入金属棒或清粉工具，待 15min 后，如果手触摸金属棒或清粉工具仍然觉得很烫，请不要操作。

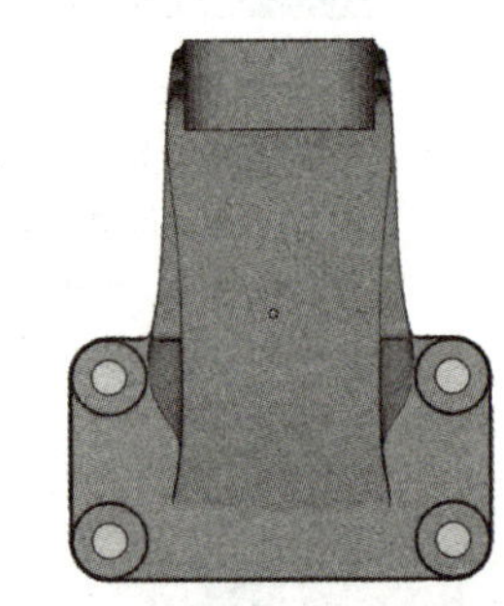

图 3-41 汽车前支架铸件数学模型

活动 2 取件清粉

1. 取件

① 打印完成后，按下面板开机按钮，打开计算机主机电源，运行桌面 HUST 3DP 软件，点击“工作缸上升”按钮将工作缸缓慢升起。

② 工作缸活塞上升完成后，小心将汽车前支架铸件移出制件托盘，并转移到清粉平台上，如图 3-42 所示。

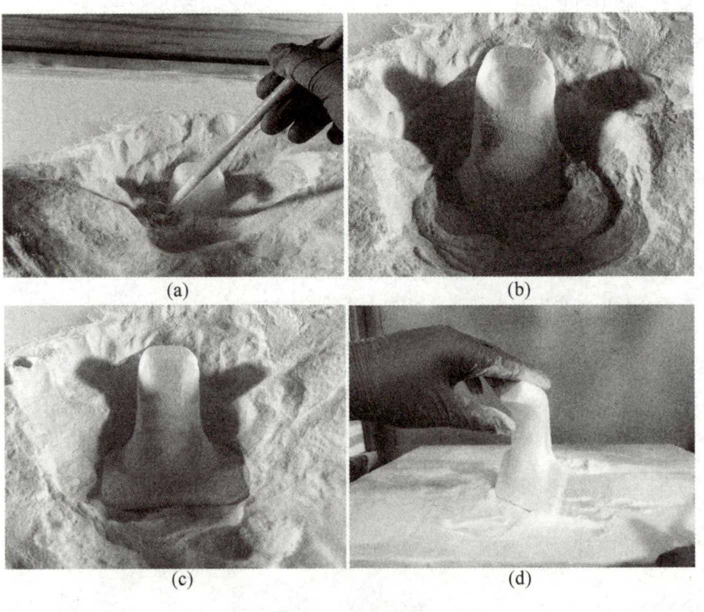

(a) (b) (c) (d)

图 3-42 取件

2. 清粉

① 对照零件数学模型，使用工具（例如刮刀、小刀、刷子）先对粉包中的零件做大致的剥离，如图 3-43 所示。

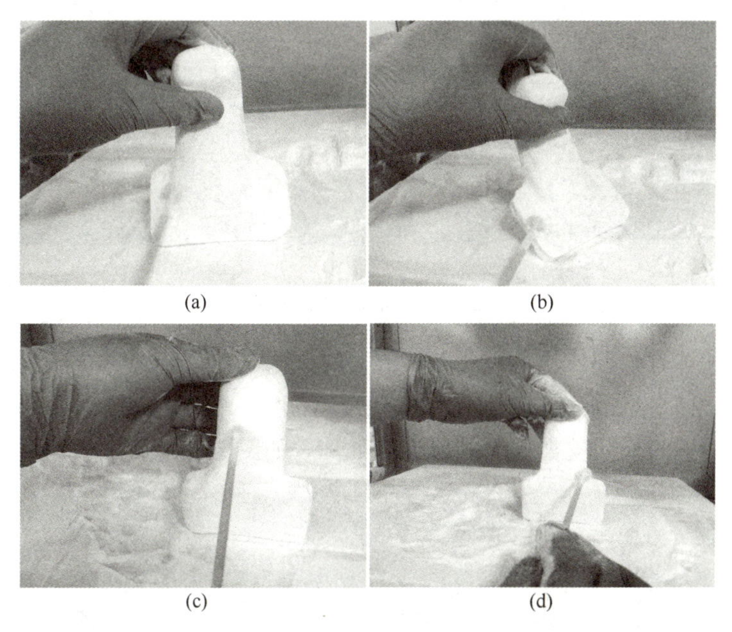

(a) (b) (c) (d)

图 3-43 清除粉末

② 用压缩空气将零件表层的粉末喷掉。有些不能处理的细小地方还需要用铁丝或其他工具将粉末清除。清理干净表面浮粉后，可将一些地方进行必要的机械加工，以保证制件的尺寸精度。如图 3-44 所示。

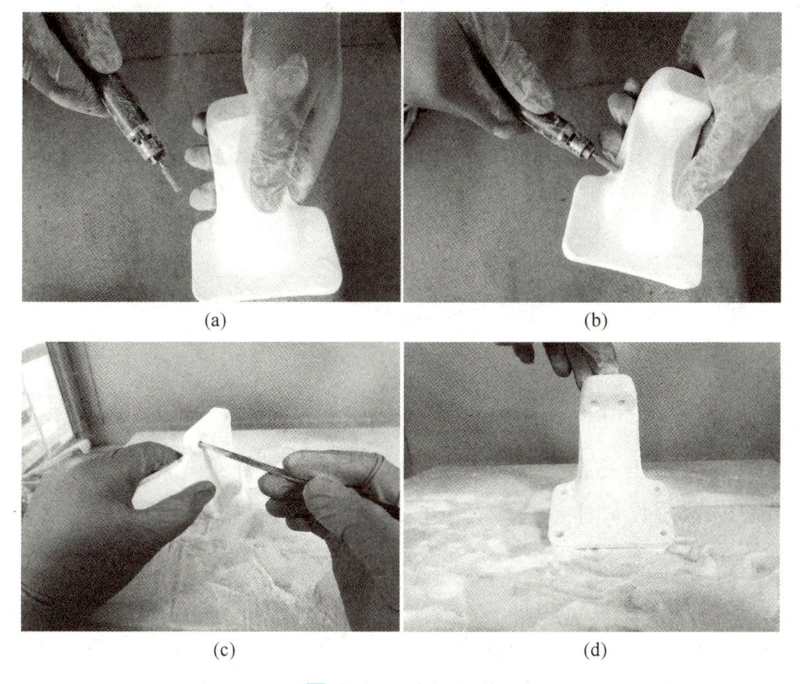

(a) (b) (c) (d)

图 3-44 清粉细节

活动 3 渗蜡处理

给渗蜡机通电，设置好加热温度，对蜡块进行加热，6～7h 后蜡块熔融成蜡液，如图 3-45 所示。

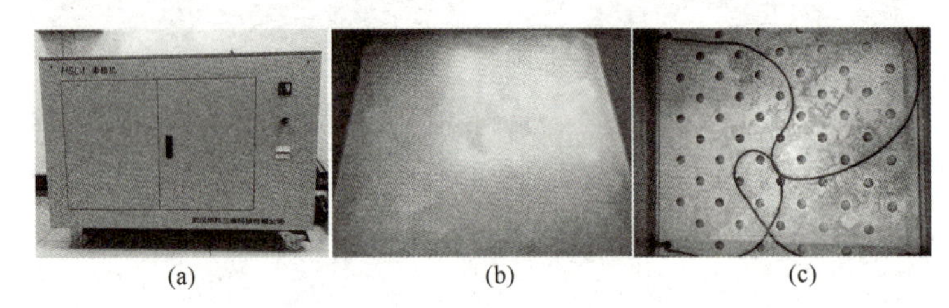

(a) (b) (c)

图 3-45 加热熔融蜡块

对汽车前支架铸件进行渗蜡处理。开始放入时，由于零件较轻，会漂浮起来，蜡液表面有大量气泡冒出，随着蜡液的不断渗入，零件逐渐下沉，蜡液表面气泡逐渐减少，直至最后没有气泡冒出，表明汽车前支架铸件完成渗蜡处理，如图 3-46 所示。

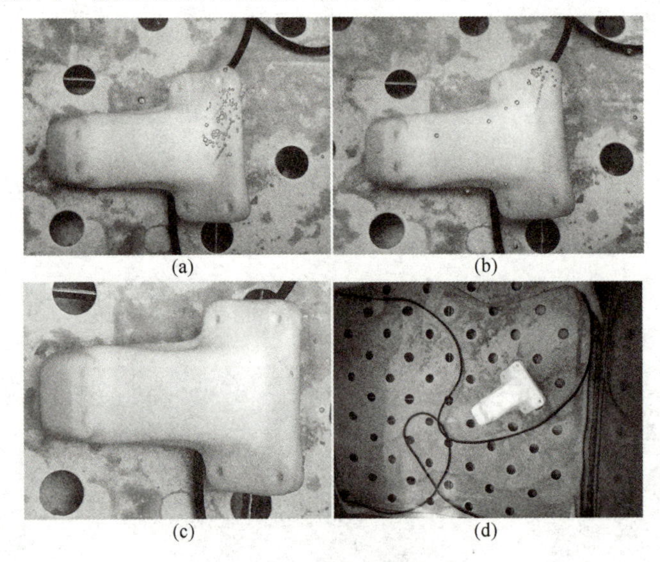

(a) (b) (c) (d)

图 3-46 渗蜡处理

活动 4 制件的黏结、修补、打磨抛光和保存

1. 制件的黏结

如果零件尺寸太大，可以将零件剖分成几块进行烧结。不管是直接打印的原型件还是渗蜡件，都可以用黏结剂进行黏结。实际生产中，烧结后最好是先将每个剖分的部分单独渗蜡，然后再黏结。如果零件尺寸不大，可直接烧结零件，忽略此步骤。

黏结操作的注意事项如下。

① 黏结前要对制件表面进行粗糙化处理，以提高黏结的强度。

② 由于黏结剂为双组分胶，因而在黏结前需要先将两组分混合均匀，然后均匀涂抹于黏结面，注意不要涂抹得太厚，因为这样会影响零件的精度和强度。通常这种胶的固化时间

为 3～5min，因此混合过程和涂抹过程均要在这段时间内完成。

③ 刚黏结好的制件强度较低，要放置 24h 后才可以达到要求的机械强度。

2. 制件的修补和打磨抛光

待制件（蜡模）自然冷却后，可对其表面进行修补和打磨抛光处理。由于操作不当而造成的制件表面不平和顶角缺损，可以使用电烙铁和蜡液等进行修补。制件在完成渗蜡和修补工序后，可以进行一些必要的打磨处理。打磨时，先用粗砂纸将制件表面大致打平，然后再用细砂纸对表面进行抛光处理。汽车前支架铸件修补打磨如图 3-47 所示。

注意：打磨时制件要放在平整的平面，用力要均匀，不能太大或太猛。抛光后的制件尽量不用手直接拿取，以免抛光面受到损坏。

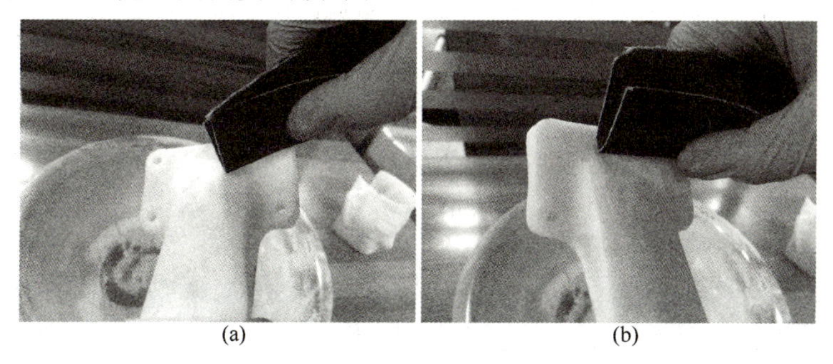

(a)　　(b)

图 3-47　汽车前支架铸件修补打磨

3. 制件的保存

经过上述处理后的汽车前支架铸件蜡制件较脆，需轻拿轻放，应尽早制成金属制件，以免尺寸发生变化。如果一时不能制成金属制件，可将蜡制件保存在 20～30℃的干燥环境中，并避免日光直接照射，如图 3-48 所示。

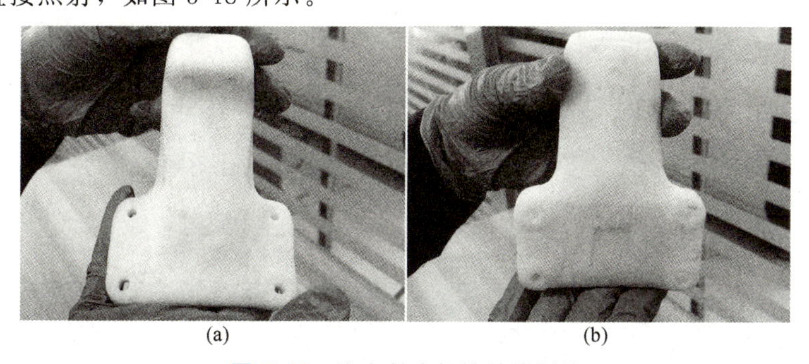

(a)　　(b)

图 3-48　汽车前支架铸件蜡制件

活动 5　粉末处理

烧结完成后，不同位置的粉末材料性能不同，要分类收集。通常分成三类：全新粉、余粉（成型缸和工作腔内剩余的粉末）、溢粉（溢粉缸剩余的粉末）。清理粉末时，三种不同的粉末要分开收集到不同的容器中。将余粉和溢粉分别放到振动筛中过筛，过筛后的粉末存储到干燥密封的容器或袋子中。用 PS 粉末打印完成后，余粉和溢粉经过过筛处理可作为旧粉回收利用，混入适量新粉打印效果更佳（新粉∶旧粉＝1∶5）。最后，使用吸尘器将设备，特别是工作腔表面的粉末清除干净。

评价单

请填写“3D打印后处理任务评价表”，对任务完成情况进行评价，见表3-12。

表3-12 3D打印后处理任务评价表

班级： 学号： 姓名：

评价点	评价比例	★★★	★★	★	自我评价	小组评价	教师评价
取件清粉	35%	能在打印完成后，独立将汽车前支架铸件从成型室中取出并清粉；能根据汽车前支架铸件数据检查是否存在打印缺陷	能在打印完成后将汽车前支架铸件从成型室中取出并清粉；基本能根据汽车前支架铸件数据检查是否存在打印缺陷	能在小组成员协助下将汽车前支架铸件从成型室中取出并清粉；基本能根据汽车前支架铸件数据检查是否存在打印缺陷			
渗蜡处理	25%	能独立且规范操作渗蜡机完成汽车前支架铸件的渗蜡处理	能操作渗蜡机完成汽车前支架铸件的渗蜡处理	能在小组成员协助下，操作渗蜡机完成汽车前支架铸件的渗蜡处理			
修补、打磨抛光	20%	能规范使用工具对汽车前支架铸件表面进行修补和打磨抛光处理	基本能使用合适工具对汽车前支架铸件表面进行修补和打磨抛光处理	能在小组成员协助下，使用合适工具对汽车前支架铸件表面进行修补和打磨抛光处理			
修补、粉末处理	10%	烧结完成后，能熟练地对不同位置的粉末材料进行分类收集	烧结完成后，能在小组成员协助下对不同位置的粉末材料进行分类收集	烧结完成后，能在指导老师的帮助下对不同位置的粉末材料进行分类收集			
反思与改进	10%						

任务二　三星堆青铜面具

任务单

任务描述	利用选择性激光烧结成型工艺完成青铜面具的 3D 打印任务
任务内容	1. 青铜面具模型分析 2. 青铜面具 3D 打印数据处理与参数设置 3. 青铜面具 3D 打印制作 4. 青铜面具 3D 打印后处理 5. 3D 打印机应用维护
任务载体	(a) 青铜面具模型　(b) 出土面具 图 3-49　青铜面具

任务引入

职业技能等级证书要求描述：产品需求分析、产品外观与结构设计

三星堆遗址位于四川省广汉市，是一处距今已有 3000～5000 年历史的古蜀文化遗址。三星堆遗址揭开了千百年来笼罩在古蜀历史上的神秘面纱，使我们看到了湮没达数千年之久的古蜀国的真实面目，展示了一个绚丽多彩的古蜀世界。三星堆文化根植于中国大地，产生于古蜀，体现了中华文化的丰富多彩，也实证了中华文明的多元一体，彰显着中华文明的高度。图 3-49（b）是三星堆遗址出土的青铜面具。面具呈 U 形，棱角分明，眼、眉、鼻、颧骨皆突出于面部，粗长眉呈扬起状。面具上有多个方形穿孔，可利用穿孔将其挂在木柱上，推测其是作为古蜀人的图腾柱长期陈设，供人拜祭。

本任务中，利用 SLS 工艺直接通过青铜面具 CAD 模型用聚苯乙烯（PS）固体粉末材料快速成型出铸造用可消失树脂模具，并进行渗蜡处理。

任务分析

职业技能等级证书要求描述：产品制造工艺设计

因为在埋藏的时候经过敲打，所以部分青铜面具出土时存在一定程度的残损，观众无法看到器物的原貌，考古人员需要对残缺文物进行研究性复原修复。首先通过 3D 扫描技术获得文物的三维数据模型，然后将增材制造工艺和传统修复工艺相结合，就能够铸造出一件反映器物原貌的复制品。传统的文物修复都是在文物上直接开模，这样可能对文物造成二次伤害，而通过增材制造工艺制造出的树脂模代替原文物进行开模则避免了对文物的损伤。青铜面具 SLS 工艺流程如图 3-50 所示。

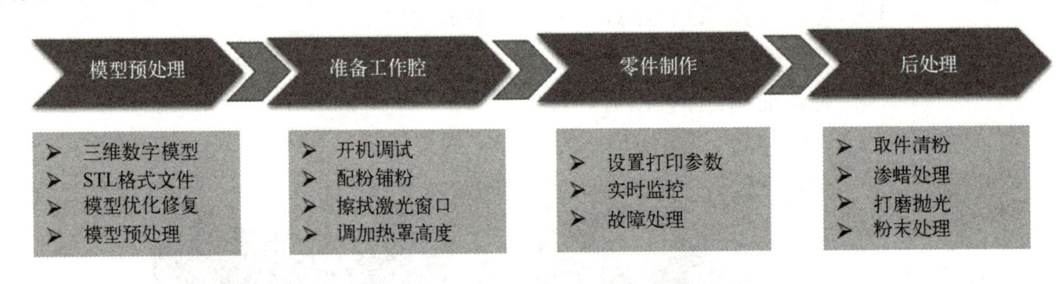

图 3-50 青铜面具 SLS 工艺流程

任务实施

任务实施 1 模型分析

>>> 技巧点拨提技能

从打印质量、打印成本、打印时间及后处理难易程度等方面，对青铜面具成型方向进行分析，如表 3-13 所示。

表 3-13 青铜面具成型方向分析

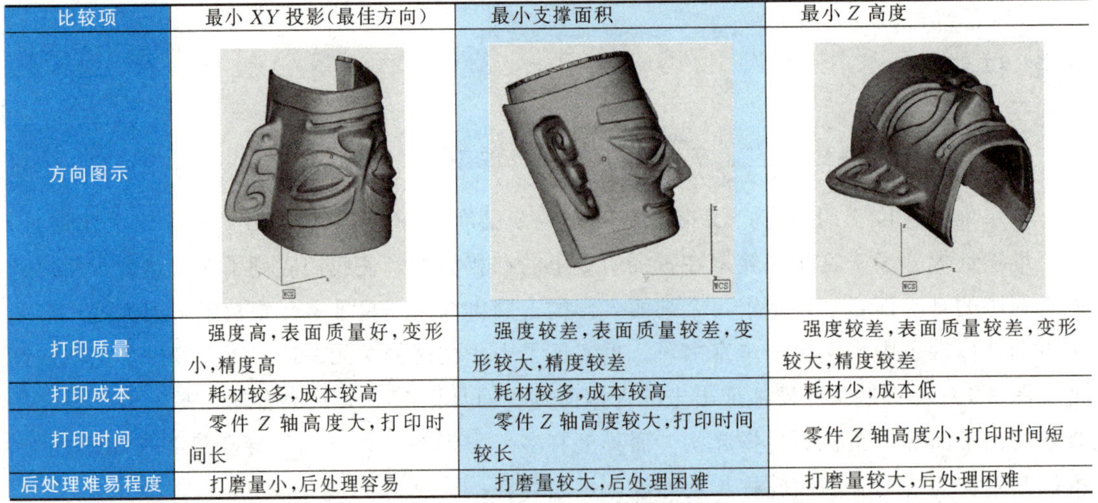

比较项	最小 XY 投影(最佳方向)	最小支撑面积	最小 Z 高度
方向图示			
打印质量	强度高，表面质量好，变形小，精度高	强度较差，表面质量较差，变形较大，精度较差	强度较差，表面质量较差，变形较大，精度较差
打印成本	耗材较多，成本较高	耗材较多，成本较高	耗材少，成本低
打印时间	零件 Z 轴高度大，打印时间长	零件 Z 轴高度较大，打印时间较长	零件 Z 轴高度小，打印时间短
后处理难易程度	打磨量小，后处理容易	打磨量较大，后处理困难	打磨量较大，后处理困难

对青铜面具成型方向进行综合对比分析，最终选择最小 XY 投影方向作为成型方向以保证青铜面具打印成型。

评价单

请填写“模型分析任务评价表”，对任务完成情况进行评价，见表 3-14。

表 3-14　模型分析任务评价表

班级：　　　　　学号：　　　　　姓名：

评价点	评价比例	★★★	★★	★	自我评价	小组评价	教师评价
结构分析	20%	能合理地分析模型的整体结构和各组成部分；能独立判断模型是否满足 3D 打印条件	能较为合理地分析模型的整体结构和各组成部分；能判断模型是否满足 3D 打印条件	能在小组成员协助下完成模型的整体结构和各组成部分的分析任务；能在小组成员协助下判断模型是否满足 3D 打印条件			
模型摆放	40%	能根据任务描述和青铜面具信息，全面对比打印质量、打印成本、打印时间及后处理难易程度等因素，合理选择模型摆放的角度和方位	能根据任务描述和青铜面具信息，对比打印质量、打印成本、打印时间及后处理难易程度等因素，合理选择模型摆放的角度和方位	能根据任务描述和青铜面具信息，在小组成员协助下对比打印质量、打印成本、打印时间及后处理难易程度等因素，选择模型摆放的角度和方位			
后处理	30%	能根据青铜面具的材料、结构和用途等方面，选择适合的后处理方法	基本能根据青铜面具的材料、结构和用途等方面，选择适合的后处理方法	能在小组成员协助下，根据青铜面具的材料、结构和用途等方面，选择适合的后处理方法			
反思与改进	10%						

任务实施2 3D打印数据处理与参数设置

>>> 技巧点拨提技能

活动1 青铜面具模型数据处理与参数设置

职业技能等级证书要求描述：模型数据处理与参数设置

一、扫描测量

通过3D扫描技术获得青铜面具的三维数据模型，如图3-51所示。

二、零件修复

在Magics软件中，导入青铜面具模型。点击“文件”→“加载”→“导入零件”选项，打开“导入STL”对话框，选择青铜面具，点选位置按钮◉原始，点击“打开”按钮后关闭对话框，青铜面具将按照原有设定的坐标位置导入视图窗口中，如图3-52所示。

模型下载：青铜面具

图3-51 青铜面具数据模型

图3-52 导入青铜面具模型

导入青铜面具后，在“工具”页中点击“零件修复信息”页，点击“刷新”按钮，启动零件诊断，检测零件错误类型和数量。如图3-53所示，表示青铜面具模型数据完好，没有错误。

三、零件操作

在Magics软件中通过零件操作可以改变零件的尺寸大小和摆放方位。

1. 调整零件尺寸

点击“视图”→“零件尺寸”按钮，可以查看青铜面具原始尺寸，也可以根据需要调整青铜面具尺寸，如图3-54所示。

2. 调整零件摆放方位

考虑青铜面具打印质量、打印速度和后处理难易程度等因素，调整青铜面具的摆放角度。选中青铜面具，点击“位置”→“镜像”按钮，打开“镜像”对话框，点选“XY平面”为镜像平面，设置完成后，点击“应用”→“关闭”按钮退出对话框，青铜面具将会以 XY 平面为镜像平面翻转，如图 3-55 所示。

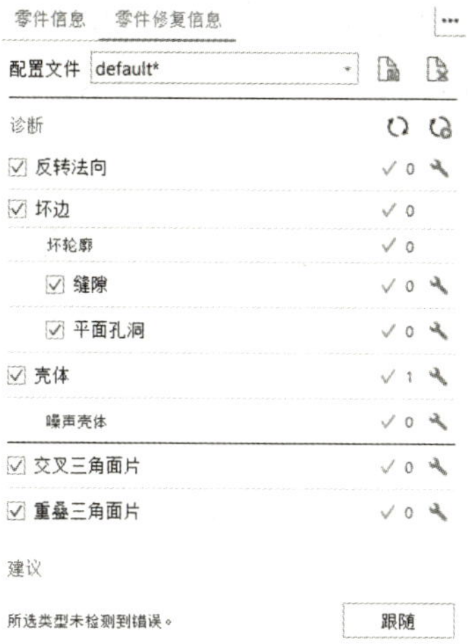

零件信息 零件修复信息
配置文件 default*
诊断
☑ 反转法向 ✓ 0
☑ 坏边 ✓ 0
坏轮廓 ✓ 0
☑ 缝隙 ✓ 0
☑ 平面孔洞 ✓ 0
☑ 壳体 ✓ 1
噪声壳体 ✓ 0
☑ 交叉三角面片 ✓ 0
☑ 重叠三角面片 ✓ 0
建议
所选类型未检测到错误。 跟随

图 3-53 青铜面具修复信息

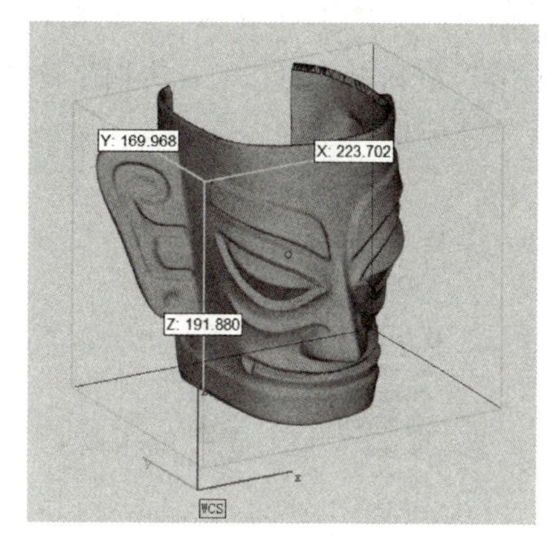

图 3-54 青铜面具尺寸

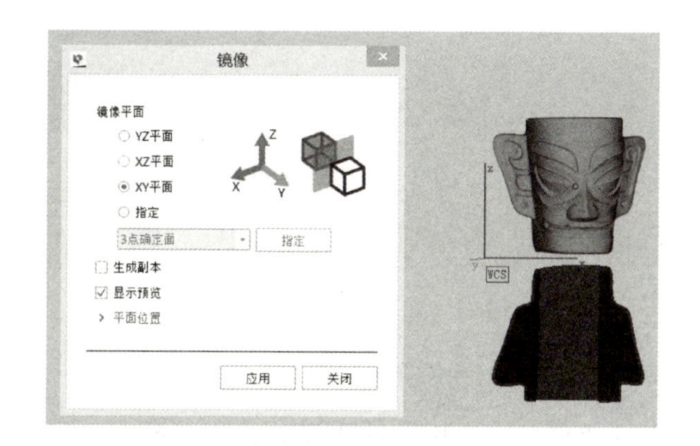

图 3-55 镜像

点击“平移至默认 Z 位置”按钮，调整后的青铜面具如图 3-56 所示。

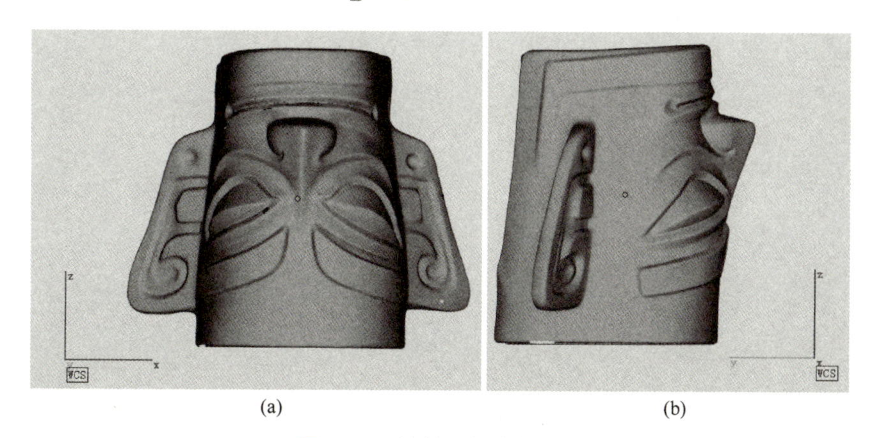

(a) (b)

图 3-56 调整后的青铜面具

四、保存零件

点击“文件”→“另存为”→“所选零件另存为”选项，或直接点击“所选零件另存为”按钮，打开“零件另存为”对话框，修改文件名和保存路径，保存类型为 STL 文件，点击“保存”按钮退出对话框，青铜面具将按设定路径保存，如图 3-57 所示。

图 3-57 保存零件

活动 2 设备检查调试

职业技能等级证书要求描述：3D 打印前准备及仿真

熟悉设备安全操作注意事项、结构和性能参数，按照前面介绍的详细步骤检查调试设备。

评价单

请填写“3D打印数据处理与参数设置任务评价表”，评价任务完成情况，见表3-15。

表3-15 3D打印数据处理与参数设置任务评价表

班级： 学号： 姓名：

评价点	评价比例	★★★	★★	★	自我评价	小组评价	教师评价
模型优化修复	20%	能熟练地优化修复青铜面具模型；能合理调整零件打印尺寸和摆放方位	能比较熟练地修复优化青铜面具模型；能比较合理地调整零件打印尺寸和摆放方位	能在小组成员协助下优化修复青铜面具模型，能比较合理地调整零件打印尺寸和摆放方位			
准备粉末	20%	能根据加工的青铜面具材质准备好PS粉末材料	基本能根据加工的青铜面具材质准备好PS粉末材料	能在小组成员协助下，根据加工的青铜面具材质准备好PS粉末材料			
手动铺粉	15%	能按步骤要求熟练完成手动铺粉操作，操作过程规范且安全	基本能按步骤要求完成手动铺粉操作，操作过程规范且安全	能在小组成员协助下，按步骤要求完成手动铺粉操作，操作过程基本规范且安全			
模型预处理	35%	能熟练地导入青铜面具模型；并能根据模型尺寸和结构将其调整到合适的大小和方位	能较为熟练地导入青铜面具模型；基本能根据模型尺寸和结构将其调整到合适的大小和方位	能在小组成员协助下导入青铜面具模型；基本能根据模型尺寸和结构将其调整到合适的大小和方位			
反思与改进	10%						

任务实施 3 3D 打印制作

>>> 技巧点拨提技能

活动 零件制作

职业技能等级证书要求描述：3D 打印制作及过程监控

在 Magics 软件中准备好青铜面具模型，利用 U 盘将准备加工的青铜面具 STL 文件导入设备计算机中。通过“文件”下拉菜单读取 STL 文件，青铜面具模型将显示在屏幕实体视图框中。设置好尺寸和加工方位后保存青铜面具，以作为即将用于加工的数据模型，如图 3-58 所示。

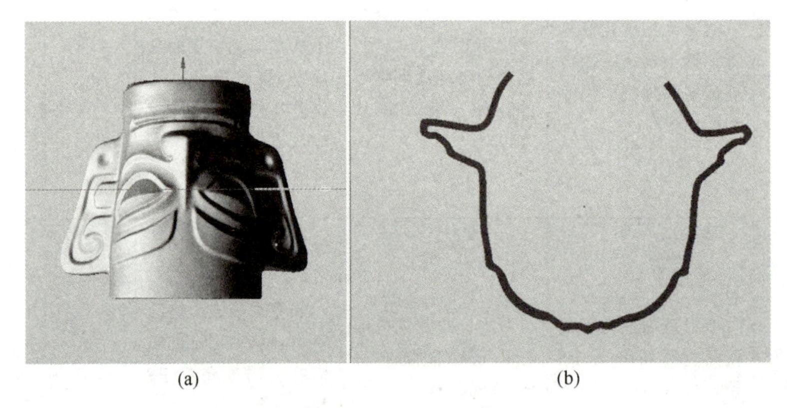

(a) (b)

图 3-58 导入零件

按照零件制作步骤设置相关打印参数，完成青铜面具打印成型，如图 3-59 所示。

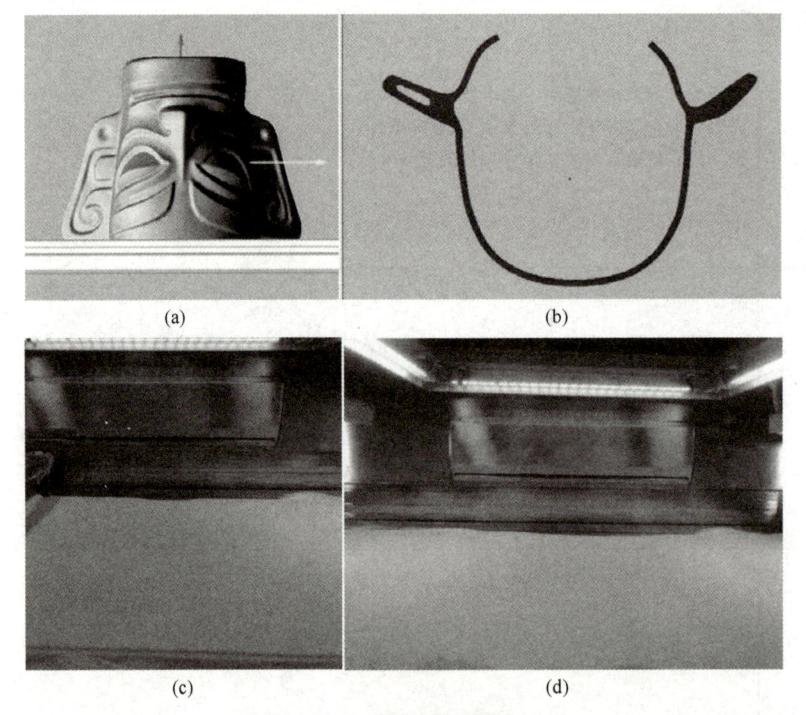

(a) (b) (c) (d)

图 3-59 青铜面具制作

评价单

请填写“3D打印制作任务评价表”，对任务完成情况进行评价。见表3-16。

表3-16　3D打印制作任务评价表

班级：　　　　学号：　　　　姓名：

评价点	评价比例	★★★	★★	★	自我评价	小组评价	教师评价
设置打印参数	15%	能根据青铜面具结构设置合适的打印参数，并能预判不同打印参数组合对制件的影响	能根据青铜面具结构设置比较合适的打印参数，基本能预判不同打印参数组合对制件的影响	能在小组成员协助下设置青铜面具较为合适的打印参数，基本能预判不同打印参数组合对制件的影响			
设备操作	25%	能熟练地导入青铜面具模型，模拟打印过程，并完成青铜面具3D打印任务；能正确且规范地完成设备日常维护与保养	能比较熟练地导入青铜面具模型，模拟打印过程，并完成青铜面具3D打印任务；基本能正确且规范地完成设备日常维护与保养	能在小组成员协助下比较熟练地导入青铜面具模型，模拟打印过程，并完成青铜面具3D打印任务；基本能正确且规范地完成设备日常维护与保养			
过程监控	30%	能在打印过程中根据实际情况合理调整打印参数；能够独立进行设备运行的实时监控，评估打印质量	能在小组成员协助下根据实际情况合理调整打印参数；能够独立进行设备运行的实时监控，评估打印质量	能在小组成员协助下根据实际情况合理调整打印参数并进行设备运行的实时监控，评估打印质量			
故障处理	20%	能在打印过程中及时发现并处理故障	能在打印过程中及时发现故障并能在小组成员的协助下处理故障	能在小组成员的协助下及时发现并处理设备故障			
反思与改进	10%						

任务实施 4　3D 打印后处理

>>> 技巧点拨提技能

职业技能等级证书要求描述：3D 打印后处理

活动 1　取件清粉

1. 取件

打印结束后，零件被埋在 PS 粉末中，不要立即将零件取出，首先查看青铜面具的数据模型，了解其形状和位置，为清粉做准备。等青铜面具充分冷却后，开启前仓门，点击“工作缸上升”按钮将工作缸缓慢升起。等工作缸活塞上升完成后，将其从工作腔中取出，放在清粉平台上，如图 3-60 所示。

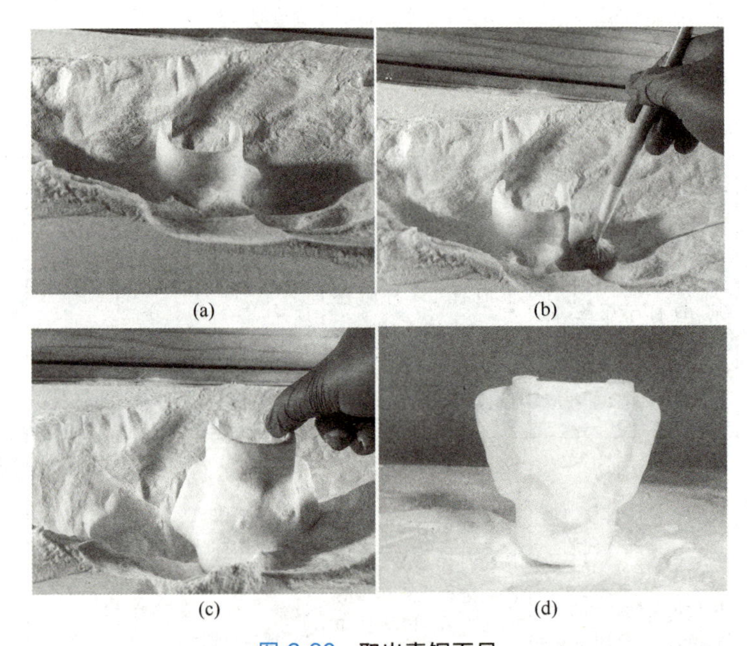

(a)　(b)　(c)　(d)

图 3-60　取出青铜面具

2. 清粉

使用刮刀、刷子等工具先初步剥离青铜面具表面的浮粉，再用压缩空气将零件表层的粉末喷掉，如图 3-61 所示。

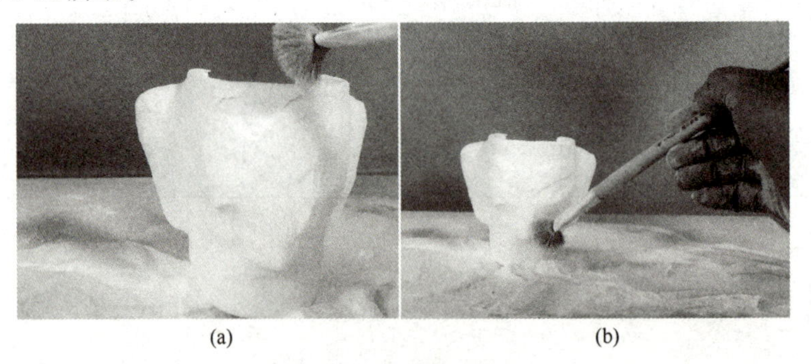

(a)　(b)

图 3-61　清除粉末

活动 2　渗蜡处理

对青铜面具进行渗蜡处理，如图 3-62 所示。

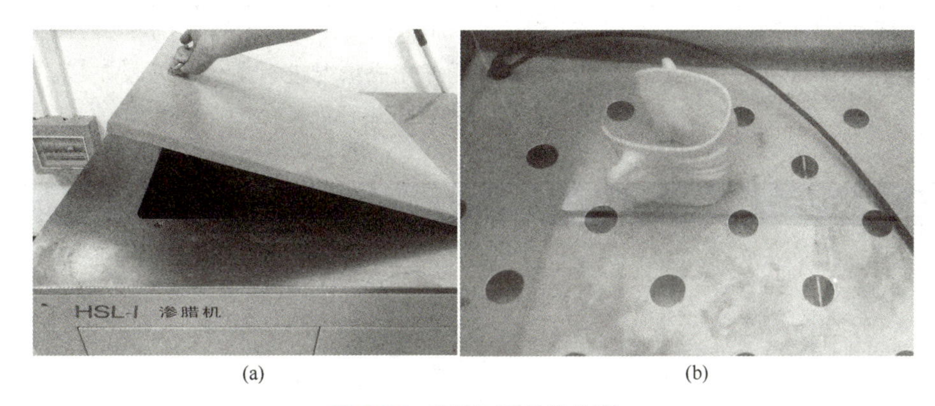

(a)　(b)

图 3-62　青铜面具渗蜡处理

活动 3　修补、打磨抛光和保存

1. 制件的修补和打磨抛光

待青铜面具（蜡模）自然冷却后，可以使用电烙铁和蜡液等对其表面进行修补。修补后，可以进行一些必要的打磨处理。打磨时，先用粗砂纸将制件表面大致打平后，然后再用细砂纸将表面进行抛光处理。用力要均匀，不能太大。青铜面具修补打磨如图 3-63 所示。

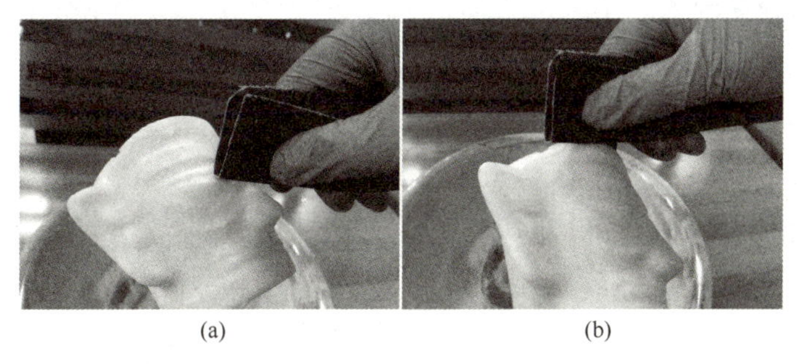

(a)　(b)

图 3-63　青铜面具修补打磨

2. 制件的保存

经过上述处理后的青铜面具蜡制件，用石膏进行翻模，等石膏凝固风干后，最终会形成一个和原文物一样的石膏模具，对石膏模具进行精雕细琢，然后进行熔模铸造，最终形成一个和原文物一模一样的青铜面具复制品，如图 3-64 所示。

图 3-64　青铜面具蜡制件

需要特别提示的是，青铜面具蜡制件应尽早制成金属制件，以免尺寸发生变化。如果一时不能制成金属制件，可将蜡制件保存在 20～30℃的干燥环境中，并避免日光直接照射。烧结完成后，将粉末材料进行分类收集处理。

评价单

请填写“3D打印后处理任务评价表”，对任务完成情况进行评价，见表3-17。

表3-17 3D打印后处理任务评价表

班级： 学号： 姓名：

评价点	评价比例	★★★	★★	★	自我评价	小组评价	教师评价
取件清粉	35%	能在打印完成后，独立将青铜面具从成型室中取出并清粉；能根据青铜面具数据检查是否存在打印缺陷	能在打印完成后将青铜面具从成型室中取出并清粉；基本能根据青铜面具数据检查是否存在打印缺陷	能在小组成员协助下将青铜面具从成型室中取出并清粉；基本能根据青铜面具数据检查是否存在打印缺陷			
渗蜡处理	25%	能独立且规范操作渗蜡机完成青铜面具的渗蜡处理	能操作渗蜡机完成青铜面具的渗蜡处理	能在小组成员协助下，操作渗蜡机完成青铜面具的渗蜡处理			
修补、打磨抛光	20%	能规范使用工具对青铜面具表面进行修补和打磨抛光处理	基本能使用合适工具对青铜面具表面进行修补和打磨抛光处理	能在小组成员协助下，使用合适工具对青铜面具表面进行修补和打磨抛光处理			
粉末处理	10%	烧结完成后，能熟练地将不同位置的粉末材料进行分类收集	烧结完成后，能在小组成员协助下将不同位置的粉末材料进行分类收集	烧结完成后，能在指导老师的帮助下将不同位置的粉末材料进行分类收集			
反思与改进	10%						

任务实施5 3D打印机应用维护

>>> 沧海遗珠拓知识

职业技能等级证书要求描述：3D 打印应用维护

活动1 设备常见故障排除

为了给操作者提供一个安全的操作环境，设备对存在的安全隐患，设计了安全保护措施，当系统出现故障或操作者操作不当时，系统会给出警告或报警，系统的三色灯会显示红色，蜂鸣器会鸣叫。当系统出现警告或报警时，操作者应该立刻停止操作，先查看计算机显示屏用户界面中弹出的报警信息，再根据报警提示找出原因并解决。如果操作者根据提示无法解决，请联系专业的维护人员。非专业的维护人员禁止尝试维修设备，否则有可能对机器造成更大的损害，甚至有可能危及人员的身体健康和生命安全。SLS 设备常见故障与解决方法见表 3-18。

表 3-18 SLS 设备常见故障与解决方法

序号	故障现象	产生原因	解决方法
1	开机后计算机不能启动	硬件接插件未安装好	检查所有插头和总电源开关
2	STL 文件打开后，图形文件不正常	①三维 CAD 软件转换 STL 文件格式不正确 ②STL 文件有错	①将三维 CAD 软件重新转换（二进制或文本格式） ②对 STL 文件进行修复
3	激光扫描线变粗、功率变小	①反射镜损坏 ②光路偏移 ③动态聚焦不动	①更换反射镜 ②调节光路 ③与制造商联系
4	振镜不工作	①Mark 板未加载或加载失败 ②控制板连线松动 ③控制器中对应的驱动板或保险管烧坏	①重新确认加载 ②与制造商联系 ③与制造商联系
5	激光器不工作	①Mark 板未加载或加载失败 ②激光器温度过高或冷水机未工作 ③光路偏移或反射镜损坏 ④激光器连线有问题 ⑤激光器损坏	①重新确认加载 ②接通并检查冷却器工作是否正常 ③调整光路或更换反射镜 ④与制造商联系 ⑤与制造商联系
6	温度显示故障	①传感器损坏 ②连线松动	①更换传感器 ②与制造商联系
7	极限故障	限位开关损坏	更换极限开关
8	零件层间黏结不好	①材料与烧结参数不匹配 ②激光器能量不足	①调整烧结参数 ②检查光学镜片，调整光路，检查冷却水温度
9	制冷器工作不正常，制冷器温控器数据闪动	①温度传感器线断 ②压缩机出现接触不良	①重新接线 ②打开制冷器机壳检查接线或与制造商联系
10	任一路空气开关断开	电路中有短路现象	与制造商联系
11	加热管不亮	①保险管损坏 ②加热管损坏 ③板卡接触不良	①更换保险管 ②更换加热管 ③重新拔插板卡或与制造商联系

续表

序号	故障现象	产生原因	解决方法
12	铺粉辊无法移动	①同步带损坏 ②钢带或铺粉辊卡死 ③钢带变形 ④变频器损坏	与制造商联系
13	铺粉辊移动异常抖动	①导轨滑块缺油运行时不自如 ②传动皮带拉松变形	①设备导轨及滑块注油 ②与制造商联系
14	工作缸无法移动	①丝杠走到极限位置 ②限位开关损坏 ③电动机驱动器损坏 ④电动机锁紧螺母松懈	①使撞块离开极限开关 ②更换限位开关 ③更换电动机驱动器 ④与制造商联系

活动 2　设备维护保养

1. 整机的保养

（1）电柜维护　电柜在工作时严禁打开，每次做完零件后必须认真清洁，防止灰尘进入电气元件内部引起元器件损坏。

（2）电气维护　各电动机及其电气元件要防止灰尘及油污污染。

（3）设备维护　各风扇的滤网要经常清洗，机器各个部位的粉尘要及时清洁干净。

2. 工作缸的保养及维护

做零件之前和零件做完之后，都必须对工作平台、铺粉辊、工作腔内等整个系统进行清理（此时零件必须取出）。清理步骤如下：

① 把剩余的粉末取出；

② 用吸尘器吸走工作腔及周围的残渣。

3. Z 轴丝杠、铺粉辊导轨的保养及维护

定期对 Z 轴丝杠及铺粉辊导轨进行去污、上油。铺粉辊移动导轨每三个月需补充润滑油一次，Z 轴丝杠每隔三个月需补充润滑油一次，具体方法如下。

（1）铺粉辊移动导轨的润滑　打开后门，将盖在铺粉辊上的防尘罩掀起，分别在两条导轨上加注润滑油（或 40 号机油），用专用注油枪对准导轨滑块上注油孔注入锂基润滑脂，然后将铺粉辊左右移动数次即可。

（2）工作缸、送粉缸、导柱导套和丝杠的润滑　打开前下门将工作缸和送粉缸下降到下极限位置，用内六角扳手拆下丝杠保护套，用油枪对准导柱（四根）注射适量的润滑油（或 40 号机油），丝杠润滑使用锂基润滑脂（专用润滑油）轻涂在丝杠螺纹里，再将工作缸上下运动一次即可。

4. 保护镜处理

每次做件之前清洁保护镜，先用洗耳球吹一吹保护镜，再用镊子夹取少量脱脂棉，蘸少许无水酒精或丙酮，轻轻擦洗保护镜表面的污物。注意：动作要轻，不要使金属部分触及镜片，以免划伤镜片。此外，每隔一个月还必须对所有运动器件、开关按钮、制冷器、加热器、排烟孔进行必要的检查，确保系统处于良好的工作状态。

5. 红外探头清洗

红外探头用于非接触式测温，当红外探头使用过程中镜头结晶或沾上粉尘，测温就会不

准确，因此要定期对红外探头进行清洗。

① 取下红外保护镜。

② 用沾有无水乙醇的脱脂棉轻轻转动擦拭探头（要小心，千万别刮花探头）。

③ 擦干净后，用干的脱脂棉再擦拭一次。

④ 每次制件前擦拭一次。

6. 加热管清洗

加热管表面石英玻璃长时间工作后会粘上粉尘，会影响加热管的加热效率，因此需要定期清洗。

① 用无尘布蘸上无水乙醇轻轻擦拭加热管表面。

② 擦干净后，用干的无尘布再擦拭一次。

③ 至少每个月擦拭一次。

7. 铺粉辊清洗

每次烧结完成后，要用抹布将铺粉辊表面擦拭干净（可用酒精），转动轴承检查是否灵活。另外，用 240 号砂纸将铺粉辊打磨一下，磨出一些斜花纹。

评价单

请填写“3D 打印应用维护任务评价表”，对任务完成情况进行评价，见表 3-19。

表 3-19 3D 打印应用维护任务评价表

班级： 学号： 姓名：

评价点	评价比例	★★★	★★	★	自我评价	小组评价	教师评价
常见故障排除	45%	能独立规范地完成设备常见故障的判断与排除	能基本完成设备常见故障的判断与排除	能在小组成员协助下完成设备常见故障的判断与排除			
设备维护与保养	45%	能独立规范地完成设备日常维护与保养	能基本完成设备日常维护与保养	能在小组成员协助下完成设备日常维护与保养			
反思与改进	10%						

项目评价

选择性激光烧结成型工艺与实施项目评价表如表 3-20 所示。

表 3-20　选择性激光烧结成型工艺与实施项目评价表

姓名			学号				
班级			组别				
完成时间			指导教师				
评价项目	评价内容	评价标准	配分	个人评价（30%）	小组评价（10%）	组间互评（10%）	教师评价（50%）
项目完成情况（70 分）	任务分析	正确率 100%　5 分 正确率 80%　4 分 正确率 60%　3 分 正确率＜60%　0 分	5				
	必备知识	必备理论基础知识掌握程度（成型原理、材料、工艺特点及应用等）	10				
	模型分析	分析合理　3 分 分析不合理　0 分	3				
	数据处理参数设置	数据参数设置合理　7 分 数据参数设置不合理　0 分	7				
	设备调试	操作规范、熟练　5 分 操作规范、不熟练　2 分 操作不规范　0 分	5				
	3D 打印	操作规范、熟练　5 分 操作规范、不熟练　2 分 操作不规范　0 分 加工质量符合要求　10 分 加工质量不符合要求　0 分	15				
	后处理	处理方法合理　5 分 处理方法不合理　0 分 操作规范、熟练　10 分 操作规范、不熟练　5 分 操作不规范　0 分	15				
	设备故障排除与维护保养	操作规范、熟练　10 分 操作规范、不熟练　5 分 操作不规范　0 分	10				
职业素养（30 分）	劳动保护	按规范穿戴防护用品	5				
	出勤纪律	不迟到、不早退、不旷课、不吃喝、不玩游戏 全勤为满分，旷课 1 学时扣 2 分，旷课 5 学时以上，取消本项目成绩	5				
	态度表现	积极主动认真负责的学习态度 6S 规范（整理、整顿、清扫、清洁、素养、安全） 有创新精神	5				
	团队精神	主动与他人交往、尊重他人意见、支持他人、融入集体、相互配合、共同完成工作任务	5				
	表达能力	表达客观准确，口头和书面描述清楚，易于理解；表达方式适当，符合情景和谈话对象；专业术语使用正确	10				
总分			100				
总评成绩							
学生签名		教师签名		日期			

评价要求：

① 个人评价：主要考核学生的诚信度和正确评价自己的能力。

② 小组评价：由学生所在小组根据任务完成情况、具体作用以及平时表现对小组内学生进行评价。

③ 组间互评：不同组别之间相互评价。

④ 教师评价：教师根据学生完成任务情况、实物和平时表现进行评价。

项目小结

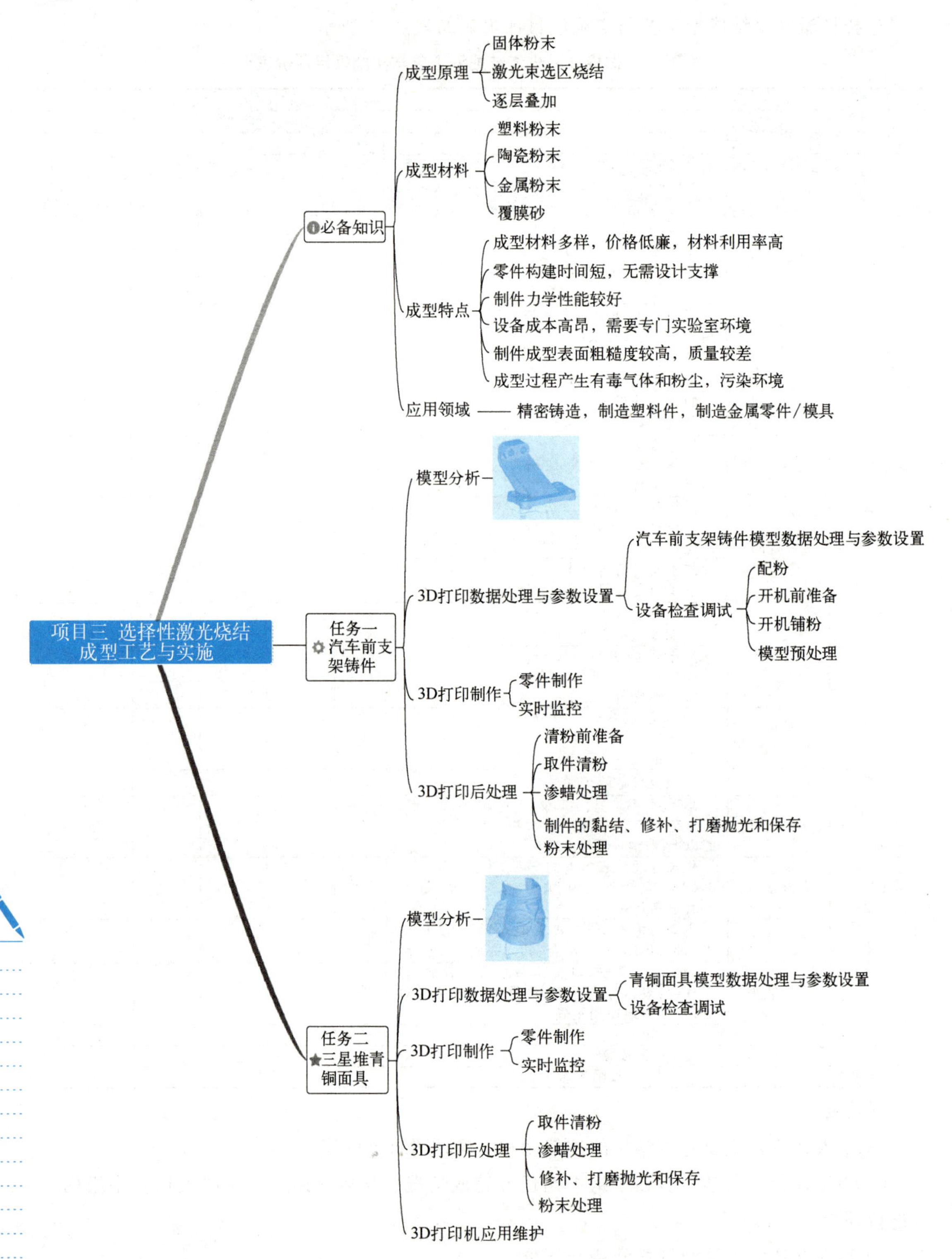
项目三 选择性激光烧结成型工艺与实施
必备知识
成型原理
固体粉末
激光束选区烧结
逐层叠加
成型材料
塑料粉末
陶瓷粉末
金属粉末
覆膜砂
成型特点
成型材料多样，价格低廉，材料利用率高
零件构建时间短，无需设计支撑
制件力学性能较好
设备成本高昂，需要专门实验室环境
制件成型表面粗糙度较高，质量较差
成型过程产生有毒气体和粉尘，污染环境
应用领域
精密铸造，制造塑料件，制造金属零件/模具
任务一 汽车前支架铸件
模型分析
3D打印数据处理与参数设置
汽车前支架铸件模型数据处理与参数设置
设备检查调试
配粉
开机前准备
开机铺粉
模型预处理
3D打印制作
零件制作
实时监控
3D打印后处理
清粉前准备
取件清粉
渗蜡处理
制件的黏结、修补、打磨抛光和保存
粉末处理
任务二 三星堆青铜面具
模型分析
3D打印数据处理与参数设置
青铜面具模型数据处理与参数设置
设备检查调试
3D打印制作
零件制作
实时监控
3D打印后处理
取件清粉
渗蜡处理
修补、打磨抛光和保存
粉末处理
3D打印机应用维护

拓展训练

参照任务一和任务二实施步骤，完成猴子笔筒零件选择性激光烧结成型。

拓展训练模型：
猴子笔筒

思考与练习

一、判断题

1. 选择性激光烧结是指在激光束的热能作用下，对固体粉末材料进行选择性地扫描照射而实现材料的烧结黏合。(　　)

2. 选择性激光烧结是通过低熔点金属或黏结剂的熔化将高熔点金属粉末或非金属粉末粘接在一起的液相烧结方式。(　　)

3. PS 粉末通过 SLS 工艺可以快捷制造出精密铸造用可消失树脂模具。(　　)

4. SLS 工艺成型零件时，在开始加工第一层和加工过程中突然出现大面时容易出现翘曲现象，所以需要设定关键层温度。(　　)

5. 覆膜砂是由硅砂、黏合剂、固化剂和润滑剂按一定的生产工艺配制而成。(　　)

6. SLS 设备有很多加热装置，在烧结过程中，某些部位的温度很高，要避免烫伤。(　　)

7. SLS 设备建造完成后不能立即打开防护门，要等到温度冷却到安全温度才能打开。(　　)

8. 从 SLS 设备激光器发出的激光光斑很小，能量很高，能对人体造成严重的伤害，甚至失明，或者引发火灾。(　　)

9. 不需要专业维修人员，操作者就可以维修 SLS 设备激光系统。(　　)

10. SLS 成型件，在清粉前先查看零件数学模型，了解零件的形状和位置，以免在清粉过程中损坏零件。(　　)

11. SLS 成型件渗蜡处理时，开始放入时蜡液表面会有大量气泡冒出。(　　)

12. 打磨 SLS 制件时要放在平整的平面，用力要均匀，不能太大或太猛。(　　)

13. SLS 蜡制件较脆，需轻拿轻放，应尽早做成金属制件，以免尺寸发生变化。(　　)

14. PS 粉末烧结完成后，余粉和溢粉不可以作为旧粉回收再利用。(　　)

15. 每次烧结完成后，要用抹布将铺粉辊表面擦拭干净。(　　)

16. SLS 工作室的气氛一般为氧气气氛。(　　)

17. SLS 成型材料主要有金属粉末、陶瓷粉末、塑料粉末。(　　)

18. SLS 的工作过程是基于激光扫描粉末床表面进行的。(　　)

19. 由于 SLS 技术并不完全熔化粉末，而仅是将其烧结在一起，因此制造速度快打印精度高。(　　)

20. SLS 技术打印的金属零部件致密度不能达到 100%。(　　)

21. SLS 工艺设备在日常维护中，需要使用纸巾定期擦拭激光器。(　　)

22. SLS 技术使用的是粉状材料，从理论上讲，任何可熔的粉末都可以用作制造模型。(　　)

23. SLS 周期长是因为有预热段和后冷却时间。(　　)

24. SLS 在预热时，要将材料加热到熔点以下。(　　)

25. SLS 工艺多采用 CO_2 激光器，其成本较 SLA 工艺采用的激光器低。(　　)

26. 金属或陶瓷粉末等经过激光烧结后，应静置 1～2h，待原型坯体缓慢冷却后再取出。(　　)

二、填空题

SLS 设备采用的是连续（　　）激光器。

三、单选题

1.（　　）与精密铸造工艺相当，可以直接打印一些小的金属件。

A. SLA　　B. FDM　　C. SLS　　D. 3DP

2. 下列哪项不属于 SLS 技术特点（　　）？

A. 粉末烧结的表面粗糙（精度为 0.1～0.2mm），需要后期处理。在后期处理中难以保证制件尺寸精度，后期处理工艺复杂，样件变形大，无法装配

B. 可以直接成型高性能的金属和陶瓷零件，成型大尺寸零件时，容易发生翘曲变形

C. 在加工前，要花近 2h 的时间将粉末加热到熔点以下，当零件构建之后，还要花 5～10h 冷却，然后才能将零件从粉末缸中取出

D. 需要对成型室不断充氮气以确保烧结过程的安全性，加工的成本高。该工艺产生有毒气体，污染环境

3. 关于 SLS 技术，下列叙述有误的是（　　）。

A. 由于使用了大功率激光器，除了本身的设备成本，还需要很多辅助保护工艺，整体技术难度较大，制造和维护成本非常高，普通用户无法承受，所以目前应用范围主要集中在高端制造领域

B. 桌面级 SLS 打印机技术已经很成熟

C. 成型材料广泛，包括高分子、金属、陶瓷、砂等多种粉末材料

D. 其制成的产品可具有与金属零件相近的力学性能，故可用于直接制造金属模具以及进行小批量零件生产

4. 使用 SLS 技术成型金属元件时，为确保烧结过程的安全性，在成型过程中会不断地补充（　　）。

A. 氩气　　B. 氨气　　C. 氢气　　D. 氯气

5. 如果在切片软件中模型摆放角度不合适，可以使用（　　）功能进行摆放。

A. 旋转模型至选中平面　　B. 置于平面

C. 模型居中　　D. 自动放置

6. 下面关于后处理的描述正确的是（　　）。

A. 一共有四种后处理方法

B. 后处理可有可无，必要时刻对打印件稍做处理就可以

C. 后处理是对 3D 打印机成型的打印件采取的必要的优化手段

D. 抛光是后处理过程中最重要的步骤

7. 在取出用 SLS 工艺设备打印出来的模型时应佩戴（　　）。

A. 一次性医用外科口罩　　B. 3M 防毒面具

C. 家用保暖口罩　　D. N95 口罩

8. 针对金属打印件进行性能提升，常采用的特殊处理的方法有（　　）。

A. 打磨　　B. 机械加工　　C. 热处理　　D. 喷砂

9. SLS 成型技术使用的材料是（　　）的粉末材料。

A. 纳米级　　B. 厘米级　　C. 微米级　　D. 毫米级

10. 使用 SLS 工艺打印原型件后，将金属浸入多孔 SLS 坯体的孔隙内的工艺是（　　）。

A. 浸渍　　B. 热等静压烧结

C. 熔浸　　D. 高温烧结

四、多选题

1. 下列选项中属于 SLS 成型材料的有（　　）。

A. PS 粉末　　B. 覆膜砂　　C. 陶瓷粉末　　D. 金属粉末

2. SLS 设备系统包括（　　）。

A. 主机　　B. 计算机控制系统　C. 激光循环水冷机

3. SLS 成型系统打印前处理步骤包括（　　）。

A. 开机调试　　B. 配粉铺粉　　C. 擦拭激光窗口　D. 调加热罩高度

4. SLS 成型件后处理步骤包括（　　）。

A. 取件清粉　　B. 渗蜡处理　　C. 打磨抛光　　D. 粉末处理

五、简答题

SLS 设备主机由哪几个部分组成？

项目四
选择性激光熔化成型工艺与实施

◉ 学习目标

1. 知识目标

（1）掌握选择性激光熔化成型原理。

（2）熟悉选择性激光熔化成型材料、特点及应用领域。

2. 技能目标

（1）能熟练操作 Magics 切片软件。

（2）能利用 Magics 软件处理零件的数据模型并设置合理的打印参数。

（3）能熟练操作选择性激光熔化成型设备并完成零件的 3D 打印。

（4）能根据需求进行 3D 打印后处理。

（5）能维护保养选择性激光熔化成型设备，并能排除设备常见故障。

3. 素质目标

培养学生精益求精的工匠精神。

◉ 增材制造模型设计职业技能等级证书考核要求

通过本项目的学习，能够系统地了解 SLM 工艺，掌握零件数据优化与修复方法和 SLM 设备操作技能。包括 SLM 工艺、工艺编制、数据处理、设备操作、过程监控、零件后处理、质量检测和产品性能提升以及 SLM 设备装调与维护等。

必备知识

>>> 沧海遗珠拓知识

一、选择性激光熔化成型原理

1. 选择性激光熔化成型工艺

选择性激光熔化，也称激光选区熔化，是指在激光束的热能作用下，选择性地熔化粉末床区域的金属或合金粉末，再经冷却凝固而成型的工艺。通过层层选区熔化与叠加堆积，可以最终形成冶金结合、组织致密的金属零件。可以获得非平衡态过饱和固溶体及均匀细小的金相组织，力学性能甚至与锻件相当。SLM 工艺与 SLS 工艺类似，主要区别在于粉末的结合方式不同。SLS 工艺是通过低熔点金属或黏结剂的熔化将高熔点金属粉末或非金属粉末粘接在一起的液相烧结方式。而 SLM 工艺是使用激光束直接熔化选区金属或合金粉末。

2. 成型原理

SLM 工艺的基本原理是先在计算机上利用 Creo（Pro/E）、UG、CATIA 等三维造型软件设计出零件的三维实体模型，然后通过切片软件对该三维模型进行切片分层，得到各截面的轮廓数据，由轮廓数据生成填充扫描路径，设备将按照这些填充扫描路径控制激光束选区熔化各层金属粉末材料，逐步堆叠成三维金属零件，如图 4-1 所示。

动画：选择性激光熔化成型原理

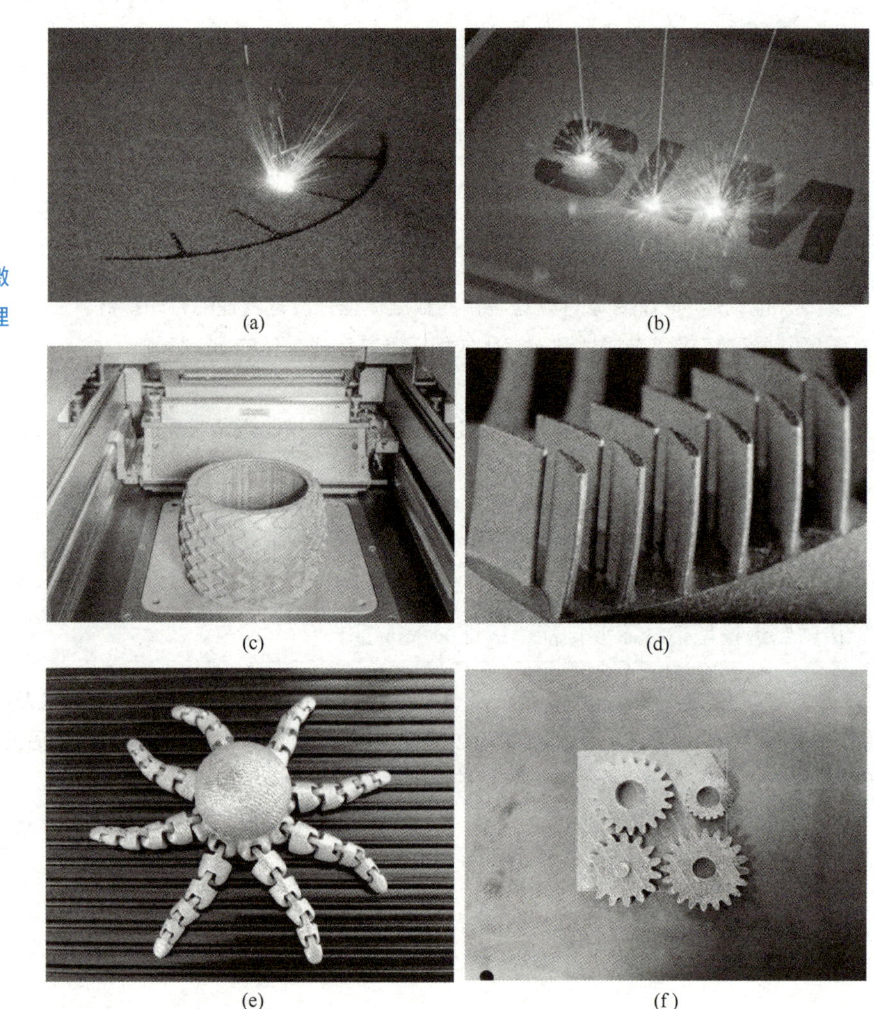

(a) (b) (c) (d) (e) (f)

图 4-1 SLM 成型原理

SLM 具体成型过程如图 4-2 所示。成型时，送料筒升降平台上升，铺粉刮刀先把金属粉末均匀平铺到成型缸工作平台上，然后激光束在计算机控制下按照截面轮廓数据扫描，选区熔化工作平台上的金属粉末，加工出当前层。然后工作平台下降一个层厚，送料筒升降平台上升一定高度，铺粉刮刀在已加工好的当前层上铺好金属粉末，系统调入下一层的分层数据进行加工，如此层层堆叠，直至整个零件加工完毕。多余的粉末由收集桶收集。需要注意的是，SLM整个加工过程都是在通有惰性气体的工作室中进行，以避免金属在高温下与其他气体发生反应。

二、选择性激光熔化成型材料

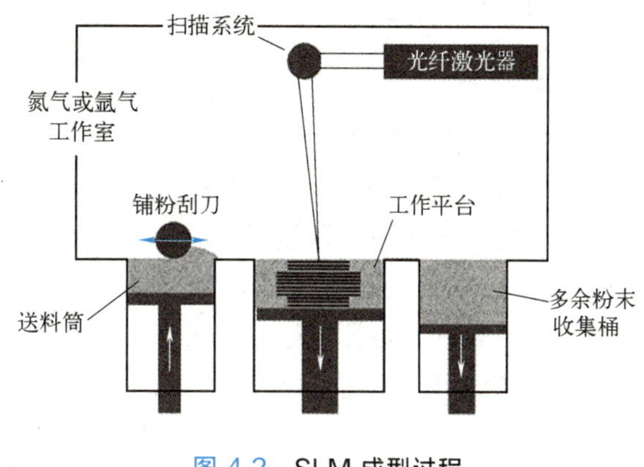

图 4-2 SLM成型过程

用于SLM工艺的金属粉末有很多，可以分为混合粉末、预合金粉末和单质金属粉末三类。

1. 混合粉末

混合粉末是由一定成分的粉末经均匀混合而成。使用混合粉末时要考虑激光光斑大小对粉末颗粒度的要求，要求混合粉末中颗粒的最大尺寸不能超过激光光斑直径。对混合粉末的SLM成型研究表明，混合粉末的SLM成型件不能满足100%致密度要求，因其力学性能受致密度、成分均匀度的影响，还有待进一步提高。

2. 预合金粉末

根据预合金主要成分的不同，预合金粉末可以分为铁基、镍基、钛基、钴基、铝基、铜基、钨基等。铁合金粉末包括不锈钢316L、工具钢等，其SLM成型结果表明：低碳钢比高碳钢的成型性好，成型件的相对致密度仍不能完全达到100%。镍合金粉末包括Ni625、Ni-Ti合金等，其SLM成型结果表明：成型件的相对致密度可达99.7%。钛合金粉末主要是TiAl6V4（TC4）合金，其SLM成型结果表明：成型件相对致密度可达95%。钴合金粉末主要是钴铬合金，其SLM成型结果表明：成型件相对致密度可达96%。铝合金粉末主要是Al6061合金，其SLM成型结果表明：成型件的相对致密度可达91%。铜合金粉末包括Cu/Sn合金、铜基合金（84.5Cu-8Sn-6.5P-1Ni）、预合金CuP，其SLM成型结果表明：成型件的相对致密度可达95%。钨合金粉末主要是钨铜合金，其SLM成型结果表明：成型件的相对致密度仍然达不到100%。SLM成型中常用的合金粉末有不锈钢316L、钛合金TC4和铝合金等粉末材料。

（1）不锈钢316L粉末　金相组织特征为奥氏体不锈钢，具有优异的耐腐蚀、耐高温和抗蠕变性能，成型模型具有较高的强度，在金属增材制造中性价比较高，适合打印尺寸较大的物品。可应用于航空航天、石油化工等领域，也可以用于食品加工和医疗等领域。

不锈钢316L粉末性能参数见表4-1。

表 4-1 不锈钢316L粉末性能参数

项目	性能参数
抗拉强度	≥480MPa
条件屈服强度	≥177MPa
伸长率	≥40%
断面收缩率	≥60%
硬度	≤187HB;≤90HRB;≤200HV

续表

项目	性能参数	
密度	7.98g/cm³	
比热容(20℃)	0.502kJ/(g·K)	
热导率/[W/(m·K)]	100℃	15.1
	300℃	18.4
	500℃	20.9

(2) 钛合金TC4粉末　它的特点是密度低，比强度高，具有良好的耐蚀性、耐热性，生物相容性好。采用增材制造技术制造的钛合金零部件尺寸精确，能制作的最小尺寸可达1mm。钛合金在航空航天、汽车、生物骨骼及其医学替代器件方面应用广泛。钛合金TC4粉末成型时易爆炸，需控制好工艺条件。

钛合金TC4粉末性能参数见表4-2。

表4-2　钛合金TC4粉末性能参数

项目	性能参数
抗拉强度	≥895MPa
屈服强度	≥825MPa
伸长率	≥10%
断面收缩率	≥25%
密度	4.51g/cm³
比热容	0.612J/(g·℃)
弹性模量	110GPa
泊松比	0.34
热导率	7.955W/(m·K)

(3) 铝合金粉末　铝合金是以铝为基添加一定量其他合金化元素的合金，是轻金属材料之一。铝合金具有密度低、力学性能好、无毒、易回收、导电/导热良好和耐腐蚀等特点，可长时间保持光亮表面。铝合金的密度为2.63～2.85g/cm^3，有较高的强度（σ_b为110～650MPa)，比强度接近高合金钢，比刚度超过钢，可作结构材料使用，在航空航天、交通运输、建筑、机电、化工和日用品等领域有着广泛的应用。

3. 单质金属粉末

单质金属粉末主要有铝粉和钛粉。钛粉SLM成型结果表明：钛粉的成型性较好，成型件的相对致密度可达98%。

综上所述，SLM工艺所用金属粉末主要为预合金粉末和单质金属粉末。预合金粉末和单质金属粉末成型件的成分分布、综合力学性能较好。所以SLM成型研究主要针对预合金和单质金属粉末的工艺优化，以提高成型件的致密度。不锈钢316L粉末、钛合金TC4粉末和铝粉参考打印参数见表4-3。

表4-3　316L、TC4和铝粉参考打印参数

项目	参考打印参数		
材料	316L	TC4	铝粉
分层厚度/mm	0.05	0.05	0.05
填充间距/mm	0.14	0.12	0.17
填充速度/(mm/s)	650	760	1150

续表

项目	参考打印参数		
填充功率/W	320	275	350
轮廓速度/(mm/s)	400	450	550
轮廓功率/W	150	150	350
填充偏置/mm	0.1	0.1	0.1
轮廓次数	1	1	1

三、选择性激光熔化成型特点

SLM 工艺是在 SLS 工艺的基础上发展起来的，得益于高能光纤激光器的使用和设备铺粉精度的提高，使 SLM 工艺的成型性能显著提高，其成型精度高、综合力学性能优良。

1. SLM 工艺优点

① 可以直接由三维 CAD 模型制造高性能金属零件甚至直接制造模具，制成的工件经喷砂、抛光或其他简单表面处理即可直接使用。

② 通过高能光纤激光器的选区熔化与堆积，可制成冶金结合的金属实体，致密度接近100%，抗拉强度等力学性能指标优于铸件，甚至可达到锻件水平。

③ 由于 SLM 工艺采用的激光束光斑细小，产品具有较高的尺寸精度（精度可达0.1mm）、较低的表面粗糙度，高于 SLS 的工艺水平。

④ SLM 工艺最大的优点就是一次成型，不需要任何的工装模具，加工周期短。适合制造各种形状复杂的工件，尤其是具有复杂内腔结构和个性化需求的零件（如个性化医学零件、随形冷却模具、航空航天和汽车等领域的异形零部件，这类零件用传统方法很难制造）。适合单件或小批量生产。图 4-3 是 SLM 制造的复杂内腔零件，内腔设计成晶格结构，实现了轻量化设计。

⑤ 成型材料广泛，包括不锈钢、镍基高温合金、钛合金、铝合金等多种类型的金属及合金材料。适合加工钛合金、高温合金等难加工金属材料。

⑥ 与传统金属减材制造相比，可节约大量材料，尤其是加工难加工金属材料时，这一优势更加明显。

图 4-3 SLM 制造的复杂内腔零件

2. SLM 工艺缺点

① SLM 工艺最大的缺点是在熔化金属粉末时，零件内部容易产生较大的应力，复杂结构需要添加支撑以抑制变形的产生。

② SLM 工艺局部熔化金属粉末，对粉末材料的含氧量、形貌和粒径分布等性能参数要求较高，零件性能的稳定性控制比较困难。

③ SLM 工艺成型速度较低，为了提高加工精度，需要用更薄的加工层厚，加工小体积零件所用时间也较长，因此难以应用于大规模制造。

④ 成型制件的表面粗糙度和精度有待提高，制件完成后仍需要用线切割取件和进行喷砂表面处理。

⑤ 整套设备昂贵，熔化金属粉末需要更大功率的激光器和配套冷却装置，能耗较高。

⑥ 金属瞬间熔化与凝固（冷却速率约 10000K/s），温度梯度很大，产生极大的残余应

力，如果基板刚性不足，则会导致基板变形。因此，基板必须有足够的刚性来抵抗残余应力的影响。去应力退火能消除大部分的残余应力。

四、选择性激光熔化应用领域

SLM 工艺是金属 3D 打印领域的重要工艺，几乎可以直接获得任意形状以及完全冶金结合的功能零件，是一种极具发展前景的增材制造工艺。目前，SLM 工艺已在航空航天、汽车行业、家电行业、模具制造、工业设计、珠宝首饰及生物医疗等领域得到广泛应用。

1. 生物医疗

在 SLM 工艺的所有应用领域里，生物医疗是对个性化要求最高的一个，不适合大批量生产。SLM 工艺具有数字化、网络化、个性化、定制化等特点，因此被广泛地应用于器官修复和替代零部件制作，如义齿、骨骼植入体及支架等，如图 4-4、图 4-5 所示，通过优化设计，可以实现植入体与人体的良好相容，这是 SLM 工艺应用的一个重要方面。

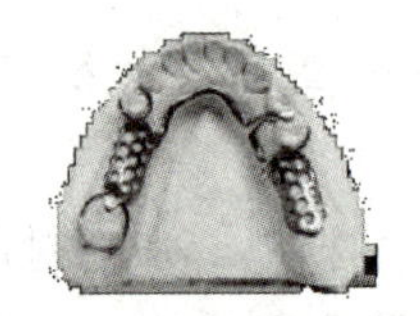

图 4-4　SLM 工艺制造的义齿

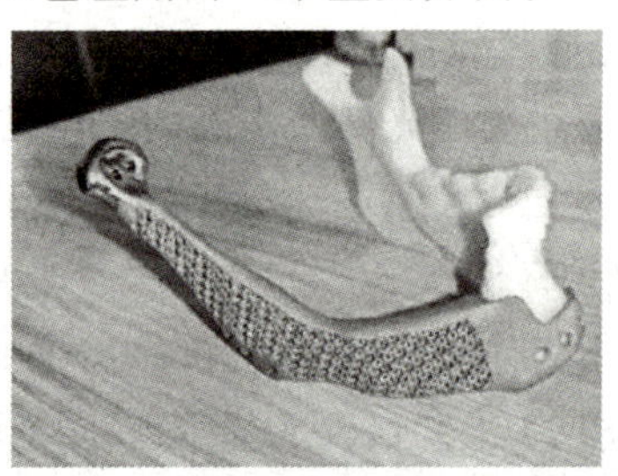

图 4-5　钛合金下颌骨植入体

2. 珠宝首饰

随着生活水平的提高和社会的进步，人们对个性化饰品的要求越来越高。传统加工方法主要加工普通的材料，如尼龙、聚酯纤维等，虽然能加工贵重金属，但因为是“减材制造”，不仅浪费材料，而且工艺复杂，成本太高。SLM 工艺是“增材制造”，适合加工形状复杂的零件，不仅节约材料，而且节能环保，满足了大众的个性化需求。采用 SLM 工艺打印的首饰如图 4-6、图 4-7 所示。

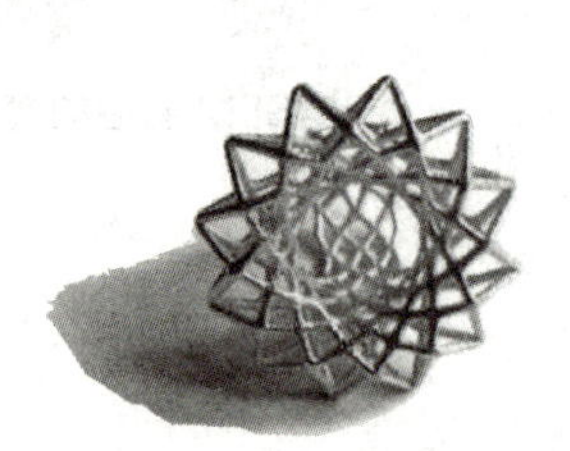

图 4-6　SLM 工艺制造的黄金首饰

图 4-7　个性化戒指

3. 汽车行业

在增材制造众多应用领域中，汽车行业是增材制造工艺最早的应用者之一。利用 SLM 工艺制造的汽车金属零件，在降低成本、缩短生产周期、提高工作效率、生产复杂零件等方面具有优势，能够使车身设计、结构强度和轻量化等方面更优异。

现代的汽车由约 3 万个零部件组成，传统方法是分别加工出各个零部件，然后通过螺纹连接或焊接等方法，将所有零部件组装成一辆汽车。从理论上讲，零部件越多越不安全。日常生活中，一辆汽车最容易出现问题的地方往往是连接部位。SLM 工艺可以将原来难以整体加工的多个零部件集合成一个整体制造出来，以减少零部件数量。这不但大大简化了装配工作，提高了生产效率，也使汽车的安全性和可靠性随之提高。采用 SLM 工艺生产的汽车部件如图 4-8 所示。

4. 家电行业

图 4-8 SLM 工艺制造的汽车电子驱动器外壳

随着人们生活水平的提高，人们对现代化家用电器的需求越来越多，家电行业的生产周期越来越短，更新换代速度越来越快。传统的加工方法需要概念开发和产品规划、详细设计、小规模生产、增量生产等环节，这些环节需要大量的人力、物力、财力。采用 SLM 工艺可以快速将设计变成实物，不仅能够缩短产品开发周期，减少工艺步骤，而且还能降低设备投资和产品生产成本，在空调、冰箱等生产中得到广泛应用。

5. 模具制造

传统的模具制造方法需要先制作模具的各个组成零件，然后再组装成模具，不仅工艺复杂，而且尺寸精度得不到保证。特别是一些形状复杂的铸件，如叶片、叶轮、发动机缸体和缸盖等模具的制造更是难度非常大的过程。其周期长、耗资大，略有失误就可能导致全部返工。SLM 工艺适合成型形状复杂的零件，极大地提高了生产效率和制造柔性，而且成型尺寸精度高，特别适合应用于模具制造行业。图 4-9 是采用 SLM 工艺成型的鞋模。图 4-10 是采用 SLM 工艺制造的具有内置随形冷却水道的注塑模具。与传统冷却水道相比，全新的模具冷却水道设计有利于减少循环周期，显著提升质量，减少废料，SLM 工艺让水道设计更灵活，帮助模具行业提高了生产力。

6. 工业设计

增材制造正在快速改变人们传统的生产生活方式。在设计 SLM 成型零件的 CAD 模型时，可不受传统设计方法局限，可以说“只有设计人员想不到的，没有 SLM 做不到的”，体现了“制造改变设计”的思想。SLM 工艺可利用三维设计数据在一台设备上快速而精确地制造出任意复杂形状的零件，实现了“自由制造”，解决了许多过去难以制造的复杂结构零件的成型问题，减少了加工工序，缩短了加工周期，降低了设备投资和产品生产成本。而且越是复杂结构的产品，其制造的速度优势越显著。国内外很多设计人员根据 SLM“自由制造”的工艺特点，设计了很多新颖的产品。采用 SLM 工艺制造的工业设计旋转碗如图 4-11 所示。

图 4-9 SLM 工艺制造的鞋模

图 4-10 SLM 工艺制造的具有内置随形冷却水道的注塑模具

图 4-11 SLM 工艺制造的工业设计旋转碗

任务一　内置异形冷却水路的倒扣罩

任务单

任务描述	利用选择性激光熔化成型工艺完成内置异形冷却水路倒扣罩的 3D 打印任务
任务内容	1. 倒扣罩模型分析 2. 倒扣罩 3D 打印数据处理与参数设置 3. 倒扣罩 3D 打印制作 4. 倒扣罩 3D 打印后处理
任务载体	进水口　出水口 (a) 倒扣罩　(b) 内置异形冷却水路 图 4-12　倒扣罩模型

任务引入

职业技能等级证书要求描述：产品需求分析、产品外观与结构设计

某企业倒扣罩零件，内置的异形冷却水路采用随形冷却方案设计。这种水路通道是根据倒扣罩轮廓形状随形设计的，能够将冷却通道设置在与倒扣罩表面保持最佳距离的地方，从而使倒扣罩表面尽可能保持在固定、稳定的温度，冷却时间大大减少，冷却效率大大提高。

利用建模软件设计内部具有异形冷却水路的倒扣罩模型，如图 4-12 所示。模型导出时保存为 STL 格式文件。

任务分析

职业技能等级证书要求描述：产品制造工艺设计

由于倒扣罩形状特别复杂，采用其他制造方法很难制造，而 SLM 工艺以其强大的制造柔性，可以成型内置异形冷却水路的倒扣罩。由于不锈钢粉末具有优异的耐蚀性，成型的模型具有较高的强度，在金属增材制造中性价比较高，因此倒扣罩零件采用不锈钢粉末增材制造。本任务是根据倒扣罩 STL 格式三维模型，使用选择性激光熔化成型设备完成倒扣罩的 3D 打印。

本任务打印316L不锈钢内置异形冷却水路的倒扣罩，SLM工艺的金属3D打印一般流程如图4-13所示。打印前需要进行材料准备，选择316L不锈钢粉末及同种材料的打印基板；清理工作腔，并用脱脂棉蘸取无水酒精擦拭激光窗口，安装基板并添加粉末，装调基板刮刀；导入STL格式的三维模型文件到打印机中，添加支撑并进行切片处理；通入惰性气体，设置打印工艺参数，当工作腔内氧含量低于1%，可以开始连续打印加工；打印完成后，回收未用金属粉末，根据力学性能要求对倒扣罩进行后处理。

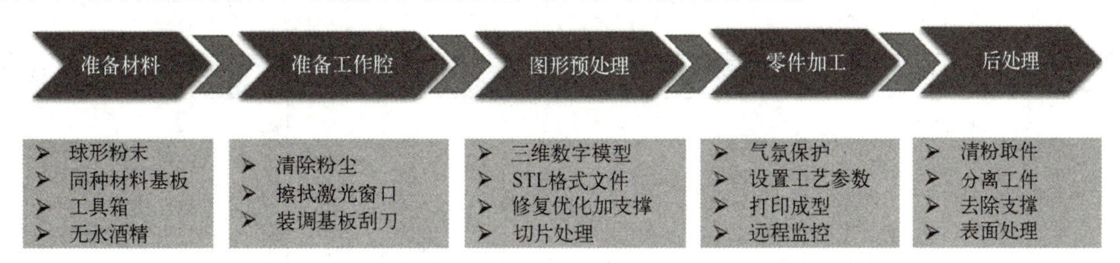

图4-13 内置异形冷却水路的倒扣罩SLM打印流程

任务实施

任务实施1 模型分析

>>> 技巧点拨提技能

从打印质量、打印成本、打印时间、支撑生成及后处理难易程度等方面，对倒扣罩成型方向进行分析，如表4-4所示。

表4-4 倒扣罩成型方向分析

比较项	最小支撑面积(最佳方向)	最小 XY 投影	最小 Z 高度
方向图示			
打印质量	倒扣罩内置异形冷却水路通畅，表面质量好，精度高	倒扣罩内置异形冷却水路不通畅，表面质量较差，精度较低	倒扣罩内置异形冷却水路不通畅，表面质量较差，精度较低
打印成本	支撑耗材少，成本低	支撑耗材较多，成本较高	支撑耗材较多，成本较高
打印时间	零件 Z 轴高度较低，打印时间较短	零件 Z 轴高度高，打印时间长	零件 Z 轴高度低，打印时间短
支撑生成及后处理难易程度	支撑去除容易，打磨量小	支撑去除较困难，打磨量较大	支撑去除困难，打磨量大

对倒扣罩成型方向进行综合对比分析，最终选择最小支撑面积方向作为成型方向以保证倒扣罩打印成型。

评价单

请填写“模型分析任务评价表”，对任务完成情况进行评价，见表 4-5。

表 4-5 模型分析任务评价表

班级：　　　　学号：　　　　姓名：

评价点	评价比例	★★★	★★	★	自我评价	小组评价	教师评价
结构分析	20%	能合理地分析模型的整体结构和各组成部分；能独立判断模型是否满足 3D 打印条件	能较为合理地分析模型的整体结构和各组成部分；能判断模型是否满足 3D 打印条件	能在小组成员协助下完成模型的整体结构和各组成部分的分析任务；能在小组成员协助下判断模型是否满足 3D 打印条件			
模型摆放	30%	能根据任务描述和倒扣罩模型信息，全面对比打印质量、打印成本、打印时间、支撑生成及后处理难易程度等因素，合理选择模型摆放的角度和方位	能根据任务描述和倒扣罩模型信息，对比打印质量、打印成本、打印时间、支撑生成及后处理难易程度等因素，合理选择模型摆放的角度和方位	能根据任务描述和倒扣罩模型信息，在小组成员协助下对比打印质量、打印成本、打印时间、支撑生成及后处理难易程度等因素，选择模型摆放的角度和方位			
支撑添加	40%	能全面地考虑模型用途、结构、摆放角度、方位及支撑剥离难易程度等因素，合理选择添加支撑的位置和类型	能较为全面地考虑模型用途、结构、摆放角度、方位及支撑剥离难易程度等因素，合理选择添加支撑的位置和类型	能在小组成员协助下根据模型用途、结构、摆放角度、方位及支撑剥离难易程度等因素，合理选择添加支撑的位置和类型			
反思与改进	10%						

任务实施 2　3D 打印数据处理与参数设置

>>> 技巧点拨提技能

活动 1　倒扣罩模型数据处理与参数设置

职业技能等级证书要求描述：模型数据处理与参数设置

倒扣罩模型数据处理与参数设置是在 Magics25 中文版软件中完成的。活动所需数据文件可通过扫描倒扣罩模型二维码下载，打印材料选用 316L 不锈钢。

模型下载：倒扣罩

一、添加机器平台

知识拓展：机器平台

打开 Magics 软件，点击“加工准备”→“我的机器”按钮，系统自动弹出“我的机器”对话框，一开始列表里面没有任何机器，见图 4-14。

点击“从机器库里加载”按钮，打开“添加机器”对话框，见图 4-15。

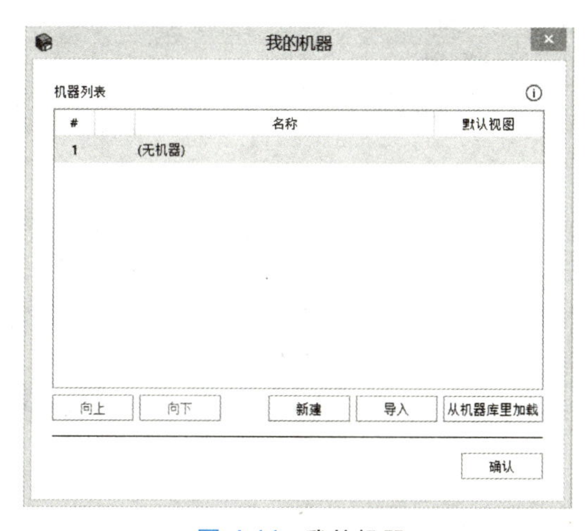

图 4-14　我的机器

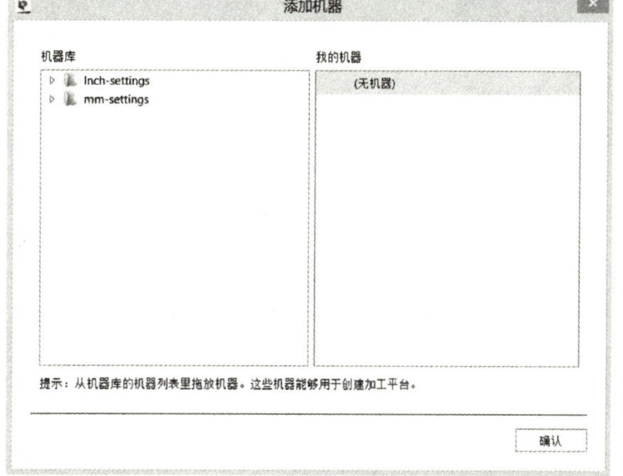

图 4-15　添加机器

双击“mm-settings”，在下拉列表中找到“SLM Solutions”，双击进入子菜单，用鼠标指针将“SLM_280_HL”拖放至“我的机器”中，“SLM_280_HL”就会添加到“我的机器”，如图 4-16 所示。

点击“确认”按钮退出“添加机器”对话框，并自动返回“我的机器”对话框，如图 4-17 所示。“默认视图”表示打开 Magics 软件时自动加载该机器平台的数量，对于所有机器平台，“默认视图”的值都是 0，代表没有机器平台会默认加载。最后点击“确认”按钮退出“我的机器”对话框，“SLM_280_HL”机器平台添加完成。

点击“加工准备”页，点击“新平台”按钮，打开“新机器”对话框，选择“SLM_280_HL”机器平台，材料和支撑属性等保持默认设置，如图 4-18 所示。

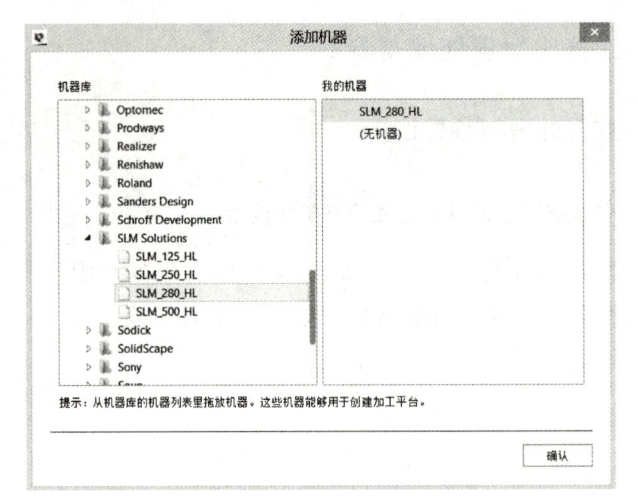

图 4-16 添加 SLM 机器

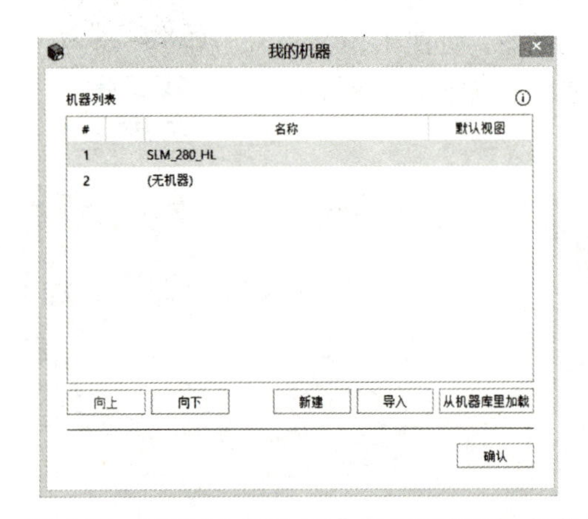

图 4-17 “SLM_280_HL”机器平台添加完成

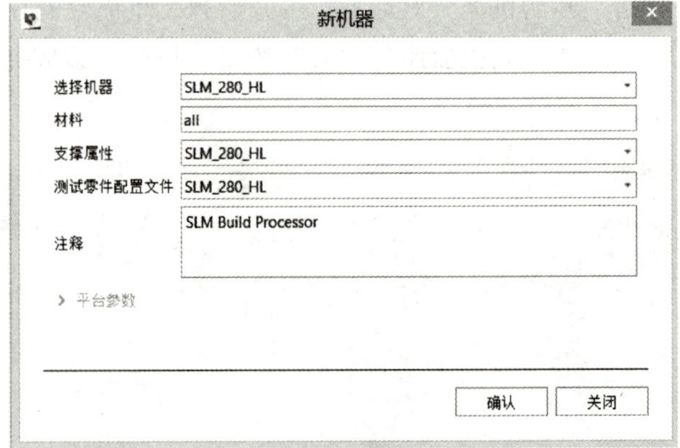

图 4-18 新机器

点击“确认”按钮，退出“新机器”对话框。“SLM_280_HL”机器平台已经添加到默认视图，如图 4-19 所示。

图 4-19 SLM_280_HL 机器平台添加到默认视图

如果一直使用某些特定平台处理文件，可以将这些常用的平台在 Magics 软件打开时自动加载。例如，在“SLM_280_HL”机器平台的默认视图中输入 1，在重新打开 Magics 软件时就会自动创建 1 个“SLM_280_HL”机器平台，如图 4-20 所示。

二、机器属性设置

点击“加工准备”→“机器属性”按钮，弹出“机器属性：SLM_280_HL”对话框，可以对机器属性进行设置。设置完成后，点击“确认”按钮退出机器属性对话框，如图 4-21 所示。此处特别说明：机器属性中的参数并不会在实际打印设备中应用，大多数的平台参数是为了提供参考，以及可视平台尺寸信息，以方便准备零件时更好摆放角度，一般保持默认设置。

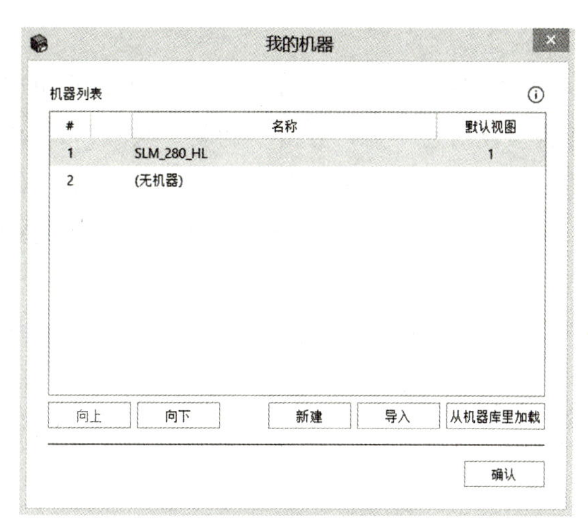

图 4-20 默认加载机器平台

在“我的机器”对话框中，使用鼠标右键点击“SLM_280_HL”机器平台，在弹出的子菜单中点击“编辑”按钮，同样可以对“SLM_280_HL”机器属性进行设置，如图 4-22 所示。

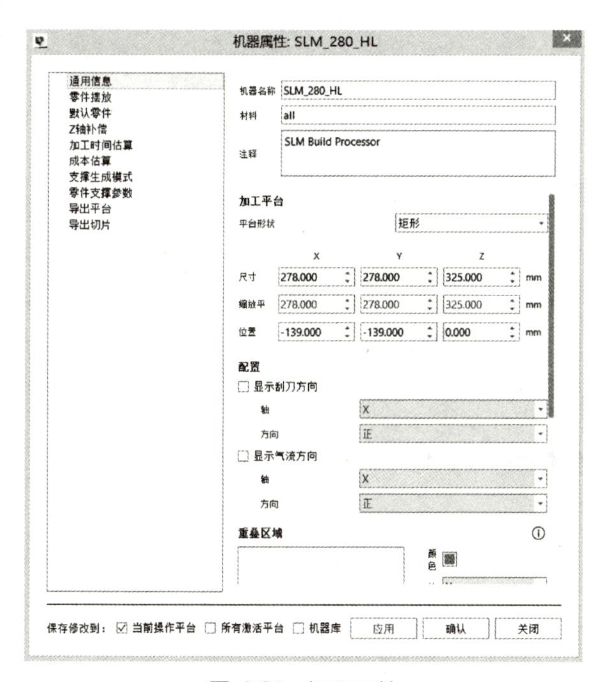

图 4-21 机器属性

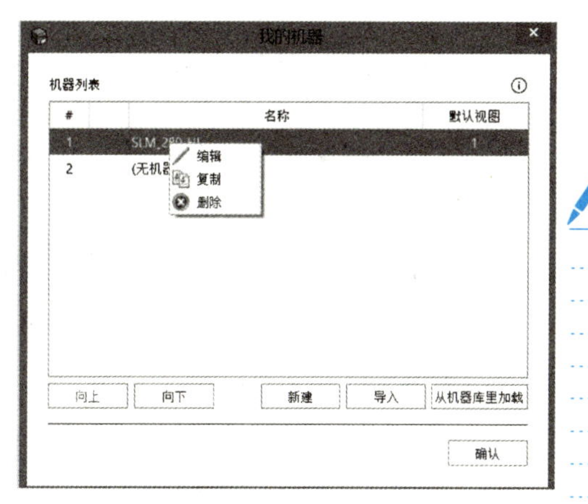

图 4-22 机器属性设置

三、导入零件

点击“文件”→“加载”→“导入零件”选项，打开“导入 STL”对话框，选择倒扣罩零件，点选位置按钮◉原始，零件将按照原有设定的坐标位置导入。点击“打开”按钮后关闭对话框，然后选中的倒扣罩零件将自动添加到工作台上，如图 4-23 所示。

四、零件修复优化

导入倒扣罩零件后，在“工具”下拉菜单中点击“零件修复信息”页，点击“刷新”按钮，启动零件诊断，检测零件错误类型和数量。如果零件有错误，点击“修复”下拉菜单→“自动修复”按钮，系统将自动修复倒扣罩零件。也可以点击“工具”下拉菜单中“自动修复”按钮，进行自动或手动修复。再一次进入“零件修复信息”页，点击“刷新”按钮，可以看到倒扣罩零件所有的错误已经修复完成，如图 4-24 所示。

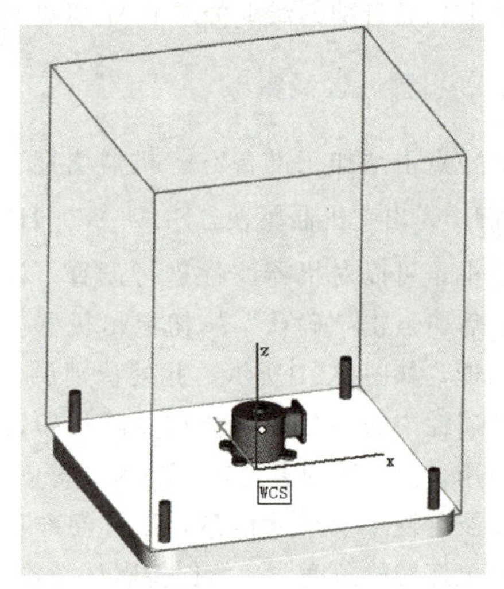

图 4-23 导入零件

零件信息 零件修复信息

配置文件 default*

诊断		
☑ 反转法向	✓ 0	
☑ 坏边	✓ 0	
坏轮廓	✓ 0	
☑ 缝隙	✓ 0	
☑ 平面孔洞	✓ 0	
☑ 壳体	✓ 1	
噪声壳体	✓ 0	
☑ 交叉三角面片	✓ 0	
☑ 重叠三角面片	✓ 0	

建议

所选类型未检测到错误。 跟随

(a)

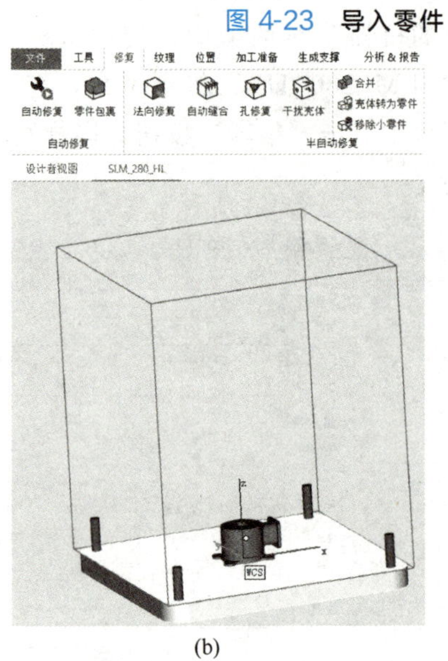

(b)

图 4-24 修复倒扣罩零件

五、零件操作

Magics 软件通过零件操作可以改变零件的尺寸大小和摆放方位。

1. 调整零件尺寸

点击“视图”→“零件尺寸”按钮，可以观察倒扣罩模型原始尺寸，也可以根据需要调整倒扣罩零件尺寸，如图 4-25 所示。

知识拓展：零件摆放方位

2. 调整零件摆放方位

考虑支撑的生成和后处理等因素，来提高倒扣罩零件的打印质量，根据倒扣罩模型结构来调整摆放角度。

选中倒扣罩零件后，点击“位置”→“底/顶平面”按钮，打开“底/顶平面”对话框。点选“底平面”单选按钮，再点击“指定面”按钮，这时鼠标会提示到零件上选择三角面片作为底平面，如图 4-26 所示。设置完成后，点击“确认”按钮退出对话框，倒扣罩零件将会按照要求进行翻转。

翻转后的倒扣罩零件如图 4-27 所示。

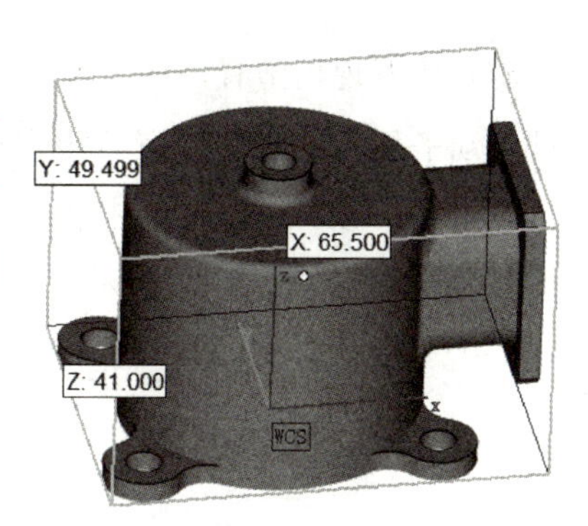

图 4-25　倒扣罩零件尺寸

知识拓展：底/顶平面选择的原则

(a)

(b)

图 4-26　底/顶平面

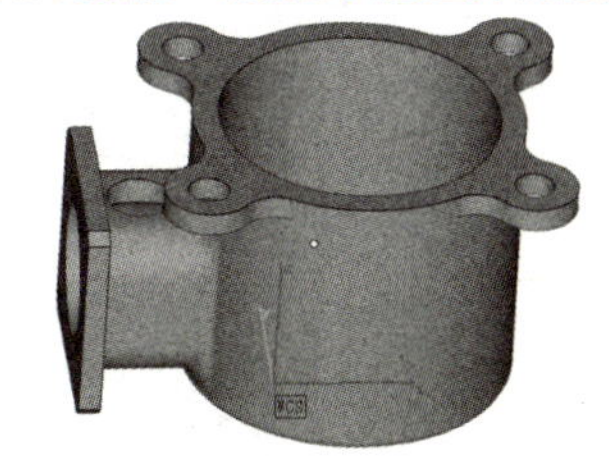

图 4-27　翻转后的倒扣罩零件

接下来点击“旋转”按钮，打开“旋转”对话框，输入 Y 轴旋转角度为 45°，“旋转中心”为“选中零件中心”，零件将根据设置要求进行相应的旋转，改变摆放角度，设置完成后点击“确认”按钮退出对话框。旋转后的倒扣罩零件如图 4-28 所示。

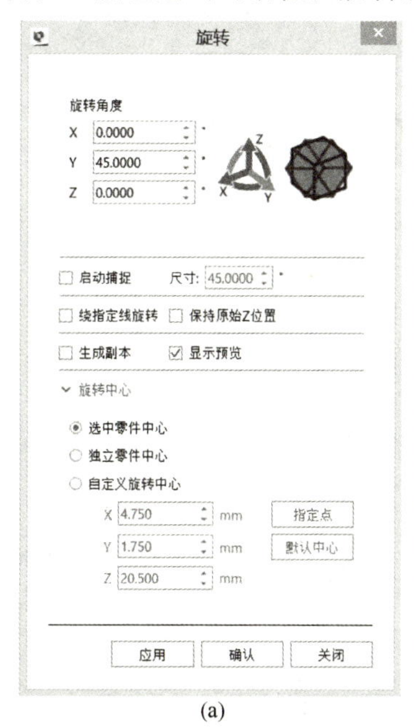

(a)

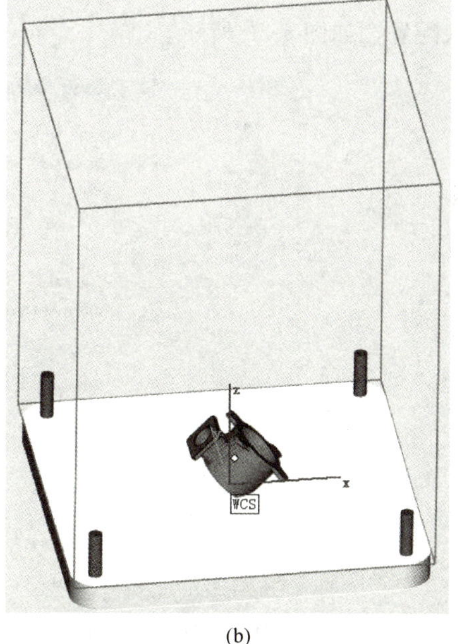

(b)

图 4-28　旋转后的倒扣罩零件

旋转后发现模型有一部分在工作台下方。点击“平移至默认 Z 位置”按钮，系统将零件自动平移至默认 Z 位置（根据设置不同，一般平移至工作台上方 3～5mm 的位置）。也可以点击“平移”按钮，打开“零件平移”对话框，直接输入移动后的 Z 坐标值。平移后的倒扣罩零件如图 4-29 所示。

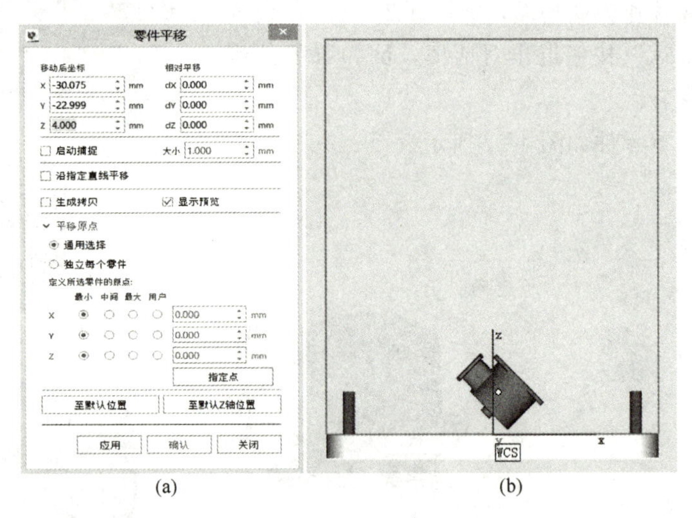

(a) (b)

图 4-29 平移后的倒扣罩零件

六、添加支撑

1. 支撑参数设置

点击“加工准备”→“机器属性”按钮，弹出“机器属性：SLM_280_HL”对话框，进入“零件支撑参数”页面，就可以设置“SLM_280_HL”的零件支撑参数了。无特殊情况，选择默认配置，如图 4-30 所示。

知识拓展：

SLM 支撑

图 4-30 零件支撑参数设置

2. 生成支撑

点击"生成支撑"→"生成支撑"按钮后进入支撑编辑模式，可以给倒扣罩零件添加支撑并对支撑进行编辑修改。添加好支撑的倒扣罩零件如图 4-31 所示。

生成支撑后，点击"导出支撑"按钮，打开"导出支撑"对话框，勾选"切片文件"复选框，修改保存路径，格式选择"SLC"，完成后点击"确定"按钮退出"导出支撑"对话框，倒扣罩支撑切片文件将按设定路径保存，如图 4-32 所示。

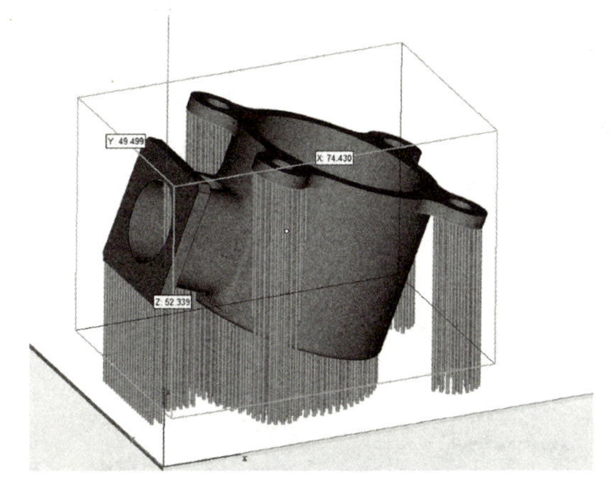

图 4-31 倒扣罩添加支撑

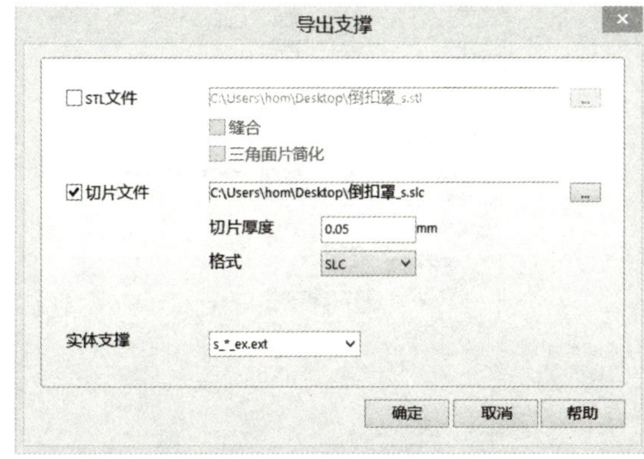

图 4-32 导出支撑

七、保存零件和项目

点击"文件"→"另存为"→"所选零件另存为"选项，或直接点击"所选零件另存为"按钮，打开"零件另存为"对话框，修改文件名和保存路径，保存类型为 STL 文件，点击"保存"按钮退出对话框，倒扣罩零件将按设定路径保存，如图 4-33 所示。

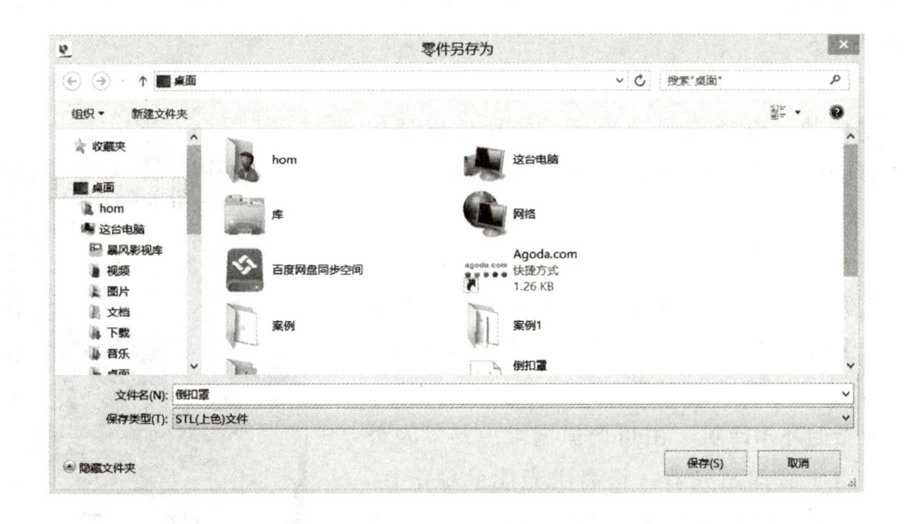

图 4-33 保存零件

点击“文件”→“另存为”→“保存项目”选项或“项目另存为”选项，或直接点击“保存项目”按钮或“项目另存为”按钮，打开“另存为”对话框，修改文件名和保存路径，“保存类型”为“Magics 项目文件”，点击“保存”按钮退出对话框，倒扣罩项目文件将按设定路径保存，如图 4-34 所示。

图 4-34 保存项目

活动 2 设备检查调试

>>> 沧海遗珠拓知识

职业技能等级证书要求描述： 3D 打印前准备及仿真

1. 系统组成

SLM 设备系统由三部分组成：计算机控制系统、主机、激光循环水冷机。SLM 打印机如图 4-35 所示。

（1）计算机控制系统　由高可靠性计算机、各种可靠的控制模块、电动机驱动单元、各种传感器组成。配以 HUST 3DP 控制软件系统，该软件用于三维图形数据处理、加工过程的实时控制及模拟。

（2）主机　该主机由五个基本单元组成：工作缸、落粉系统、铺粉系统、振镜式激光扫描系统、机架与机壳。主机工作腔如图 4-36 所示。主机侧视图如图 4-37 所示。

（3）激光循环水冷机　由可调恒温水冷却器及外管路组成，用于冷却激光器，提高激光能量稳定性，保护激光器，延长激光器寿命，保证其稳定运行，如图 4-38 所示。

图 4-35 SLM 打印机

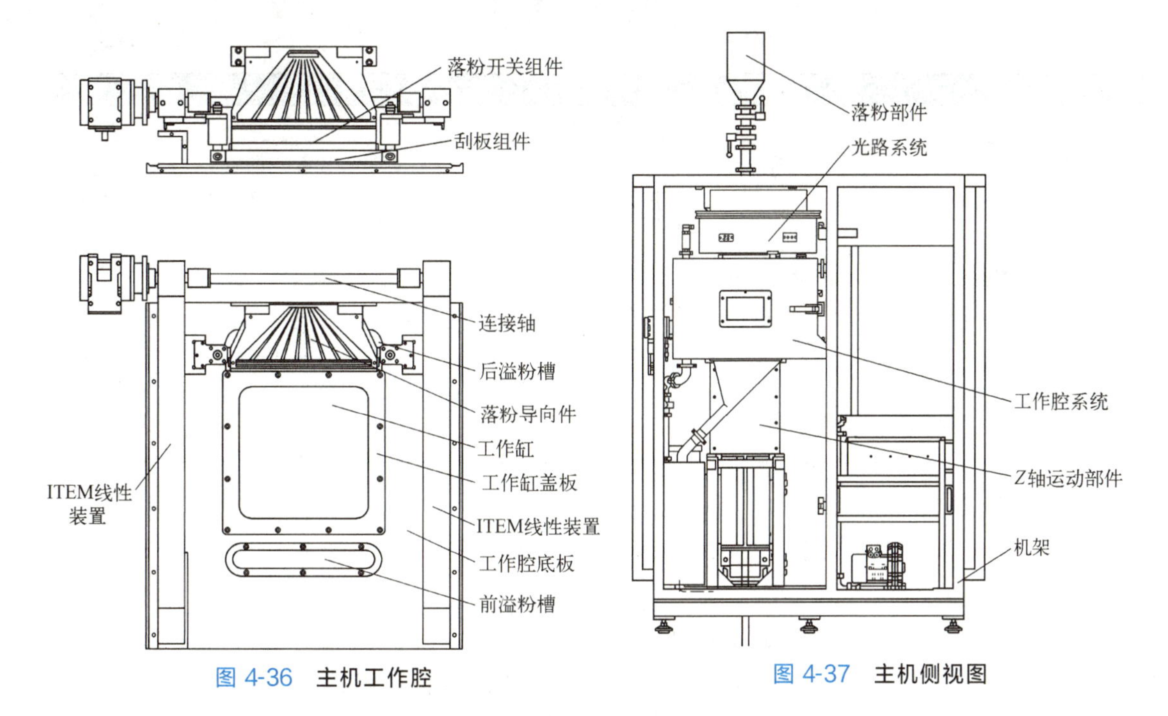

图 4-36 主机工作腔

图 4-37 主机侧视图

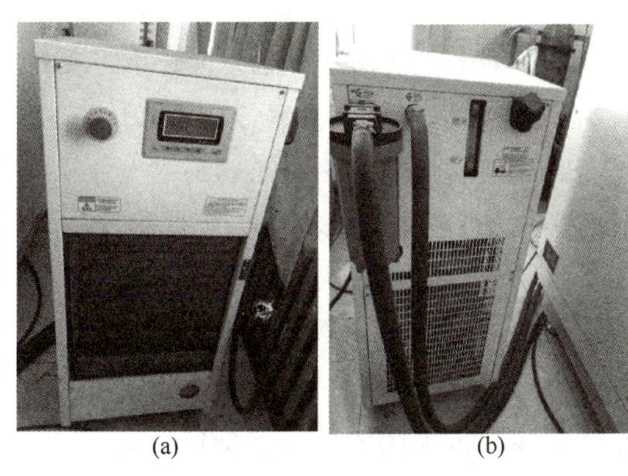
(a) (b)

图 4-38 激光循环水冷机

2. 性能参数

HKM 300 设备性能参数如表 4-6 所示。

表 4-6 HKM 300 设备性能参数

项目	性能参数
激光器	IPG-500W 连续光纤激光器
扫描系统	进口高速高精度振镜，Scanlab 扫描系统；焦平光斑尺寸≤0.1mm，最大扫描速度为 7m/s，扫描器重复定位精度≤0.01mm，零漂自动校正
分层厚度	0.02～0.1mm
成型精度	±0.1mm(L≤200mm)，±0.1%(L>200mm)
成型室尺寸(工作腔空间)	300mm(长)×300mm(宽)×350mm(高)
铺粉方式	自动上粉，单缸双向铺粉
成型材料	不锈钢、钴铬合金、钛合金、镍基高温合金、铝合金、镁合金等金属粉末材料
保护气体	高纯氮气或氩气(>99.999%)

续表

项目	性能参数
操作系统	Windows 系统
控制软件	HUST 3DP(自主研发)
软件功能	直接读取 STL 文件,在线式切片功能,在成型过程中可随时改变参数,如层厚、扫描间距、扫描方式等;三维可视化
输入文件格式	STL
输入方式	网络或 U 盘
主机外形尺寸	1750mm(长)×1300mm(宽)×2170mm(高)
质量	约 2000kg
额定功率	8kW
电源要求	380V,三相五线,50Hz,40A

3. 安全操作规范

SLM 设备安全操作规范主要包括环境安全、激光安全、粉末安全、电气安全、机械安全和高温烫伤安全。

(1) 环境安全　存放设备的车间要通风，以保证室内的氧气浓度不能太低。室内的温差不能变化太大，最好是在恒温（25℃）的情况下工作。设备使用适于的海拔高度为 1000m 以下。

(2) 激光安全　设备采用 500W 连续光纤激光器。激光束打在材料表面的圆的直径是 80～100μm。从激光器发出的激光光斑很小，能量很大，能对人体造成严重的伤害，甚至造成失明，或引发火灾。操作者禁止维修激光系统，只有被认证的专业维修人员才能维修激光系统。

专业维修人员在维修激光系统过程中应该遵循以下原则。

① 所有在场的人员必须佩戴专业防护眼镜。

② 操作之前需关好设备的防护门，防止激光反射出腔体。

③ 任何情况下，眼睛绝对不能直视激光。

④ 禁止在玻璃观察窗被破坏或未关闭的情况下操作设备。

⑤ 禁止在开启激光时，进入任何张贴了小心激光警告标志的区域。

(3) 粉末安全　金属粉末材料在正常操作中是安全的。但是，金属粉末材料一般都是易燃物，可能在非惰性环境中被静电或外部热源点燃；吸入一定量的金属粉末可能引起某些人呼吸道过敏；溢出的金属粉末会引起地板打滑等。因此，在金属粉末有关的操作中应该遵循以下原则。

① 确保房间通风良好。

② 保持设备和室内环境干净，减少空气中的粉尘。

③ 在粉末附近禁止吸烟或点燃任何材料。

④ 在制备和筛选金属粉末过程中，操作人员需佩戴适合粉尘密度的防粉尘口罩和防护眼镜以及手套。

⑤ 将易燃的液体存放到远离金属粉末的地方。

⑥ 盛装金属粉末的容器，当不使用时，请保持容器紧闭。

⑦ 零件从工作腔中移出来后，应放置在通风良好的地方，使其冷却到室温。

⑧ 请特别小心对待受热的粉末。

⑨ 保证保护气体是高纯度的，否则，金属粉末容易燃烧爆炸。

(4) 电气安全　在正常操作过程中，设备会保证操作者不被电击。设备中所有的弱电和强电设备都有专门的电器柜，并且都带锁。当操作设备时，请遵循以下原则。

① 只有专业的维护人员才能打开电气柜进行维护操作。

② 注意高压电警告标志，防止电击。

③ 电线线路有任何改动时，请确保设备可靠接地。

④ 遵循任何用电设备的使用常识和一般的安全措施。

(5) 机械安全

① 设备的外防护门是用铰链连接的，手不要接近铰链位置，以防夹伤。

② 开启和关闭设备外防护门时要彻底，用双手操作，禁止使门半开半闭。当设备的外防护门打开时，小心碰到头和身体其他部位。

③ 设备上面有很多螺钉和凸起，注意别刮伤手或因碰撞造成伤害。

(6) 高温烫伤安全

① 设备在打印过程中，基板及工件温度很高，取件过程中，要避免烫伤。

② 操作者在操作前，必须熟悉制造过程中和制造完成后哪些表面是高温表面，为防止烫伤，一般都有当心烫伤的标志。

③ 制造完成后，不能立即打开防护门，要冷却到安全温度才能打开门。

④ 必须等到冷却到一定温度（50℃以下）才能将工件从成型腔中取出来，在取工件的过程中，请佩戴手套。

⑤ 必须等到工作腔的温度降到 50℃ 以下才能清理工作腔中的金属粉末。

视频：选择性激光熔化成型设备打印前准备工作

一、开机前的准备工作

>>> 技巧点拨提技能

HKM 300 设备开机前的准备工作如表 4-7 所示。

表 4-7　HKM 300 设备开机前的准备工作

序号	步骤	步骤图解
1	用吸尘器将工作台台面、刮刀及平移导轨槽里的粉尘清洁干净	(a) (b) 清除粉尘

续表

序号	步骤	步骤图解
2	安装好接料桶	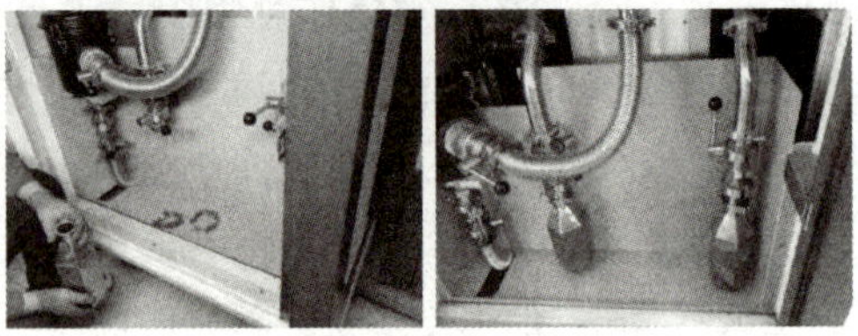 (a) (b) 安装接料桶
3	用脱脂棉蘸无水酒精将设备的激光窗口镜擦洗干净(每次打印前)	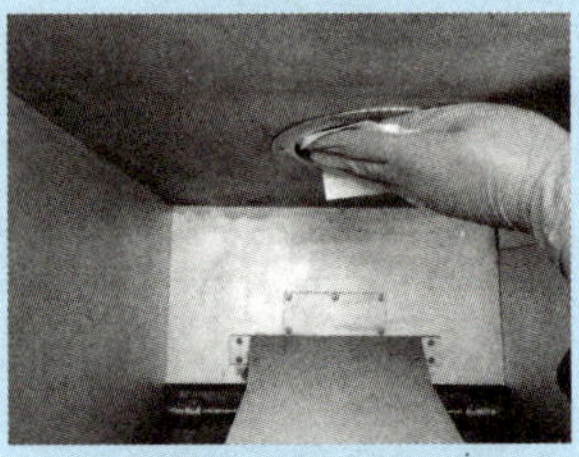 擦激光窗口镜
4	查看激光循环水冷机水箱中的水是否充足,若不够,则补充水进去	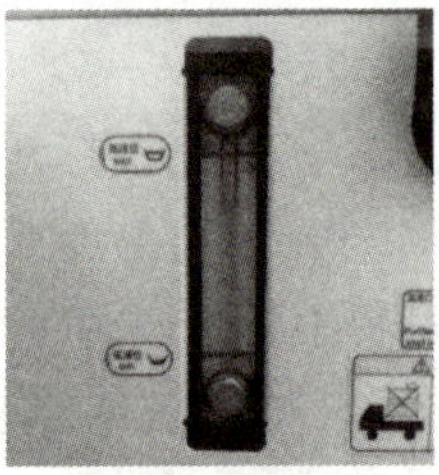 检查水冷机水位
5	每次系统开机之前,必须仔细检查工作腔内、工作台台面上有无杂物,以免损伤刮刀及其他元器件	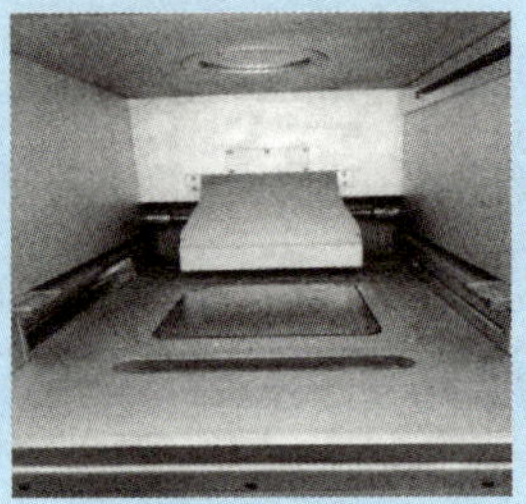 检查工作腔
6	检查确定金属粉末和金属基板的材质是同种材质	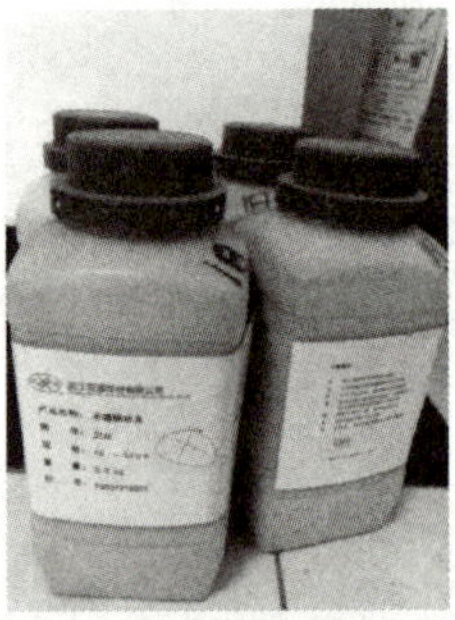 检查金属粉末和基板材质

续表

序号	步骤	步骤图解
7	检查设备所在车间环境温度是否在20～30℃	检查环境温度

二、配粉

利用 Magics 软件大致估算出需要准备的粉末重量，根据所需加工零件的材质准备好金属粉末材料。打印过的金属粉末，在使用前需经该材料对应目数的过滤筛或配套筛网规格的振动筛过筛，防止有异物掺杂在粉末里影响打印。新开包装的金属粉末不用过筛。振动筛和金属粉末杂质如图 4-39 所示。

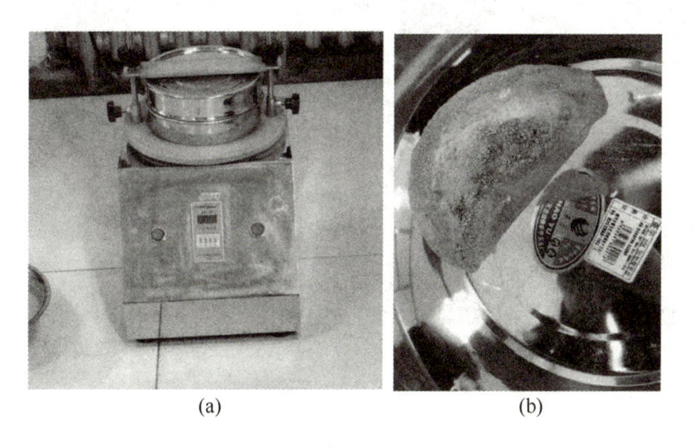

(a)　(b)

图 4-39　振动筛和金属粉末杂质

检查金属粉末是否受潮，如果受潮，要放到真空干燥箱中干燥，如图 4-40 所示。

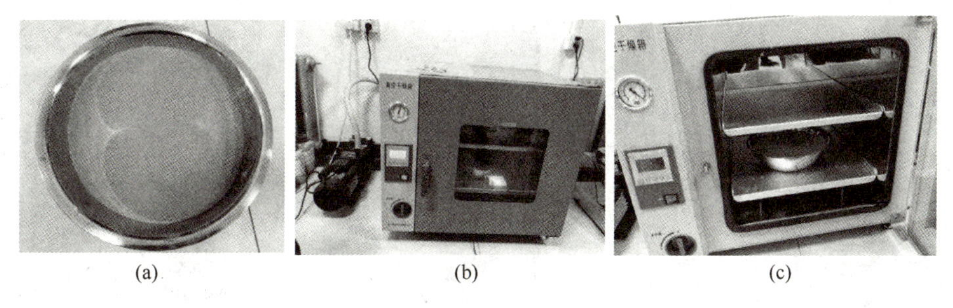

(a)　(b)　(c)

图 4-40　真空干燥金属粉末

添加配制好的金属粉末，如图 4-41 所示。

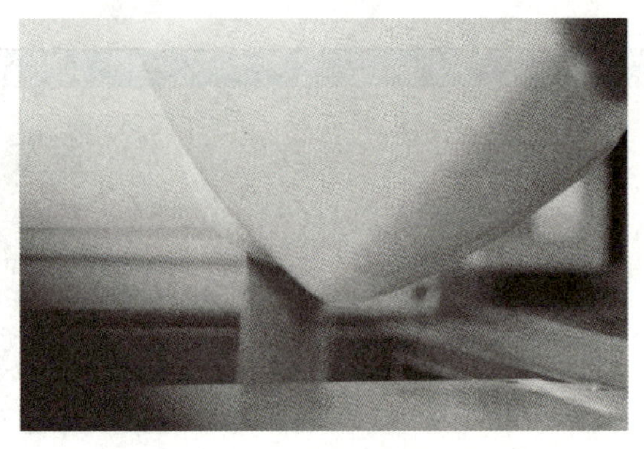

图 4-41 添加金属粉末

三、开机

启动计算机。按“开机”按钮，其指示灯亮，运行设备软件系统，点击“工作缸上升”按钮，将工作台台面升至最上面位置。开机操作如图 4-42 所示。

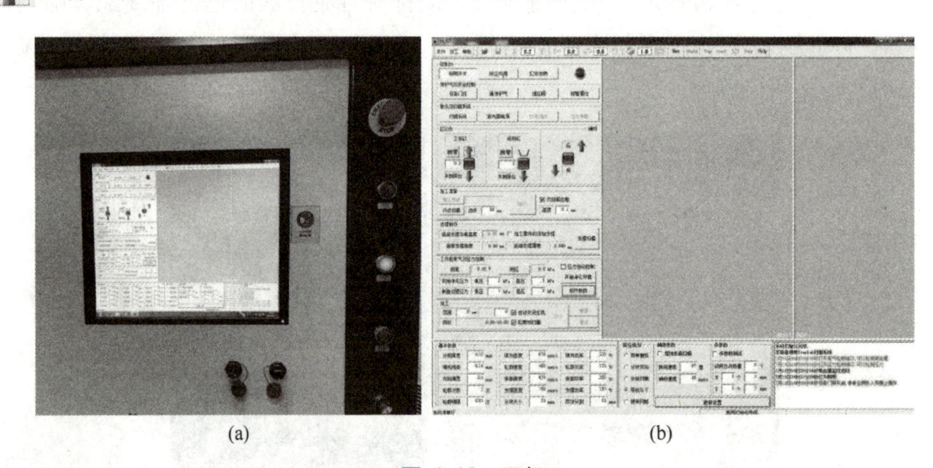

(a) (b)

图 4-42 开机

知识拓展：喷砂

四、安装基板

基板经磨床磨好后，放在喷砂机中喷砂，如图 4-43 所示。

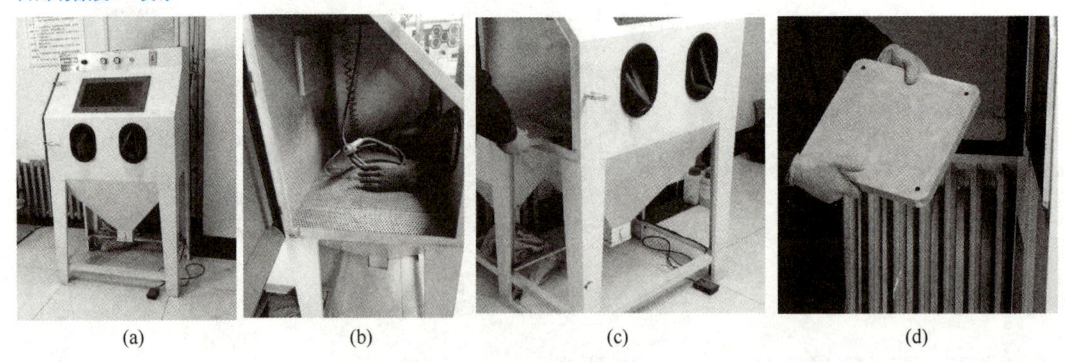

(a) (b) (c) (d)

图 4-43 基板喷砂

喷完砂后将基板取出，用吸尘器吸去表面浮砂。再用脱脂棉蘸无水酒精擦基板各个面和设备底座（工作台台面）。擦完后准备安装基板，如图 4-44 所示。

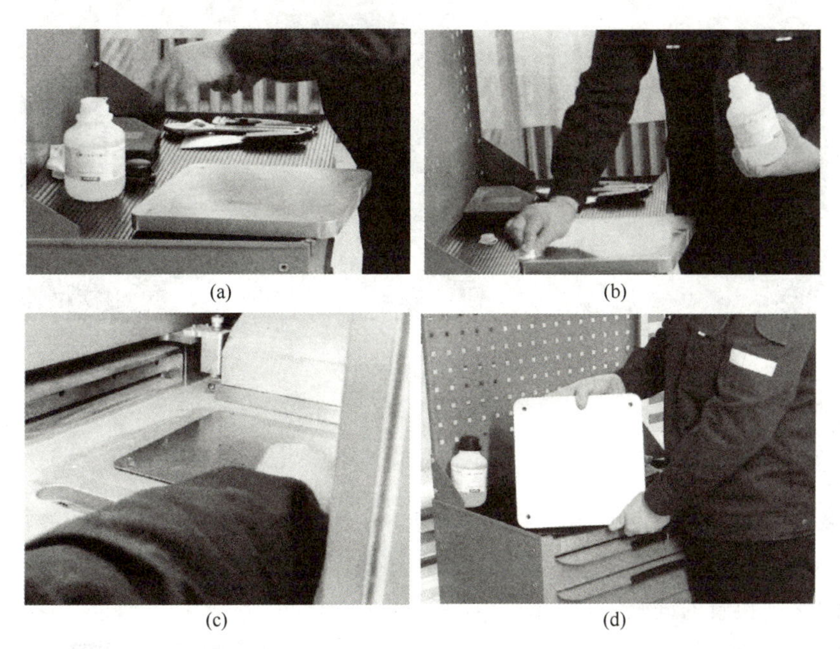

(a) (b) (c) (d)

图 4-44　擦拭基板和底座

将基板放在底座上，双手调试，目测基板与底座边缘基本对齐。调试基板位置时，可点击“工作缸下降”按钮，运动一点距离，保证基板不与周边发生干涉。调好后，用内六角螺栓固定基板，先初步固定，后按对角线固定拧紧，直至拧不动为止，如图 4-45 所示。

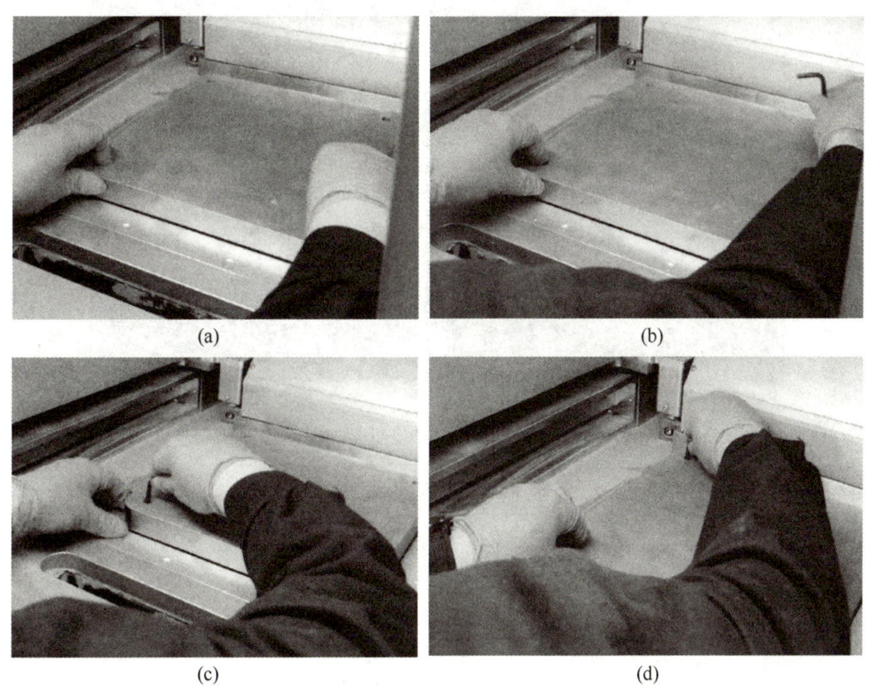

(a) (b) (c) (d)

图 4-45　安装基板

装好后，点击“工作缸下降”按钮，运动到目测基板上表面与周边平齐，或基板上表面比工作腔底板稍低点，可用直角尺沿每个边检验基板是否平齐，如图 4-46 所示。

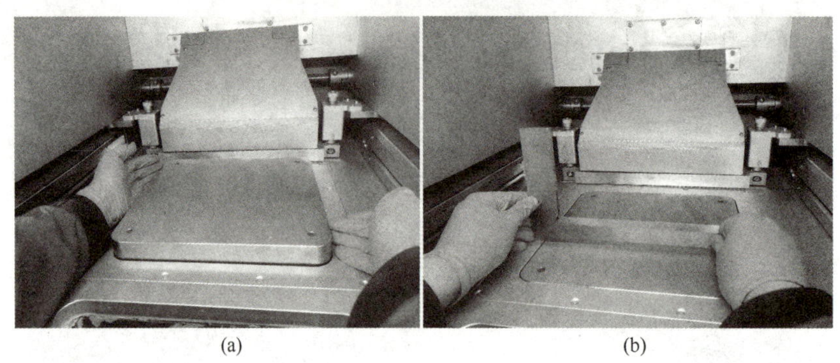

(a) (b)

图 4-46 校平基板

视频：选择性激光熔化成型设备打印前设备调整

五、装调刮刀

刮刀由铺粉辊和硅胶条组成。装调前，先将刮刀拆下放在操作台上，再将硅胶条撕下，然后用脱脂棉蘸无水酒精擦拭刮刀各个面，擦干净后更换新的硅胶条，如图 4-47 所示。

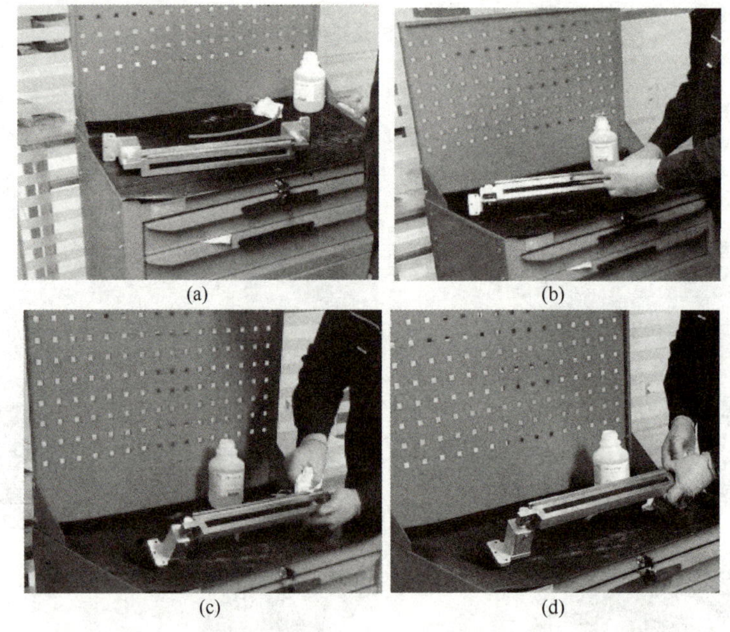

(a) (b) (c) (d)

图 4-47 安装基板

装调时，先拧紧左右的螺钉，然后微调左右的旋钮，用 3 张 A4 纸塞在刮刀与工作台台面间，调整到左右均匀、拉不动为止。调好后，点击铺粉辊向后运动箭头，将刮刀移到后面，如图 4-48 所示。

六、手动铺粉

在控制面板中，通过送粉缸送粉和铺粉辊前后移动的配合将工作台基板上的粉末铺均

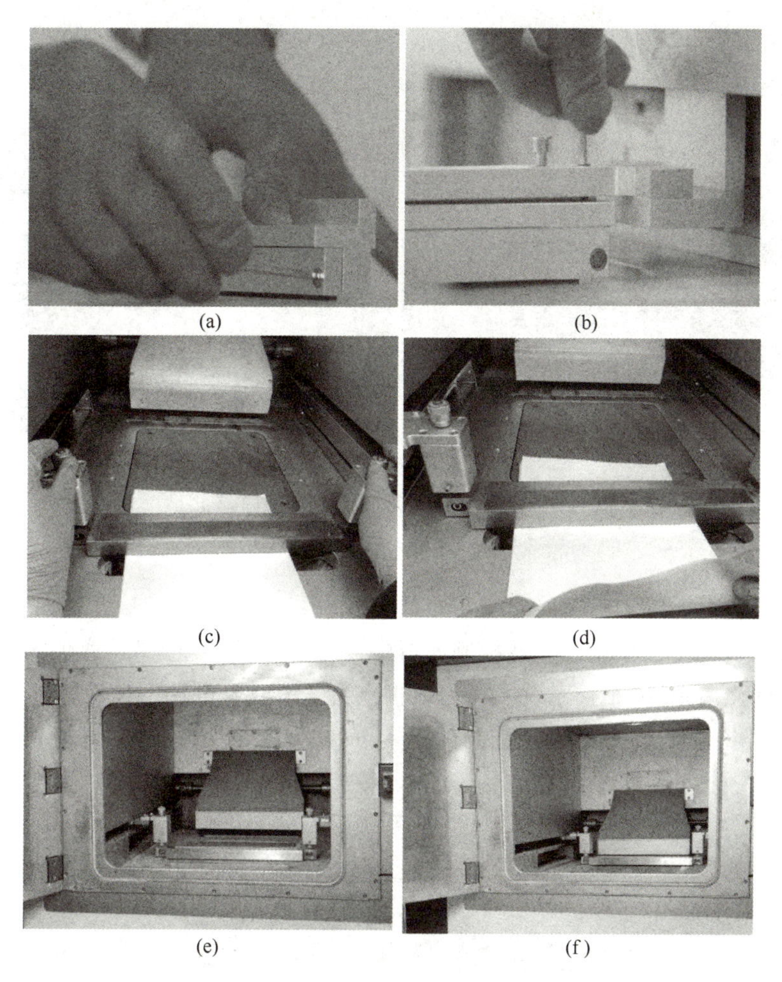

图 4-48　装调刮刀

匀。工作缸数值是工作缸上升或下降的距离，送粉缸数值决定送粉量的多少，按钮都是暂停按钮，“未到限位”表示还没到极限位置。在控制面板中送粉缸处，输入数值，点击“向下”按钮，送粉缸送粉，然后点击“铺粉辊向前”按钮，刮刀铺粉，观察基板上粉末铺得是否均匀。如果铺得不均匀，将工作缸上移，输入适当数值，移完再送粉铺粉，还可同时调节刮刀左右的两个旋钮，直至当刮刀从基板上方运动后，基板上均匀铺成薄薄一层金属粉末。最后进行调平，使基板上表面与刮刀下表面的间距为 0.05mm，如图 4-49 所示。

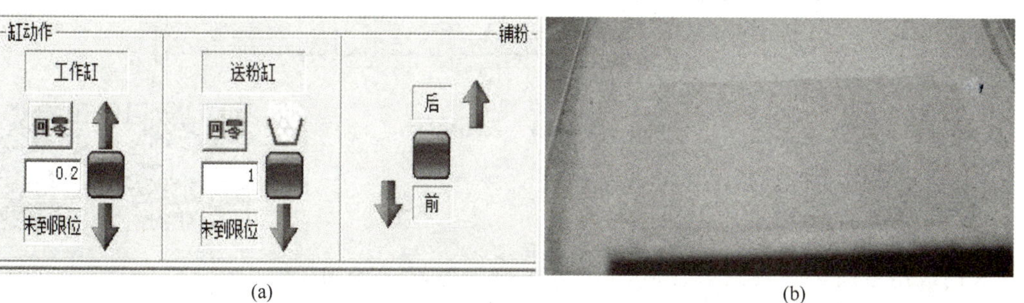

图 4-49　手动铺粉

手动铺粉结束后，用毛刷将基板上的粉末扫入溢粉槽中，再用脱脂棉蘸无水酒精将设备的激光窗口镜擦洗干净，如图 4-50 所示。

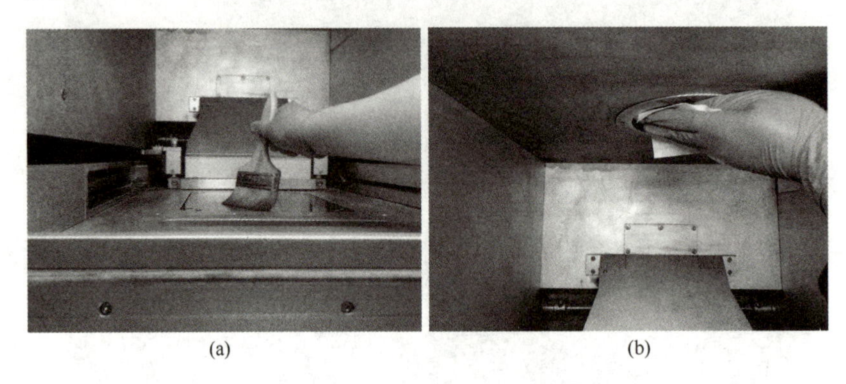

(a) (b)

图 4-50 清扫粉末和擦激光窗口镜

七、关闭仓门

前面调好后，关闭成型室门。在控制面板中，点击“照明开关”“通保护气”“泄压阀”“缸体加热”“除尘风扇”“扫描系统”按钮，再点击“激光器电源”按钮，按下设备“使能”按钮，再点击“出光使能”按钮，打开门会有黄光出现，激光器已准备完毕，如图 4-51 所示。

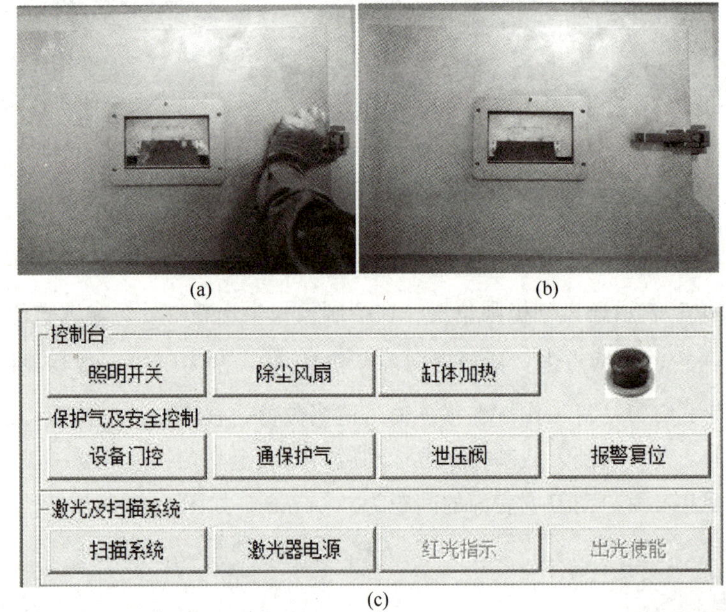

(a) (b) (c)

图 4-51 关闭舱门

八、成型室充惰性气体

关闭成型室门，充入保护气体。图 4-52 所示为氩气罐和压力表，工作时，氩气罐向外输气流量不超过 10L/min。

知识拓展：成型室充惰性气体

思政拓展：孟母三迁

(a)

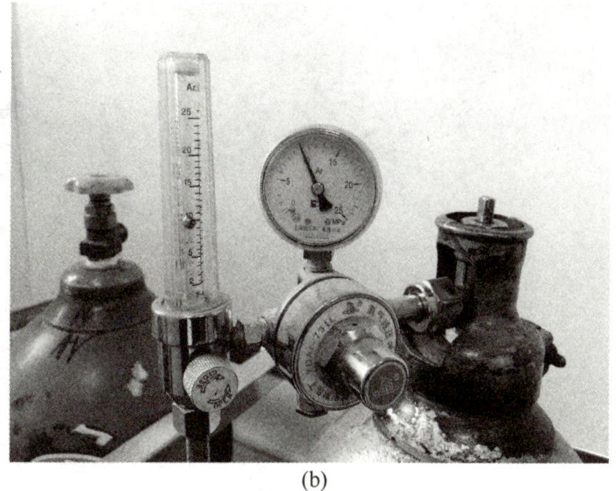
(b)

图 4-52　氩气罐和压力表

成型室充氩气时间约一个小时，仓内氧气含量降低至 0.1%以下，设备才能开始进行打印。图 4-53 所示“工作腔氧气及压力控制”区域中，参数一般不需更改，如果修改了，点击“修改参数”按钮保存修改。

工作腔氧气及压力控制

测氧	0.02 %		测压	0.1 kPa	压力自动控制
初始净化压力	低压	2 kPa	高压	3 kPa	开始净化环境
制造过程压力	低压	1 kPa	高压	2 kPa	修改参数

图 4-53　工作腔氧气及压力控制

九、模型预处理

在 Magics 软件中准备好模型后，利用 U 盘或网络将准备加工的 STL 文件导入设备计算机中。文件最好存在设备计算机里，一般不用 U 盘直接打印，以防止突然断电等丢失数据，造成不能继续打印。

通过“文件”下拉菜单读取 STL 文件，倒扣罩模型将显示在屏幕实体视图框中。如果零件模型显示有错误，请退出 HUST 3DP 软件系统，自动修正后再读入，直到系统不再提示有错误。通过“旋转”按钮 0.0 ，可以将倒扣罩实体模型进行适当的旋转，以选择理想的加工方位。通过“缩放”按钮 1.0 ，可以将倒扣罩模型缩放到合适的大小。加工方位和尺寸确定后，利用“文件”下拉菜单的“保存”或“另存为”选项存储该零件，以作为即将用于加工的数据模型。如果是“文件”下拉菜单文件列表中的文件，用鼠标直接点击该模型文件即可读取。如图 4-54 所示。

通过“加工”下拉菜单导入倒扣罩支撑文件，如图 4-55 所示。修改“设定基础支撑高度”的值后，点击“OK”按钮，退出“支撑信息”对话框。

在“支撑制作”设置中，勾选“加工零件时添加支撑”复选框，如图 4-56 所示。

加载后的倒扣罩实体模型和支撑文件如图 4-57 所示。

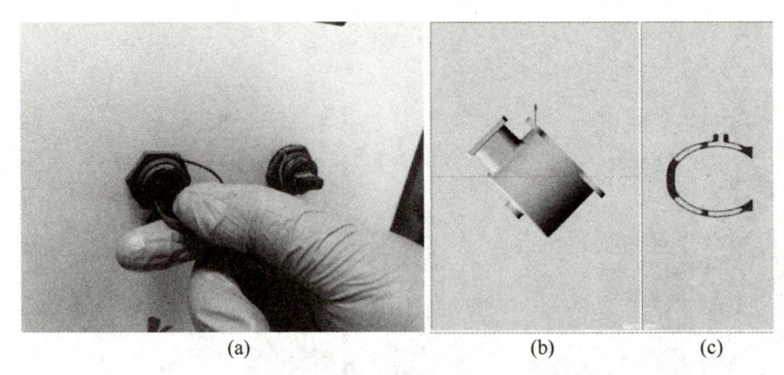
(a) (b) (c)

图 4-54 读取倒扣罩 STL 文件

支撑信息

当前支撑文件SLC版本	SLCVER 2.0	
当前支撑路径:		
I:\倒扣罩_s.slc		
当前支撑对应零件(仅预测):	倒扣罩.stl	
当前支撑层厚	0.050	mm
当前支撑总层数	1272	
设定基础支撑高度(零件底部离0点高度)	4	mm

OK Cancel

图 4-55 导入倒扣罩支撑文件

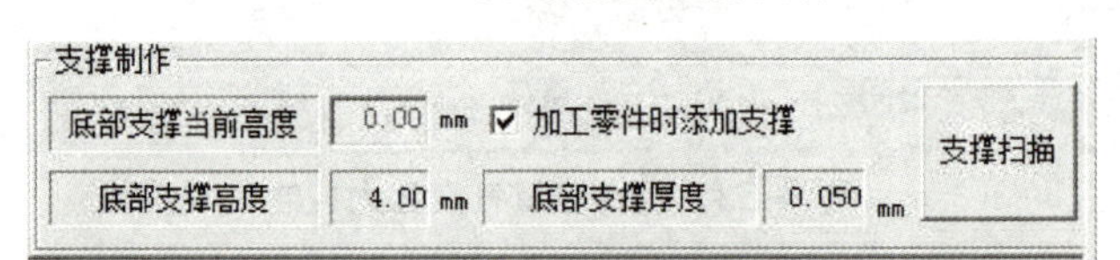

图 4-56 “支撑制作”设置

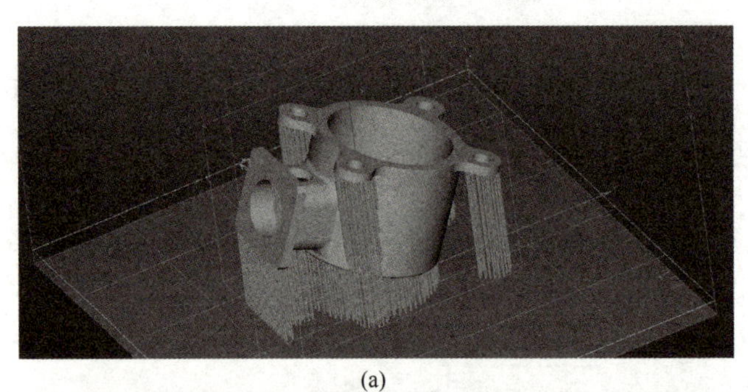
(a)

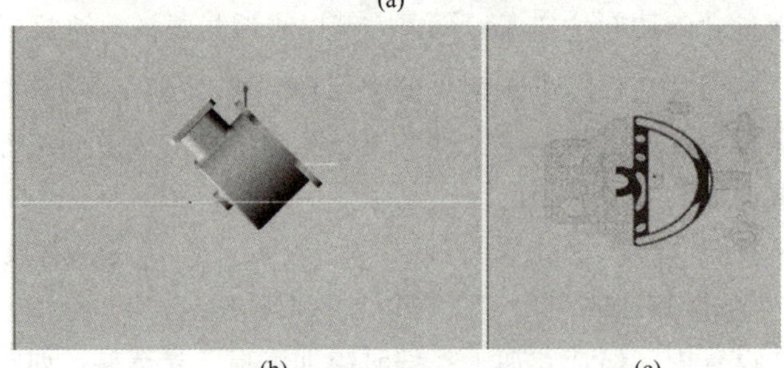
(b) (c)

图 4-57 加载后的倒扣罩实体模型和支撑文件

评价单

请填写“3D打印数据处理与参数设置任务评价表”，评价任务完成情况，见表4-8。

表4-8　3D打印数据处理与参数设置任务评价表

班级：　　　　　　学号：　　　　　　姓名：

评价点	评价比例	★★★	★★	★	自我评价	小组评价	教师评价
模型修复优化	20%	能添加相应机器平台并完成机器属性设置;能熟练地修复优化倒扣罩STL模型;能合理地调整零件打印尺寸和摆放方位	能添加相应机器平台并完成机器属性设置;能比较熟练地修复优化倒扣罩STL模型;能比较合理地调整零件打印尺寸和摆放方位	能在小组成员协助下添加相应机器平台并完成机器属性设置;能比较熟练地修复优化倒扣罩STL模型;能比较合理地调整零件打印尺寸和摆放方位			
支撑设置	15%	能合理地设置零件支撑参数,并能熟练地生成支撑及编辑支撑	能比较合理地设置零件支撑参数,并能比较熟练地生成支撑及编辑支撑	能在小组成员协助下设置零件支撑参数,并能比较熟练地生成支撑及编辑支撑			
打印前准备	35%	能熟练、全面地完成设备开机前准备工作;能正确安装基板和刮刀;能按照打印要求配粉并添加粉末;能够操作设备完成手动铺粉且铺粉达标;操作过程规范且安全	能较为熟练、全面地完成设备开机前准备工作;安装基板和刮刀过程无明显错误;能基本按照打印要求配粉并添加粉末;基本能够操作设备完成手动铺粉;操作过程基本规范且安全	能在小组成员协助下完成设备开机前准备工作;安装基板和刮刀过程无明显错误;能基本按照打印要求配粉并添加粉末;基本能够操作设备完成手动铺粉;操作过程基本规范且安全			
气氛准备	10%	能在制造前估测打印时间,计算需要的氮气(氩气)流量;能安全快速更换气瓶并充气	能在制造前估测打印时间,计算需要的氮气(氩气)流量;能安全更换气瓶并充气	能在小组成员协助下估测打印时间,计算需要的氮气(氩气)流量;基本能安全更换气瓶并充气			
模型预处理	10%	能熟练地将STL文件导入设备计算机中,完成模型预处理	能比较熟练地将STL文件导入设备计算机中,完成模型预处理	能在小组成员协助下将STL文件导入设备计算机中,完成模型预处理			
反思与改进	10%						

任务实施 3　3D 打印制作

活动　零件制作

>>> 沧海遗珠拓知识

职业技能等级证书要求描述：3D 打印制作及过程监控

一、零件制作步骤

视频：选择性激光熔化成型设备零件制作

常用成型材料推荐的参数设置如表 4-9 所示。激光功率、层厚可根据零件的壁厚、Z 向弧面的大小而有所增减。

表 4-9　不同金属材料参数设置举例

参数＼材料	316L 不锈钢	工具钢	TC4
扫描速度/(mm/s)	1000	1000	1000
激光功率/W	300	280	240
扫描间距/mm	0.07	0.07	0.07
单层厚度/mm	0.05	0.05	0.03

零件制作一般按如下步骤进行。

1. 参数设置

在软件下方参数设置区域设置零件制作的基本参数，主要包括分层厚度、填充间距、填充速度、填充功率、轮廓速度、轮廓功率、表面速度、表面功率、支撑速度、支撑功率、光斑偏置、轮廓次数、轮廓间距、分块大小和带状分割等。设置完成后，点击“更新设置”按钮，即可完成参数更新并保存。随着材料种类的不同，一般工作参数也略有不同，需要根据材料本身的性质来优化调整工作参数。基本参数设置如图 4-58 所示。

基本参数

分层厚度	0.05 mm	填充速度	650 mm/s	填充功率	320 W
填充间距	0.14 mm	轮廓速度	400 mm/s	轮廓功率	200 W
光斑偏置	0.1 mm	表面速度	650 mm/s	表面功率	280 W
轮廓次数	1 次	支撑速度	700 mm/s	支撑功率	150 W
轮廓间隔	0.01 次	分块大小	10 mm	带状分割	10 mm

图 4-58　基本参数设置

路径规划、辅助参数和多参数的设置如图 4-59 所示。

多参数设置能够同时满足同种材料多种不同参数的打印，便于在材料使用初期寻找合适的参数，具体设置如图 4-60 所示。

2. 2D 手动制造

2D 是指具体的一层或一个面。在 3D 自动打印前，先 2D 手动打印 3～5 层，观察打印效果。2D 手动制造时，第一层先打印在基板上，以便于金属附着在基板表面。若可以，继

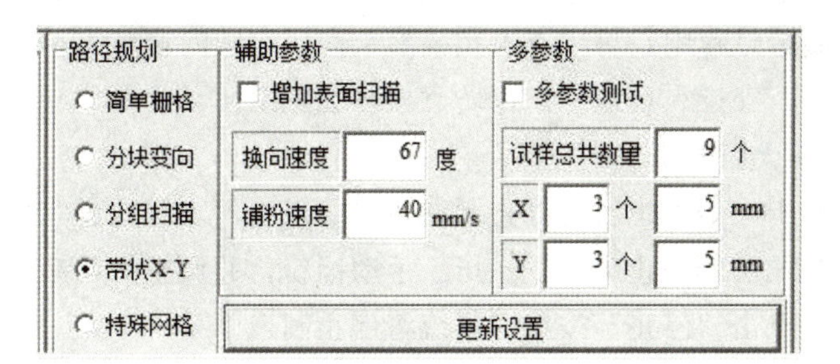

图 4-59　其他参数设置

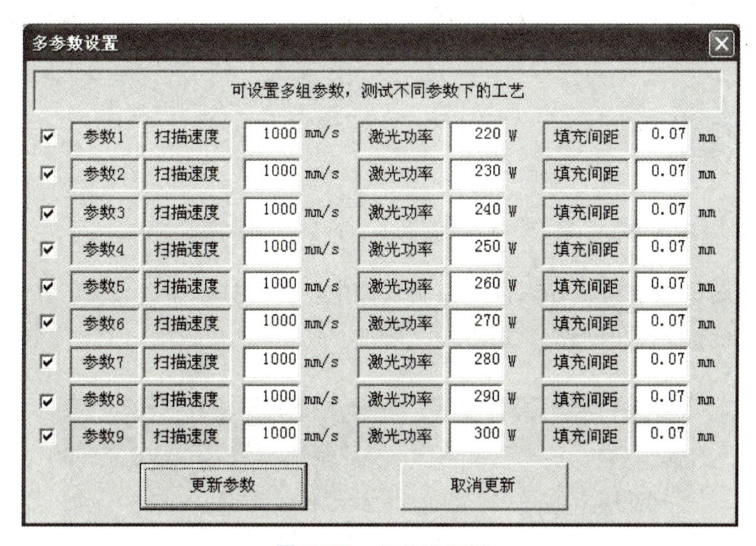

图 4-60　多参数设置

续进行 3D 自动制造。如图 4-61 所示。

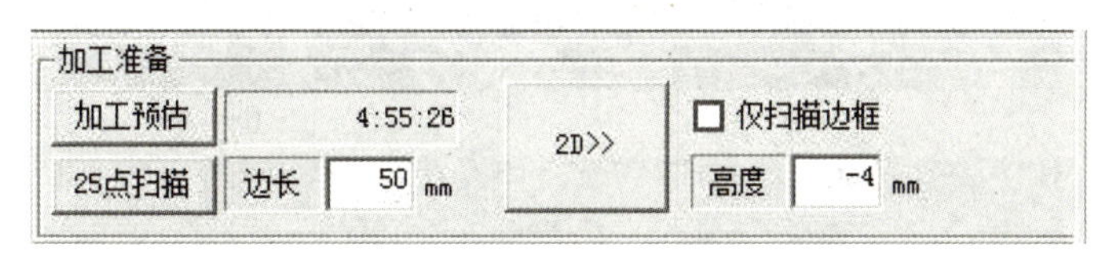

图 4-61　2D 手动制造

3. 3D 自动制造

3D 自动制造如图 4-62 所示。加工范围是指加工零件的高度范围。根据零件自身参数以及材料多少，合理设置起止高度，初始值一般为 0，不需更改。勾选“自动关闭主机”复选框，打印结束后，设备自动关闭主机。

图 4-62　3D 自动制造

点击“3D”按钮后，设备开始自动打印零件。自动打印时，系统接着2D打印从模型支撑零点打起。零件制造过程中，可以点击扫描参数区域，随时调整零件的制作参数。还需注意在设备工作过程中，安排人员值守，以防意外情况发生。

4. 系统暂停和继续加工

在自动制造过程中，如果想暂时停止制造，如发现工件表面缺粉，可以点击“暂停”按钮，系统在加工完当前层后停止加工下一层。手动铺粉，并调整送粉系数后，再次点击“暂停”按钮继续制造。点击“停止”按钮，系统将停止制造。

5. 关机

零件制造完毕后，主机会自动关闭电源，点击软件窗口右上角的关闭按钮或“文件”中的“退出”命令退出HUST 3DP软件系统，返回Windows界面，关闭计算机，最后关闭总电源。

>>> 技巧点拨提技能

二、倒扣罩3D打印制作

将处理完成的倒扣罩模型导入设备控制软件中，进行打印参数设置。按上述零件制作步骤，完成倒扣罩的3D打印制作，如图4-63所示。

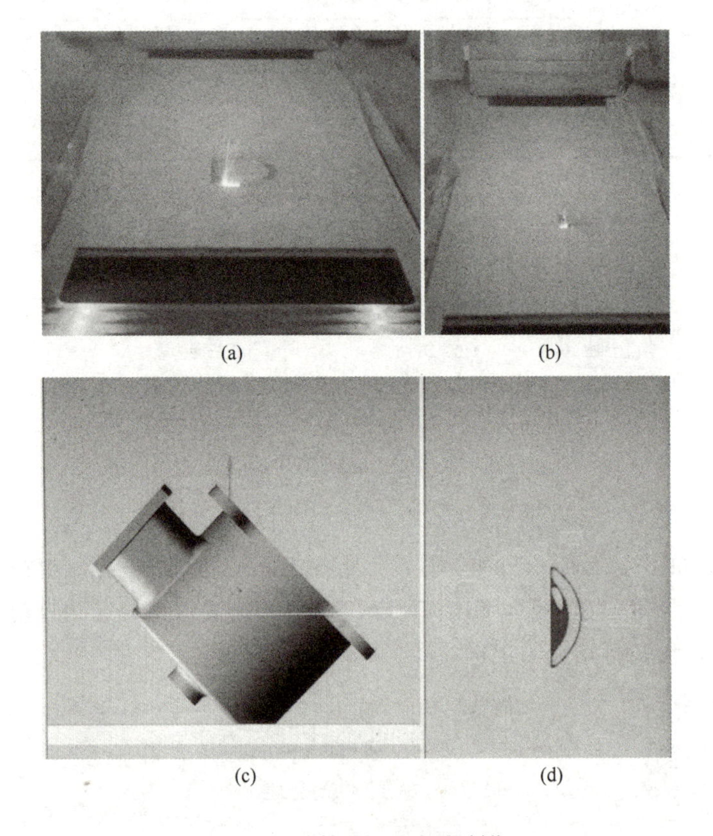

(a) (b) (c) (d)

图4-63 倒扣罩3D打印制作

评价单

请填写“3D打印制作任务评价表”，对任务完成情况进行评价，见表4-10。

表4-10 3D打印制作任务评价表

班级： 学号： 姓名：

评价点	评价比例	★★★	★★	★	自我评价	小组评价	教师评价
设备打印参数设置	15%	能根据倒扣罩结构合理设置设备打印参数	能根据倒扣罩结构比较合理地设置设备打印参数	能在小组成员协助下，根据倒扣罩结构设置设备打印参数			
设备操作	25%	能熟练地按照参数设置、2D手动制造、3D自动制造等步骤完成倒扣罩3D打印任务；能正确且规范地完成设备日常维护与保养	能比较熟练地按照参数设置、2D手动制造、3D自动制造等步骤完成倒扣罩3D打印任务；基本能正确且规范地完成设备日常维护与保养	能在小组成员协助下按照参数设置、2D手动制造、3D自动制造等步骤完成倒扣罩3D打印任务；基本能正确且规范地完成设备日常维护与保养			
过程监控	30%	能在打印过程中根据实际情况合理调整温度、速度等参数；能够独立进行设备运行的实时监控，评估打印质量	能在小组成员协助下根据实际情况合理调整温度、速度等参数；能够独立进行设备运行的实时监控，评估打印质量	能在小组成员协助下根据实际情况合理调整打印温度、速度等参数，并进行设备运行的实时监控，评估打印质量			
故障处理	20%	能在打印过程中及时发现并处理故障	能在打印过程中及时发现故障并能在小组成员的协助下处理故障	能在小组成员的协助下及时发现并处理设备故障			
反思与改进	10%						

任务实施 4 3D 打印后处理

>>> 技巧点拨提技能

职业技能等级证书要求描述：3D 打印后处理

SLM 工艺中，3D 打印后处理的一般流程如下：清粉前的准备→清粉取件→分离工件→去除支撑→去应力退火→喷丸抛光→基板处理。

活动 1 清粉前的准备

① 查看零件数字模型，了解零件的形状和位置，以免在清粉过程中损坏零件。

② 为防止高温烫伤，制造完成后，不能立即打开成型室门，要等到冷却到安全温度（50℃以下）才能打开。确保零件充分冷却后再清粉，以防止零件过快冷却发生永久性的变形或因应力释放造成零件产生裂纹。

活动 2 清粉取件

清粉、拆卸基板及工件步骤如下。

① 制造完成后，按机器面板开机按钮，打开计算机主机电源，运行 HUST 3DP 软件，点击“工作缸上升”按钮 ，将工作缸缓慢升起，注意将零件四周溢出的多余金属粉末用勺子装到相应的容器中，小心处理粉末，不要使其溢到缸后面的钢带中，如图 4-64 所示。

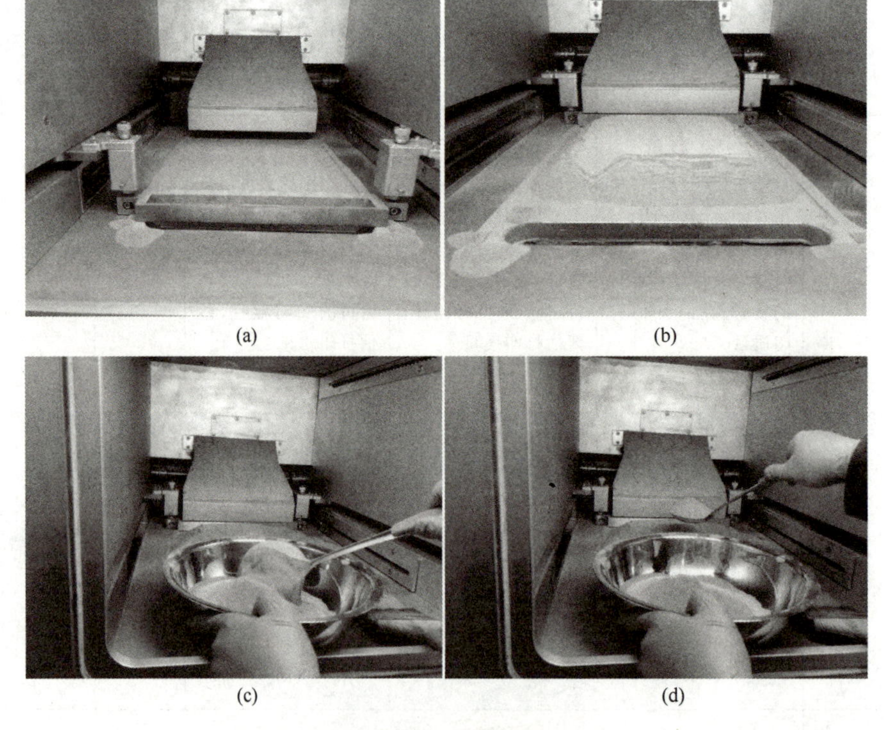

(a) (b) (c) (d)

图 4-64 清理粉末

② 用刷子清扫基板和工件上的金属粉末，如图 4-65 所示。

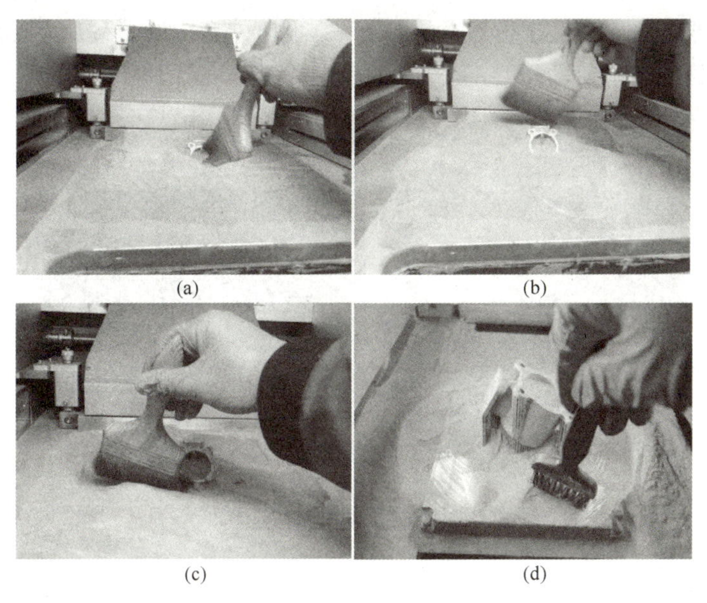

(a) (b) (c) (d)

图 4-65 清除粉末

③ 用合适的内六角扳手拧松螺钉，拆卸基板及工件，如图 4-66 所示。

④ 用气枪等工具将模型以及支撑空隙中的粉末清理干净，如图 4-67 所示。

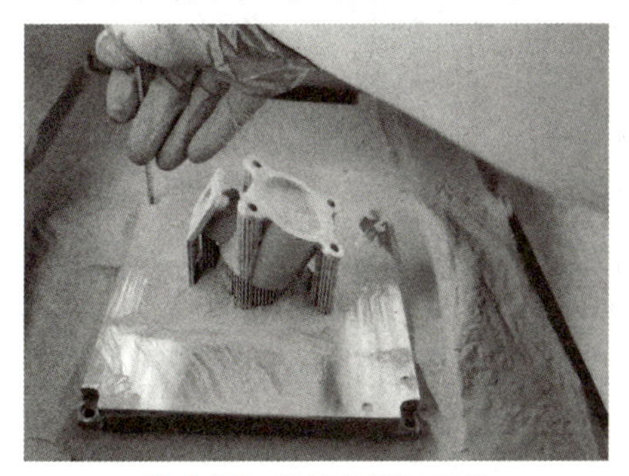

图 4-66 拆卸基板及工件

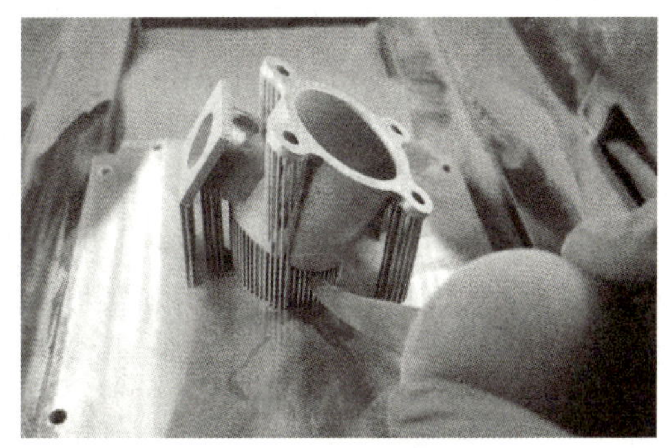

图 4-67 气枪清粉

⑤ 将基板及工件从工作腔中取出来准备后处理，在取件过程中请佩戴手套，如图 4-68 所示。

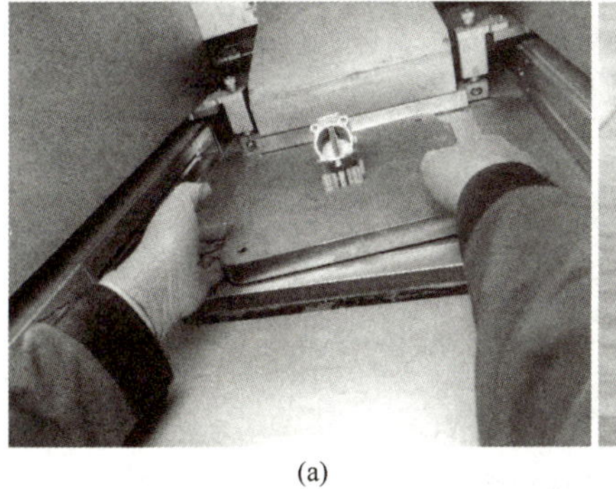

(a)

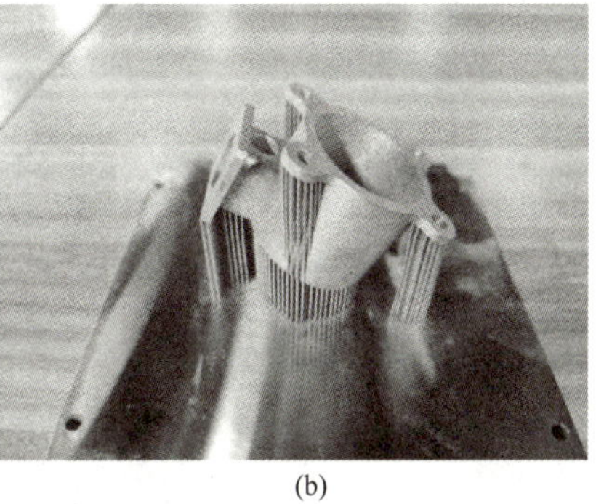

(b)

图 4-68 取出基板及工件

⑥ 最后清理工作腔中的金属粉末。先用刷子将底座（工作台）和周边明显的金属粉末扫掉，再用吸尘器吸底座（工作台）上的粉末。工作腔表面残留的粉末尽量清除干净，以免影响下一个零件的打印精度，如图 4-69 所示。

(a)

(b)

图 4-69 清理工作腔

活动 3 分离工件

知识拓展：电火花线切割原理

从设备中将基板和工件取出后，工件还是和基板粘连在一起的。首先需将带有支撑的工件和基板分离，常用的设备是电火花线切割机床，如图 4-70 所示。

图 4-70 电火花线切割机床

将倒扣罩和基板用吸尘器吸一下表面浮粉，再用棉纱蘸酒精擦拭干净，装到线切割机床上，切下工件和大部分支撑。若没有电火花线切割机床，也可以利用手锯将倒扣罩和基板分离，如图 4-71 所示。

活动 4 去除支撑

分离后，使用工具将工件上剩余的支撑逐个剥离，清理零件表面毛刺。去除倒扣罩支撑如图 4-72 所示。

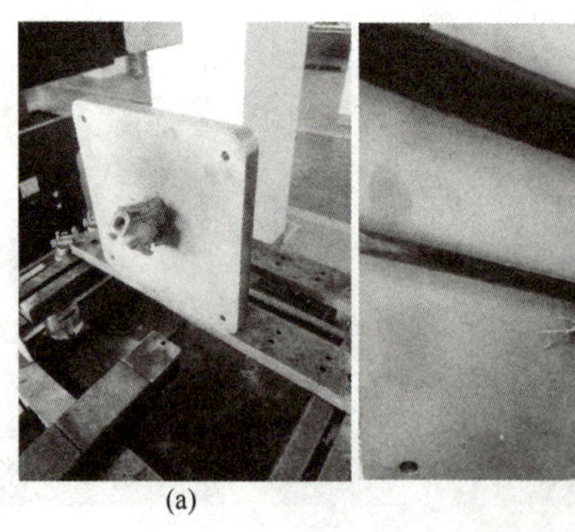
(a) (b)

图 4-71 分离基板和工件

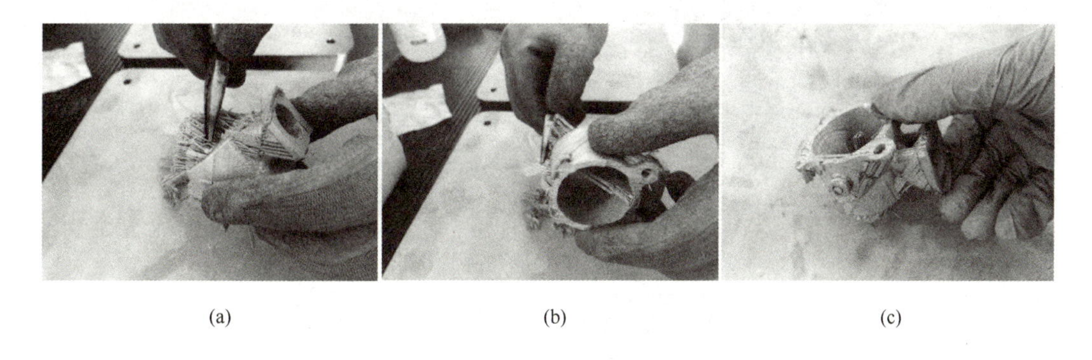

(a) (b) (c)

图 4-72 去除倒扣罩支撑

活动 5 去应力退火

将工件放入热处理炉中进行去应力退火，如图 4-73 所示。也可以在工件和基板分离前进行去应力退火。

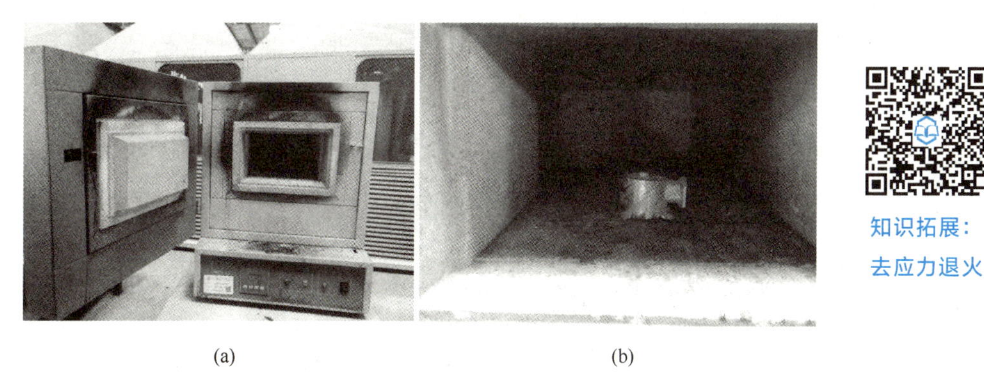

(a) (b)

图 4-73 倒扣罩去应力退火

知识拓展：
去应力退火

活动 6 喷丸抛光

当工件有装配要求时，根据技术要求对工件进行表面处理——打磨、喷丸、抛光。首先利用打磨工具（打磨机及磨砂头）对倒扣罩进行打磨处理，此时的零件已经初步平整了。再经过后期的喷丸、抛光。然后对倒扣罩外观结构和尺寸精度进行检测，质量检测合格的倒扣罩零件如图 4-74 所示。

知识拓展：
喷丸抛光

思政拓展：
梦天实验舱
携“梦”
赴“天宫”

活动 7 基板处理

将基板装夹在数控铣床上，用盘铣刀铣削剩余支撑材料，铣削时注意留磨削余量，如图 4-75 所示。

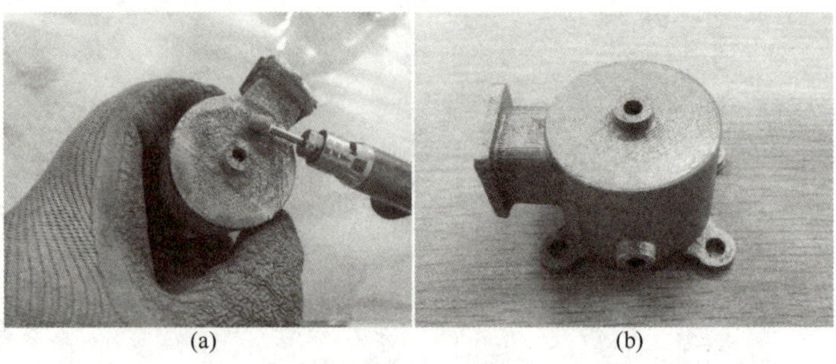

(a) (b)

图 4-74 质量检测合格的倒扣罩零件

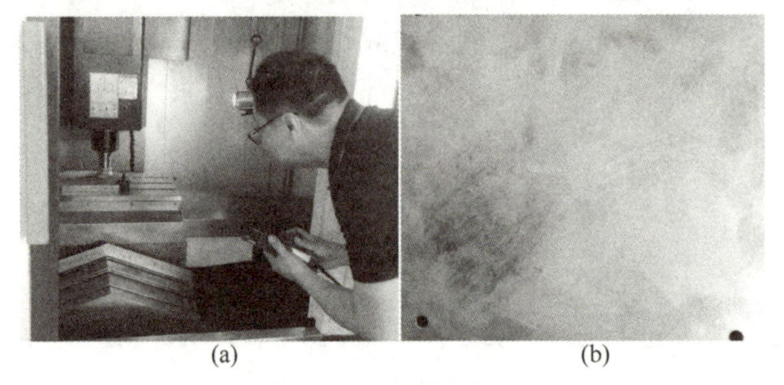

(a) (b)

图 4-75 铣削基板

接着将基板装夹在平面磨床上磨平，如图 4-76 所示。

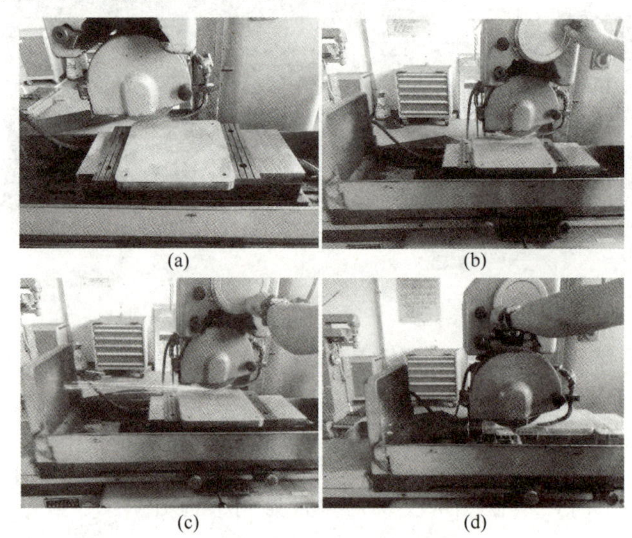

(a) (b) (c) (d)

图 4-76 磨削基板

磨完后对基板进行喷砂处理，以备下次使用。处理完的基板如图 4-77 所示。

图 4-77 基板

评价单

请填写“3D打印后处理任务评价表”，对任务完成情况进行评价，见表4-11。

表4-11 3D打印后处理任务评价表

班级： 学号： 姓名：

评价点	评价比例	★★★	★★	★	自我评价	小组评价	教师评价
清粉取件	10%	能在打印完成后，独立完成清粉、拆卸基板及工件等任务；能根据倒扣罩数据模型检查是否存在打印缺陷	能在打印完成后，完成清粉、拆卸基板及工件等任务；基本能根据倒扣罩数据模型检查是否存在打印缺陷	能在小组成员协助下完成清粉、拆卸基板及工件等任务；基本能根据倒扣罩数据模型检查是否存在打印缺陷			
分离工件	10%	能利用合适的设备和工具将倒扣罩与基板分离	基本能利用合适的设备和工具将倒扣罩与基板分离	能在小组成员协助下利用合适的设备和工具将倒扣罩与基板分离			
去除支撑	30%	能独立区分出模型和支撑结构，并规范使用工具将工件上的支撑逐个剥离，清理零件表面毛刺	能区分出模型和支撑结构，并规范使用工具将工件上的支撑逐个剥离，清理零件表面毛刺	能在小组成员协助下区分出模型和支撑结构，并规范使用工具将工件上的支撑逐个剥离，清理零件表面毛刺			
去应力退火	10%	能独立且规范操作热处理炉完成工件和基板的去应力退火	能操作热处理炉完成工件和基板的去应力退火	能在小组成员协助下操作热处理炉完成工件和基板的去应力退火			
喷丸抛光	20%	能根据技术要求，熟练地对倒扣罩进行表面处理——打磨、喷丸、抛光；能对倒扣罩进行外观结构和尺寸精度检测	能根据技术要求对倒扣罩进行表面处理——打磨、喷丸、抛光；基本能对倒扣罩进行外观结构和尺寸精度检测	能在小组成员协助下对倒扣罩进行表面处理——打磨、喷丸、抛光；基本能对倒扣罩进行外观结构和尺寸精度检测			
基板处理	10%	能利用铣削、磨削的方法去除基板上残留的支撑	能在小组成员协助下利用铣削、磨削的方法去除基板上残留的支撑	能在指导老师的帮助下去除基板上残留的支撑			
反思与改进	10%						

任务二 汽车涡轮增压器叶轮

任务单

任务描述	利用选择性激光熔化成型工艺完成汽车涡轮增压器叶轮的 3D 打印任务
任务内容	1. 汽车涡轮增压器叶轮模型分析 2. 汽车涡轮增压器叶轮 3D 打印数据处理与参数设置 3. 汽车涡轮增压器叶轮 3D 打印制作 4. 汽车涡轮增压器叶轮 3D 打印后处理 5. 3D 打印应用维护
任务载体	图 4-78 叶轮模型

任务引入

职业技能等级证书要求描述：产品需求分析、产品外观与结构设计

叶轮又称工作轮，是转子上的最主要部件，一般由轮盘、轮盖和叶片等组成，是涡轮式发动机、涡轮增压发动机等的核心部件。气（液）体在叶轮叶片的作用下，随叶轮做高速旋转，气（液）体受旋转离心力的作用，以及在叶轮里的扩压流动，在通过叶轮后使压力得到提高。某企业叶轮模型如图 4-78 所示。

任务分析

职业技能等级证书要求描述：产品制造工艺设计

叶轮作为动力机械的关键部件，其加工技术一直是制造业中的一个重要课题。随着技术的发展，为了满足机器高速、高精度的要求，在新的中小型机构设计中大量采用整体式叶轮。从整体式叶轮的几何结构和工艺过程可以看出：加工整体式叶轮时，加工轨迹规划的约束条件比较多，叶轮的形状比较复杂，叶片的扭曲大，相邻的叶片之间空间较小，加工时极易产生碰撞干涉，自动生成无干涉加工轨迹比较困难。因此，在加工叶轮的过程中，不仅要

保证叶片表面的加工轨迹能够满足几何准确性的要求，而且由于叶片的厚度有所限制，所以还要在实际加工中注意轨迹规划，以保证加工的质量。

从以上分析可以看出，叶轮采用传统方法制造比较困难，而采用增材制造方法相对较容易实现。由于用不锈钢粉末成型零件强度和性价比较高，因此叶轮零件采用不锈钢粉末增材制造。叶轮 SLM 打印流程如图 4-79 所示。

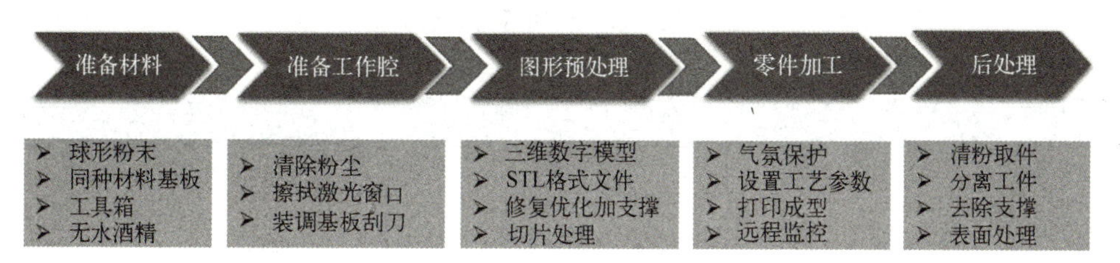

图 4-79 叶轮 SLM 打印流程

任务实施

任务实施 1 模型分析

>>> 技巧点拨提技能

从打印质量、打印成本、打印时间、支撑生成及后处理难易程度等方面，对叶轮成型方向进行分析，如表 4-12 所示。

表 4-12 叶轮成型方向分析

比较项	最小 Z 高度(最佳方向)	最小支撑面积	最小 XY 投影
方向图示			
打印质量	叶轮重要的表面朝上，较大的底面贴近平台，热量更容易向平台消散，表面质量好，精度高	叶轮水平横截面较大，热量积聚较多，变形较大，表面质量较差，精度较低	叶轮水平横截面大，热量积聚多，变形大，表面质量差，精度低
打印成本	支撑耗材少，成本低	支撑耗材较少，成本较低	支撑耗材多，成本高
打印时间	零件 Z 轴高度小，打印时间短	零件 Z 轴高度较大，打印时间较长	零件 Z 轴高度大，打印时间长
支撑生成及后处理难易程度	支撑去除容易、打磨量小	支撑去除较困难、打磨量较大	支撑去除困难、打磨量大

对叶轮成型方向进行综合对比分析，最终选择最小 Z 高度方向作为成型方向以保证叶轮打印成型。

评价单

请填写“模型分析任务评价表”，对任务完成情况进行评价，见表 4-13。

表 4-13 模型分析任务评价表

班级：　　　　　学号：　　　　　姓名：

评价点	评价比例	★★★	★★	★	自我评价	小组评价	教师评价
结构分析	20%	能合理地分析叶轮模型的整体结构和各组成部分；能独立判断模型是否满足3D打印条件	能较为合理地分析叶轮模型的整体结构和各组成部分；能判断模型是否满足3D打印条件	能在小组成员协助下完成叶轮模型的整体结构和各组成部分的分析任务；能在小组成员协助下判断模型是否满足3D打印条件			
模型摆放	30%	能根据任务描述和叶轮模型信息，全面对比打印质量、打印、成本、打印时间、支撑生成及后处理难易程度等因素，合理选择模型摆放的角度和方位	能根据任务描述和叶轮模型信息，对比打印质量、打印成本、打印时间、支撑生成及后处理难易程度等因素，合理选择模型摆放的角度和方位	能根据任务描述和叶轮模型信息，在小组成员的协助下对比打印质量、打印成本、打印时间、支撑生成及处理难易程度等因素，选择模型摆放的角度和方位			
支撑添加	40%	能全面地考虑模型用途、结构、摆放角度、方位及支撑剥离难易程度等因素，合理选择添加支撑的位置和类型	能较为全面地考虑模型用途、结构、摆放角度、方位及支撑剥离难易程度等因素，合理选择添加支撑的位置和类型	能在小组成员协助下根据模型用途、结构、摆放角度、方位及支撑剥离难易程度等因素，合理选择添加支撑的位置和类型			
反思与改进	10%						

任务实施 2 3D 打印数据处理与参数设置

>>> 技巧点拨提技能

活动 1 叶轮模型数据处理与参数设置

职业技能等级证书要求描述：模型数据处理与参数设置

叶轮模型数据处理与参数设置是在 Magics25 中文版软件中完成的。活动所需数据文件可通过扫描叶轮模型二维码下载，打印材料选用 316L 不锈钢。

模型下载：叶轮

一、导入零件

点击“文件”→“加载”→“导入零件”选项，打开“导入 STL”对话框，选择叶轮零件，点选位置按钮 ◉ 原始 ，零件将按照原有设定的坐标位置导入。点击“打开”按钮后关闭对话框，然后选中的叶轮零件将自动添加到工作台上，如图 4-80 所示。

二、零件修复优化

导入叶轮零件后，在“工具”页中点击“零件修复信息”页，点击“刷新”按钮，启动零件诊断，检测零件错误类型和数量，如图 4-81 所示，这里叶轮零件没有错误信息。

图 4-80 导入叶轮零件

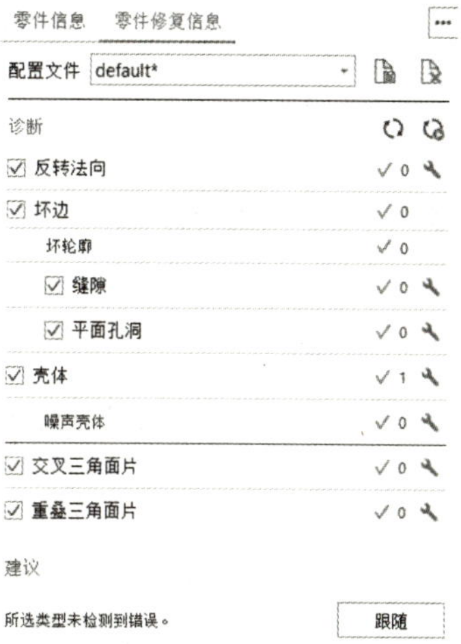

零件信息 零件修复信息
配置文件 default*
诊断
☑ 反转法向 ✓ 0
☑ 坏边 ✓ 0
坏轮廓 ✓ 0
☑ 缝隙 ✓ 0
☑ 平面孔洞 ✓ 0
☑ 壳体 ✓ 1
噪声壳体 ✓ 0
☑ 交叉三角面片 ✓ 0
☑ 重叠三角面片 ✓ 0
建议
所选类型未检测到错误。 跟随

图 4-81 叶轮零件修复信息

三、零件操作

考虑叶轮零件支撑的生成和后处理等因素，为提高零件的打印质量，叶轮采用当前摆放角度。点击“位置”→“平移至默认 Z 位置”按钮，系统将零件自动平移至默认 Z 位置。移动后的叶轮零件如图 4-82 所示。

四、添加支撑

点击“生成支撑”→“生成支撑”按钮后进入支撑编辑模式，可以给叶轮零件添加支撑，并对支撑进行编辑修改。添加好支撑的叶轮零件如图 4-83 所示。

生成支撑后，点击“导出支撑”按钮，打开“导出支撑”对话框，勾选“切片文件”复选框，修改保存路径，“格式”选择“SLC”，完成后点击“确定”按钮退出“导出支撑”对话框，叶轮支撑切片文件将按设定路径保存，如图 4-84 所示。

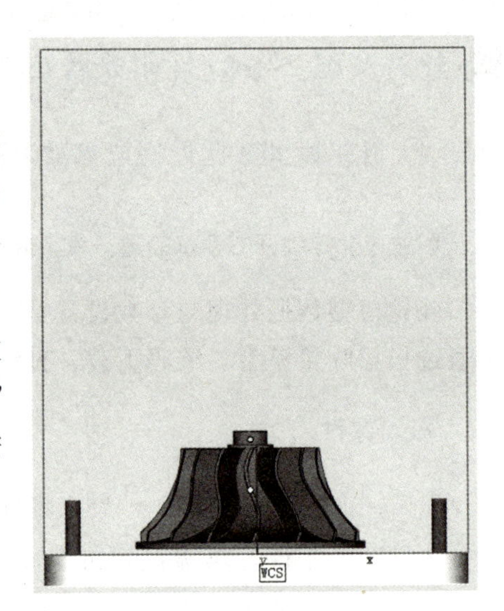

图 4-82　移动后的叶轮零件

五、保存零件和项目

点击“文件”→“另存为”→“所选零件另存为”选项，或直接点击“所选零件另存为”按钮，打开“零件另存为”对话框，修改文件名和保存路径，保存类型为 STL 文件，点击“保存”按钮退出对话框，叶轮零件将按设定路径保存，如图 4-85 所示。

图 4-83　添加叶轮支撑

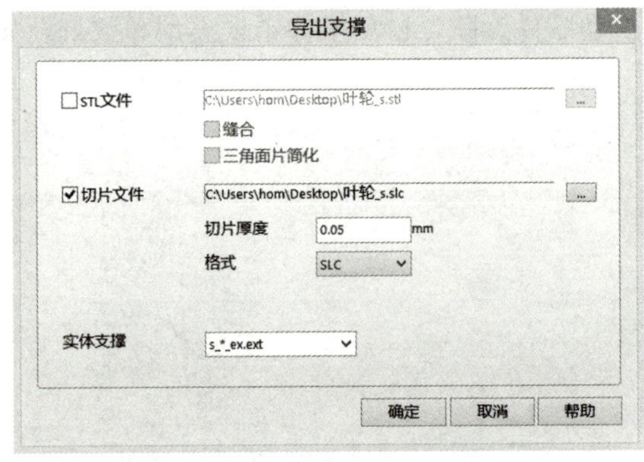

图 4-84　导出叶轮支撑

图 4-85　保存叶轮零件

点击“文件”→“另存为”→“保存项目”选项或“项目另存为”选项，或直接点击“保存项目”按钮或“项目另存为”按钮，打开“另存为”对话框，修改文件名和保存路径，“保存类型”为“Magics项目文件”，点击“保存”按钮退出对话框，叶轮项目文件将按设定路径保存，如图4-86所示。

图4-86 保存叶轮项目

活动2 设备检查调试

职业技能等级证书要求描述：3D打印前准备及仿真

熟悉设备安全操作注意事项、结构和性能参数，按照前面介绍的详细步骤检查调试设备。

评价单

请填写“3D打印数据处理与参数设置任务评价表”，评价任务完成情况，见表4-14。

表4-14 3D打印数据处理与参数设置任务评价表

班级：　　　　学号：　　　　姓名：

评价点	评价比例	★★★	★★	★	自我评价	小组评价	教师评价
模型修复优化	20%	能熟练地修复优化叶轮STL模型；能合理地调整零件打印尺寸和摆放方位	能比较熟练地修复优化叶轮STL模型；能比较合理地调整零件打印尺寸和摆放方位	能在小组成员协助下比较熟练地修复优化叶轮STL模型；能比较合理地调整零件打印尺寸和摆放方位			
支撑设置	15%	能合理地设置零件支撑参数，并能熟练地生成支撑及编辑支撑	能比较合理地设置零件支撑参数，并能比较熟练地生成支撑及编辑支撑	能在小组成员协助下设置零件支撑参数，并能比较熟练地生成支撑及编辑支撑			
打印前准备	35%	能熟练、全面地完成设备开机前准备工作；能正确安装基板和刮刀；能按照打印要求配粉并添加粉末；能够操作设备完成手动铺粉且铺粉达标；操作过程规范且安全	能较为熟练、全面地完成设备开机前准备工作；安装基板和刮刀过程无明显错误；能基本按照打印要求配粉并添加粉末；基本能够操作设备完成手动铺粉；操作过程基本规范且安全	能在小组成员协助下完成设备开机前准备工作；安装基板和刮刀过程无明显错误；能基本按照打印要求配粉并添加粉末；基本能够操作设备完成手动铺粉；操作过程基本规范且安全			
气氛准备	10%	能在制造前估测打印时间，计算需要的氮气（氩气）流量；能安全快速更换气瓶并充气	能在制造前估测打印时间，计算需要的氮气（氩气）流量；能安全更换气瓶并充气	能在小组成员协助下估测打印时间，计算需要的氮气（氩气）流量；基本能安全更换气瓶并充气			
模型预处理	10%	能熟练地将STL文件导入设备计算机中，完成模型预处理	能比较熟练地将STL文件导入设备计算机中，完成模型预处理	能在小组成员协助下将STL文件导入设备计算机中，完成模型预处理			
反思与改进	10%						

任务实施 3　3D 打印制作

>>> 技巧点拨提技能

活动　零件制作

职业技能等级证书要求描述：3D 打印制作及过程监控

在 Magics 软件中准备好叶轮模型，利用 U 盘将准备加工的叶轮模型和支撑文件导入设备计算机中。通过“文件”下拉菜单读取叶轮实体文件，设置好加工方位后，保存叶轮零件，以作为即将用于加工的数据模型。再通过“加工”下拉菜单导入叶轮支撑文件，加载后的叶轮实体模型和支撑文件如图 4-87 所示。

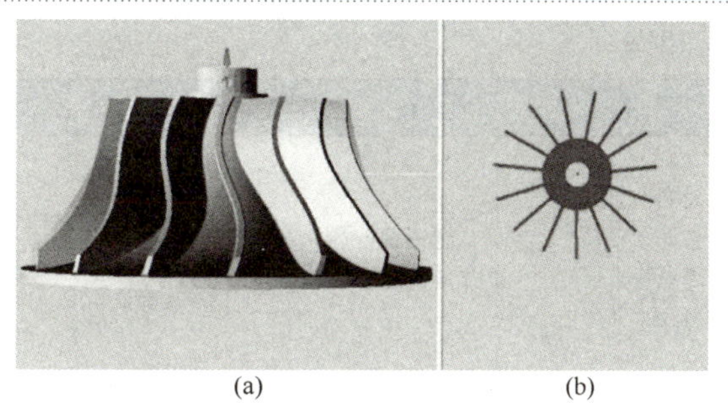

(a)　(b)

图 4-87　导入叶轮文件

按照零件制作步骤设置相关打印参数，完成叶轮打印任务，如图 4-88 所示。

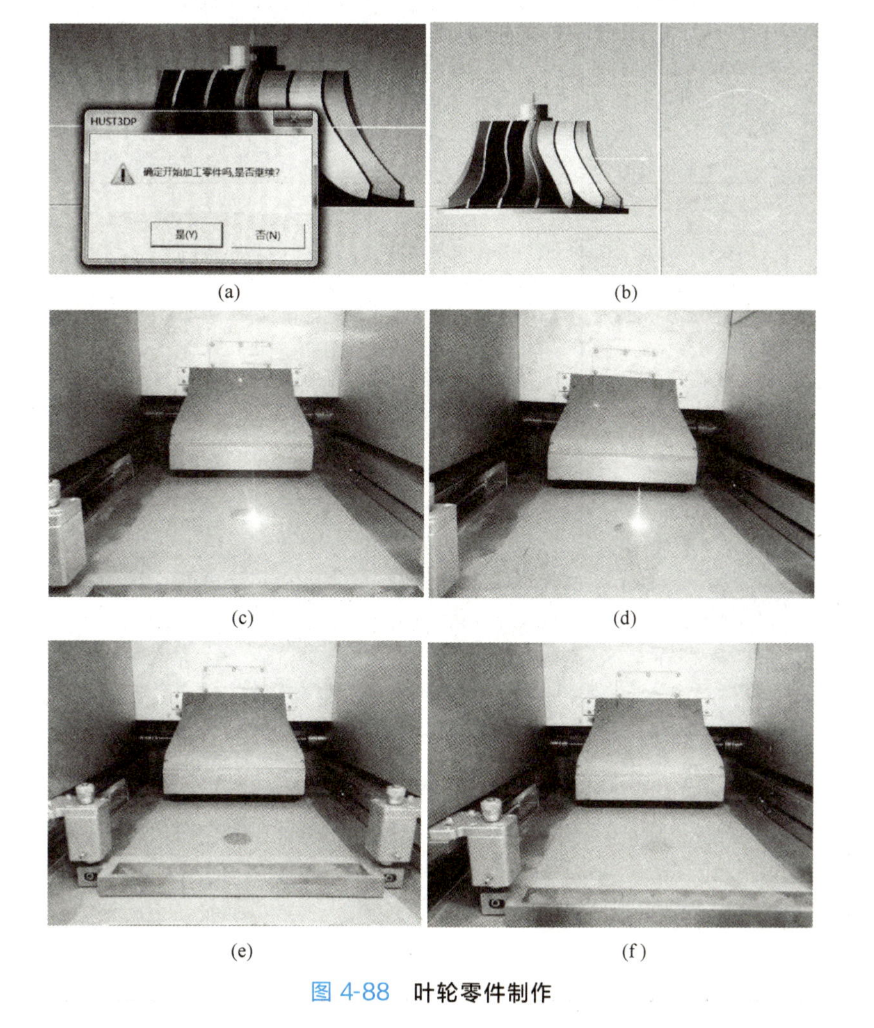

(a)　(b)

(c)　(d)

(e)　(f)

图 4-88　叶轮零件制作

评价单

请填写“3D打印制作任务评价表”，对任务完成情况进行评价，见表4-15。

表4-15 3D打印制作任务评价表

班级： 学号： 姓名：

评价点	评价比例	★★★	★★	★	自我评价	小组评价	教师评价
设备打印参数设置	15%	能根据叶轮结构合理设置设备打印参数	能根据叶轮结构比较合理地设置设备打印参数	能在小组成员协助下，根据叶轮结构设置设备打印参数			
设备操作	25%	能熟练地按照参数设置、2D手动制造、3D自动制造等步骤完成叶轮3D打印任务；能正确且规范地完成设备日常维护与保养	能比较熟练地按照参数设置、2D手动制造、3D自动制造等步骤完成叶轮3D打印任务；基本能正确且规范地完成设备日常维护与保养	能在小组成员协助下按照参数设置、2D手动制造、3D自动制造等步骤完成叶轮3D打印任务；基本能正确且规范地完成设备日常维护与保养			
过程监控	30%	能在打印过程中根据实际情况合理调整温度、速度等参数；能够独立进行设备运行的实时监控，评估打印质量	能在小组成员协助下根据实际情况合理调整温度、速度等参数；能够独立进行设备运行的实时监控，评估打印质量	能在小组成员协助下根据实际情况合理调整打印温度、速度等参数，并进行设备运行的实时监控，评估打印质量			
故障处理	20%	能在打印过程中及时发现并处理故障	能在打印过程中及时发现故障并能在小组成员的协助下处理故障	能在小组成员的协助下及时发现并处理设备故障			
反思与改进	10%						

任务实施 4　3D 打印后处理

>>> 技巧点拨提技能

职业技能等级证书要求描述：3D 打印后处理

活动 1　清粉取件

① 查看叶轮零件数字模型，了解零件的形状和位置，以免在清粉过程中损坏零件。

② 建造完成后，等温度降到安全温度（50℃）以下打开成型室门。按机器面板开机按钮，打开计算机主机电源，运行桌面 HUST 3DP 软件，点击“工作缸上升”按钮，将工作缸缓慢升起，注意将零件四周溢出的多余金属粉末用勺子装到相应的容器中，活塞上升完成后，用刷子扫除基板和工件上的金属粉末，如图 4-89 所示。

(a)　(b)　(c)　(d)

图 4-89　**清除粉末**

③ 用气枪等工具将模型以及支撑空隙中的粉末清理干净，如图 4-90 所示。

④ 用合适的内六角扳手拧松螺钉，拆卸基板及工件，然后从成型室中取出来准备下一步后处理，在取件过程中请佩戴手套，如图 4-91 所示。

⑤ 最后清理工作腔中的金属粉末。先用刷子将底座（工作台）和周边明显的金属粉末扫掉，再用吸尘器吸底座（工作台）上的粉末。工作腔表面残留的粉末尽量清除干净，以免影响下一个零件的打印精度。

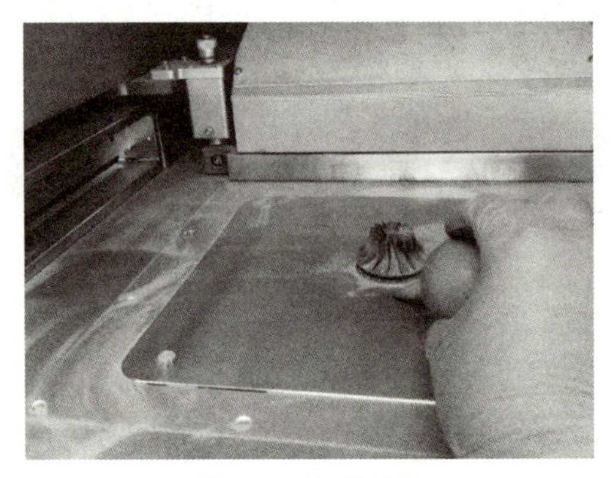

图 4-90 气枪清粉

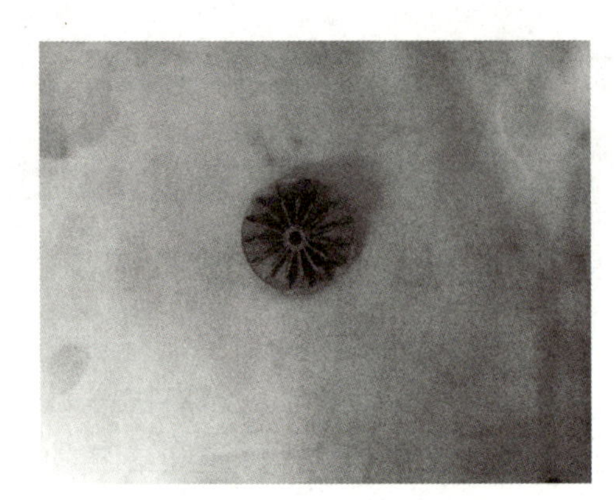

图 4-91 取出基板及工件

活动 2 分离工件

将叶轮和基板用吸尘器吸一下表面浮粉，再用棉纱蘸酒精擦拭干净，装到线切割机床上，切下工件和大部分支撑。

活动 3 去除支撑

分离后，使用工具将工件上剩余的支撑逐个剥离，然后用打磨工具初步清理零件表面毛刺，如图 4-92 所示。

图 4-92 打磨叶轮零件

活动 4 去应力退火

将叶轮放入热处理炉中进行去应力退火，如图 4-93 所示。

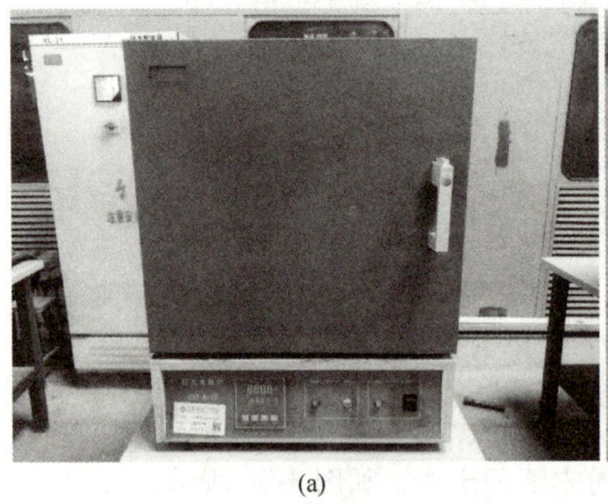

(a)

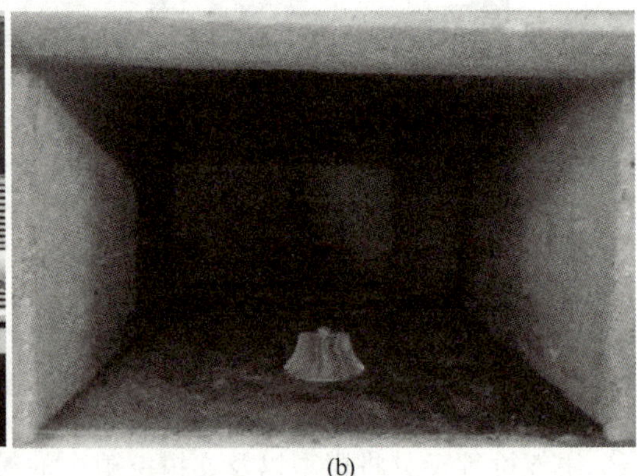

(b)

图 4-93 叶轮去应力退火

活动 5 喷丸抛光

根据技术要求对叶轮进行表面处理，然后对叶轮外观结构和尺寸精度进行检测，质量检测合格的叶轮零件如图 4-94 所示。

(a) (b)

图 4-94　后处理完成的叶轮零件

活动 6　基板处理

将基板装夹在数控铣床上，用盘铣刀铣削剩余支撑材料，铣削时注意留磨削余量，如图 4-95 所示。

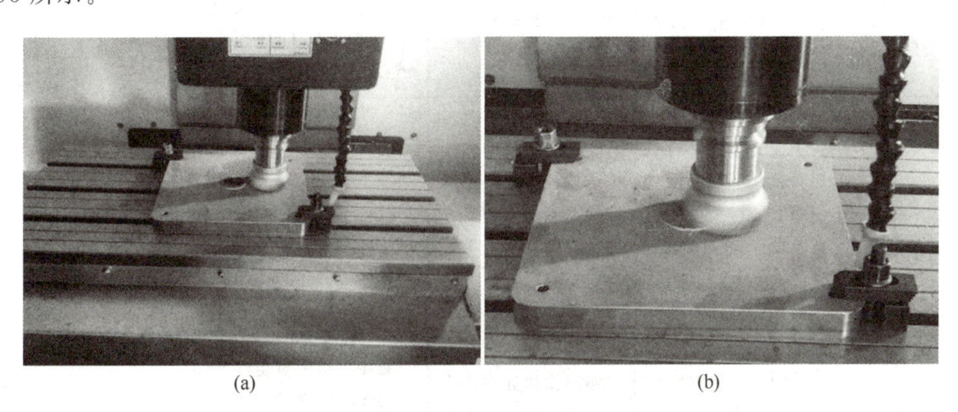

(a) (b)

图 4-95　铣削基板

接着将基板装夹在平面磨床上磨平，如图 4-96 所示。磨完后对基板进行喷砂处理，以备下次使用。

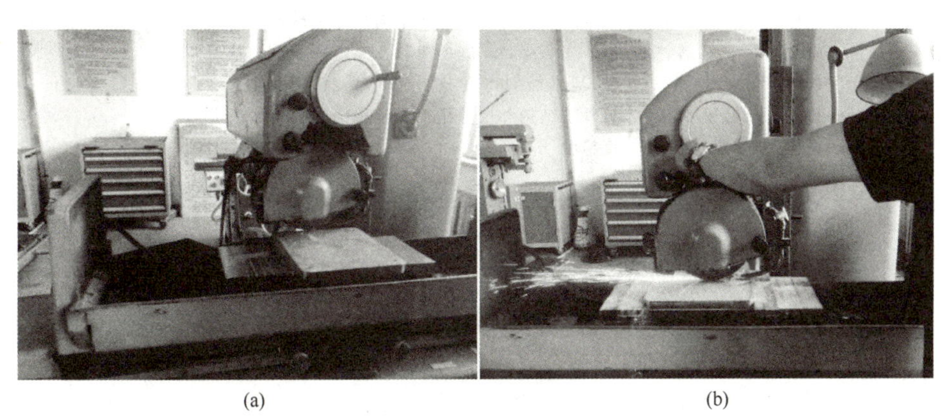

(a) (b)

图 4-96　磨削基板

评价单

请填写“3D打印后处理任务评价表”，对任务完成情况进行评价，见表4-16。

表4-16 3D打印后处理任务评价表

班级： 学号： 姓名：

评价点	评价比例	★★★	★★	★	自我评价	小组评价	教师评价
清粉取件	10%	能在打印完成后，独立完成清粉、拆卸基板及工件等任务；能根据叶轮数据模型检查是否存在打印缺陷	能在打印完成后，完成清粉、拆卸基板及工件等任务；基本能根据叶轮数据模型检查是否存在打印缺陷	能在小组成员协助下完成清粉、拆卸基板及工件等任务；基本能根据叶轮数据模型检查是否存在打印缺陷			
分离工件	10%	能利用合适的设备和工具将叶轮与基板分离	基本能利用合适的设备和工具将叶轮与基板分离	能在小组成员协助下利用合适的设备和工具将叶轮与基板分离			
去除支撑	30%	能独立区分出模型和支撑结构，并规范使用工具将工件上的支撑逐个剥离，清理零件表面毛刺	能区分出模型和支撑结构，并规范使用工具将工件上的支撑逐个剥离，清理零件表面毛刺	能在小组成员协助下区分出模型和支撑结构，并规范使用工具将工件上的支撑逐个剥离，清理零件表面毛刺			
去应力退火	10%	能独立且规范操作热处理炉完成工件和基板的去应力退火	能操作热处理炉完成工件和基板的去应力退火	能在小组成员协助下操作热处理炉完成工件和基板的去应力退火			
喷丸抛光	20%	能根据技术要求，熟练地对叶轮进行表面处理——打磨、喷丸、抛光；能对叶轮进行外观结构和尺寸精度检测	能根据技术要求对叶轮进行表面处理——打磨、喷丸、抛光；基本能对叶轮进行外观结构和尺寸精度检测	能在小组成员协助下对叶轮进行表面处理——打磨、喷丸、抛光；基本能对叶轮进行外观结构和尺寸精度检测			
基板处理	10%	能利用铣削、磨削的方法去除基板上残留的支撑	能在小组成员协助下利用铣削、磨削的方法去除基板上残留的支撑	能在指导老师的帮助下去除基板上残留的支撑			
反思与改进	10%						

任务实施 5　3D 打印机应用维护

职业技能等级证书要求描述：3D 打印应用维护

活动 1　设备常见故障排除

>>> 沧海遗珠拓知识

为了给操作者提供一个安全的操作环境，对存在的安全隐患，设备设计了安全保护措施，当系统出现故障或操作者操作不当时，系统会给出警告或报警，系统的三色灯会显示红色，蜂鸣器会鸣叫。当系统出现警告或报警时，操作者应该立刻停止操作，先查看计算机显示屏用户界面上弹出的报警信息，再根据报警提示找出原因并解决。如果操作者根据提示无法解决，请联系专业的维护人员。非专业的维护人员禁止尝试维修设备，否则有可能对机器造成更大的损害，甚至有可能危及人员的身体健康和生命安全。SLM 设备常见故障与解决方法见表 4-17。

表 4-17　SLM 设备常见故障与解决方法

序号	故障现象	产生原因	解决方法
1	开机后计算机不能启动	硬件接插件未安装好	检查所有插头和总电源开关
2	STL 文件打开后，图形文件不正常	①三维 CAD 软件转换 STL 文件格式不正确 ②STL 文件有错	①将三维 CAD 软件重新转换（二进制或文本格式） ②对 STL 文件进行修复
3	激光扫描线变粗、功率变小	①反射镜损坏 ②光路偏移 ③动态聚焦不动	①更换反射镜 ②调节光路 ③与制造商联系
4	振镜不工作	①Mark 板未加载或加载失败 ②控制板连线松动 ③控制器中对应的驱动板或保险管烧坏	①重新确认加载 ②与制造商联系 ③与制造商联系
5	激光不工作	①Mark 板未加载或加载失败 ②激光器温度过高或冷水机未工作 ③光路偏移或反射镜损坏 ④激光器连线有问题 ⑤激光器损坏	①重新确认加载 ②接通并检查冷却器工作是否正常 ③调整光路或更换反射镜 ④与制造商联系 ⑤与制造商联系
6	温度显示故障	①传感器损坏 ②连线松动	①更换传感器 ②与制造商联系
7	限位故障	限位开关损坏	更换限位开关
8	零件层间粘接不好	①材料与打印参数不匹配 ②激光器能量不足	①调整打印参数 ②检查光学镜片，调整光路，检查冷却水温度
9	制冷器工作不正常，制冷器温控器数据闪动	①温度传感器线断 ②压缩机出现接触不良	①重新接线 ②打开制冷器机壳检查接线或与制造商联系
10	任一路空气开关断开	电路中有短路现象	与制造商联系
11	铺粉辊无法移动	①同步带损坏 ②钢带或铺粉辊卡死 ③钢带变形 ④变频器损坏	与制造商联系

续表

序号	故障现象	产生原因	解决方法
12	铺粉辊移动异常抖动	①导轨滑块缺油运行时不自如 ②传动皮带拉松变形	①设备导轨及滑块注油 ②与制造商联系
13	工作缸无法移动	①丝杠走到极限位置 ②限位开关损坏 ③电动机驱动器损坏 ④电动机锁紧螺母松懈	①使撞块离开限位开关 ②更换限位开关 ③更换电动机驱动器 ④与制造商联系

活动 2 设备维护保养

>>> 沧海遗珠拓知识

1. 整机的保养

（1）电柜维护　电柜在工作时严禁打开，每次做完零件后必须认真清洁，防止灰尘进入电气元件内部，引起元器件损坏。

（2）电气维护　各电动机及电气元件要防止灰尘及油污污染。

（3）设备维护　各风扇的滤网要经常清洗，机器各个部位的粉尘要及时清理干净。尤其是除尘风扇和真空泵的滤芯，要经常用吸尘器吸掉金属粉末，或直接更换新的滤芯。

2. 工作缸的保养及维护

制做零件之前和零件制做完之后，都必须对工作台、铺粉辊、工作腔内等整个系统进行清理（此时零件必须取出）。清理步骤如下：

① 把剩余的粉末取出；

② 用吸尘器吸走工作缸及周围的残渣，并用抹布擦拭干净。

3. *Z* 轴丝杠、铺粉辊导轨的保养及维护

定期对 *Z* 轴丝杠及铺粉辊导轨进行去污、上油。铺粉辊移动导轨每三个月需补充润滑油一次，*Z* 轴丝杠每隔三个月需补充润滑油一次，具体方法如下。

（1）铺粉辊移动导轨的润滑　打开后门，将盖在铺粉辊上的防尘罩掀起，分别在两条导轨上加注润滑油（或 40 号机油），用专用注油枪对准导轨滑块上注油孔注入锂基润滑脂，然后将铺粉辊左右移动数次即可。

（2）工作缸、送粉缸、导柱导套和丝杠的润滑　打开前下门，将工作缸和送粉缸下降到下极限位置，用内六角扳手拆下丝杠保护套，用注油枪对准导柱（四根）注射适量的润滑油（或 40 号机油），丝杠润滑使用锂基润滑脂（专用润滑油）轻涂在丝杠螺纹里，再将工作缸上下运动一次即可。

4. 保护镜处理

每次做件之前清洁保护镜，先用洗耳球吹一吹保护镜，再用镊子夹取少量脱脂棉，蘸少许无水酒精或丙酮，轻轻擦洗保护镜表面的污物。注意：动作要轻，不要使金属部分触及镜片，以免划伤镜片。此外，每隔一个月还必须对所有运动器件、开关按钮、制冷器、除尘系统进行必要的检查，确保系统处于良好的工作状态。

5. 铺粉刮刀清洗

每次打印完成后，要用抹布（可用酒精蘸湿）将铺粉辊表面擦拭干净，检查铺粉刮条，若有损坏，则旋转角度或更换新的。尤其是更换材料时，需将刮条用酒精擦拭干净。

评价单

请填写“3D打印应用维护任务评价表”，对任务完成情况进行评价，见表4-18。

表4-18 3D打印应用维护任务评价表

班级： 学号： 姓名：

评价点	评价比例	★★★	★★	★	自我评价	小组评价	教师评价
常见故障排除	45%	能独立规范地完成设备常见故障的判断与排除	能基本完成设备常见故障的判断与排除	能在小组成员协助下完成设备常见故障的判断与排除			
设备维护与保养	45%	能独立规范地完成设备日常维护与保养	能基本完成设备日常维护与保养	能在小组成员的协助下完成设备日常维护与保养			
反思与改进	10%						

项目评价

选择性激光熔化成型工艺与实施项目评价表如表 4-19 所示。

表 4-19 选择性激光熔化成型工艺与实施项目评价表

姓名			学号				
班级			组别				
完成时间			指导教师				
评价项目	评价内容	评价标准	配分	个人评价（30%）	小组评价（10%）	组间互评（10%）	教师评价（50%）
项目完成情况（70 分）	任务分析	正确率 100%　5 分 正确率 80%　4 分 正确率 60%　3 分 正确率<60%　0 分	5				
	必备知识	必备理论基础知识掌握程度 （成型原理、材料、工艺特点及应用等）	10				
	模型分析	分析合理　3 分 分析不合理　0 分	3				
	数据处理参数设置	数据参数设置合理　7 分 数据参数设置不合理　0 分	7				
	设备调试	操作规范、熟练　5 分 操作规范、不熟练　2 分 操作不规范　0 分	5				
	3D 打印	操作规范、熟练　5 分 操作规范、不熟练　2 分 操作不规范　0 分 加工质量符合要求　10 分 加工质量不符合要求　0 分	15				
	后处理	处理方法合理　5 分 处理方法不合理　0 分 操作规范、熟练　10 分 操作规范、不熟练　5 分 操作不规范　0 分	15				
	设备故障排除与维护保养	操作规范、熟练　10 分 操作规范、不熟练　5 分 操作不规范　0 分	10				
职业素养（30 分）	劳动保护	按规范穿戴防护用品	5				
	出勤纪律	不迟到、不早退、不旷课、不吃喝、不玩游戏 全勤为满分，旷课 1 学时扣 2 分，旷课 5 学时以上，取消本项目成绩	5				
	态度表现	积极主动认真负责的学习态度 6S 规范（整理、整顿、清扫、清洁、素养、安全） 有创新精神	5				
	团队精神	主动与他人交往、尊重他人意见、支持他人、融入集体、相互配合、共同完成工作任务	5				
	表达能力	表达客观准确，口头和书面描述清楚，易于理解；表达方式适当，符合情景和谈话对象；专业术语使用正确	10				
总分			100				
总评成绩							
学生签名		教师签名		日期			

评价要求：

① 个人评价：主要考核学生的诚信度和正确评价自己的能力。

② 小组评价：由学生所在小组根据任务完成情况、具体作用以及平时表现对小组内学生进行评价。

③ 组间互评：不同组别之间相互评价。

④ 教师评价：教师根据学生完成任务情况、实物和平时表现进行评价。

项目小结

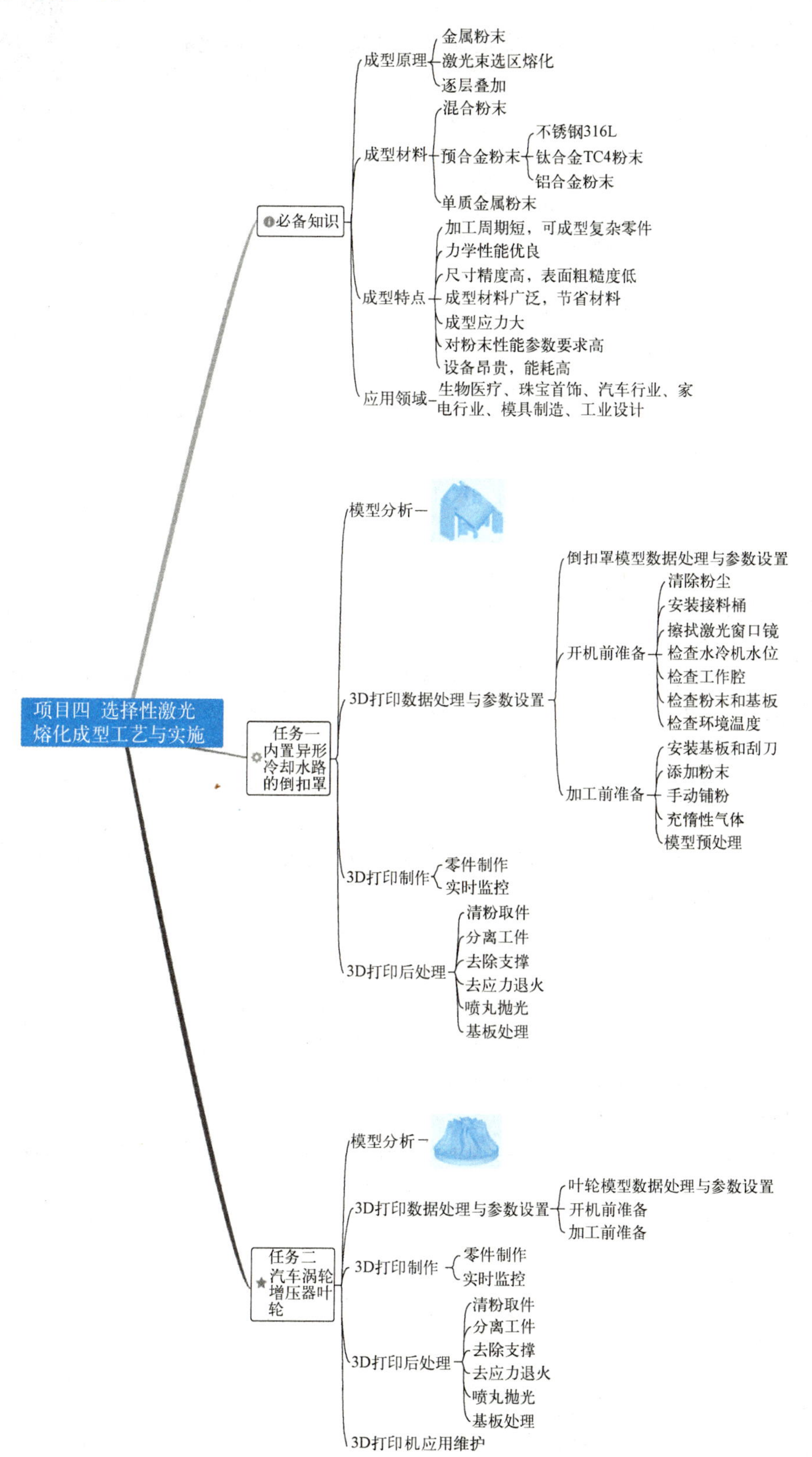
项目四 选择性激光熔化成型工艺与实施
必备知识
成型原理
金属粉末
激光束选区熔化
逐层叠加
成型材料
混合粉末
预合金粉末
不锈钢316L
钛合金TC4粉末
铝合金粉末
单质金属粉末
成型特点
加工周期短，可成型复杂零件
力学性能优良
尺寸精度高，表面粗糙度低
成型材料广泛，节省材料
成型应力大
对粉末性能参数要求高
设备昂贵，能耗高
应用领域
生物医疗、珠宝首饰、汽车行业、家电行业、模具制造、工业设计
任务一 内置异形冷却水路的倒扣罩
模型分析
3D打印数据处理与参数设置
倒扣罩模型数据处理与参数设置
开机前准备
清除粉尘
安装接料桶
擦拭激光窗口镜
检查水冷机水位
检查工作腔
检查粉末和基板
检查环境温度
加工前准备
安装基板和刮刀
添加粉末
手动铺粉
充惰性气体
模型预处理
3D打印制作
零件制作
实时监控
3D打印后处理
清粉取件
分离工件
去除支撑
去应力退火
喷丸抛光
基板处理
任务二 汽车涡轮增压器叶轮
模型分析
3D打印数据处理与参数设置
叶轮模型数据处理与参数设置
开机前准备
加工前准备
3D打印制作
零件制作
实时监控
3D打印后处理
清粉取件
分离工件
去除支撑
去应力退火
喷丸抛光
基板处理
3D打印机应用维护

拓展训练

参照任务一和任务二实施步骤，完成模具零件选择性激光熔化成型。

拓展训练模型：模具零件

思考与练习

一、判断题

1. SLM 整个加工过程都是在通有惰性气体保护的工作室中进行，以避免金属在高温下与其他气体发生反应。（　　）

2. 不锈钢 316L 粉末，金相组织特征为奥氏体不锈钢，具有优异的耐蚀性、耐高温和抗蠕变性能，成型模型具有较高的强度，在金属增材制造中性价比较高。（　　）

3. 钛合金 TC_4 粉末，密度低，比强度高，具有良好的耐蚀性、耐热性，生物相容性好。（　　）

4. SLM 工艺可以直接由三维 CAD 模型制造高性能金属零件甚至直接制造模具。（　　）

5. SLM 工艺尤其适合制造具有复杂内腔结构和具有个性化需求的零件。（　　）

6. SLM 工艺的缺点是在熔化金属粉末时，零件内部容易产生较大的应力，复杂结构需要添加支撑以抑制变形的产生。（　　）

7. SLM 工艺成型速度较低。（　　）

8. SLM 成型基板必须有足够的刚性抵抗残余应力的影响，如果基板刚性不足，则会导致基板变形。（　　）

9. 支撑的设计要求是应该尽可能减少和避免支撑结构的使用，既要足够坚固，又要方便去除。（　　）

10. SLM 成型设备中，除尘风扇进气口附近粉末为金属粉末熔化后残余的残渣，吸尘器吸掉即可。（　　）

11. SLM 成型设备中，工件附近的金属粉末为残渣和金属粉末的混合物，需要通过筛网过筛，回收使用。（　　）

12. 抛光是对零件表面进行细微的表面处理，使得表面具备高的精度和低的表面粗糙度值，以获得光亮、平整表面的加工方法。（　　）

13. SLM 金属打印件从设备中取出时，其力学性能偏脆硬并且存在内应力，需进行去应力退火处理。（　　）

14. 每次打印前，需用脱脂棉蘸无水酒精将机床的激光窗口镜擦洗干净。（　　）

15. SLM 成型系统中，金属粉末和金属基板的材质可以是不同种材质。（　　）

16. 可以使用电火花线切割机床将基板和 SLM 成型件分离。（　　）

17. SLM 技术的工作原理与 SLS 相同。（　　）

18. SLM 金属粉末在打印过程中完全熔化，所以不存在后处理变形问题，因此尺寸精度较高。（　　）

19. 目前 SLM 技术所用的激光器一般是小于 1000W 功率。（　　）

20. SLM 技术可打印大型部件。（　　）

二、填空题

1. SLM 成型材料中，铁基合金粉末包括（　　）和工具钢等。

2. SLM 成型系统使用的是高能（　　）激光器。

三、单选题

1. 以下哪种 3D 打印技术在金属增材制造中使用最大（　　）。

A. SLA　　B. 3DP　　C. SLM　　D. FDM

2. 下列关于 SLM 说法正确的是（　　）。

A. 所有的金属粉末都适合于 SLM 成型

B. 单一粒径球体（粒径分布最窄）堆积密度最小

C. SLM 成型技术可以成型大尺寸零件

D. SLM 所使用的高能量束是激光

3. SLM 成型技术进行金属打印，其机理用的是（　　）。

A. 烧结　　B. 熔化　　C. 粘结　　D. 喷镀

4. 目前激光选区熔化技术应用于金属、非金属，所选用的材料有（　　）。

A. 丝材　　B. 球形粉　　C. 板材　　D. 棒材

5. 关于选择性激光熔化（SLM）技术，下列说法错误的是（　　）。

A. SLM 不依靠黏结剂而是直接用激光束完全熔化粉体，成型性能（产品的表面质量和稳定性）得以显著提高

B. 经 SLM 净成型的构件，成型精度高，综合力学性能优，可直接满足实际工程应用，在生物医学移植体制造领域具有重要的应用

C. 直接制造高性能金属零件，省掉中间过渡环节；生产出的工件经抛光或简单表面处理可直接做模具、工件或医学金属植入体使用

D. 可得到冶金结合的金属实体，密度较低；SLM 制造的工件有很高的拉伸强度

6. SLM 打印过程中，激光光斑直径一般为（　　）。

A. 50～80μm　　B. 100～200μm　　C. 0.5～0.8mm　　D. 1～1.2mm

7. 封闭面厚度设置的单位是（　　）。

A. 打印速度　　B. 层高　　C. 填充率　　D. 边缘宽度

8. 在切片软件中，层高在下列哪个选项中设置（　　）。

A. 不同高度切片设置　　B. 切片设置

C. 打印机设置　　D. 工厂模式设置

9. 模型悬空部分支撑较少，可以考虑增加（　　）参数。

A. 支撑数量　　B. 支撑大小　　C. 支撑角度　　D. 支撑密度

10. 在切片参数中，封闭面厚度增加的意义下，下列描述错误的是（　　）。

A. 为了保证模型强度　　B. 为了增加顶层厚度

C. 为了加快打印速度　　D. 为了使模型顶面打印效果更好

11. SLM 工艺的主要工艺参数包括（　　）?

A. 激光功率和光斑直径　　B. 扫描速度

C. 铺粉层厚　　D. 以上都对

12. 下列关于 SLM 制件描述错误的是（　　）。

A. 检查工艺参数是否符合加工工艺，机器内是否留有杂物

B. 冲入保护气进行加工，观察打印零件时必须佩戴安全防护眼镜

C. 在加工的过程中，经常观察氧含量、粉盒剩下的粉量等

D. 加工过程中可直接打开工作腔观察制件是否发生球化、发黑、翘起等不利现象

四、多选题

1. 用于 SLM 工艺的金属粉末有（　　）。

A. 混合粉末　　B. 预合金粉末

C. 单质金属粉末

2. SLM 成型件后处理步骤包括（　　）。

A. 清粉取件　　B. 分离工件
C. 去除支撑　　D. 表面处理
3. SLM 模型分析包括（　）。
A. 打印质量　　B. 打印成本
C. 打印时间　　D. 支撑生成
E. 后处理的难易程度
4. SLM 设备系统由（　）组成。
A. 主机　　B. 计算机控制系统
C. 激光循环水冷机
5. SLM 工艺打印零件前，准备材料包括（　）。
A. 金属粉末　　B. 同种材料基板
C. 工具箱　　D. 无水酒精
6. SLM 工艺打印零件前，图形预处理包括（　）。
A. 导入 STL 模型　　B. 修复优化
C. 添加支撑　　D. 切片处理
7. SLM 零件加工时，主要完成任务包括（　）。
A. 气氛保护　　B. 设置工艺参数
C. 打印成型　　D. 过程监控

五、简答题

1. SLM 成型工艺中，支撑的作用是什么？
2. SLM 成型室充惰性气体的作用是什么？
3. 什么是喷砂？
4. SLM 设备主机由哪几部分组成？

六、论述题

1. SLM 工艺与 SLS 工艺的主要区别有哪些？
2. 试分析 SLM 零件的摆放方位。

附录

附录 4　Magics 软件操作

Magics 软件是 3D 打印数据处理软件，是实现增材制造流程化、自动化的优秀软件产品。Magics 软件主要用于 SLA、SLS、SLM 等设备，能够将不同格式的 CAD 文件转化导入到软件中，可对加载的 STL 模型直接做相关的 3D 变更，并进行精确修复、分析优化、添加支撑，模型加载机器平台后可直接生成设备所需的 3D 打印文件。接下来以光固化成型零件 cover 为例，介绍 Magics21.1 中文版软件的操作。

一、软件界面

双击快捷图标打开 Magics 软件，其工作界面见附图 4-1。

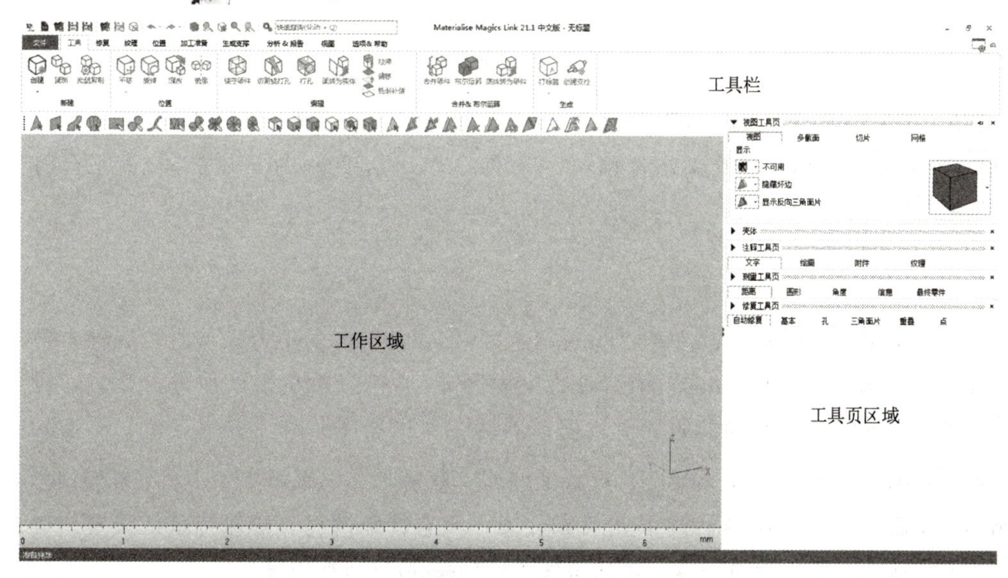

附图 4-1　软件界面

Magics 软件界面主要由三部分组成：上部为工具栏，工具栏里包括所有可以用到的工具，有文件、工具、修复、纹理、位置、加工准备、生成支撑、分析 & 报告、视图和选项 & 帮助等工具项，在导入 STL 文件之前，工具栏里的按钮基本都是灰色不可用的；左侧为工作区域，显示虚拟打印空间和打印模型等；主窗口右侧为工具页区域，提供了工具页的快捷方式，可以方便我们在使用软件时快速调用一些常用的工具。工具页的排列方式是可以编辑的，可以移动或删除；也可以到“选项 & 帮助”工具项中点击“自定义用户界面”，在“工具页”选项里通过勾选不同的工具页来调整工具页区域的内容，如果想恢复工具页区域的默认设置，在自定义用户界面中点击左下角的“恢复默认”按钮即可。

二、添加机器平台

点击“加工准备”→“机器库”按钮机器库，系统弹出附图 4-2 所示机器库对话框。“UnionTech Lite 600”机器平台已经添加到“我的机器”中。

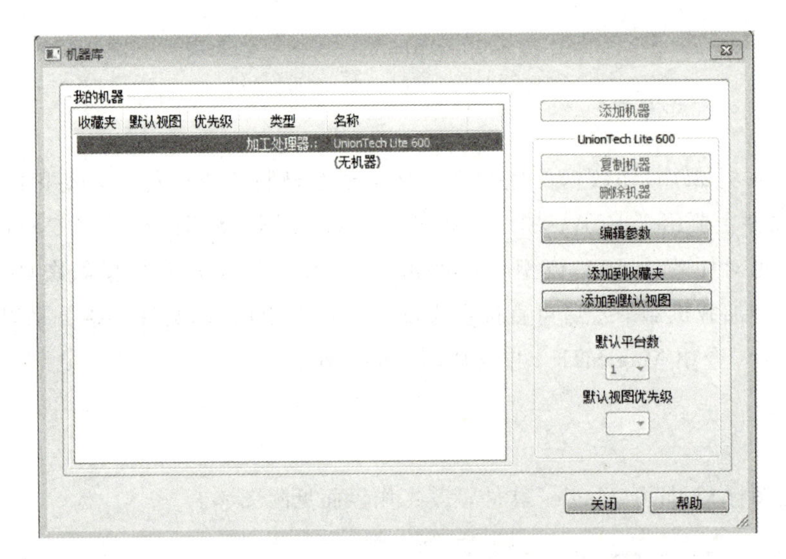

附图 4-2 **机器库**

点击“UnionTech Lite 600”机器平台，再点击“添加到默认视图”按钮，最后点击“关闭”按钮退出对话框。重新启动 Magics 软件，“UnionTech Lite 600”机器平台将显示在默认视图中，见附图 4-3。

三、机器属性设置

在“机器库”对话框中，选择“UnionTech Lite 600”机器平台，点击“编辑参数”按钮，弹出“机器属性：Lite 600”对话框，见附图 4-4。可以对机器属性进行设置，设置完成后，点击“确定”退出机器属性对话框。然后在“机器库”对话框中点击“添加到收藏夹”按钮，此时 UnionTech Lite 600 设备前面的“收藏夹”位置出现一个对钩，表示已采用当前机器设置，见附图 4-5。此处特别注意：没有特殊情况一般保持默认设置。也可以直接点击“加工准备”工具项→“机器属性”按钮设置机器属性。

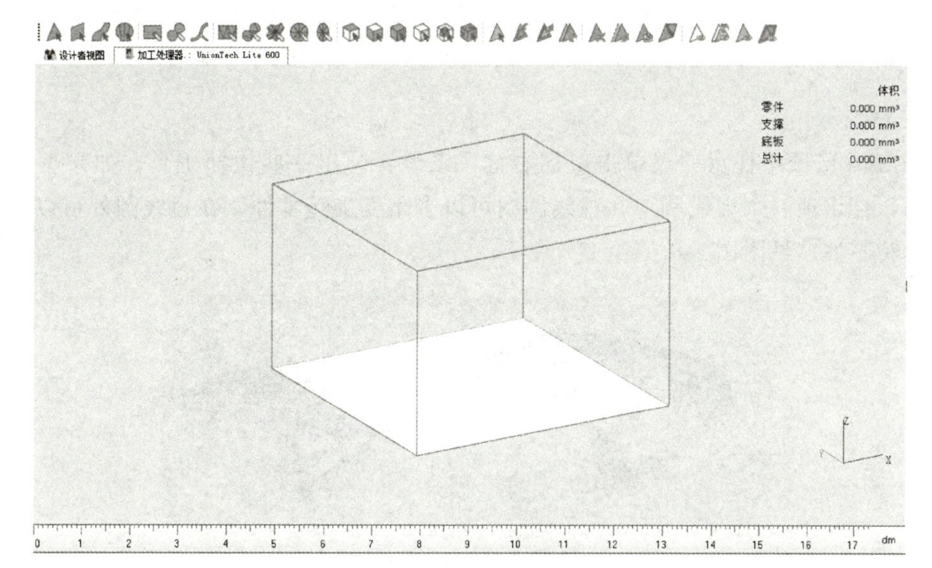

附图 4-3 添加机器平台

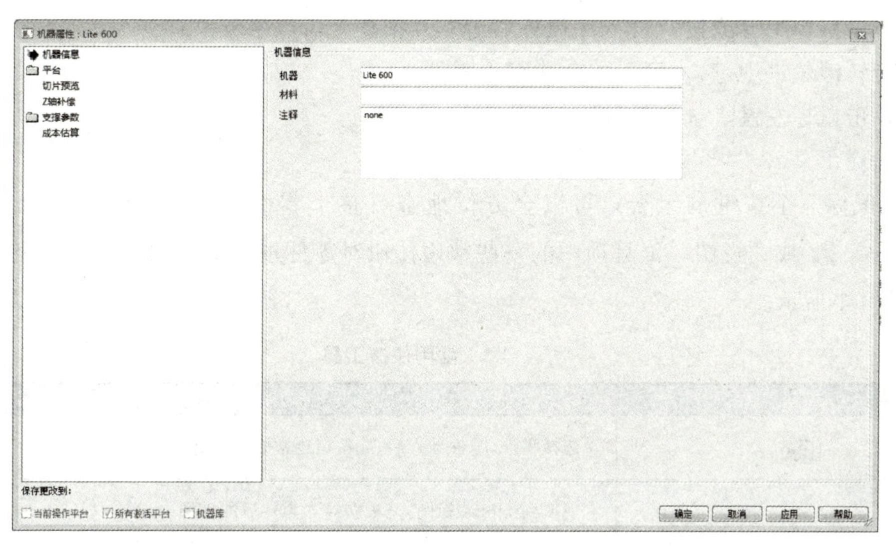

附图 4-4 机器属性

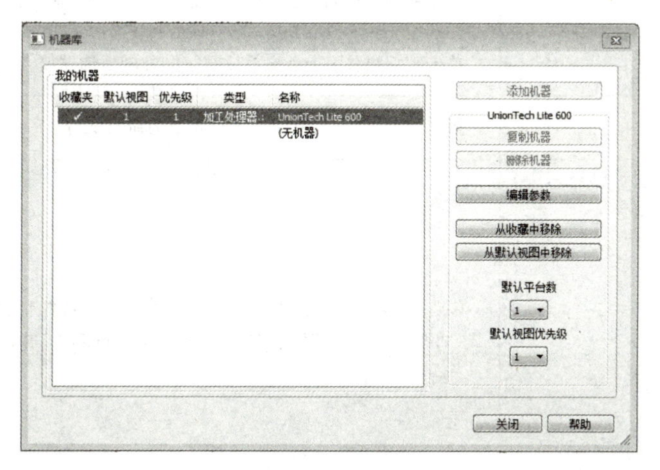

附图 4-5 机器库

四、软件基本操作

1. 三键鼠标

① 在工作区域中任意一点单击鼠标右键，系统会弹出一些快捷工具，如果长按鼠标右键并拖动，会出现一个虚线圆，在虚线圆内可以多角度旋转零件，在虚线圆外可以绕着一个坐标轴旋转零件。见附图 4-6。

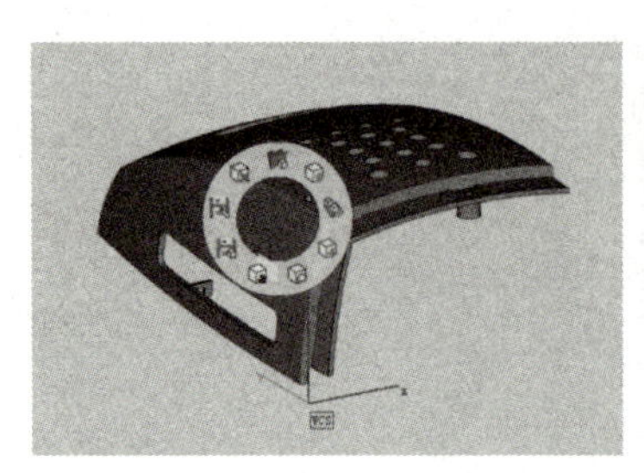
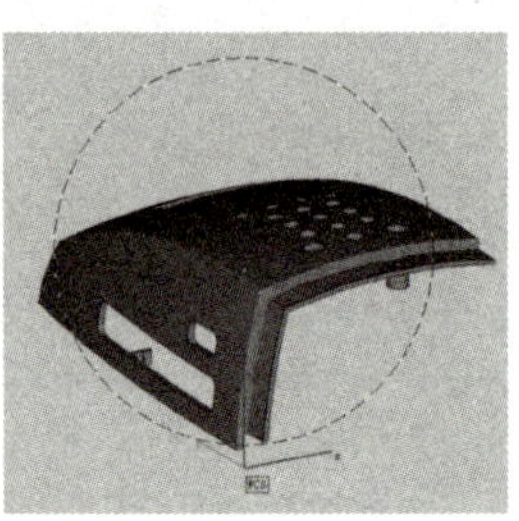

附图 4-6 鼠标右键

② 单击鼠标中键或按“Shift+鼠标右键”并拖动，可以平移零件。

③ 旋转滚轮（中键），可以放大或缩小零件。

④ 单击鼠标左键，选择零件。

2. 快捷工具

通过鼠标三个按键的组合，可以全方位地查看整个零件。也可以通过快捷工具按钮或“视图”工具项中的一些常用按钮对零件进行操作和观察。每个按钮的功能如附表 4-1 所示。

附表 4-1 常用快捷工具

按钮	功能描述
	选择零件，零件导入后，此按钮经常处于高亮显示状态
	切换到 Home 视图，是最初导入零件后的视图
	指定视图方向，指定一个三角面片，视图方向将与之垂直
	单击零件可使其自动放大 20%，也可以框选要放大的区域
	撤销缩放，缩小以显示当前视图里的所有文件
渲染 顶视图 顶前右三维视图 渲染 三角面片 渲染&线框 线框 边界框 切片预览 透明	零件的几种显示方式，通常默认为“渲染”，特殊情况下会用到其他显示方式，如在“三角面片”模式下，显示所有的三角面片，再现 STL 格式模型

续表

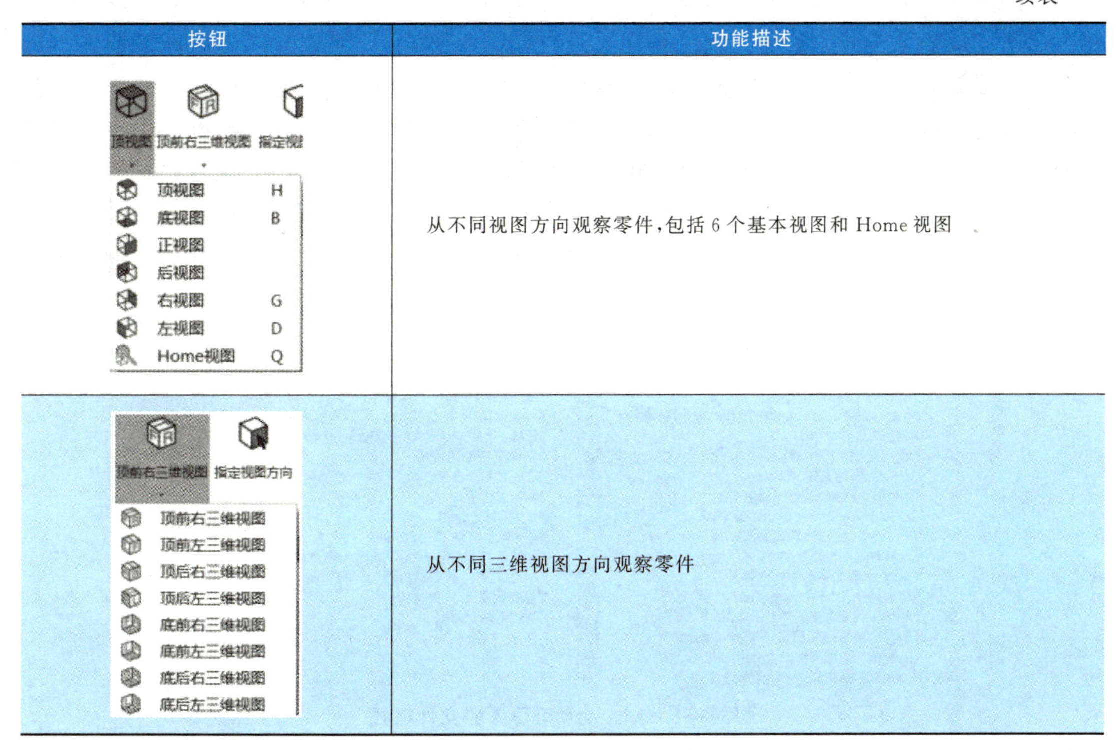

按钮	功能描述
顶视图 顶前右三维视图 指定视 顶视图 H 底视图 B 正视图 后视图 右视图 G 左视图 D Home视图 Q	从不同视图方向观察零件，包括 6 个基本视图和 Home 视图
顶前右三维视图 指定视图方向 顶前右三维视图 顶前左三维视图 顶后右三维视图 顶后左三维视图 底前右三维视图 底前左三维视图 底后右三维视图 底后左三维视图	从不同三维视图方向观察零件

五、导入零件

Magics 软件导入 STL 文件或其他 CAD 文件的方式通常有 3 种。

方式 1：点击 “文件”→“加载”→“导入零件”，打开 “加载新零件” 对话框，见附图 4-7。

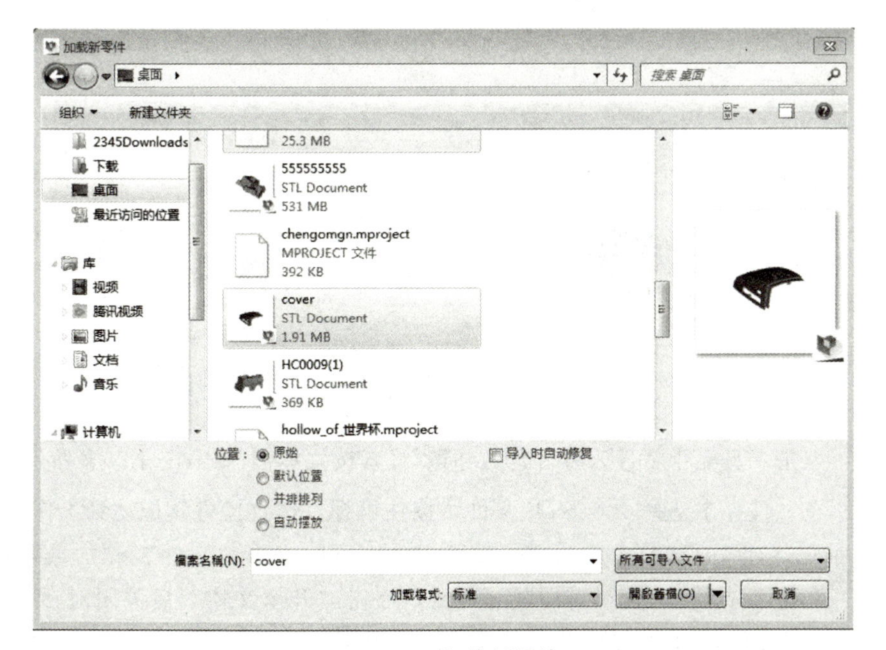

附图 4-7　加载新零件

选择需导入的零件，在对话框下面有“原始”“默认位置”“并排排列”和“自动摆放”几个选项，选择其中一个选项，设置零件导入后摆放的位置。“原始”代表文件按照原有的坐标位置摆放，如果已经在 Magics 软件中添加了相应的打印平台，可以选择零件对应平台的默认位置，也可以设置零件并排摆放，或者设定自动摆放所有零件。Magics 几乎可以导入所有 CAD 格式文件，而且可以同时导入多个零件，包括 Pro/E、UG、CATIA 等生成的文件，以及 IGS、STEP 等标准格式文件。除此之外，还支持点云数据、切片文件等多种文件的导入，见附图 4-8。最后点击“开启文档”关闭对话框，选中的文件将自动添加到工作台上，见附图 4-9。

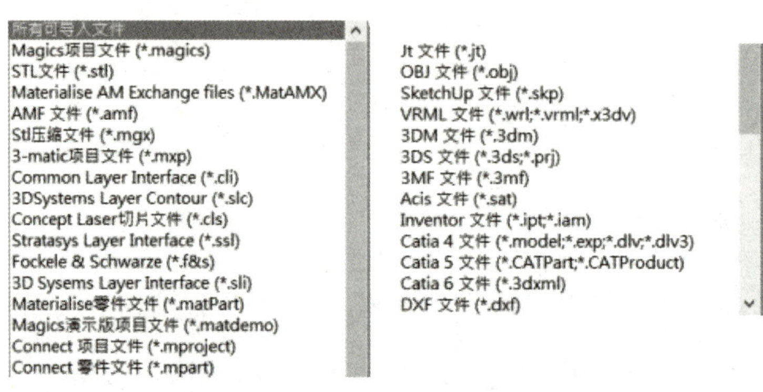

附图 4-8 Magics 可导入的文件格式

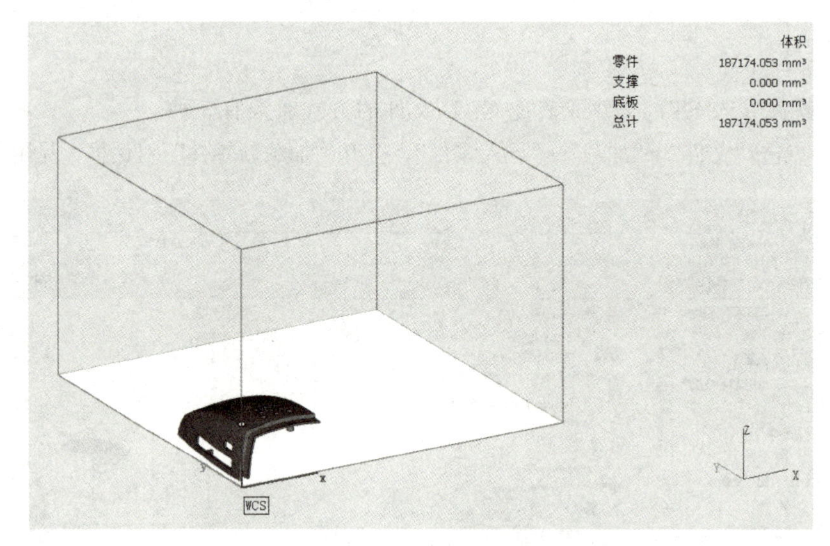

附图 4-9 导入零件

方式 2：点击工具栏中“导入零件”按钮或者按快捷键“Ctrl+L”来导入零件。

方式 3：在文件夹中选择一个 STL 文件，按住鼠标左键直接将其拖动到工作区域。

如果之前已经建立了相关的 Magics 项目文件，可以点击“文件”→“加载”→“加载项目”，打开“加载”对话框，选择需加载的项目，点击“开启文档”后关闭对话框，然后选中的 Magics 项目文件将自动添加到工作区域。也可以单击工具栏里的“加载项目”按钮，或按快捷键“Ctrl+O”打开已有项目。见附图 4-10。

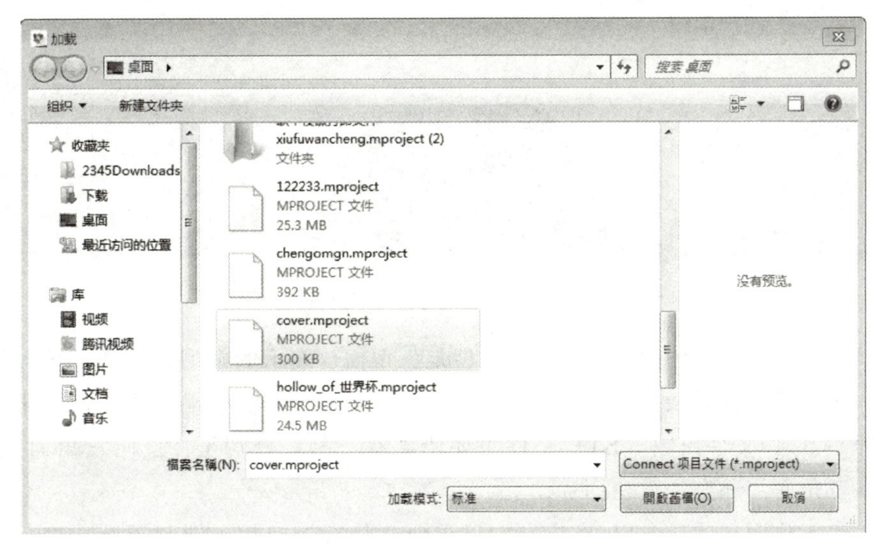

附图 4-10 加载项目

六、零件修复优化

1. STL 文件

STL（STereoLithography）文件是 CAD 实体曲面模型进行三角化后得到的三角面片集合，是目前 CAD 系统和增材制造系统之间数据交换的接口文件。零件其实是由一个个小的三角面片拼接和封装而成的。它最重要的特点就是格式简单，不依赖于任何一种三维建模方式，对三维模型建模方法无特定要求，它所做的仅仅只是存放 CAD 模型表面的离散化三角面片数据，并且对这些三角面片的存储顺序无任何要求，因而得到了广泛的应用，成为增材制造系统中事实上的标准数据输入格式。所有的增材制造系统都能接受 STL 文件进行加工制造，而且几乎所有的 CAD 系统也都能把 CAD 模型从自己专有的文件格式导出为 STL 文件。STL 模型的精度直接取决于离散化时三角面片的数目，一般而言，在 CAD 系统中输出 STL 文件时，设置的精度越高，STL 模型的三角面片数目就越多，文件体积就越大。

2. STL 文件的一致性规则及错误

STL 文件是由一些离散的三角面片组成，其正确的数据模型必须满足如下一致性规则：

① 相邻两个三角面片之间只有一条公共边，即相邻三角面片必须共享两个顶点。

② 每一条组成三角面片的边有且只有两个三角面片与之相连。

③ 三角面片的法向量要求指向实体的外部，其三顶点排列顺序与法向量之间的关系要符合右手法则。

④ 一个 STL 模型是一个壳体。

附图 4-11 是完整的三角面片壳体，所有的三角面片都是同向并完整地连接在一起。

STL 文件要求要保证整体的水密性，进而才能保证整个模型能够被打印出来。但一般 CAD 系统输出复杂 STL 文件时，都有可能出现或多或少的错误（即不满足上述一致性规则）。STL 文件出现错误的原因主要有两点：一个是 CAD 模型设计时并没有考虑增材制造的实际规则，模型本身设计的缺陷会导致其转换成 STL 文件时发生错误；另一个是由于

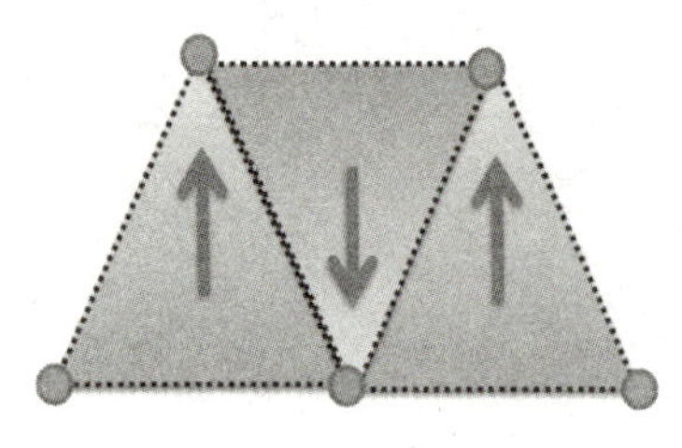
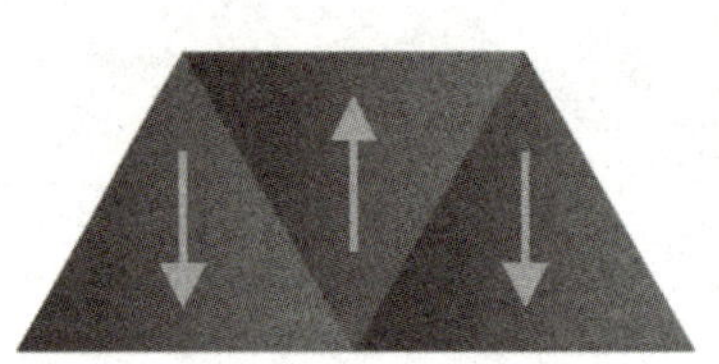
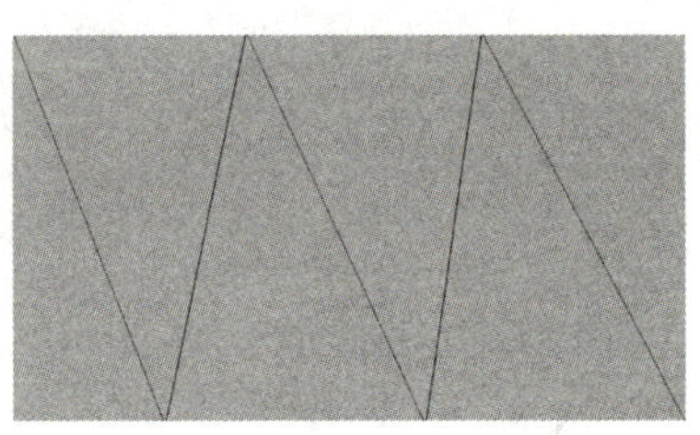

附图 4-11　完整的三角面片壳体

CAD 文件是参数化表示的模型，而 STL 文件是三角面片表示的模型，由于三角面片拟合实体表面算法本身固有的复杂性，很多 CAD 软件并没有根据 3D 打印软件进行优化处理，导致转换过程中 STL 文件出错。STL 文件主要错误有 5 种，分别是：反向三角面片、坏边、壳体、重叠三角面片和交叉三角面片。

（1）反向三角面片　在 STL 格式中，三角面片是有方向的，即有正反面之分。Magics 软件用灰色表示正面，代表零件的表面；用红色表示反面，代表零件的内部。因此，一个完好的零件从外表看上去是灰色的，内部由于被封闭是看不见的。如果看见了红色，那么一定是其中一些三角面片的方向反了，见附图 4-12。由于增材制造是通过三角面片方向定义零件哪一个面需要填充材料，所以反向三角面片会导致切片错误或打印失败。为了保持三维模型的完整性，必须对其进行修复。修复时只需将这类三角面片反转即可。

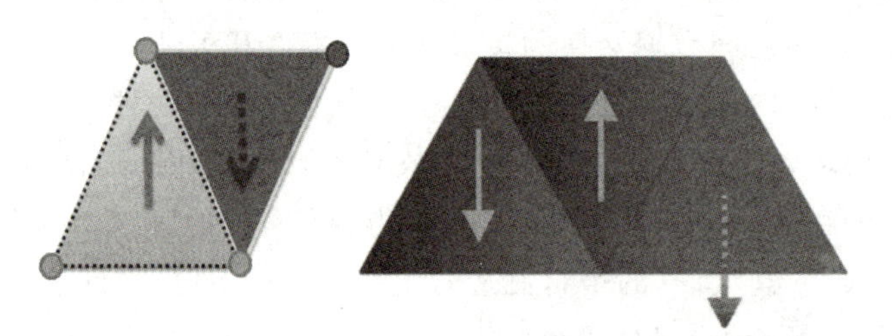
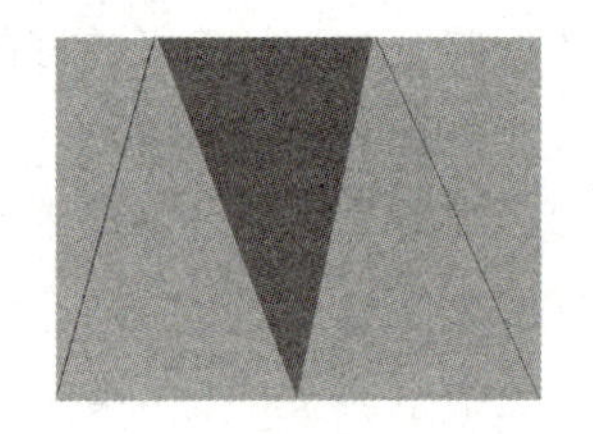

附图 4-12　错误的方向

（2）坏边　在 STL 格式中，每一个三角面片与周围的三角面片都应该紧密连接在一起，从而形成整体水密性的 STL 模型。如果三角面片之间没有很好地连接在一起，或者缺少三角面片与其相连接，就会产生坏边。坏边将会以黄色的边在模型上显示，坏边错误可以细分为缝隙和孔洞。

三角面片之间如果没有很好地连接在一起，就会导致出现缝隙错误，见附图 4-13。

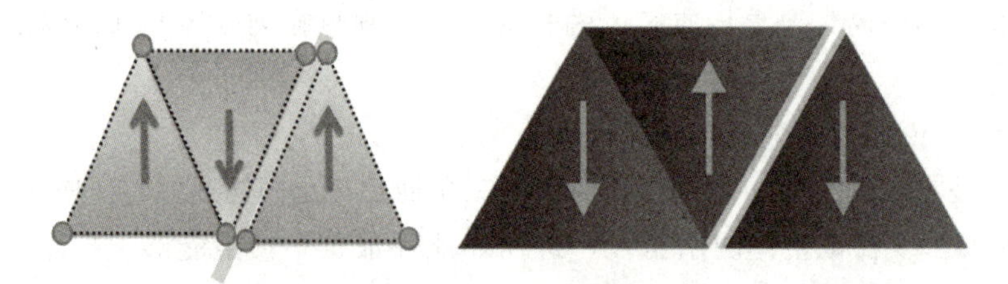

附图 4-13　缝隙错误

缝隙错误可以通过缝合功能很容易地修复，缝隙修复前后对比见附表 4-2 所示。

附表 4-2 缝隙修复前后对比

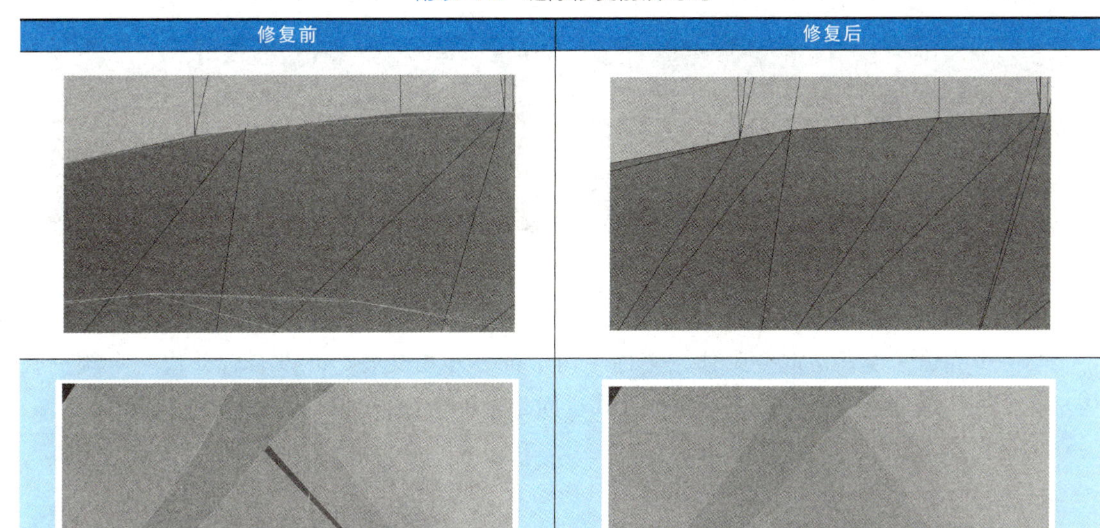

零件中一部分三角面片的缺失会导致有些三角面片的旁边没有其他三角面片与它相连接，这时候零件上面可能会出现孔洞。由于孔洞可以直接看到其他三角面片的反面，所以孔洞错误一般显示为红色，见附图 4-14。

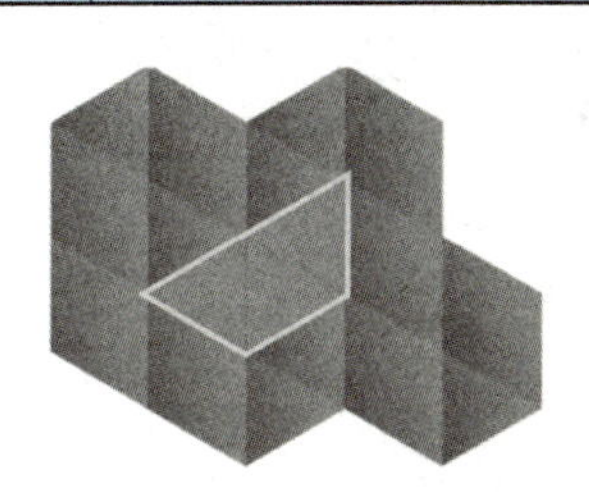

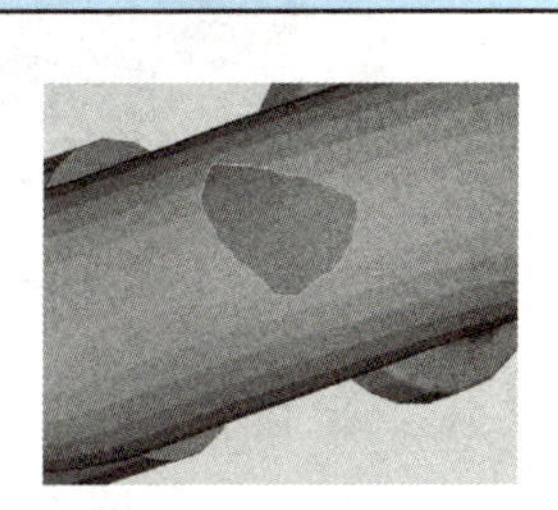

附图 4-14 孔洞错误

孔洞直接修复即可，修复前后对比见附图 4-15。

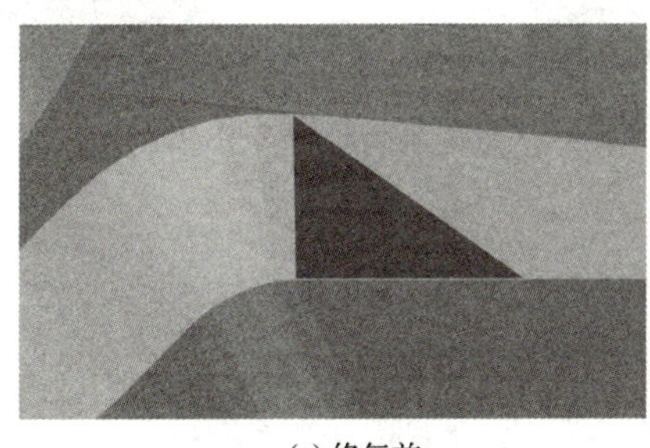

(a) 修复前

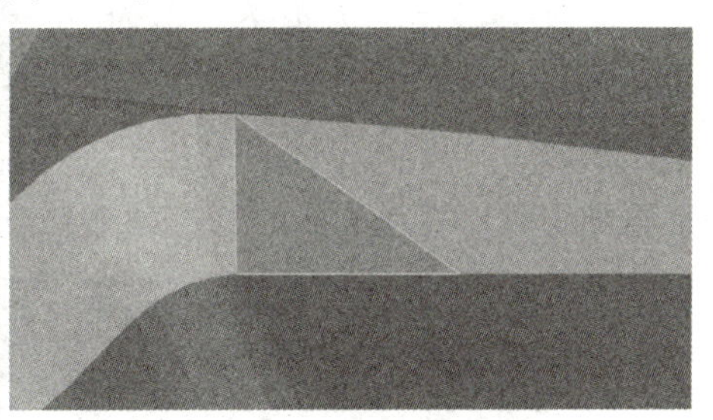

(a) 修复后

附图 4-15 孔洞修复前后对比

(3) 壳体 壳体就是一个零件上互相连接且相互独立的三角面片组。一般而言，一个零件就是一个完整的壳体。但实际零件上可能存在一些冗余的三角面片，定义为干扰壳体，见附图 4-16。

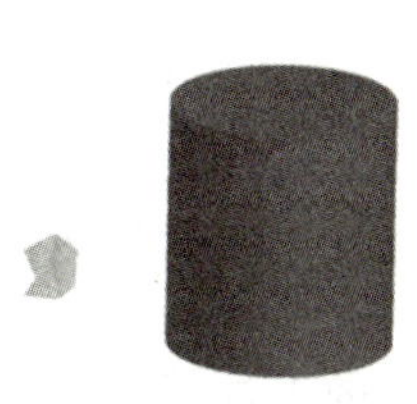

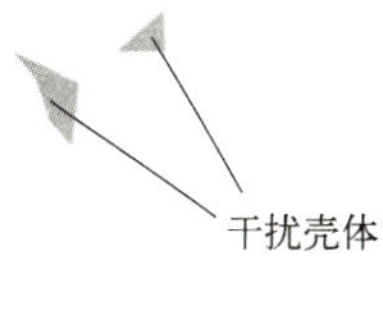

附图 4-16 干扰壳体

这些干扰壳体一般由少量三角面片构成，并且体积很小。干扰壳体需要被检测出来并且删除掉，否则会影响后续切片和打印的质量。干扰壳体修复前后对比见附图 4-17。

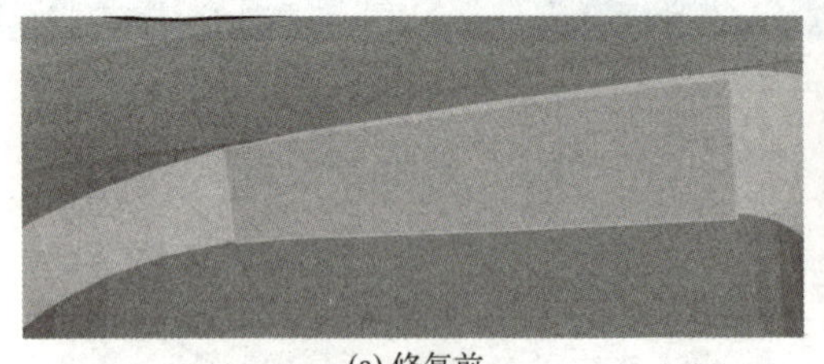
(a) 修复前

(a) 修复后

附图 4-17 干扰壳体修复前后对比

另一个壳体错误就是重叠壳体。零件中两个部分互相交叠，并没有合并成一个统一壳体，重叠壳体部分容易出现重复扫描，导致过固化，影响打印的质量。见附图 4-18。

重叠壳体修复前后对比见附图 4-19。

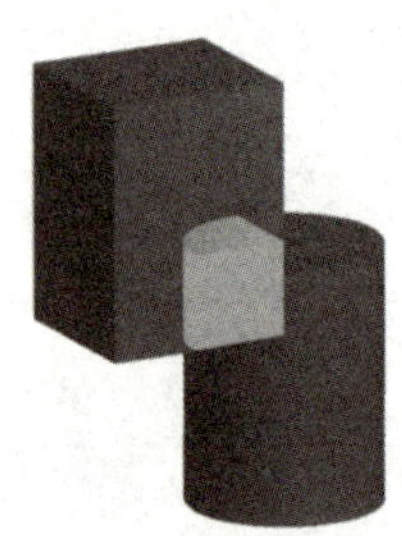
附图 4-18 重叠壳体

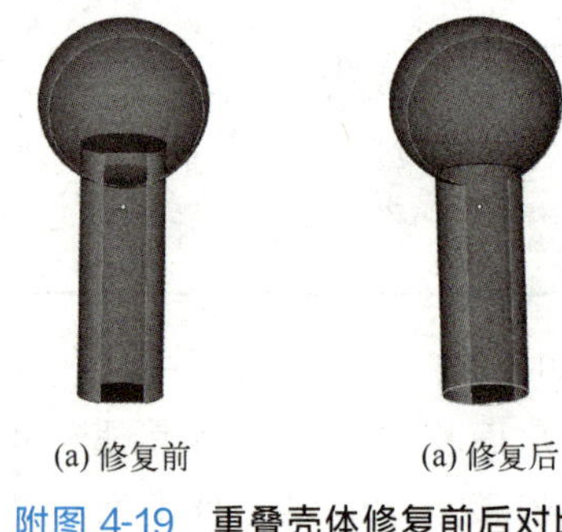
(a) 修复前　　(a) 修复后

附图 4-19 重叠壳体修复前后对比

（4）重叠三角面片　在 STL 格式中，由于三角面片之间的距离或角度小于预设定的值，导致一些三角面片会搭接在另一些三角面片上，这种错误称为重叠三角面片。重叠三角面片一般识别为以 Z 字形分布，见附图 4-20。

附图 4-20 重叠三角面片

重叠三角面片可以用重叠面修复工具进行修复，修复前后对比见附图 4-21。

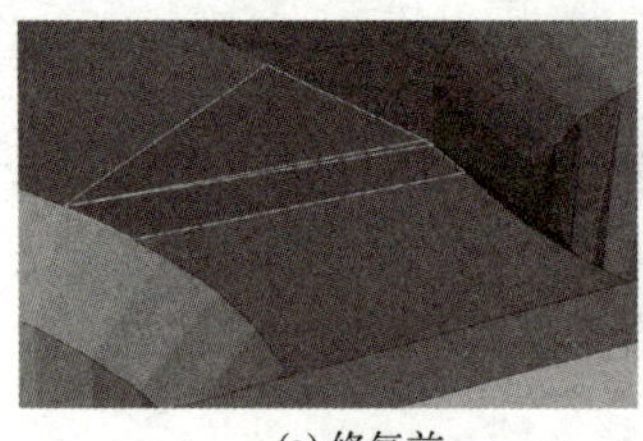
(a) 修复前

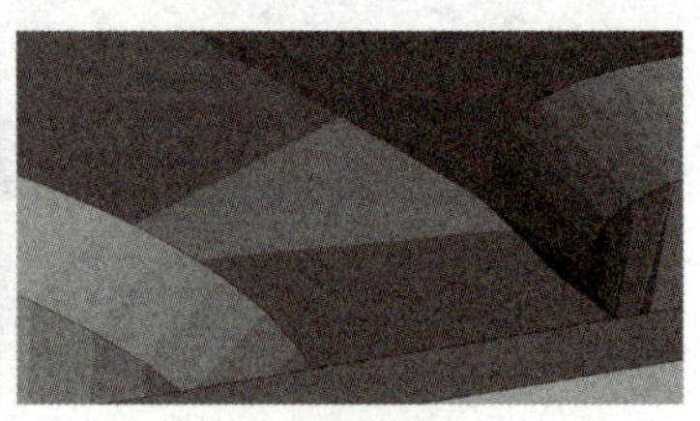
(b) 修复后

附图 4-21 重叠三角面片修复前后对比

（5）交叉三角面片　在某些情况下，零件表面没有被修剪好，会出现过长或者交叉的三角面片，见附图 4-22。

利用 Magics 软件的工具可以很容易地修复好这种错误，交叉三角面片修复前后对比见附图 4-23。

附图 4-22 交叉三角面片

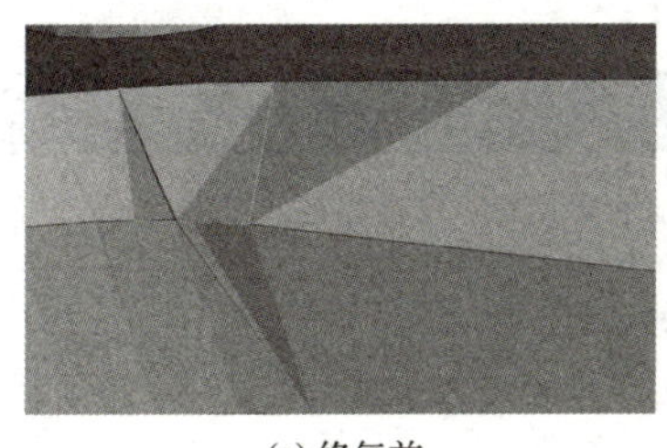

(a) 修复前

(b) 修复后

附图 4-23 交叉三角面片修复前后对比

3. 标记三角面片

标记三角面片是 Magics 软件的一个强大功能。它可以对零件表面的三角面片进行标记，帮助我们选择三角面片，进而有针对性地修复某些错误的三角面片。标记工具栏见附图 4-24。

附图 4-24 标记工具栏

标记工具栏中常用按钮的图标及功能描述见附表 4-3。

附表 4-3 标记工具栏中常用按钮的图标及功能

按钮	功能描述
	标记三角面片：单击此按钮，可以标记或撤销所选零件的单个三角面片
	标记平面：标记所选零件的平面，主要用于标记处于同一平面上的所有三角面片，可以帮助我们快速选择零件上的一个平面
	标记曲面：标记曲面主要用于标记同一连续曲面上的所有三角面片，如球体表面、圆柱面以及不规则的曲面等
	标记壳体：标记所选零件的整个壳体，壳体被定义为互相连接并且法向量方向一定的三角面片的集合
	框选标记：用于标记指定区域里面的三角面片，画一个方框，标记所有在框内和与框边界交叉的三角面片
	自由形状标记：画一个自由形状，标记里面的所有三角面片
	笔刷标记：涂画标记三角面片，只标记线掠过的三角面片，在标记复杂几何形状时非常有用，画线时单击鼠标右键定义线的终点以完成标记
	框选标记并重画网格：拖动鼠标画方框，重画与方框边界交叉的网格，以精确标记指定区域。可方便标记零件上特定形状的区域
	取消所有标记：取消所选零件中标记的所有三角面片
	缩小(扩大)选择：缩小(扩大)当前选择的一个三角面片
	反转标记：使已标记的三角面片变成未标记的，未标记的三角面片变成已标记的
	删除标记的三角面片：删除已选零件上被标记的三角面片
	分离标记：将所选零件被标记的三角面片与原所在壳体(零件)分离，成为新的壳体(零件)
	复制标记：复制所选零件被标记的三角面片并生成新的壳体(零件)

续表

按钮	功能描述
	链接标记：在设置公差内标记已被标记的三角面片之间的小三角面片
	隐藏标记：隐藏所选零件被标记的三角面片
	反转三角面片可视性：反转隐藏，只显示隐藏标记的三角面片
	显示所有：显示所有隐藏的三角面片
	标记三角面片边界：显示/隐藏标记三角面片的边界

4. STL 文件的优化和修复

导入 STL 模型后，如果对设计不满意，还可对模型进行优化设计。具体在“工具”工具项中完成。

Magics 软件可以对数据中存在的错误进行修复，修复的方法有两种：自动修复和手动修复。相比较而言，自动修复更能体现软件的智能化，因此也更加高效快捷，所以一般首选自动修复。只有当自动修复的结果达不到预期时，才考虑手动修复。对于存在很多复杂错误的零件设计来说，要将两种修复方法结合起来使用，以完成所有错误的修复。

点击“修复”工具，再点击“修复向导”按钮，打开“修复向导”对话框，点击“诊断”命令，再点击“更新”，可以查看模型错误信息，见附图 4-25。零件中出现的所有错误类型和数量都会被罗列出来，绿色✔代表零件中不存在此项错误，红色✘代表需要修复的、零件中存在的错误。诊断的项目一般由反向三角面片、坏边、壳体、重叠三角面片和交叉三角面片组成，软件会默认这些项前面标记☑。修复要实现的目标就是要把所有的✘变成✔，这样零件才算修复完成。✘ 94 表示模型中共有 94 个重叠三角面片错误，✘ 162 表示模型中共有 162 个交叉三角面片错误。

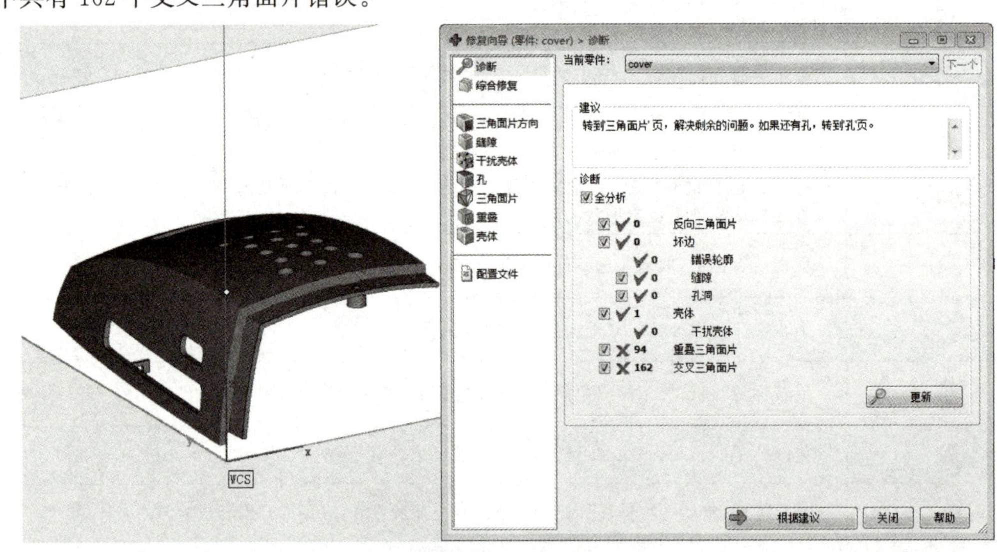

附图 4-25 修复向导

点击“综合修复”命令，再点击“自动修复”按钮，对零件进行自动修复。再次点击“诊断”→“更新”，重新查看模型错误信息，发现模型还有 4 个重叠三角面片错误，见附图 4-26。

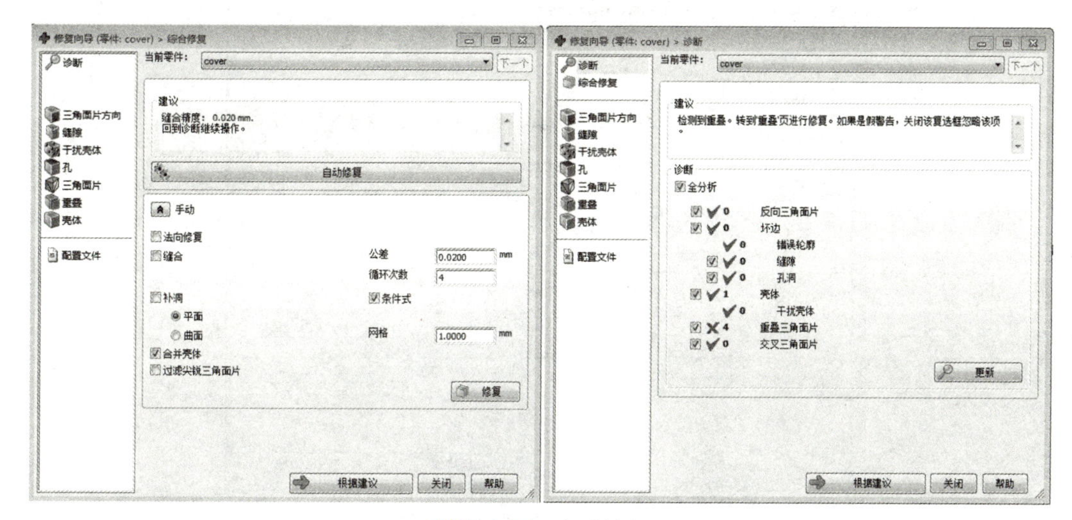

附图 4-26　**自动修复**

重复上述步骤发现系统无法自动修复，所以接下来进行手动修复。点击“重叠”命令，再点击“检测重叠”按钮，重叠的三角面片将以绿色显示，点击“移动零件上的点”按钮修复重叠三角面片。见附图 4-27。

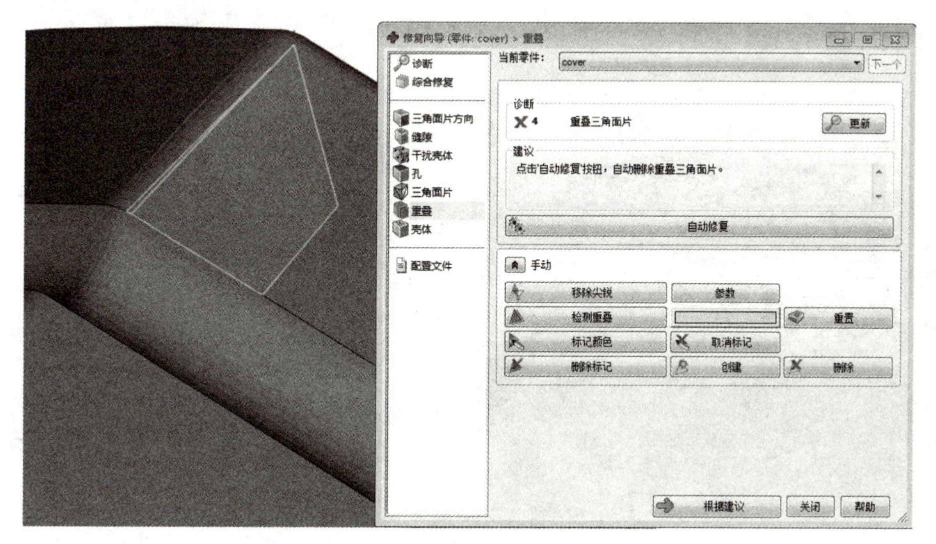

附图 4-27　**手动修复**

再次点击“诊断”命令更新后，发现全部诊断的项目都变成 ✔ 标记，表示模型没有错误，已全部修复。见附图 4-28。

七、零件操作

Magics 软件通过零件操作可以改变零件的尺寸大小和几何位置。

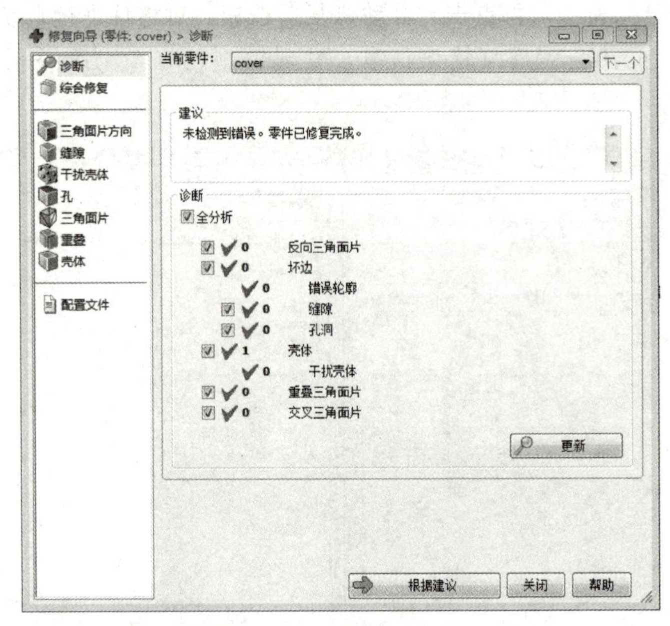

附图 4-28 修复完成的模型

1. 调整零件尺寸

在“视图”工具项中，点击“零件尺寸”按钮，可以观察模型原始尺寸，也可以在“零件工具页”中查看零件的详细信息，见附图 4-29。

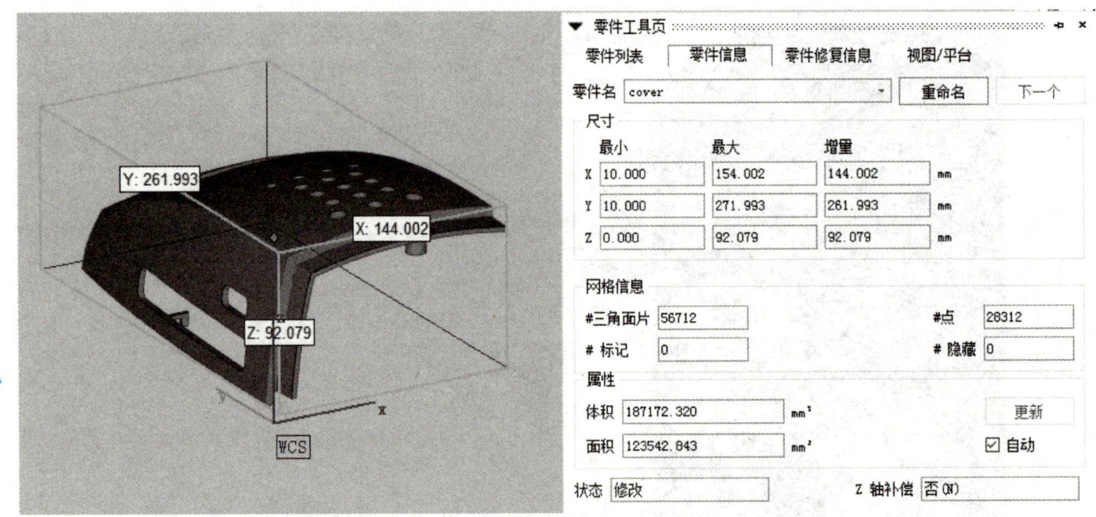

附图 4-29 零件尺寸

通过观察，如果发现模型尺寸偏大或偏小，在“位置”工具项中点击“缩放”按钮，打开“零件缩放”对话框，可以将模型尺寸放大或缩小。点击“应用”按钮保存所有设置并退出对话框。见附图 4-30。

2. 调整零件位置

为零件设置一个合适的摆放方向，是整个数据准备中非常重要的一个环节。零件位置会影响到 Z 轴高度、加工时间、平台中可以摆放零件的数量、判断平台是否有加工风险以及支撑的生成和后处理等。可以手动摆放零件，也可以使用“自动摆放”设置一些条件对零件进行批量摆放，此外还可以通过角度优化工具以更合适的角度摆放零件。

零件摆放的一般要求：

① 零件的摆放，尽量保证打印时，零件内腔不积存液体，否则内外会形成液面差，且积存的液体会使已固化表面受力变形，影响零件精度。

② 零件的层纹线要不明显，以减小台阶误差。

③ 尽量使零件的复杂特征面朝上，面积小的面朝下，层高越少越好。有弧面的零件一般斜45°摆放。

④ 长形零件与刮刀一般垂直或斜45°摆放，零件与刮刀接触的面积尽量小一些。

⑤ 支撑少、易去除、不影响表面质量。

⑥ 加工时间短。

⑦ 整板零件排版时，尽量沿 X 轴方向摆放，使 Y 轴方向尺寸最小，以减少刮刀的运动距离。高度差不多一样高的排成一排，高件摆中间。平台的后面留15～20mm的距离，以防止刮刀刮两遍。

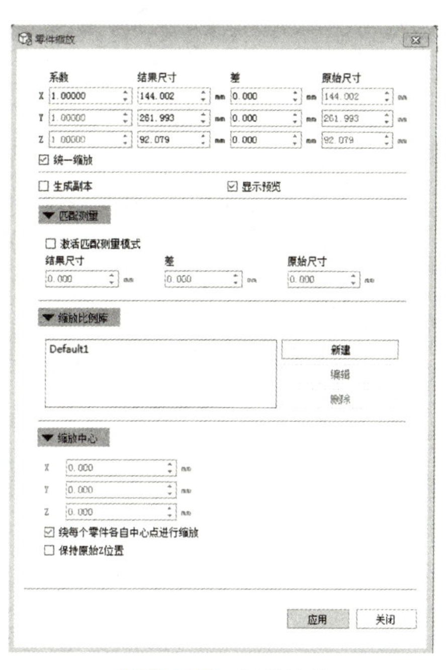

附图 4-30　零件缩放

选中cover零件后，点击“位置”→“底/顶平面”按钮，打开“底/顶平面”对话框。点选“上平面”，再点击“指定面”按钮，这时鼠标会提示到零件上选择三角面片作为上平面，见附图4-31。设置完成后点击“确认”按钮退出对话框，cover零件将会按照要求进行翻转。

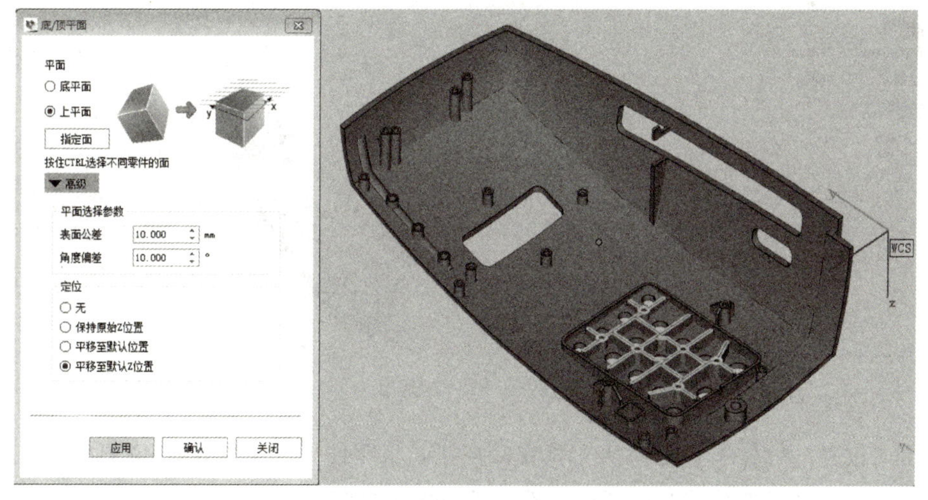

附图 4-31　底/顶平面

点击“位置”→“自动摆放”按钮，打开“自动摆放”对话框。在摆放方案中点选“平台中心”，点击“确认”按钮退出对话框，cover零件将会自动摆放在平台中心。见附图4-32。

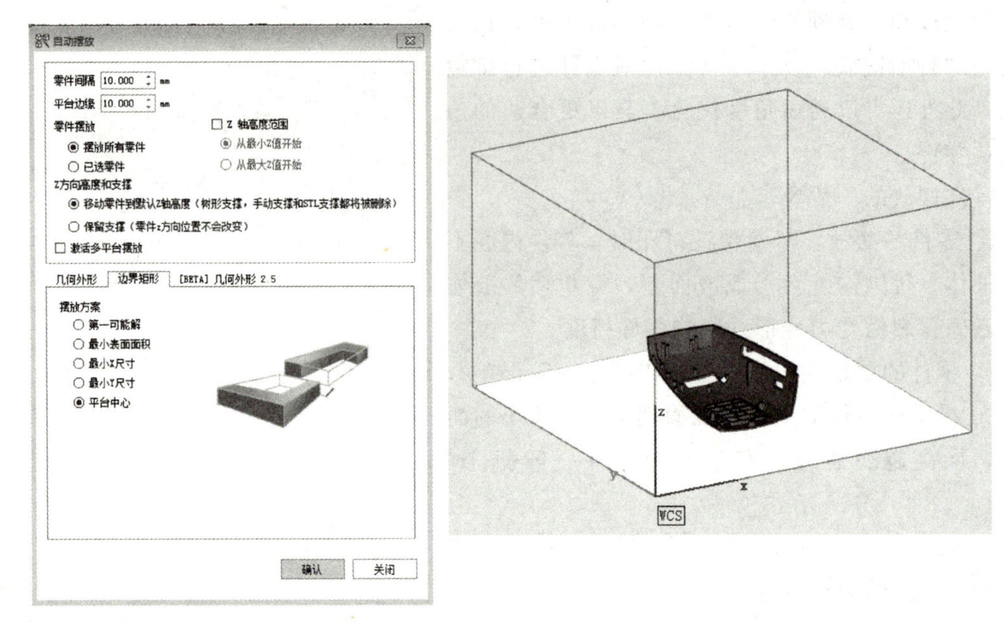

附图 4-32 自动摆放

点击“位置”→“旋转”按钮，打开“旋转”对话框。输入旋转角度，以“选中零件中心”作为旋转中心，点击“确认”按钮退出对话框，cover 零件将会按设定角度旋转。见附图 4-33。

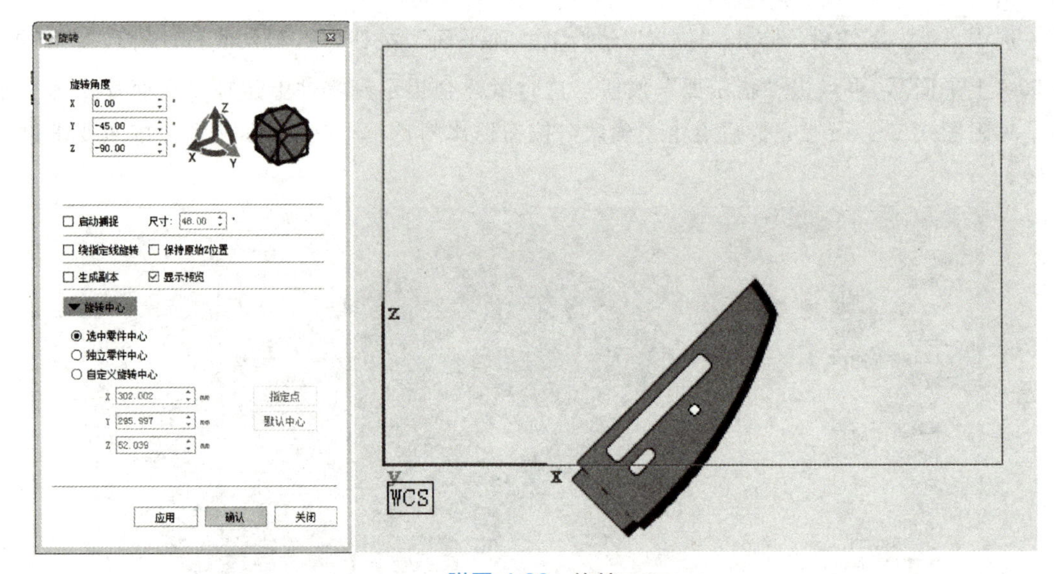

附图 4-33 旋转

点击“位置”→“平移至默认 Z 位置”按钮，将零件平移至默认 Z 位置，点击“平移”按钮，打开“零件平移”对话框查看零件位置。见附图 4-34。

3. 加 Z 轴补偿

点击“加工准备”→“Z 轴补偿”，打开“零件 Z 轴补偿”对话框，见附图 4-35，输入补偿值，一般设为 0.1～0.2mm，点击“确定”关闭对话框。

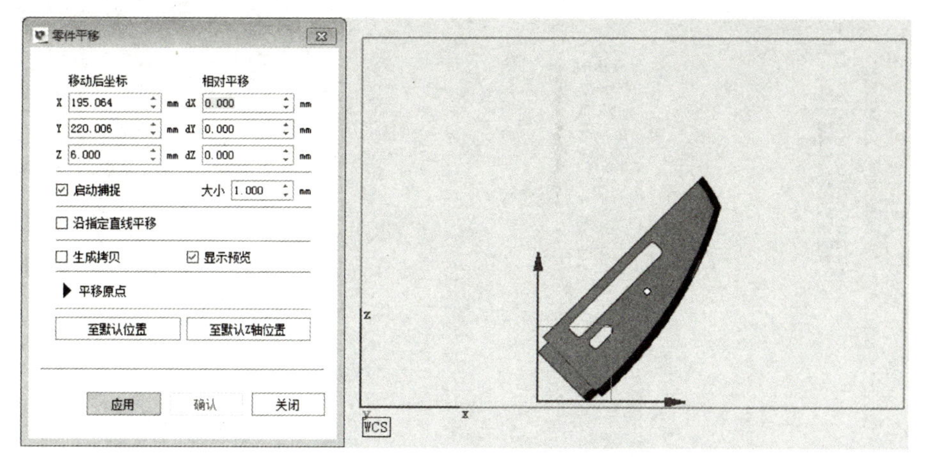

附图 4-34 平移至默认 Z 位置

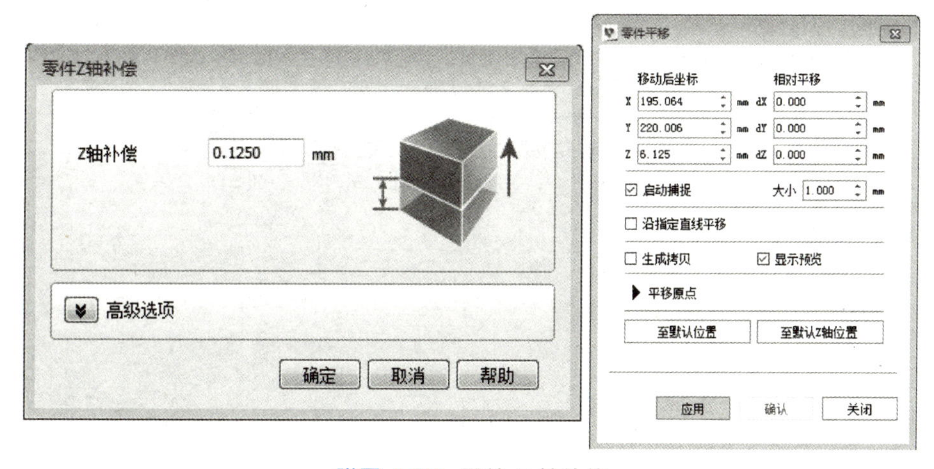

附图 4-35 零件 Z 轴补偿

在零件工具页中，如果零件信息“Z 轴补偿”显示“是”，说明已经加了 Z 轴补偿。加完 Z 轴补偿后，零件不能再旋转角度，不然 Z 轴补偿不起作用。加 Z 轴补偿主要是补偿工作台（网板）不平或定位不准确等，最后制件时体现在支撑高度增加了 0.125mm。

八、生成支撑

1. 支撑参数设置

选择“加工准备”→“机器属性”按钮，弹出“机器属性：Lite 600”对话框。点击“支撑参数”命令可以设置“Lite 600”设备的支撑参数，见附图 4-36。

（1）支撑面角度　支撑面角度决定了哪些平面将会生成支撑。如果角度小于这个值，将生成支撑；大于这个值，面将被认为可以自支撑，不需要生成支撑。取值 35°，见附图 4-37。

（2）支撑类型　用于指定哪些支撑类型可以使用。通常点选“面支撑”，见附图 4-38。

（3）无支撑偏移　悬臂长度小于这个偏移值将不生成支撑。同时，只有墙的高度大于最小高度支撑墙的值时才会生成支撑。“无支撑偏移”取值 1.5mm，“最小高度支撑墙”通常取值为 0～0.5，见附图 4-39。

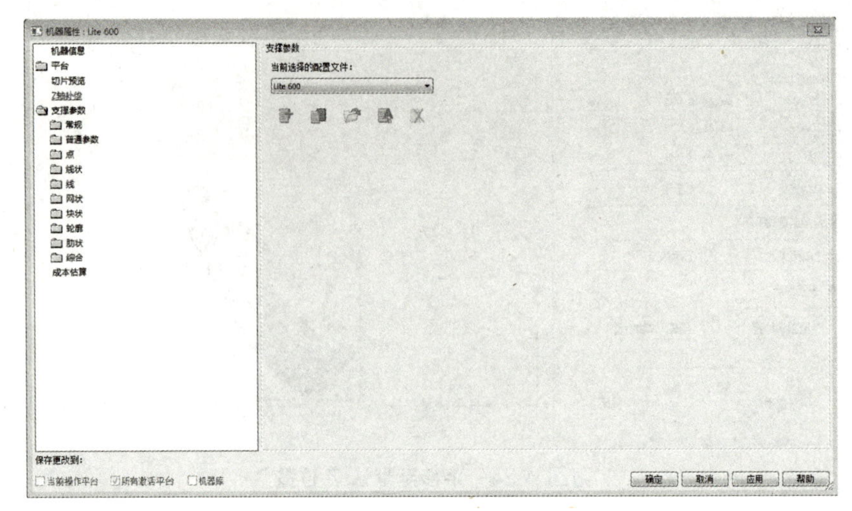

附图 4-36 支撑参数

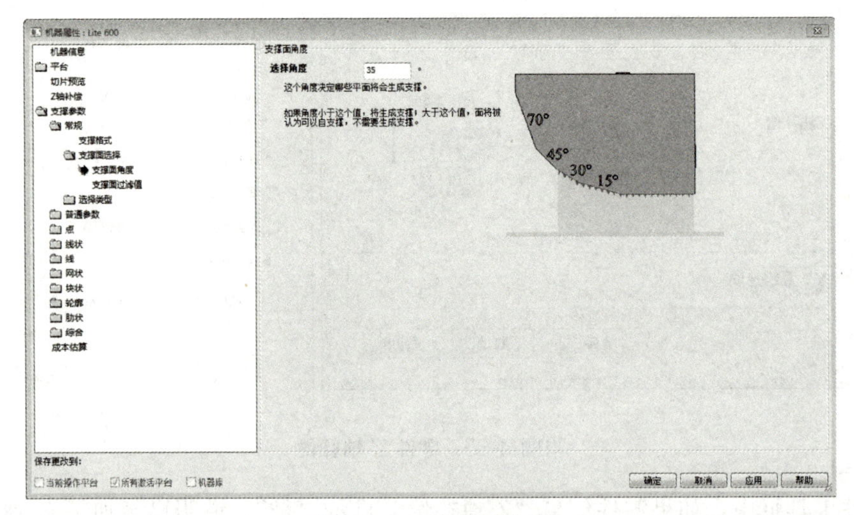

附图 4-37 支撑面角度

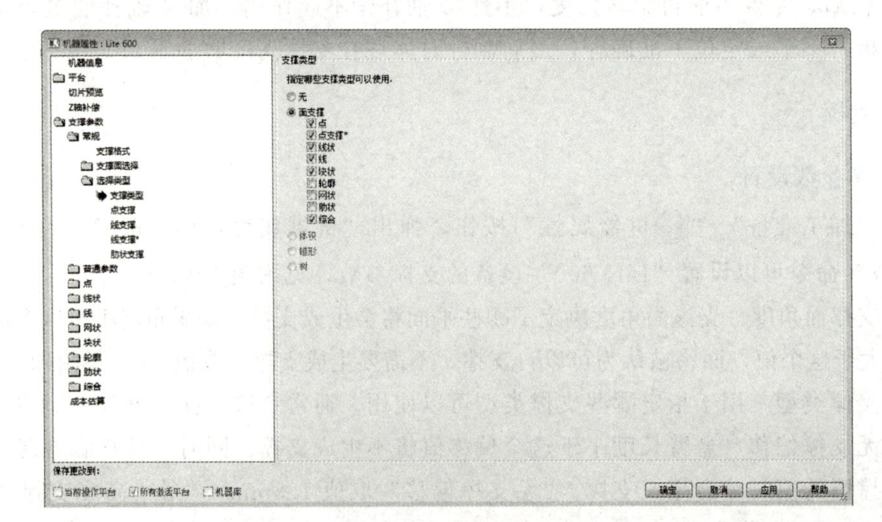

附图 4-38 支撑类型

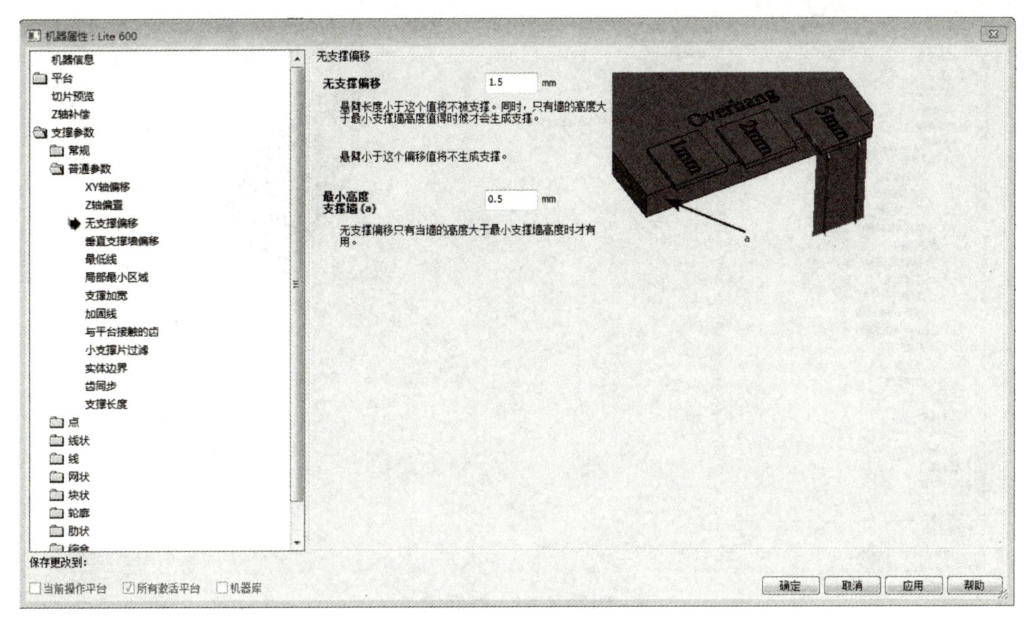

附图 4-39 **无支撑偏移**

（4）垂直支撑墙偏移　此功能可确保支撑不碰到垂直的壁，以便于去除支撑。取值 0.5mm，见附图 4-40。

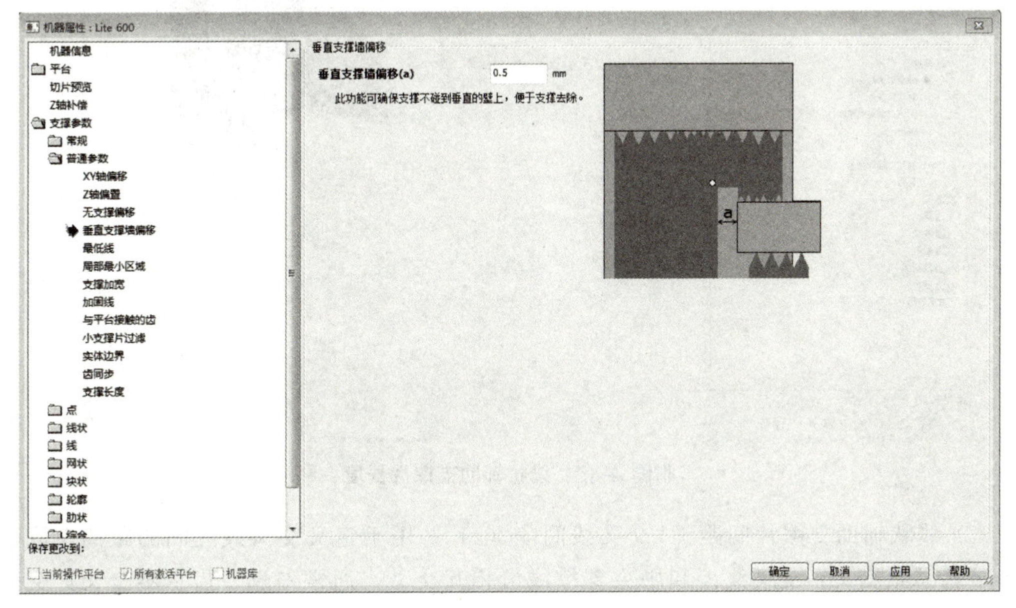

附图 4-40 **垂直支撑墙偏移**

（5）最低线　勾选“绘制最低线”，最小长度设为 4mm。探测到最低线以后，将创建额外的线支撑来支撑最低线。见附图 4-41。

（6）线状辅助支撑片长度　“最小肋长度（a）”确定了交叉线的长度。大肋更稳定，但可能更难去除。“最小肋长度（a）”取值 4mm。“最大触点\n 长度（b）”限制了支撑和表面之间的接触长度，取值为 5mm。见附图 4-42。

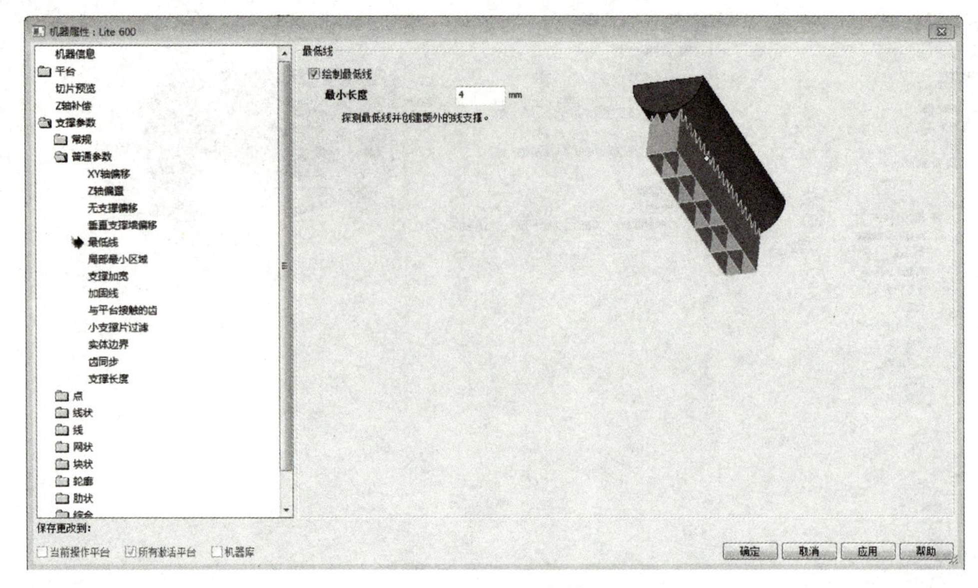

附图 4-41 **最低线**

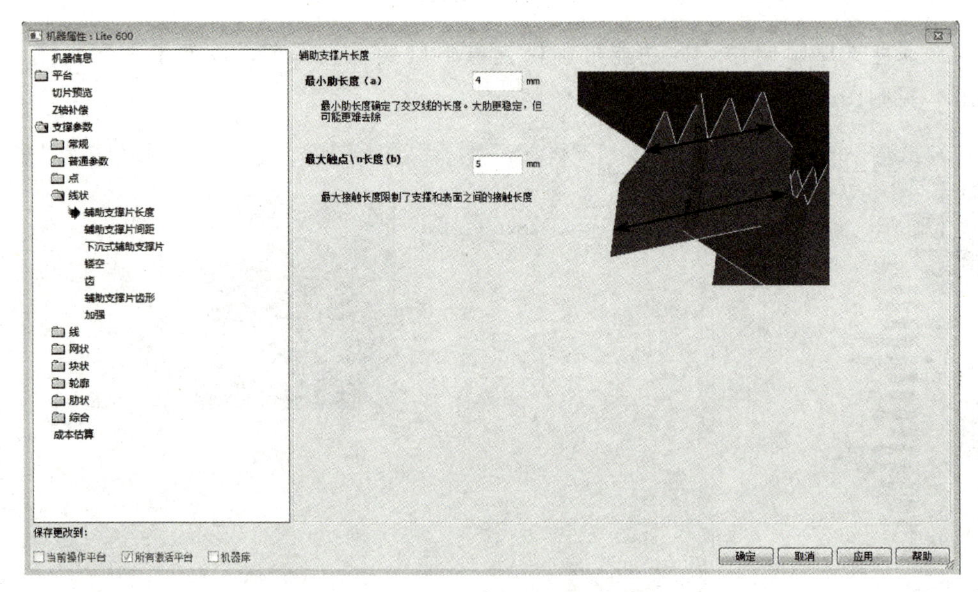

附图 4-42 **线状辅助支撑片长度**

（7）线状辅助支撑片间距 “交叉线间隔（a）”用于定义交叉线之间的距离，取值为4mm。齿总是交叉：交叉线齿和中央支撑线齿相互交叉，通常勾选。齿从不交叉：交叉线齿和中线齿不接触。见附图 4-43。

（8）线状镂空 具体参数设置见附图 4-44。

（9）线状齿 如果支撑斜靠在一个向上的表面，下齿将被创建；如果支撑在一个平台上，将不创建齿。见附图 4-45。

（10）线辅助支撑片长度 此功能类似线状辅助支撑片长度设置，“最小肋长度（a）”取值 2mm，“最大触点\n 长度（b）“取值为 1mm，见附图 4-46。

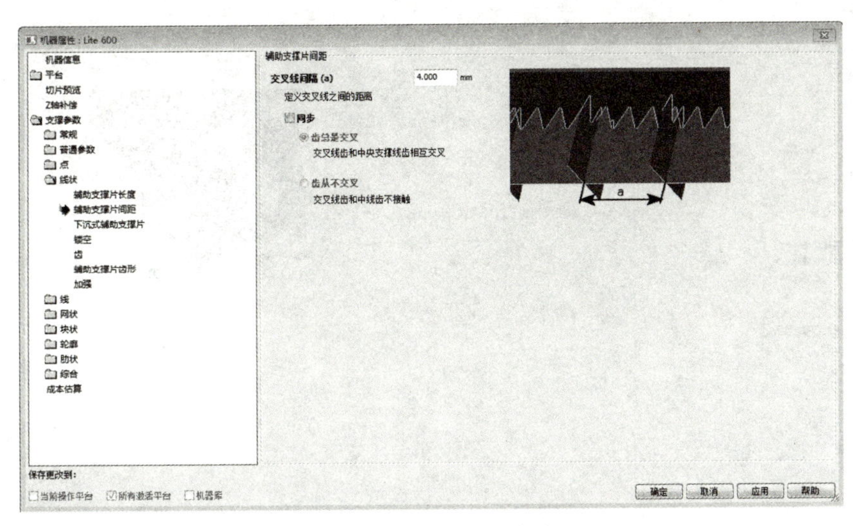

附图 4-43　线状辅助支撑片间距

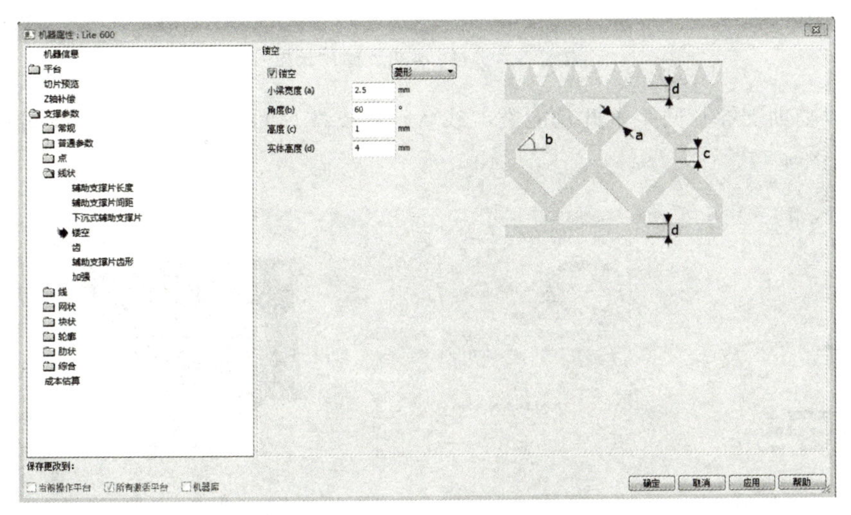

附图 4-44　线状镂空

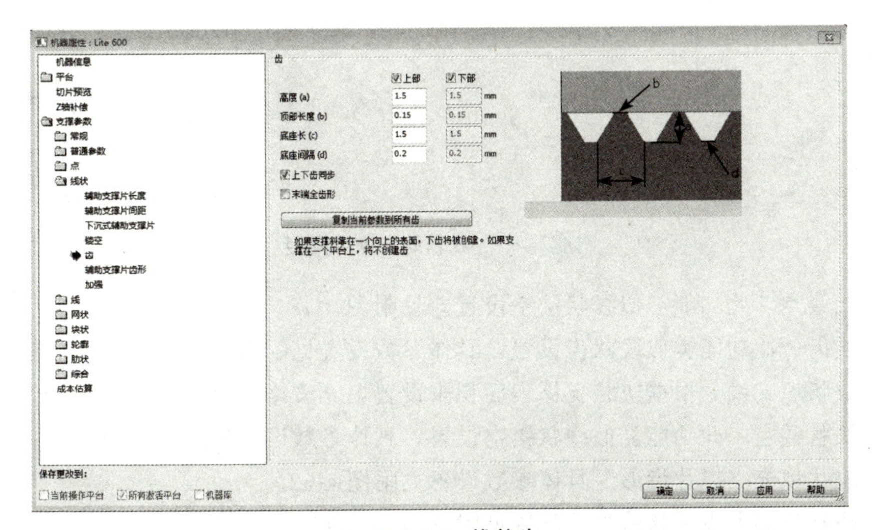

附图 4-45　线状齿

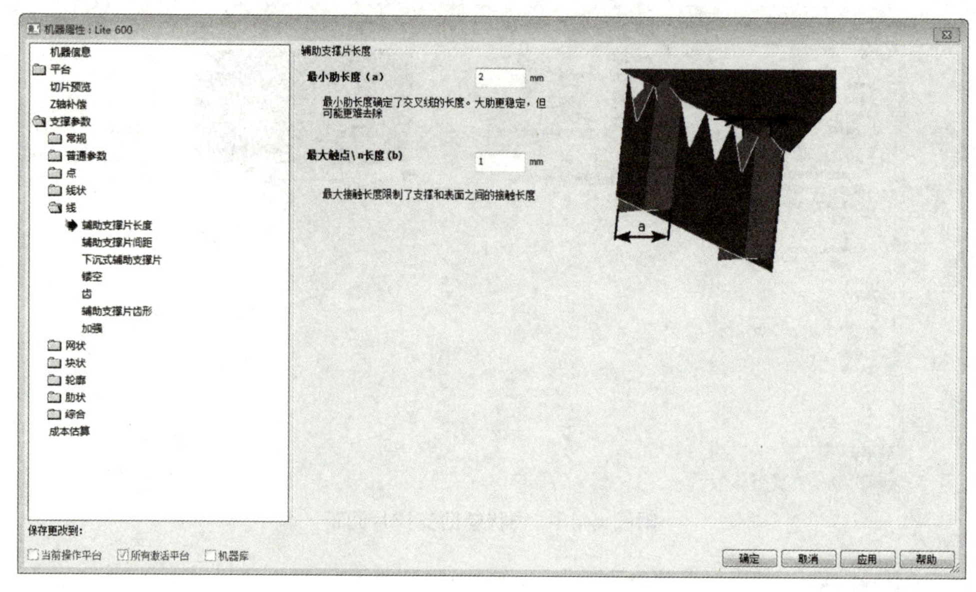

附图 4-46 线辅助支撑片长度

（11）线辅助支撑片间距 此功能类似线状辅助支撑片间距设置，“交叉线间隔”取值为3mm，见附图 4-47。

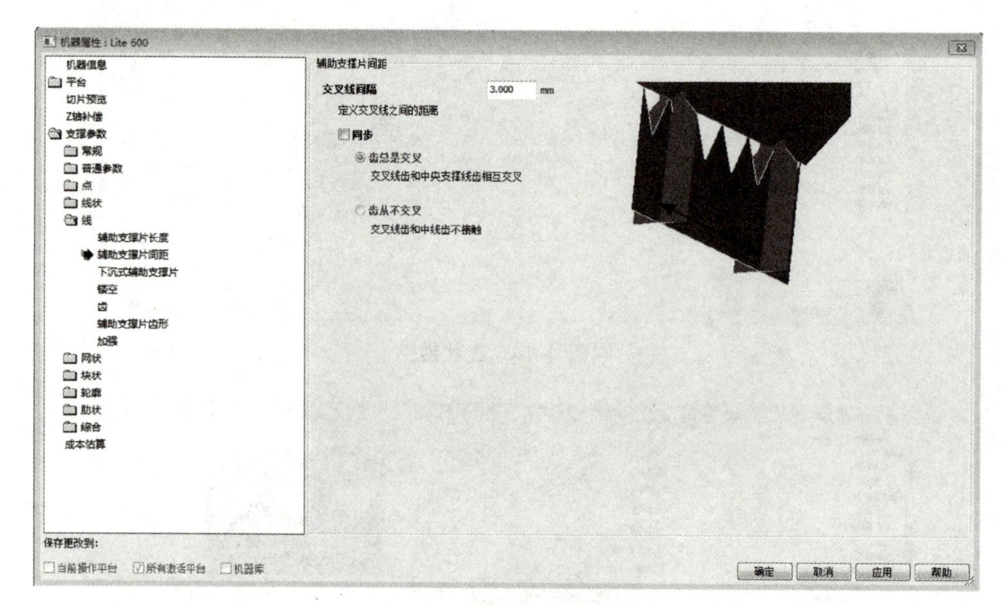

附图 4-47 线辅助支撑片间距

（12）线镂空 此功能类似线状镂空设置，见附图 4-48。

（13）线齿 此功能类似线状齿设置，具体参数设置见附图 4-49。

（14）块状填充线 根据块状支撑表面积来设置填充策略参数，见附图 4-50。

（15）块状镂空 此功能类似线状镂空设置，具体参数设置见附图 4-51。

（16）块状填充支撑片齿形 具体参数设置见附图 4-52。

（17）块状边界上齿 具体参数设置见附图 4-53。

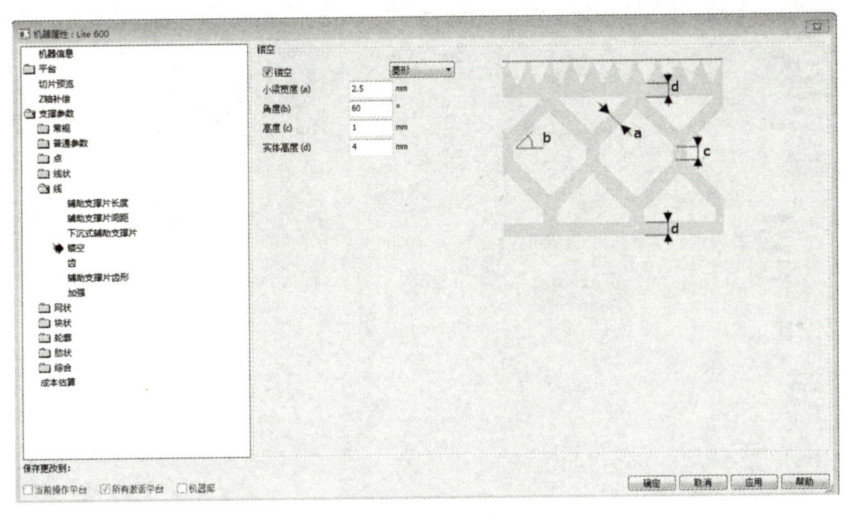

附图 4-48　线镂空

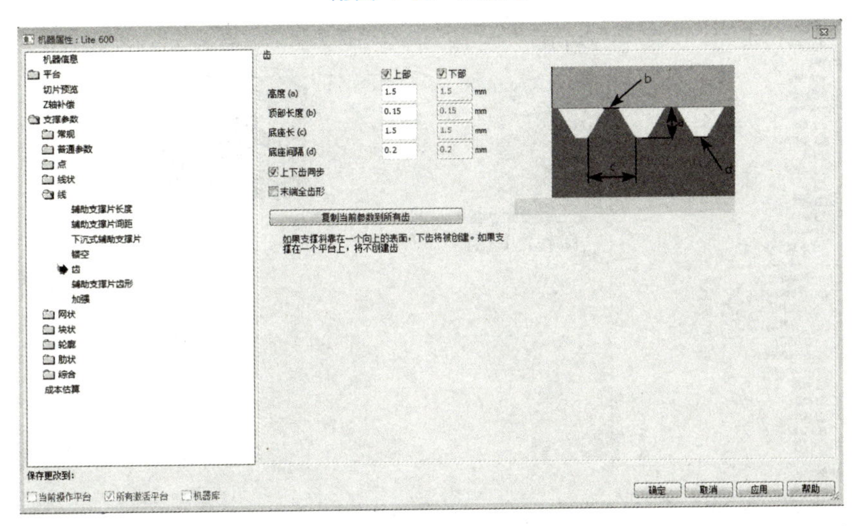

附图 4-49　线齿

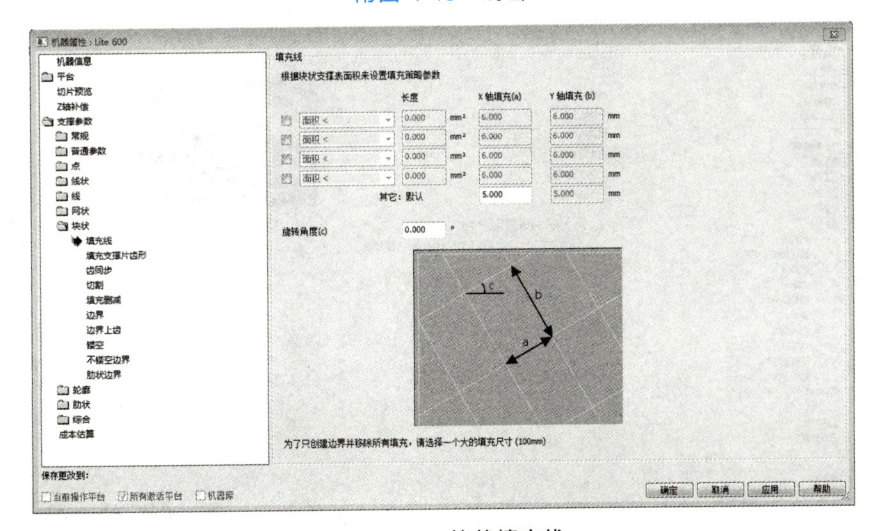

附图 4-50　块状填充线

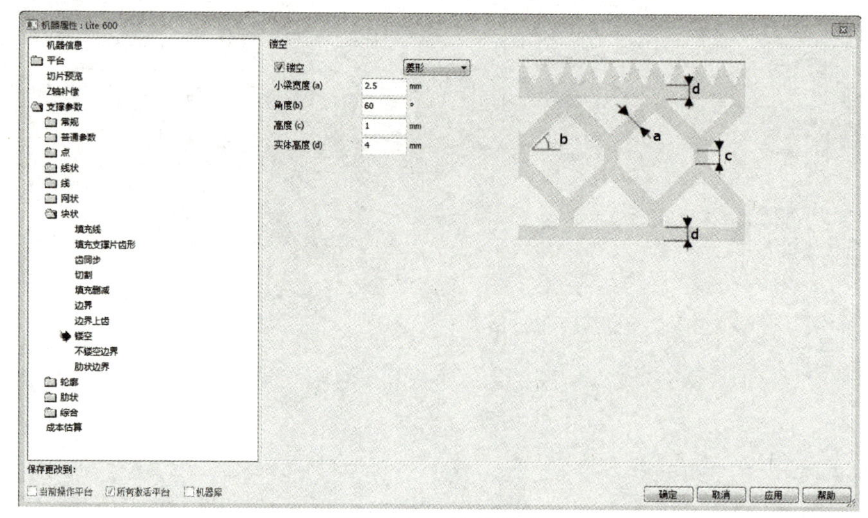

附图 4-51　块状镂空

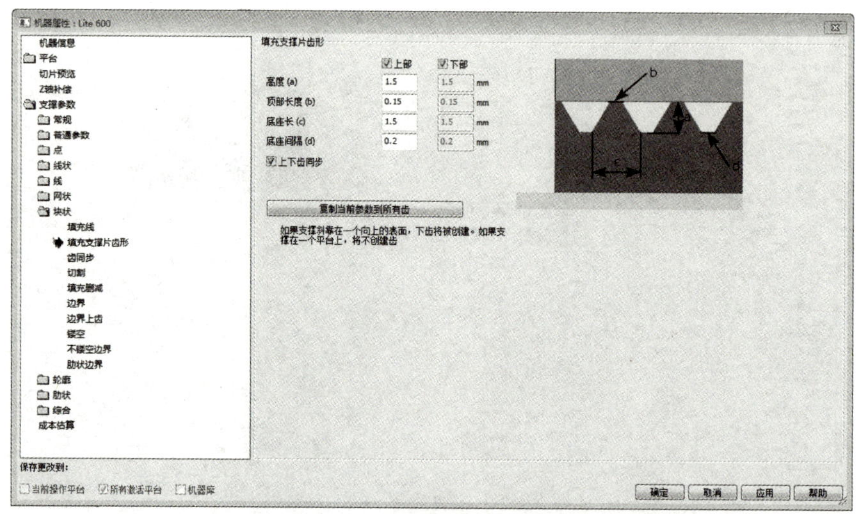

附图 4-52　块状填充支撑片齿形

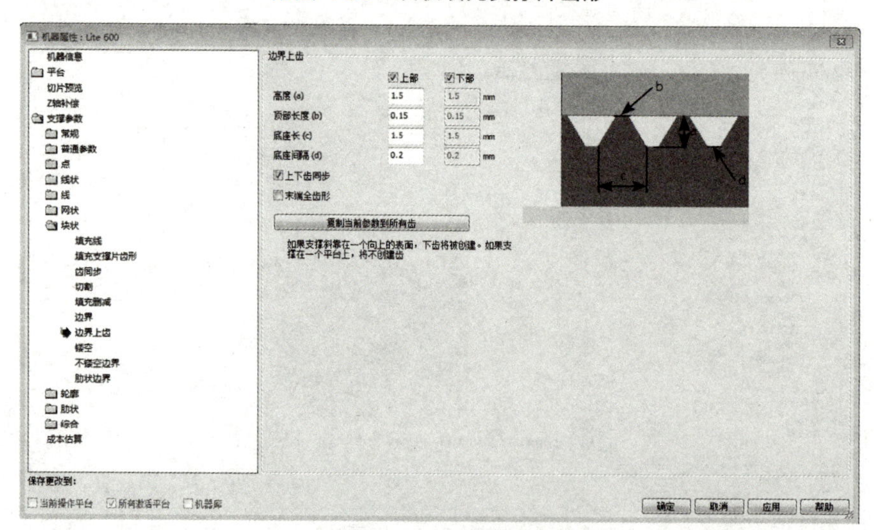

附图 4-53　块状边界上齿

其他支撑参数没有特别说明，保持默认设置。

2. 生成支撑及检查、编辑支撑

点击“生成支撑”工具项，再点击“生成支撑”按钮进入支撑编辑模式。

① cover 零件生成支撑，见附图 4-54。

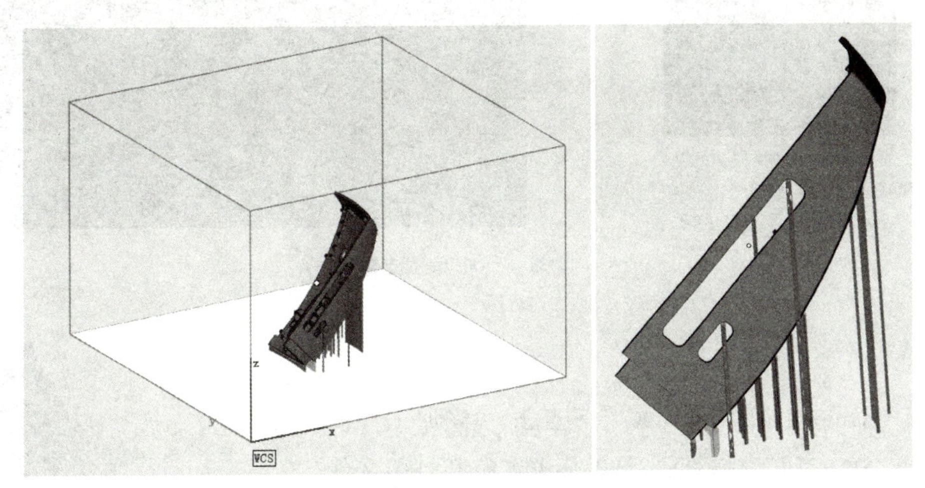

附图 4-54 生成支撑

② 在“视图工具页”中，选择多截面→激活→类型 Z→单击剖视选择隐藏远离原点的一侧→步长设为 0.1，然后用鼠标左键按住滑轮拖动或按住键盘左右键，就可以一层一层地检查支撑。见附图 4-55。

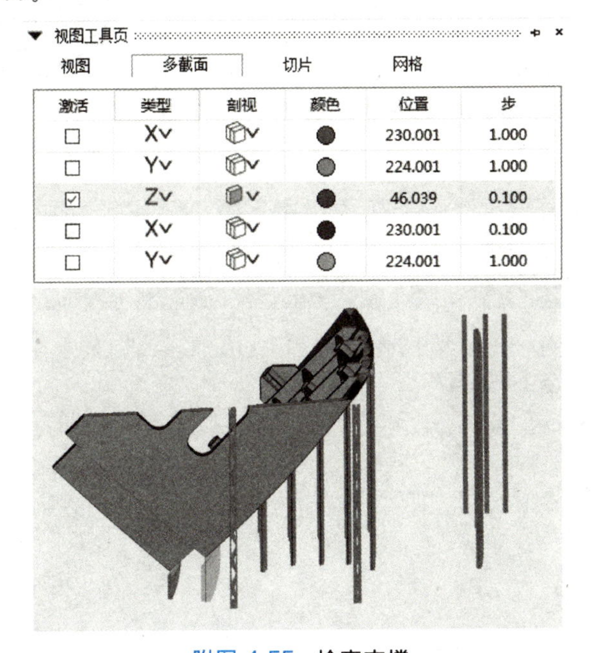

附图 4-55 检查支撑

③ 利用“支撑参数页”的工具可以对支撑进行加减的编辑，见附图 4-56。

④ 支撑检查、编辑后，如果没问题，按“退出 SG”按钮退出支撑编辑模式，并保存相关设置。加好支撑的零件见附图 4-57。

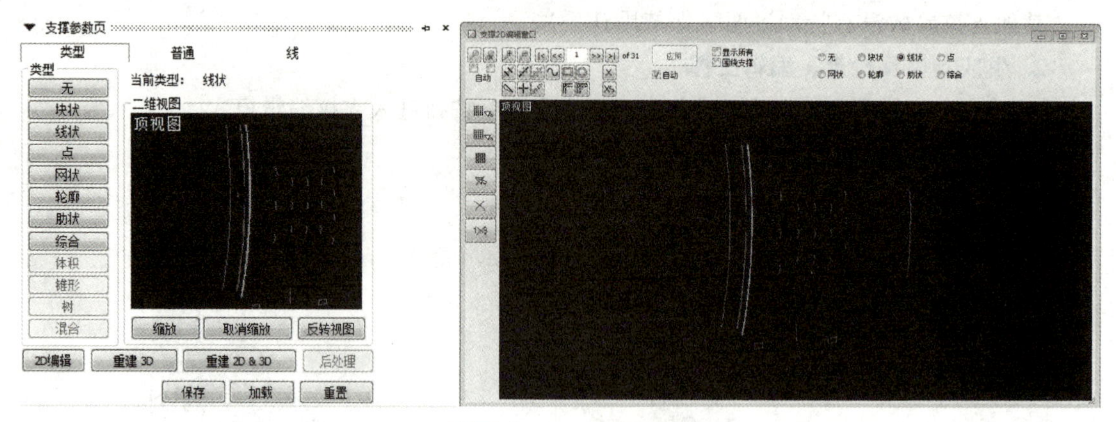

附图 4-56 **编辑支撑**

九、切片

选择“UnionTech Lite 600”→点击“加工”按钮，打开“3D 打印”对话框，设置任务名称和打印文件的保存路径，其他选项保持默认设置即可，最后点击“提交任务”退出对话框，见附图 4-58。然后用优盘或通过网络将切片文件传输到 3D 打印机中。

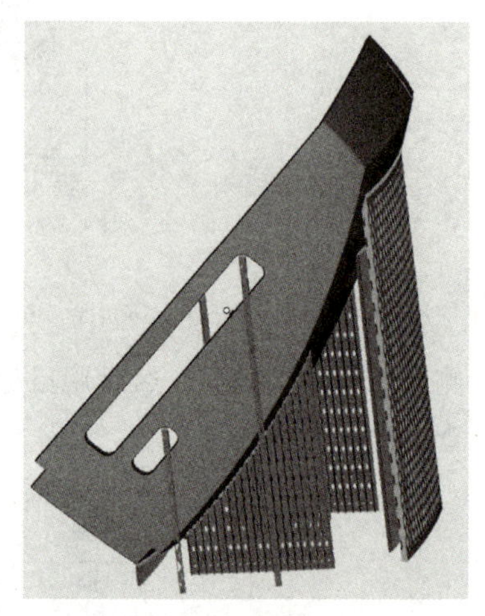

附图 4-57 **加好支撑的零件**

十、保存零件和项目

点击“文件”→“另存为”→“所选零件另存为”，打开“零件另存为”对话框，设置档案名称，点击“存档”退出对话框，见附图 4-59。

附图 4-58 **切片**

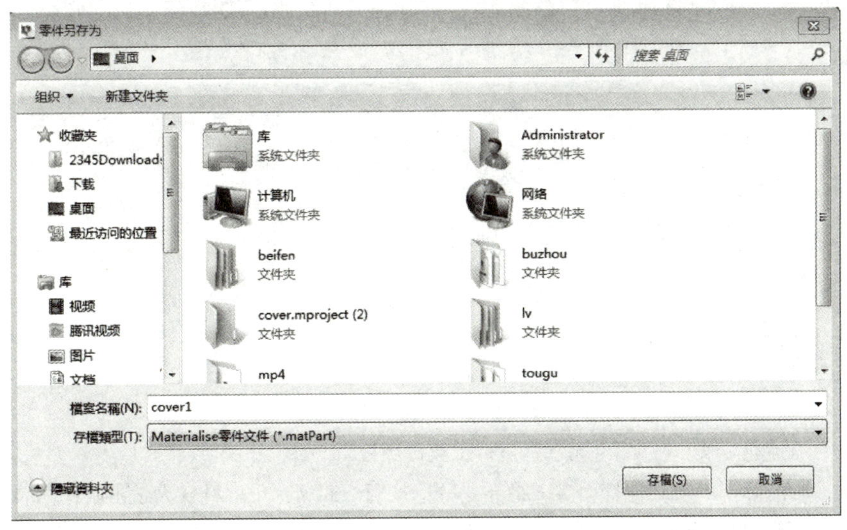

附图 4-59 保存零件

点击“文件”→“另存为”→“保存项目”或“项目另存为”，打开“另存新档”对话框，设置档案名称，点击“存档”退出对话框，将加好支撑的项目文件保存，以方便以后查看，见附图 4-60。

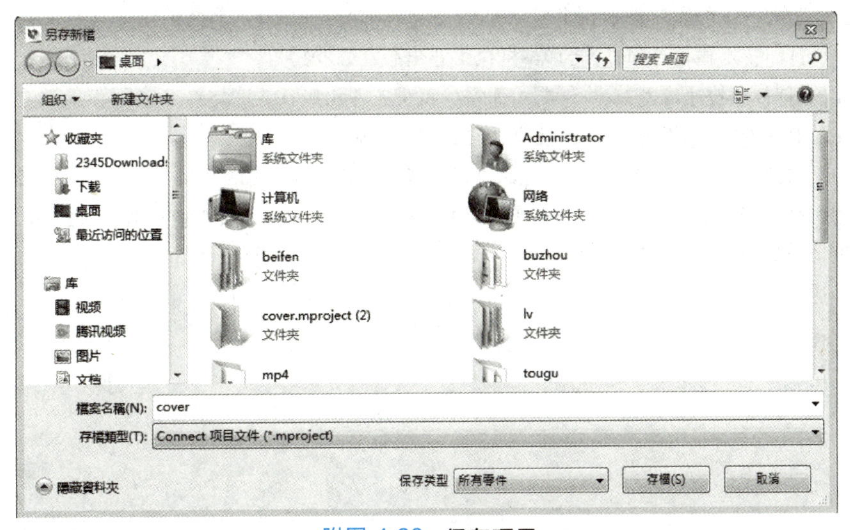

附图 4-60 保存项目

附录 5 SLA 3D 打印机软件操作

附录 6 SLS 3D 打印机软件操作

附录 7 SLM 3D 打印机软件操作

SLA 3D 打印机软件操作

SLS 3D 打印机软件操作

SLM 3D 打印机软件操作

参考文献

[1] 李艳. 3D打印企业实例 [M]. 北京：机械工业出版社，2018.
[2] 杨振国，李华雄，王晖. 3D打印实训指导 [M]. 2版. 武汉：华中科技大学出版社，2022.
[3] 王凌飞，张骜. 增材制造技术基础 [M]. 北京：机械工业出版社，2021.
[4] 潘家敬，王宁. 增材制造工程材料基础 [M]. 北京：机械工业出版社，2021.
[5] 张冲. 3D打印技术基础 [M]. 北京：高等教育出版社，2018.
[6] 刘海光，缪遇春. 3D打印工艺规划与设备操作 [M]. 北京：高等教育出版社，2019.
[7] 杨振虎，庞恩泉. 3D打印数据处理 [M]. 北京：高等教育出版社，2019.
[8] 蔡启茂，王东. 3D打印后处理技术 [M]. 北京：高等教育出版社，2019.
[9] 高帆. 3D打印技术概论 [M]. 北京：机械工业出版社，2015.
[10] 曹明元. 3D打印快速成型技术 [M]. 北京：机械工业出版社，2017.
[11] 曹明元. 3D打印技术概论 [M]. 北京：机械工业出版社，2016.
[12] 莫健华. 快速成形及快速制模 [M]. 北京：电子工业出版社，2006.
[13] 陈雪芳，孙春华. 逆向工程与快速成型技术应用 [M]. 北京：机械工业出版社，2009.
[14] 王寒里，原红玲. 3D打印入门工坊 [M]. 北京：机械工业出版社，2018.
[15] 纪红. 逆向工程与3D打印技术 [M]. 北京：机械工业出版社，2020.